"十三五"国家重点出版物出版规划项目
现代机械工程系列精品教材

传 热 学

主编 邓元望 唐爱坤
参编 邵 霞 周涛涛 余建平
主审 刘 冬

机械工业出版社

本书在内容上既有广度又有深度，同时力求内容精炼、简明扼要，做到理论与实际紧密联系，使读者既能掌握扎实的基础理论知识，又能培养实际运用知识的能力。

本书共 12 章，主要内容包括绪论、热传导、热对流、热辐射、传热过程、数值方法、工程应用等。每章都有一定数量的例题，可帮助读者加深对知识的理解；每章后面都附有思考题与习题，可供读者学习参考。

本书可作为高等学校能源动力类、机械类等专业的本科生教材，也可供有关工程技术人员参考。

图书在版编目（CIP）数据

传热学/邓元望，唐爱坤主编. —北京：机械工业出版社，2021.5
（2024.6 重印）

"十三五"国家重点出版物出版规划项目 现代机械工程系列精品教材

ISBN 978-7-111-67904-2

Ⅰ.①传… Ⅱ.①邓… ②唐… Ⅲ.①传热学-高等学校-教材 Ⅳ.①TK124

中国版本图书馆 CIP 数据核字（2021）第 057993 号

机械工业出版社（北京市百万庄大街 22 号 邮政编码 100037）
策划编辑：蔡开颖 尹法欣 责任编辑：蔡开颖 安桂芳
责任校对：李 杉 封面设计：张 静
责任印制：单爱军
北京虎彩文化传播有限公司印刷
2024 年 6 月第 1 版第 4 次印刷
184mm×260mm·16.75 印张·409 千字
标准书号：ISBN 978-7-111-67904-2
定价：49.80 元

电话服务 网络服务
客服电话：010-88361066 机 工 官 网：www.cmpbook.com
　　　　　010-88379833 机 工 官 博：weibo.com/cmp1952
　　　　　010-68326294 金 书 网：www.golden-book.com
封底无防伪标均为盗版 机工教育服务网：www.cmpedu.com

前言

传热是自然界最普遍的现象之一,在工农业生产和日常生活中都有着广泛的应用。传热工程技术是根据现代工业生产和科学实践的需要而蓬勃发展起来的先进科学技术,在能源、电力、冶金、动力机械、石油、化工、低温、建筑以及航空航天等许多工业领域发挥着极其重要的作用。传热学是研究热量传递规律的一门学科,与其他学科领域,如机械工程、材料、石油化工、环境控制工程、电子技术、信息工程、航天、生物技术、医学和生命科学等的发展关系密切,并不断进入这些学科领域,形成边缘学科、交叉学科。传热的规律,以及优化与控制热量传递的方法和技术是高等工程技术人才必备的基本知识。掌握传热学相关知识,对提升能源利用效率、推动绿色发展具有重要作用。学习传热学的基础理论知识已经成为广大工程技术人员的必然选择,传热学课程也成为许多高等学校开设的基础课程。

本书是编者按照能源与动力工程专业中传热学的本科教学要求编写的,力求做到内容既精炼又系统。本书共12章。第1章介绍了传热学的研究对象和主要内容;第2~4章介绍了热传导的内容;第5~7章介绍了无相变和有相变时的对流传热;第8、9章介绍了热辐射的内容;第10章主要介绍了热交换器的类型和基本传热设计方法;第11章简要介绍了热传导、热对流、热辐射问题的数值方法;第12章从不同方面对传热学在工程实际中的应用做了一些简单的介绍,这些典型工程应用的学习,可拓展学生的知识面,提高他们的学习兴趣。

为帮助读者掌握所学的理论知识,本书各章均有一定数量的例题、思考题与习题。在编写这些例题、思考题与习题时,力求使其具有代表性、启发性和灵活性。

本书由湖南大学邓元望教授和江苏大学唐爱坤教授主编并统稿。本书的编写分工如下:第1、8、10章由唐爱坤编写,第9、12章由邵霞编写,第7、11章和附录由周涛涛编写,第2~4章由余建平编写,第5、6章由邓元望编写。在本书编写过程中,得到了袁茂强、刘长青两位老师的支持和帮助,也得到了江苏大学、合肥工业大学、兰州理工大学、湖南大学的同事和领导的支持,并参考了一些已出版的国内外教材的内容,在此一并表示衷心的感谢。南京理工大学刘冬教授对本书进行了精心审阅,并提出了许多宝贵意见,这对于提高书稿质量帮助极大,在此向他表示衷心的感谢。

限于编者学术水平和教学经验,书中不妥之处在所难免,恳请兄弟院校使用本书的师生及其他读者批评指正。

编　者

主要符号表

物 理 量

a	热扩散率，m^2/s	
A	表面积，m^2	
A_c	横截面积，m^2	
b	宽度，m	
c	比热容，$J/(kg \cdot K)$；光速，m/s	
c_p	比定压热容，$J/(kg \cdot K)$	
c_f	范宁摩擦系数	
C_1	普朗克第一常数，$W \cdot m^2$	
C_2	普朗克第二常数，$m \cdot K$	
d	直径，m	
d_e	当量直径，m	
E	辐射力，W/m^2	
E_λ	光谱辐射力，W/m^3	
f	达尔西（Darcy）阻力系数	
F	力，N	
g	重力加速度，m/s^2	
G	投入辐射，W/m^2	
h	表面传热系数，$W/(m^2 \cdot K)$；比焓，J/kg	
H	焓，J；高度，m	
I	定向辐射强度，$W/(m^2 \cdot sr)$；电流，A	
j	传热因子	
J	有效辐射，W/m^2；电流密度，A/m^2	
k	传热系数，$W/(m^2 \cdot K)$	
$\boldsymbol{i}$、$\boldsymbol{j}$、$\boldsymbol{k}$	分别为 x、y、z 方向的单位矢量	

符号	含义
l	长度，m
$\boldsymbol{n}$	等温面法线方向的单位矢量
p	压力，Pa
P	功率，W
q	热流密度，W/m²
q_m	质量流量，kg/s
q_V	体积流量，m³/s
Q	热量，J
r	半径，m
R	热阻，K/W；半径，m
R_A	面积热阻，m²·K/W
R_c	接触热阻，m²·K/W
R_h	对流传热热阻，K/W
R_k	传热过程总热阻，K/W
R_λ	导热热阻，K/W
s	程长，m；管间距，m
S	形状因子，m
S_c	太阳常数
t	摄氏温度，℃
T	热力学温度，K
u	比热力学能，J/kg；速度，m/s
U	热力学能，J；周长，m
v	速度，m/s
V	体积，m³；电位，V
W	功，J
x	笛卡儿坐标，m
X	角系数；量纲一的坐标
y	笛卡儿坐标，m
z	笛卡儿坐标，m
α_V	体胀系数，K⁻¹
α	吸收率
α_λ	光谱吸收率
β	肋化系数
γ	汽化热，J/kg
δ	厚度，m
ε	发射率；热交换器效能
$\varepsilon(\lambda)$	光谱发射率
η	动力黏度，Pa·s；效率
θ	过余温度，℃或K；平面角，rad

Θ		量纲一的过余温度
λ		波长，m 或 μm；热导率，W/(m·K)
ν		运动黏度，m²/s
ρ		密度，kg/m³；反射率
σ		斯忒藩-玻耳兹曼常量，W/(m²·K⁴)
τ		时间，s；透射率
τ_c		时间常数，s
Φ		热流量，W
$\dot{\Phi}$		内热源强度，W/m³
φ		平面角，rad
ψ		对数平均温差修正系数
Ω		立体角，sr

特 征 数

Bi	毕渥数，$Bi = hl/\lambda$（λ 为固体的**热导率**）
Fo	傅里叶数，$Fo = a\tau/l^2$
Gr	格拉晓夫数，$Gr = gl^3\alpha_V \Delta t/\nu^2$
Nu	努塞尔数，$Nu = hl/\lambda$（λ 为流体的**热导率**）
Pe	贝克来数，$Pe = ul/a$
Pr	普朗特数，$Pr = \nu/a$
Re	雷诺数，$Re = ul/\nu$
Ga	伽利略数，$Ga = gH^3/\nu^2$
Ja	雅各布数，$Ja = \gamma/c_p(t_s - t_w)$

目 录

前言
主要符号表
第1章　绪论 ……………………………… 1
　1.1　传热学的研究对象和任务 ………… 1
　1.2　热量传递的基本方式 ……………… 2
　　1.2.1　热传导 ………………………… 2
　　1.2.2　热对流 ………………………… 4
　　1.2.3　热辐射 ………………………… 5
　1.3　传热过程 …………………………… 6
　1.4　传热学的研究方法 ………………… 8
　思考题与习题 …………………………… 10
第2章　导热基本定律 …………………… 12
　2.1　导热的基本概念 …………………… 12
　2.2　傅里叶定律 ………………………… 14
　2.3　热导率 ……………………………… 15
　2.4　导热问题的数学描述 ……………… 19
　　2.4.1　导热微分方程 ………………… 19
　　2.4.2　单值性条件 …………………… 22
　思考题与习题 …………………………… 27
第3章　稳态热传导 ……………………… 29
　3.1　一维稳态导热 ……………………… 29
　　3.1.1　平壁的稳态导热 ……………… 29
　　3.1.2　圆筒壁的稳态导热 …………… 34
　　3.1.3　球壁的稳态导热 ……………… 37
　3.2　肋片导热 …………………………… 38
　　3.2.1　等截面直肋的稳态导热 ……… 39
　　3.2.2　肋片效率 ……………………… 42
　3.3　其他稳态导热 ……………………… 44
　　3.3.1　二维稳态导热 ………………… 44
　　3.3.2　多维稳态导热的形状因子解法 …… 47
　3.4　接触热阻 …………………………… 49
　思考题与习题 …………………………… 51
第4章　非稳态热传导 …………………… 55
　4.1　非稳态导热的基本概念 …………… 55
　4.2　零维问题非稳态导热 ……………… 56
　4.3　一维问题非稳态导热 ……………… 59
　　4.3.1　无限大平壁冷却或加热问题 …… 59
　　4.3.2　诺模图 ………………………… 63
　4.4　多维问题非稳态导热 ……………… 69
　思考题与习题 …………………………… 70
第5章　对流传热基础 …………………… 72
　5.1　对流传热概述 ……………………… 72
　　5.1.1　牛顿冷却公式与表面传热系数 …… 72
　　5.1.2　对流传热的影响因素 ………… 73
　　5.1.3　对流传热的分类 ……………… 74
　5.2　边界层理论 ………………………… 75
　　5.2.1　流动边界层 …………………… 75
　　5.2.2　热边界层 ……………………… 76
　5.3　对流传热的数学描述 ……………… 77
　　5.3.1　表面传热系数 ………………… 77
　　5.3.2　能量微分方程 ………………… 78
　　5.3.3　对流传热问题的数学描述 …… 80
　　5.3.4　对流传热微分方程组的简化 … 81
　5.4　量纲分析 …………………………… 82
　5.5　相似原理 …………………………… 84
　　5.5.1　相似原理的内容 ……………… 84
　　5.5.2　相似原理指导下的实验研究

　　　　方法 ……………………………… 87
　　思考题与习题 ……………………………… 93

第6章　单相对流传热的计算 ……………… 95

6.1　流体外掠平板层流对流传热的
　　　分析解 ……………………………… 95
　　6.1.1　速度场的求解结果 …………… 95
　　6.1.2　温度场的求解结果 …………… 96
6.2　内部强制对流传热的计算 ………… 98
　　6.2.1　管内流动与对流传热问题 …… 98
　　6.2.2　管内强制对流传热特征数
　　　　　　关联式 ……………………… 103
　　6.2.3　计算举例 ………………………… 106
6.3　外部强制对流传热的计算 ………… 109
　　6.3.1　外掠平板 ………………………… 109
　　6.3.2　横掠单管 ………………………… 111
　　6.3.3　横掠管束 ………………………… 112
　　6.3.4　计算举例 ………………………… 114
6.4　自然对流传热 ……………………… 115
　　6.4.1　自然对流传热的特点 ………… 115
　　6.4.2　自然对流传热的准则关联式 …… 116
　　6.4.3　大空间自然对流传热实验
　　　　　　关联式 ……………………… 117
　　6.4.4　有限空间自然对流传热实验
　　　　　　关联式 ……………………… 118
　　6.4.5　计算举例 ………………………… 119
　　思考题与习题 …………………………… 121

第7章　相变对流传热 …………………… 125

7.1　凝结传热 …………………………… 125
　　7.1.1　膜状凝结和珠状凝结 ………… 125
　　7.1.2　膜状凝结传热分析解及计算
　　　　　　关联式 ……………………… 126
　　7.1.3　膜状凝结传热的影响因素 …… 129
　　7.1.4　膜状凝结传热的强化 ………… 130
7.2　沸腾传热 …………………………… 132
　　7.2.1　大容器饱和沸腾曲线 ………… 132
　　7.2.2　核态沸腾传热的主要影响因素 … 133
　　7.2.3　大容器饱和核态沸腾传热的
　　　　　　实验关联式 ………………… 134
　　思考题与习题 …………………………… 136

第8章　热辐射的基本概念与定律 ……… 139

8.1　热辐射的基本概念 ………………… 139
　　8.1.1　电磁波的波谱和热辐射的特点 … 139
　　8.1.2　物体表面对热辐射的作用 …… 140
8.2　黑体辐射的基本定律 ……………… 142
　　8.2.1　辐射力和辐射强度 …………… 142
　　8.2.2　斯忒藩-玻耳兹曼定律 ………… 143
　　8.2.3　普朗克定律和维恩位移定律 … 143
　　8.2.4　兰贝特定律 ……………………… 145
8.3　实际物体和灰体的热辐射 ………… 147
　　8.3.1　实际物体的辐射特性 ………… 148
　　8.3.2　实际物体的吸收特性 ………… 150
　　8.3.3　吸收率与发射率的关系——基尔
　　　　　　霍夫定律 …………………… 151
　　思考题与习题 …………………………… 154

第9章　辐射传热的计算 ………………… 157

9.1　辐射传热的角系数 ………………… 157
　　9.1.1　角系数的定义 ………………… 157
　　9.1.2　角系数的性质 ………………… 158
　　9.1.3　角系数的计算方法 …………… 159
9.2　封闭系统中被透热介质隔开的灰体
　　　表面间的辐射传热 ………………… 163
　　9.2.1　封闭腔模型 ……………………… 163
　　9.2.2　有效辐射 ………………………… 164
　　9.2.3　有效辐射与辐射传热量的关系 … 164
　　9.2.4　两个漫灰表面组成的封闭腔的
　　　　　　辐射传热 …………………… 164
　　9.2.5　多表面系统漫灰表面的辐射
　　　　　　传热的网络求解法 ………… 166
9.3　气体辐射简介 ……………………… 169
9.4　辐射传热的控制 …………………… 170
　　9.4.1　覆盖光谱选择性涂层改变表面
　　　　　　发射率 ……………………… 170
　　9.4.2　遮热板（辐射屏）削弱辐射
　　　　　　传热 ………………………… 171
　　思考题与习题 …………………………… 172

第10章　传热过程与热交换器 ………… 175

10.1　传热过程的分析与计算 …………… 175
　　10.1.1　通过平壁的传热过程计算 …… 175
　　10.1.2　通过圆筒壁的传热过程计算 … 176
　　10.1.3　通过肋壁的传热过程计算 …… 178
10.2　热交换器的类型 …………………… 180
10.3　热交换器的热力计算 ……………… 182
　　10.3.1　传热计算的基本方程式 ……… 182
　　10.3.2　对数平均温差法 ……………… 183
　　10.3.3　效能-传热单元数法 …………… 187

10.4 热交换器传热过程的强化和削弱 …… 191	12.3.4 传热介质的选择 ………………… 229
10.4.1 传热过程的强化 …………… 191	12.3.5 热管理系统散热结构设计 …… 229
10.4.2 传热过程的削弱 …………… 193	12.3.6 风机与测温点的选择 ………… 230
思考题与习题 …………………………… 193	12.3.7 加热系统 ……………………… 230

第 11 章 传热问题的数值方法 …… 196

- 11.1 数值方法的基本思想 ………………… 196
- 11.2 区域离散化 …………………………… 197
- 11.3 微分方程的离散 ……………………… 198
  - 11.3.1 有限差分法 …………………… 198
  - 11.3.2 有限元法 ……………………… 199
  - 11.3.3 有限体积法 …………………… 200
- 11.4 节点温度差分方程组的迭代求解 …… 203
- 11.5 稳态热传导问题的数值求解 ………… 205
  - 11.5.1 求解域的离散化 ……………… 205
  - 11.5.2 节点温度差分方程的建立 …… 205
- 11.6 非稳态热传导问题的有限差分法 …… 209
- 11.7 对流传热问题的数值求解 …………… 212
  - 11.7.1 直角坐标系中的对流-扩散方程 …………………………… 212
  - 11.7.2 用控制容积积分法进行离散 … 212
  - 11.7.3 五点格式的通用离散方程 …… 213
- 11.8 辐射传热问题的数值解法 …………… 214
  - 11.8.1 热辐射数值计算的特点 ……… 214
  - 11.8.2 热辐射数值计算的分类 ……… 214
  - 11.8.3 辐射传热积分方程近似解法 … 215
- 思考题与习题 …………………………… 218

第 12 章 工程应用 …… 220

- 12.1 热管及其应用 ………………………… 220
  - 12.1.1 热管的结构、工作原理和特性 ……………………………… 220
  - 12.1.2 热管的传热极限 ……………… 221
  - 12.1.3 热管的分类、特点和用途 …… 222
- 12.2 新型空冷传热技术 …………………… 224
  - 12.2.1 空冷技术的原理及特点 ……… 224
  - 12.2.2 直接空冷系统的组成 ………… 225
- 12.3 电动汽车动力电池组的热管理 ……… 226
  - 12.3.1 电池热模型 …………………… 227
  - 12.3.2 电池组最优工作温度范围 …… 227
  - 12.3.3 电池热场计算及温度预测 …… 228

- 12.4 太阳能的热利用 ……………………… 230
  - 12.4.1 太阳能的利用形式 …………… 231
  - 12.4.2 太阳能利用技术未来的发展趋势 ……………………………… 231
- 12.5 新型导热和绝热材料 ………………… 232
  - 12.5.1 新型导热材料 ………………… 232
  - 12.5.2 新型绝热（保温）材料 ……… 233
- 思考题与习题 …………………………… 237

附录 …… 238

- 附录 A 常用单位换算表 ………………… 238
- 附录 B 金属材料的密度、比热容和热导率 ……………………………… 239
- 附录 C 保温、建筑及其他材料的密度和热导率 ……………………………… 240
- 附录 D 几种保温、耐火材料的热导率与温度的关系 ………………………… 241
- 附录 E 大气压力（$p = 1.01325×10^5$Pa）下干空气的热物理性质 …………… 241
- 附录 F 大气压力（$p = 1.01325×10^5$Pa）下标准烟气的热物理性质 ………… 242
- 附录 G 大气压力（$p = 1.01325×10^5$Pa）下过热水蒸气的热物理性质 ……… 242
- 附录 H 饱和水的热物理性质 …………… 243
- 附录 I 干饱和水蒸气的热物理性质 …… 244
- 附录 J 几种饱和液体的热物理性质 …… 245
- 附录 K 几种液体的体胀系数 …………… 248
- 附录 L 液态金属的热物理性质 ………… 248
- 附录 M 第一类贝塞尔（Bessel）函数 … 249
- 附录 N 误差函数选摘 …………………… 250
- 附录 O 常用材料的表面发射率 ………… 250
- 附录 P 常用热交换器传热系数的大致范围 ……………………………… 252
- 附录 Q 生物材料的热物理性质 ………… 253

参考文献 …… 254

第 1 章

绪 论

本章首先简要介绍了传热学的研究对象及其在现代科学技术和工程应用中的地位,以使读者明确学习本课程的目的和意义;随后简要分析了热量传递的三种基本方式,并通过热阻概念的引入,对传热过程的特征做出简要阐述;最后,列举了传热学的几种常见研究方法。

1.1 传热学的研究对象和任务

1. 传热学的定义

传热学是研究温差作用下热量传递规律的一门学科,具体来说,包含热量传递的机理、规律、计算和测试方法等。

热力学第二定律指出:凡是有温差的地方,就会有热量自发地从高温物体传向低温物体,或是从物体的高温部分传向低温部分。由于温度差广泛存在于工农业生产和日常生活中,因此热量传递便成了一种普遍的自然现象。认识传热的规律、掌握控制与优化热量传递的方法和技术是传热学研究的基本内容。在传热学中不仅应用热力学第一定律和第二定律,还需引入能确定热量传递速率的有关定律,对这些定律的研究和应用,构成了传热学研究的基础。

2. 传热学的应用领域

传热学在生产技术领域的应用十分广泛,在机械工程、材料、石油化工、环境控制工程、电子技术、信息工程、航天、生物技术、医学和生命科学等众多领域,传热学知识都发挥着极其重要的作用。例如:能源开发与利用以及工业生产中必需的高效换热设备的设计制造;随着航空航天及核聚变等高新技术的发展,各种热工设备的工作温度不断提高,必须控制热量传递过程,保证热设备能够长时间、高效率地安全运行;随着计算机技术的发展,电子元器件的集成度越来越高、功率越来越大、尺寸越来越小,而其工作温度又不能太高,能否解决其散热问题成为制约计算机向大容量、小型化发展的重要因素;还有电力、冶金、石油、化工以及建筑行业中的隔热保温技术也都属于传热工程技术的范畴。

近年来,传热学与上述学科的发展关系更为密切,并不断深入到这些学科领域中,形成了诸多新兴的边缘和交叉学科。例如,电子技术中为超大规模集成电路的冷却而产生的微纳尺度传热问题、航天领域中为航天器和载人飞船的热控制而产生的微/零重力条件下的传热问题，以及生物医学领域中生物体内的传热问题等。

3. 传热学的学科特点及研究对象

由上面的分析可知，传热学是一门与工程实际紧密结合的课程，是热工系列课程体系的重要内容之一，也是一门理论性和应用性极强的专业基础课。它的研究对象为温差作用下热量传递的规律，其中涉及很多数学的理论和方法，而且基本概念很多，分析具体问题的方法又常常是灵活多变的。经过多年的发展，一方面热量传递的一些基本规律和理论已经基本成型，它们在工程实际的各个领域推动了生产技术的不断进步；另一方面，新兴科学技术的发展又给传热学提出了新的课题和挑战。青年学子应了解传热学发展史，把科技自立自强信念融入人生追求。作为一门众多专业的基础课，传热学将为后续课程的学习打下坚实的基础。

通过本课程的学习，学生应能获得比较丰富和扎实的热量传递规律的基础知识，具备分析工程实际传热问题的基本能力。在学习过程中，学生应重点掌握热量传递的方式和基本规律，以及热量传递过程中热流量的基本计算过程，从而学会增强或削弱传热的常见方法。另一方面，还需要掌握物体内部温度分布的确定方法，以便进行合理的温度控制。这在金属产品的加工过程以及生物医学中是一类常见的问题。例如，癌细胞是一种异常细胞，其新陈代谢很快，繁殖旺盛，因此肿瘤部位的温度要比正常组织细胞高一些。根据热辐射的原理，温度越高的物体产生的辐射能就会越高，因此可利用这种微小温差引起的辐射能量的差异，通过医用红外热像仪获得的局部高温区域，判读出肿瘤的位置和大小。生物医学中，器官、胚胎等的低温冻存和复温过程，如何控制降温复温的速率、如何防治低温损伤也均与传热学的知识息息相关。

通过本课程的学习，学生还应当具备一定的设计计算能力，并掌握一些重要热工参数实验测试的基本技能，真正实现"从工程技术中来，到工程技术中去"。

1.2 热量传递的基本方式

热量传递有三种基本方式，分别是热传导、热对流和热辐射，这是按照机理的不同，对传热进行的分类。一个复杂的传热问题往往是这些基本传热方式的组合，通常称之为复合传热。下面对这三种基本的传热方式进行简单的介绍。

1.2.1 热传导

1. 定义

热传导，简称导热，它是一种在温差的作用下，由于分子、原子及自由电子等微观粒子的热运动而产生的热量传递现象。

温差是导热进行的必要条件，它可以存在于物体内部的不同部位，也可以是在相互接触的物体表面之间。例如，手握金属棒的一端，将另一端伸进灼热的火炉，就会有热量通过金属棒传到手掌，这种热量传递现象就是导热。导热现象既可以发生在固体内部和静止的流体中，也可以发生在流动的液体和气体中。导热是物质的固有本质，只是这种本领因物质本身内部微观结构的不同而造成的差异也较为明显。

2. 导热的基本计算式

在工业上和日常生活中，大平壁的导热是最常见的导热问题，如通过锅炉炉墙以及房屋墙壁的导热等。对于这样的壁面，其厚度方向的尺寸远远小于壁的长度和宽度，当平壁表面温度均匀且保持不变时，可以近似地认为平壁的温度只沿着垂直于壁面的厚度方向发生变化，并且不随时间发生变化，因此热量也只沿着垂直于壁面的方向进行传递（图 1-1），这样的导热被认为是一种典型的一维稳态导热问题。

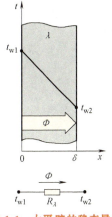

图 1-1　大平壁的稳态导热

大量的实验测试结果表明，对于图 1-1 所示的大平壁，一维稳态导热的热流量 Φ 与平壁的表面积 A 及两侧表面的温差 $t_{w1}-t_{w2}$ 成正比，而与平壁的厚度 δ 成反比，并与平壁材料的导热性能有关，可表示为

$$\Phi = \lambda A \frac{t_{w1}-t_{w2}}{\delta} \tag{1-1}$$

式中，比例系数 λ 称为材料的热导率或称为导热系数 [W/(m·K) 或 W/(m·℃)]。

热导率的数值大小反映了材料的导热能力，即热导率越大，材料的导热能力也就越强。有关热导率的讨论将在第 2 章中详细展开。

借鉴电工学中欧姆定律的表达式电流 = $\dfrac{电位差}{电阻}$，式（1-1）可改写成热流 = $\dfrac{温差}{热阻}$ 的形式，即

$$\Phi = \frac{t_{w1}-t_{w2}}{\dfrac{\delta}{\lambda A}} = \frac{t_{w1}-t_{w2}}{R_\lambda} \tag{1-2}$$

式中，$R_\lambda = \dfrac{\delta}{\lambda A}$ 称为平壁的导热热阻（K/W）。

由此可见，平壁的厚度越大，导热热阻越大；而平壁材料的热导率越大，其导热热阻则越小。热阻表示物体对热量传递的阻力，热阻越小，则传热能力越强。通常可以用类似电工学中欧姆定律的方法来分析和求解传热学的问题，大平壁导热过程的热阻网络如图 1-1 所示。热阻是传热学中的一个重要概念，它使传热问题的物理概念更加的清楚明了，同时又给计算带来了很大的方便。

在传热学中，热流量均指单位时间内传递的热量，用 Φ 来表示，其单位为 W；而单位时间通过单位面积的热流量可称为热流密度，用 q 来表示，其单位为 W/m^2。根据式（1-1）可知，通过大平壁的一维稳态导热热流密度可以表示为

$$q = \frac{\Phi}{A} = \lambda \frac{t_{w1}-t_{w2}}{\delta} \tag{1-3}$$

例 1-1　有三块分别由纯铜、黄铜和碳钢制成的大平板，厚度均为 10mm，两侧表面的温差都维持在 50℃ 并保持不变，已知三种材料的热导率分别为 398W/(m·K)、109W/(m·K) 和 40W/(m·K)，试求通过每块平板的导热热流密度。

解 对于大平壁的一维稳态导热问题,可根据式(1-3)进行热流密度的求解。

对于纯铜板:

$$q_1 = \lambda_1 \frac{t_{w1}-t_{w2}}{\delta} = 398 \times \frac{50}{0.01} \text{W/m}^2 = 1.99 \times 10^6 \text{W/m}^2$$

对于黄铜板:

$$q_2 = \lambda_2 \frac{t_{w1}-t_{w2}}{\delta} = 109 \times \frac{50}{0.01} \text{W/m}^2 = 0.545 \times 10^6 \text{W/m}^2$$

对于碳钢板:

$$q_3 = \lambda_3 \frac{t_{w1}-t_{w2}}{\delta} = 40 \times \frac{50}{0.01} \text{W/m}^2 = 0.2 \times 10^6 \text{W/m}^2$$

1.2.2 热对流

1. 定义

热对流是指由于流体的宏观运动而引起的流体各部分之间发生相对位移,冷、热流体相互掺混所导致的热量传递过程。热对流只能发生在流体中,而且由于流体中的分子同时在进行着不规则的热运动,因而热对流必然伴随有热传导的现象。

在日常生活和生产实践中,遇到的实际对流现象经常是流体和它所接触的固体表面之间的热量交换过程,如锅炉水冷壁中的水和管壁之间的换热、制冷设备中制冷剂和管道壁面的热量传递、室内空气和墙壁面之间的热量交换等。当流体流过物体表面时,由于黏滞作用,紧贴物体表面的流体是静止的,热量传递只能按照导热的方式进行;而远离物体表面的流体由于有宏观相对运动,热对流的方式将成为主导。可见,这种换热方式属于一种复合换热,通常被称为对流传热(图1-2),以区别于一般意义上的热对流。本书仅对对流传热问题进行讨论。

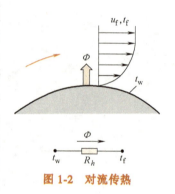

图1-2 对流传热

2. 对流传热的基本公式

1701年,牛顿提出了著名的对流传热基本计算公式,称为牛顿冷却公式,其形式如下:

$$\Phi = hA\Delta t \tag{1-4}$$

式中,h 称为对流传热系数,或表面传热系数[W/(m²·K)];A 为流体所接触到的固体壁面的面积(m²);Δt 为固体壁面与流体之间的温差(K)。

类似导热热阻的定义,牛顿冷却公式也可以写成欧姆定律表达式的形式:

$$\Phi = \frac{\Delta t}{\frac{1}{hA}} = \frac{\Delta t}{R_h} \tag{1-5}$$

式中,$R_h = \frac{1}{hA}$ 称为对流传热热阻(K/W)。

对流传热过程也可以用图1-2中下方的热阻网络来表示。需要指出的是,对流传热系数的大小反映了对流传热的强弱,它不仅取决于流体的物性、流动的状态、流动的起因,还与流经的物体表面几何形状和尺寸,以及传热时流体有无相变等因素有关。不同换热工况下的表面传热系数往往相差很大,需要视具体情况来分析。如何用理论分析或实验方法获得各种情况下对流传热系数的计算关系式是研究对流传热问题的基本任务,这些内容将在本书的对流传热部分进行详细的介绍。

> **例 1-2** 一室内暖气片的总散热面积为 $3m^2$,工作时其表面温度为 50℃,并与温度为 20℃ 的室内空气之间进行着对流传热,已知该过程的对流传热系数为 $4W/(m^2 \cdot K)$。试计算该暖气片相当于多大功率的电取暖器?
>
> **解** 暖气片与室内空气之间进行的是稳态的对流传热,根据牛顿冷却公式,可得
>
> $$\Phi = hA\Delta t = 4 \times 3 \times (50-20) W = 360W = 0.36kW$$
>
> 即该暖气片相当于功率为 0.36kW 的电取暖器。

1.2.3 热辐射

1. 定义

物体通过电磁波传递能量的过程称为辐射。物体会因各种原因激发产生辐射能,其中由于热的原因,物体将自身的内能转化成电磁波的能量而进行的辐射过程称为热辐射。

在太阳与地球之间是几乎没有任何物质的真空,因此太阳不能通过热传导或者是热对流的方式将热量传给地球,而只能通过热辐射的方式。由此可见,热辐射不依靠中间媒介,可以在真空中传播,而热传导和热对流只有在物体直接接触时才能进行。

自然界中的任何物体,只要温度高于 0K,就会不停地向周围空间发出热辐射,同时又不断地吸收其他物体发出的热辐射。辐射和吸收过程的综合结果,就造成了一种以辐射方式进行的特殊热量传递过程——辐射传热。需要指出的是,当物体与周围环境处于热平衡时,辐射传热量等于零,但这时实际上处于一种动态平衡,辐射和吸收过程仍在不停地进行。

辐射传热过程中不仅产生能量的转移,而且伴随着能量形式的转换,即发射时从热能转换为辐射能,而被吸收时又从辐射能转换为热能。

2. 辐射能计算的基本公式

实验表明,物体的辐射能力与温度有关,同一温度下不同物体的辐射和吸收本领也不同。在探索热辐射规律的过程中,人们提出了一种称为绝对黑体(简称黑体)的理想物体的概念,它对于热辐射的研究具有十分重要的意义。作为一种理想物体,黑体能吸收投入到其表面上的所有热辐射能量,在同温度的物体中,黑体的吸收和辐射能力均是最大的。

斯忒藩-玻耳兹曼(Stefan-Boltzmann)定律揭示了黑体在单位时间内发出的热辐射能量总量,其形式如下:

$$\Phi = \sigma A T^4 \tag{1-6}$$

式中,T 为黑体的热力学温度(K);σ 为斯忒藩-玻耳兹曼常量,即通常说的黑体辐射常数,它是一个自然常数,其值为 $5.67 \times 10^{-8} W/(m^2 \cdot K^4)$;$A$ 为辐射表面面积(m^2)。

一切实际物体的辐射能力都小于同温度下的黑体。因此,若要将斯忒藩-玻耳兹曼定律推广至实际物体辐射热流量的计算,则必须进行以下修正:

$$\Phi = \varepsilon \sigma A T^4 \tag{1-7}$$

式中，ε 称为该物体的发射率。

发射率习惯上又称为黑度，其值总小于或等于 1（对于黑体其值为 1），它与物体的种类及表面状态有关。斯忒藩-玻耳兹曼定律又称四次方定律，是辐射传热计算的基础，而辐射传热的分析和计算也可使用热阻和热阻网络图。热辐射的基本规律和辐射传热的计算方法将在第 8、9 章详细讨论。

例 1-3 表面温度为 95℃ 的蒸汽管道从厂房内通过，若管道表面的发射率 $\varepsilon=0.85$，试计算蒸汽管道发射出的热流密度。

解 蒸汽管道发射出的热流密度即为单位面积发射出的辐射热流量，按式(1-7)有

$$q=\frac{\Phi}{A}=\varepsilon\sigma T^4=0.85\times 5.67\times 10^{-8}\times(95+273)^4 \text{W/m}^2=883.9\text{W/m}^2$$

以上分别介绍了导热、热对流和热辐射这三种热量传递的基本方式。实际上，三种方式往往不是单独出现的，如前面所指出的，对流传热就是导热和热对流两种方式共同作用的结果。再如，暖气片的散热过程包含了三种基本方式：暖气片内蒸汽或热水与内壁面的对流传热、暖气片壁的导热、外壁面与周围空气的对流传热以及与房间内墙壁、物体之间的辐射传热。这样的例子数不胜数，因此在分析传热问题时，首先就应该弄清楚有哪些传热方式在起作用，然后再按照每一种传热方式的规律进行计算。有时，某一种传热方式虽然存在，但与其他传热方式相比，起的作用非常小，往往可以忽略，可以视具体问题具体分析。

1.3 传热过程

在工程上经常遇到固体壁面两侧流体之间的热量交换现象，如锅炉中水冷壁、省煤器和空气预热器的传热，蒸汽轮机装置的表面式冷凝器、内燃机散热器的传热，以及热力设备和管道的散热等。在传热学中，将这种某一侧高温流体通过固体壁面将热量传递到另一侧低温流体中去的热量传递过程，称为传热过程。

必须要说明的是，与一般性论述中的热量传递过程不同，本书中所出现的"传热过程"具有其特定的含义，只有严格符合上述定义的热量传递现象才能被称为传热过程。

一般来说，传热过程由三个相互串联的热量传递环节组成：

1）热量以对流传热的方式从高温流体传给壁面，有时还存在高温流体与壁面之间的辐射传热，如炉膛内高温烟气与水冷壁之间。

2）热量以导热的方式从高温流体侧壁面传递到低温流体侧壁面。

3）热量再以对流传热的方式从低温流体侧壁面传给低温流体，同样，有时也须考虑壁面与流体及周围环境之间的辐射传热。

这里先介绍最简单的通过平壁的稳态传热过程，其他传热过程将在第 10 章进行讨论。

如图 1-3 所示，一个热导率 λ 为常数、厚度为 δ 的大平壁。平壁左侧远离壁面处的流体温度为 t_{f1}，表面传热系数为 h_1，平壁右侧远离壁面处的流体温度为 t_{f2}，表面传热系数为 h_2，且 $t_{f1}>t_{f2}$。假设平壁两侧的流体温度及表面传热系数都不随时间而变化，这显然是一个稳态的传热过程，由平壁左侧的对流传热、平壁的导热以及平壁右侧的对流传热三个相互串联的

热量传递环节组成。

根据牛顿冷却公式，第一个环节平壁左侧流体与左侧壁面之间的对流传热，可写为

$$\Phi = h_1 A (t_{f1} - t_{w1}) = \frac{t_{f1} - t_{w1}}{\frac{1}{h_1 A}} = \frac{t_{f1} - t_{w1}}{R_{h1}} \tag{1-8}$$

第二个环节平壁的导热，根据平壁导热基本公式（1-1）和式（1-2），有

$$\Phi = \lambda A \frac{t_{w1} - t_{w2}}{\delta} = \frac{t_{w1} - t_{w2}}{\frac{\delta}{\lambda A}} = \frac{t_{w1} - t_{w2}}{R_\lambda} \tag{1-9}$$

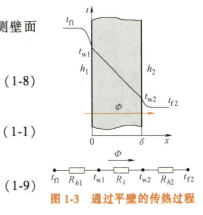

图 1-3 通过平壁的传热过程

同理，第三个环节所对应的平壁右侧流体与壁面之间的对流传热，可写为

$$\Phi = h_2 A (t_{w2} - t_{f2}) = \frac{t_{w2} - t_{f2}}{\frac{1}{h_2 A}} = \frac{t_{w2} - t_{f2}}{R_{h2}} \tag{1-10}$$

式（1-8）~式（1-10）中，R_{h1}、R_λ、R_{h2} 分别为平壁左侧对流传热热阻、平壁导热热阻和平壁右侧对流传热热阻。在稳态情况下，式（1-8）、式（1-9）和式（1-10）中计算所得的热流量 Φ 应当是相同的。联立求解后，可得

$$\Phi = \frac{t_{f1} - t_{f2}}{\frac{1}{Ah_1} + \frac{\delta}{A\lambda} + \frac{1}{Ah_2}} = \frac{t_{f1} - t_{f2}}{R_{h1} + R_\lambda + R_{h2}} = \frac{t_{f1} - t_{f2}}{R_k} \tag{1-11}$$

式中，R_k 称为传热过程总热阻（K/W），由三个热阻串联而成，热阻网络如图1-3所示，所显示出的串联热阻叠加的原则与电学中电阻相关内容完全类似。由此可见，应用热阻的概念，在确认构成传热过程的各个环节后，可以立即确定各个环节的热阻及总热阻，直接写出式（1-11），而不必再做前面的推导。

式（1-11）还可以进一步写成

$$\Phi = kA(t_{f1} - t_{f2}) \tag{1-12}$$

式（1-12）称为传热方程式，是热交换器热力计算的一个基本公式，其中 k 称为传热系数，单位是 W/(m²·K)，形式如下：

$$k = \frac{1}{\frac{1}{h_1} + \frac{\delta}{\lambda} + \frac{1}{h_2}} \tag{1-13}$$

若写成热流密度的形式，可以表示成

$$q = k(t_{f1} - t_{f2}) = \frac{t_{f1} - t_{f2}}{\frac{1}{h_1} + \frac{\delta}{\lambda} + \frac{1}{h_2}} \tag{1-14}$$

传热系数的大小不仅取决于参与传热过程的两种流体的种类，还与两侧对流传热过程的其他一些基本因素有关，如流速的大小、壁面的形态、有无相变等。如果还需将流体与壁面间的辐射传热考虑进来，则式（1-13）中的表面传热系数 h_1 或 h_2 可取为复合传热表面传

系数，它包括由辐射传热折算出来的表面传热系数在内，其计算方法将在后面章节中讨论。

例 1-4 一房屋的混凝土外墙的厚度 $\delta = 150\text{mm}$，混凝土的热导率 $\lambda = 1.5\text{W}/(\text{m}\cdot\text{K})$，冬季室外空气温度 $t_{f2} = -10\text{°C}$，有风天和墙壁之间的表面传热系数 $h_2 = 20\text{W}/(\text{m}^2\cdot\text{K})$，室内空气温度 $t_{f1} = 25\text{°C}$，和墙壁之间的表面传热系数 $h_1 = 5\text{W}/(\text{m}^2\cdot\text{K})$。假设墙壁及两侧的空气温度及表面传热系数都不随时间而变化，求单位面积墙壁的散热损失及内外墙壁面的温度 t_{w1}、t_{w2}。

解 由给定条件可知，这是一个稳态传热过程。

根据式（1-14），通过墙壁的热流密度，即单位面积墙壁的散热损失为

$$q = \frac{t_{f1}-t_{f2}}{\dfrac{1}{h_1}+\dfrac{\delta}{\lambda}+\dfrac{1}{h_2}}$$

$$= \frac{25-(-10)}{\dfrac{1}{5}+\dfrac{0.15}{1.5}+\dfrac{1}{20}} = 100\text{W/m}^2$$

根据牛顿冷却公式（1-5），对于内、外墙面与空气之间的对流传热，有

$$q = h_1(t_{f1}-t_{w1})$$
$$q = h_2(t_{w2}-t_{f2})$$

于是可求得

$$t_{w1} = t_{f1} - \frac{q}{h_1} = \left(25-\frac{100}{5}\right)\text{°C} = 5\text{°C}$$

$$t_{w2} = t_{f2} + \frac{q}{h_2} = \left(-10+\frac{100}{20}\right)\text{°C} = -5\text{°C}$$

1.4 传热学的研究方法

传热学和工程热力学都以热力学第一定律和第二定律为基础，但两者的研究内容有所不同。工程热力学着重研究平衡状态下机械能和热能之间相互转换的规律，而传热学则研究由于存在温度差而引起的不可逆的热量传递规律。以 1000℃ 的钢锭在油槽中冷却到 100℃ 的现象为例，工程热力学可以告诉人们每千克钢锭在这一冷却过程中散失的热量。假定钢锭的比热容为 450J/(kg·K)，则每千克钢锭温度降低 1℃ 时损失的热力学能为 450kJ。但是，工程热力学无法告诉人们为达到这一温度需要的时间，而这一时间取决于油槽的温度、油的运动情况、油的物理性质等，相反这正是传热学的研究内容。

就物体温度与时间的依变关系而言，热量传递过程可区分为稳态过程（又称定常过程）与非稳态过程（又称非定常过程）两大类。凡是物体中各点温度不随时间而改变的热传递过程均称为稳态热传递过程，反之则称为非稳态热传递过程。各种热力设备的设计往往是以额定功率下持续不变工况的运行作为主要依据的。

工程中的传热问题可分为两种类型。一类是计算传递的热流量，并且有时要达到增强传

热的效果，有时则力求削弱传热。例如，汽车发动机中循环使用的冷却水在散热器中放出热量，为了使散热器紧凑、效率高，必须增强传热；又如，为了使热力设备减少散热损失，必须外加保温层以削弱传热。另一类是确定物体内各点的温度，以便进行温度控制和其他计算（如热应力计算），如确定燃气轮机叶片和锅炉气泡壁内的温度分布即属于这一类。要解决这些传热问题，必须具备热量传递规律的基础知识和分析工程传热问题的基本能力，掌握计算工程传热问题的基本方法，并具有相应的计算能力及一定的实验技能。这就是学习本课程的目的和要求，它们都将在服务"双碳"目标、提升能源利用效率领域发挥重要作用。

和其他学科一样，在传热学的研究中，也需引入一些对现象进行科学简化的假设。这些假设一般分为两类。一类属于普遍性的假设，例如，在本书所讨论的范围内均假设所研究的物体为连续体，即物体内各点的温度等参数为时间和空间坐标的连续函数。若不考虑物质的微观结构，只要所研究物体的尺寸与分子间相互作用的有效距离相比足够大，这一假设总是成立的。又如，假定所研究的物体是各向同性的，也即在同样的温度、压力下，物体内各点的物性与方向无关。另一类假设是针对某一类特定问题引入的，例如反映物体导热能力的热导率总是随温度而变化的，但为了简化计算而又不致出现明显的误差，将其取为定值或适当的平均值。为了能在实际计算中做出恰当的简化和假设，必须对各种物理现象做详细的观察和分析，这就要求人们具有丰富的理论知识和实践经验。

热传递的研究方法既可用理论分析，也可用实验研究，两者是相辅相成的。理论的基础是实践，并在实践中不断发展。所以，科学技术的进步和生产实践经验对于加强理论分析，进而更好地解决生产中有关热传递的问题，具有十分重要的意义。青年学子应努力提升认识问题、分析问题和解决问题的能力。目前，传热问题的主要研究方法有三种，即分析法、数值法和实验法。

1. 传热问题的数学分析方法

在对传热现象充分认识的基础上，通过合理的简化和假设，建立所研究问题的物理模型，在此基础上建立描述该传热现象的数学模型，即微分方程及定解条件，并用分析的方法进行求解。但是，由于实际问题的复杂性，仅有少数传热问题能够获得分析解。虽然如此，数学分析方法在传热学研究中的地位仍然是不容忽视的。在本课程的学习过程中，将介绍一些简单问题分析解的求取方法。

2. 传热问题的数值计算方法

采用数值计算方法时，把描述传热现象的微分方程组通过离散化改写成一组代数方程，通过迭代法、消元法等数值计算方法用计算机求解该代数方程组，就可以求得所研究区域中一些代表性地点上的温度及其他所需的物理量。它不仅可以求解导热问题，而且可以求解对流传热、辐射传热和整个传热过程的问题，并已形成传热学的一个新分支——数值传热学。在本书的第11章中，将结合具体实例介绍传热学数值计算的常见方法和实施过程。

3. 传热问题的实验研究方法

由于工程实际问题的复杂性，实验研究方法仍是目前传热学的基本研究方法。实际的传热设备往往比较庞大，要在这种设备上直接进行实验需花费较多的人力和物力。为了能有效地进行实验研究，常常采用缩小的模型进行实验。要使模型中的实验结果能应用到实际设备中去，需按照相似理论的原则来组织实验、整理数据。本书将比较详细地介绍这方面的内容，使读者在对流传热实验研究方面得到较完整的知识，为以后从事科研工作打下基础。

> **小结**
>
> 本章给出了传热学的定义和研究对象,并通过大量的实例阐述了该课程和学科的特点。随后,简要介绍了热量传递的三种基本方式,并分别给出了相应的基本计算公式。最后,探讨了传热过程的基本环节和分析计算方法,并采用类比法给出了热阻的定义。

思考题与习题

1-1 试说明热传导(导热)、热对流和热辐射三种热量传递基本方式之间的联系与区别。

1-2 有两幢形状和大小相同的房屋,室内保持相同的温度。早晨发现一幢房屋屋顶有霜,另一幢屋顶无霜。试分析哪一幢房屋的屋顶隔热性能好。

1-3 用一只手握住盛有热水的杯子,另一只手用筷子快速搅拌热水,握杯子的手会显著地感到热。试分析其原因。

1-4 在深秋晴朗无风的夜晚,气温高于0℃,但清晨却看见草地披上一层白霜,但如果阴天或有风,在同样的气温下草地却不会出现白霜,试解释这种现象。

1-5 在有空调的房间内,夏天和冬天的室温均控制在20℃,夏天只需穿衬衫,但冬天穿衬衫会感到冷,这是为什么?

1-6 图1-4所示为三种太阳能热水器的元件:图1-4a所示为充满水的金属管;图1-4b所示为在图1-4a的管外加一玻璃罩,玻璃罩和金属管间有空气;图1-4c所示为在图1-4a的管外加一玻璃罩,但玻璃罩与金属管间抽真空。试分别用框图表示三种元件的传热过程,并论述其效率由图1-4a向图1-4c逐步提高的原因。

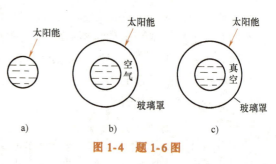

图1-4 题1-6图

1-7 什么是串联热阻叠加原则?它在什么条件下成立?以固体中的导热为例,试讨论什么情况下在热量传递方向上不同截面的热流量不相等。

1-8 一大平板,高3m、宽2m、厚0.02m,热导率为45W/(m·K),两侧表面温度分别为$t_1 = 100℃$、$t_2 = 50℃$,试求该平板的热阻、热流量、热流密度。

1-9 一间地下室的混凝土地面的长和宽分别为11m和8m,厚为0.2m。在冬季,上下表面的标称温度分别为17℃和10℃。如果混凝土的热导率为1.4W/(m·K),通过地面的热损失是多少?如果采用效率$\eta_f = 0.90$的燃气炉对地下室供暖,且天然气的价格$C_g = 0.01$美元/MJ,每天由热损失造成的费用是多少?

1-10 空气在一根内径为50mm、长为2.5m的管子内流动并被加热,已知空气平均温度为 80℃，管内对流传热的表面传热系数 $h = 70\text{W}/(\text{m}^2 \cdot \text{K})$，热流密度 $q = 5000\text{W}/\text{m}^2$，试求管壁温度及热流量。

1-11 受迫流动的空气流过室内加热设备的一个对流热交换器，产生的表面传热系数 $h = 1135.59\text{W}/(\text{m}^2 \cdot \text{K})$，热交换器表面温度可认为是常数，为 65.6℃，空气温度为 18.3℃。若要求的加热功率为 8790W，试求所需热交换器的传热面积。

1-12 一电炉丝，温度为 847℃，长 1.5m，直径为 2mm，表面发射率为 0.95。试计算电炉丝的辐射功率。

1-13 夏天，停放的汽车其表面的温度通常平均达 40~50℃，设为 45℃，表面发射率为 0.90，求车子顶面单位面积发射的辐射功率。

1-14 某锅炉炉墙，内层是厚 7.5cm、$\lambda = 1.10\text{W}/(\text{m} \cdot \text{K})$ 的耐火砖，外层是厚 0.64cm、$\lambda = 39\text{W}/(\text{m} \cdot \text{K})$ 的钢板，且在每平方米的炉墙表面上有 18 只直径为 1.9cm 的螺栓 $[\lambda = 39\text{W}/(\text{m} \cdot \text{K})]$。假定炉墙内、外表面温度均匀，内表面温度为 920K，炉外是温度为 300K 的空气，炉墙外表面的表面传热系数为 $68\text{W}/(\text{m}^2 \cdot \text{K})$，求炉墙的总热阻和热流密度。

1-15 有一厚度 $\delta = 400\text{mm}$ 的房屋外墙，热导率 $\lambda = 0.5\text{W}/(\text{m} \cdot \text{K})$。冬季室内空气温度 $t_1 = 20℃$，和墙内壁面之间对流传热的表面传热系数 $h_1 = 4\text{W}/(\text{m}^2 \cdot \text{K})$。室外空气温度 $t_2 = -10℃$，和外墙之间对流传热的表面传热系数 $h_2 = 6\text{W}/(\text{m}^2 \cdot \text{K})$。如果不考虑热辐射，试求通过墙壁的传热系数、单位面积的传热量和内、外壁面温度。

1-16 一双层玻璃窗，宽 1.1m、高 1.2m、厚 3mm，热导率为 $1.05\text{W}/(\text{m} \cdot \text{K})$；中间空气层厚 5mm，设空气隙仅起导热作用，热导率为 $2.60 \times 10^{-2}\text{W}/(\text{m} \cdot \text{K})$。室内空气温度为 25℃，表面传热系数为 $20\text{W}/(\text{m}^2 \cdot \text{K})$；室外温度为 -10℃，表面传热系数为 $15\text{W}/(\text{m}^2 \cdot \text{K})$。试计算通过双层玻璃窗的散热量，并与单层玻璃窗相比较。假定在两种情况下室内外空气温度及表面传热系数相同。

1-17 一个正方形硅芯片，长宽均为 5mm，厚度为 1mm，热导率为 $150\text{W}/(\text{m} \cdot \text{K})$。芯片安装在底板上，其侧面和背面绝热，而正面暴露于冷却剂。如果安装在芯片背面上的电路的功耗为 4W，则背面和正面的稳态温差是多少？

1-18 一长宽均为 10mm 的等温集成电路芯片安装在一块底板上，温度为 20℃ 的空气在风扇作用下冷却芯片。芯片的最高允许温度为 85℃，芯片与冷却气流间的平均表面传热系数为 $175\text{W}/(\text{m}^2 \cdot \text{K})$。试确定在不考虑辐射时芯片的最大允许功率。

1-19 半径为 0.5m 的球状航天器在太空中飞行，其表面发射率为 0.8，航天器内电子元件的散热总共为 175W。假设航天器没有从宇宙空间接收任何辐射能量，试估算其表面的平均温度。

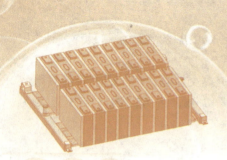

第 2 章

导热基本定律

　　导热是由于物体内部微观粒子的热运动而产生的热量传递现象,但是本章并不讨论物体的微观结构和微观粒子的热运动规律,而是从连续介质的假设出发,从宏观的角度讨论导热热流量与物体温度分布及其他影响因素之间的关系。一般情况下,绝大多数固体、液体及气体都可以看作连续介质,但是当分子的平均自由程与物体的宏观尺寸相比不能忽略时,如压力降低到一定程度的稀薄气体,就不能认为是连续介质,因此也就不在本章研究的范畴之内。本章将介绍描述导热过程的一些概念、导热基本定律以及描述导热问题的导热微分方程和单值性条件。

2.1　导热的基本概念

1. 温度场

　　温差是热量传递的动力,每一种传热方式都和物体的温度分布密切相关。在某一时刻 τ,物体内所有点的温度分布称为该物体在 τ 时刻的温度场,如图2-1所示。一般温度场是空间坐标和时间的函数,在直角坐标系中,温度场可表示为

$$t=f(x, y, z, \tau) \quad (2\text{-}1)$$

式中,t 为温度;x、y、z 为空间直角坐标;τ 为时间。

　　温度场可以分为两大类:一类是随时间变化的温度场,称为非稳态温度场,非稳态温度场中的导热称为非稳态导热;另一类是不随时间变化的温度场 $\left(\dfrac{\partial t}{\partial \tau}=0\right)$,称为稳态温度场,可表示为

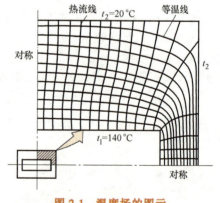

图 2-1　温度场的图示

$$t=f(x, y, z) \quad (2\text{-}2)$$

稳态温度场中的导热称为稳态导热。

　　根据温度在空间坐标三个方向的变化情况,温度场又可分为一维温度场,如 $t=f(x,$

τ)、$t=f(y,\tau)$、$t=f(z,\tau)$；二维温度场，如 $t=f(x,y,\tau)$、$t=f(y,z,\tau)$、$t=f(x,z,\tau)$；三维温度场，$t=f(x,y,z,\tau)$。

温度场还可以用等温面与等温线表示。在某一时刻，温度场中温度相同的点所连成的线或面称为等温线或等温面。等温面上的任何一条线都是等温线。如果用一个平面和一组等温面相交，就会得到一簇温度各不相同的等温线。物体的温度场可以用一簇等温面或等温线来表示。很显然，在同一时刻，物体中温度不同的等温面或等温线不能相交，因为任何一点在同一时刻不可能具有两个或两个以上的温度值。此外，在连续介质的假设条件下，等温面（或等温线）要么在物体中构成封闭的曲面（或曲线），要么终止于物体的边界，不可能在物体内中断。在等温面（或等温线）上，当相邻等温面（或等温线）间的温度间隔相等时，等温面（或等温线）的疏密可直观地反映出该区域导热热流密度的相对大小。

2. 温度梯度

如图 2-2 所示，在温度场中，温度沿某一方向 x 的变化在数学上可以用该方向上的温度变化率（即偏导数）来表示，即

$$\frac{\partial t}{\partial x}=\lim_{\Delta x\to 0}\frac{\Delta t}{\Delta x}$$

温度变化率 $\dfrac{\partial t}{\partial x}$ 是标量。很明显，沿等温面法线方向的温度变化最剧烈，即温度变化率最大。在数学上，也可以用矢量——温度梯度表示等温面法线方向的温度变化：

$$\operatorname{grad}t=\frac{\partial t}{\partial n}\boldsymbol{n} \tag{2-3}$$

式中，$\operatorname{grad}t$ 表示温度梯度；$\dfrac{\partial t}{\partial n}$ 表示等温面法线方向的温度变化率（偏导数）；$\boldsymbol{n}$ 为等温面法线方向的单位矢量，指向温度增加的方向。

温度梯度是矢量，其方向沿等温面的法线指向温度增加的方向，如图 2-2 所示。

在直角坐标系中，温度梯度可表示为

$$\operatorname{grad}t=\frac{\partial t}{\partial x}\boldsymbol{i}+\frac{\partial t}{\partial y}\boldsymbol{j}+\frac{\partial t}{\partial z}\boldsymbol{k} \tag{2-4}$$

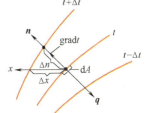

图 2-2 等温面、温度梯度与热流密度矢量示意图

式中，$\dfrac{\partial t}{\partial x}$、$\dfrac{\partial t}{\partial y}$、$\dfrac{\partial t}{\partial z}$ 分别为 x、y、z 方向的偏导数；$\boldsymbol{i}$、$\boldsymbol{j}$、$\boldsymbol{k}$ 分别为 x、y、z 方向的单位矢量。

3. 热流密度矢量

如图 2-2 所示，$\mathrm{d}A$ 是等温面 t 上的微元面积。假设垂直通过 $\mathrm{d}A$ 上的导热热流量为 $\mathrm{d}\Phi$，由热力学第二定律可知，热量总是自发地从物体高温部分传向低温部分，其流向必定指向温度降低的方向，则 $\mathrm{d}A$ 上的导热热流密度为

$$q=\frac{\mathrm{d}\Phi}{\mathrm{d}A}$$

导热热流密度的大小和方向可以用热流密度矢量 $\boldsymbol{q}$ 表示

$$\boldsymbol{q}=-\frac{\mathrm{d}\Phi}{\mathrm{d}A}\boldsymbol{n}$$

式中，负号表示 **q** 的方向与 **n** 的方向相反，也就是和温度梯度的方向相反。

在直角坐标系中，热流密度矢量可以表示为

$$q = q_x i + q_y j + q_z k \tag{2-5}$$

式中，q_x、q_y、q_z 分别是热流密度矢量 **q** 在三个坐标方向的分量的大小。

与温度场相对应的还有一个热流场，表示热流方向的线称为热流线。在整个物体中，热流密度矢量的走向可以用热流线表示，如图 2-1 所示。热流线是一组与等温线处处垂直的曲线，通过平面上任一点的热流线与该点的热流密度矢量相切。

2.2 傅里叶定律

傅里叶在对导热过程进行大量实验研究的基础上，发现了导热热流密度矢量与温度梯度之间的关系，于 1822 年提出了著名的导热基本定律——傅里叶定律。傅里叶定律的数学表达式为

$$q = -\lambda \operatorname{grad} t = -\lambda \frac{\partial t}{\partial n} n \tag{2-6a}$$

傅里叶定律表明，导热热流密度的大小与温度梯度的绝对值成正比，其方向与温度梯度的方向相反。

标量形式的傅里叶定律表达式为

$$q = -\lambda \frac{\partial t}{\partial n} \tag{2-6b}$$

对于各向同性材料，各方向上的热导率 λ 相等，由式（2-4）~式（2-6a）可得

$$q = -\lambda \left(\frac{\partial t}{\partial x} i + \frac{\partial t}{\partial y} j + \frac{\partial t}{\partial z} k \right)$$

$$q_x = -\lambda \frac{\partial t}{\partial x}, \quad q_y = -\lambda \frac{\partial t}{\partial y}, \quad q_z = -\lambda \frac{\partial t}{\partial z} \tag{2-6c}$$

由傅里叶定律可知，要计算通过物体的导热热流量，除了需要知道物体材料的热导率之外，还必须知道物体的温度场。所以，求解温度场是导热分析的主要任务。

需要指出的是，有许多天然和人造材料，其热导率随方向而变化，存在热导率具有最大值和最小值的方向，这类物体称为各向异性物体，如木材、石英、沉积岩、经过冲压处理的金属、层压板、强化纤维板和一些工程塑料等。在各向异性物体中，热流密度矢量的方向不仅与温度梯度有关，还与热导率的方向性有关，因此热流密度矢量与温度梯度不一定在同一条直线上。对各向异性物体中导热的一般性分析比较复杂，已超出本书的范围。

还需要指出的是，对于工程技术中的一般稳态和非稳态导热问题，傅里叶定律表达式（2-6a）都适用，已由无数实践所证明。但对于极低温（接近于 0K）的导热问题和极短时间产生极大热流密度的瞬态导热过程，如大功率、短脉冲（脉冲宽度可达 $10^{-15} \sim 10^{-12}$ s）激光瞬态加热等，傅里叶定律表达式（2-6a）不再适用。

2.3 热导率

热导率是物质的重要热物性参数,表示该物质导热能力的大小。根据傅里叶定律的数学表达式,有

$$\lambda = \frac{|\boldsymbol{q}|}{|\text{grad}t|} \tag{2-7}$$

式(2-7)表明,热导率的值等于温度梯度的绝对值为 1K/m 时的热流密度值,绝大多数材料的热导率值都是根据上式通过实验测得的。

各种材料的热导率数值差别很大,为了使读者对不同类型材料的热导率数值的量级有所了解,表 2-1 中列出了一些典型材料在 20℃ 时的热导率数值。书后附录中摘录了一些工程上常用材料在特定温度下的热导率数值,可供读者进行一般工程计算时参考。特殊材料或者在特殊条件下的热导率数值,请参阅有关工程手册或专著。

表 2-1 一些典型材料在 20℃ 时的热导率数值

材料名称	$\lambda/[W/(m\cdot K)]$	材料名称	$\lambda/[W/(m\cdot K)]$
金属(固体)		松木(垂直木纹)	0.15
纯银	427	松木(平行木纹)	0.35
纯铜	398	液体	
黄铜(70%Cu,30%Zn)	109	水(0℃)	0.551
纯铝	236	水银(汞)	7.90
铝合金(87%Al,13%Si)	162	变压器油	0.124
纯铁	81.1	柴油	0.128
碳钢(约 0.5%C)	49.8	润滑油	0.146
非金属(固体)		气体(大气压力)	
石英晶体(0℃,平行于轴)	19.4	空气	0.0257
石英玻璃(0℃)	1.13	氮气	0.0256
大理石	2.70	氢气	0.177
玻璃	0.65~0.71	水蒸气(0℃)	0.0183
冰(0℃)	2.22		

从表 2-1 可以看出,物质的热导率具有以下一些特点:

1) 对于同一种物质来说,固态的热导率值最大,气态的热导率值最小。例如同样是在 0℃ 的温度下,冰的热导率为 2.22W/(m·K),水的热导率为 0.551W/(m·K),水蒸气的热导率为 0.0183W/(m·K)。

2) 一般金属的热导率大于非金属的热导率(相差 1~2 个数量级),这是由于金属的导热机理与非金属有很大区别。金属的导热主要靠自由电子的运动和分子或晶格(晶体)的振动,并且自由电子起主导作用;而非金属的导热主要依赖分子或晶格的振动。

3) 导电性能好的金属,其导热性能也好,这是由于金属的导热和导电都主要依靠自由电子的运动。如表 2-1 中的银,是最好的导电体,也是最好的导热体。

4) 纯金属的热导率大于它的合金。例如，纯铜在 20℃ 的温度下的热导率为 398W/(m·K)，而黄铜的热导率只有 109W/(m·K)，其他金属也如此。这主要是由于合金中的杂质（或其他金属）破坏了晶格的结构，并且阻碍了自由电子运动。

5) 对于各向异性物体，热导率的数值与方向有关。例如松木，顺木纹方向的热导率数值为 0.35W/(m·K)，而垂直于木纹方向的热导率只有 0.15W/(m·K)，这是由于一般木材顺纹方向的质地密实，而垂直于木纹方向的质地较为疏松。

6) 对于同一种物质而言，晶体的热导率要大于非定形态物体的热导率。例如，石英晶体（各向异性物体）在平行于轴的方向上的热导率为 19.4W/(m·K)，而石英玻璃（非定形态石英）的热导率要比石英晶体小一个数量级，约为 1.13W/(m·K)。

热导率的影响因素较多，主要取决于物质的种类、物质结构与物理状态，温度、密度、湿度等因素对热导率也有较大的影响。由于导热是在非均匀的温度场中进行的，因此温度对热导率的影响尤为重要。一般地说，所有物质的热导率都是温度的函数，在工业上和日常生活中常见的温度范围内，绝大多数材料的热导率可以近似地认为随温度线性变化，即

$$\lambda = \lambda_0(1+bt) \tag{2-8}$$

式中，λ_0 为按上式计算的材料在 0℃ 下的热导率值，并非材料在 0℃ 下的热导率真实值，热导率 λ 与温度 t 的关系如图 2-3 所示；b 为由实验确定的常数，其数值与物质的种类有关。

各种物质的热导率随温度的变化规律大不相同，如图 2-4 所示。下面分别对固体、液体及气体热导率的特点加以说明。

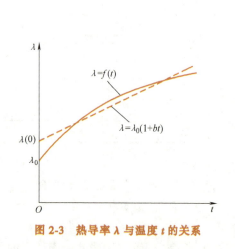

图 2-3 热导率 λ 与温度 t 的关系

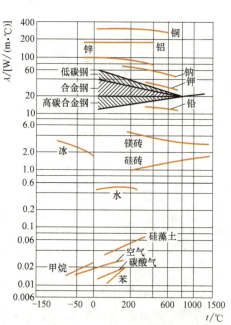

图 2-4 不同物质的热导率与温度的关系曲线

(1) 固体的热导率 不同固体热导率的数值范围相差很大，随温度的变化规律也不相同。

在低温下，纯金属具有非常高的热导率。例如，在 10K 的温度下，纯铜的热导率可达 12000W/(m·K)，在 15K 的温度下，纯铝的热导率可达 7000W/(m·K)。纯金属的热导率

随温度的升高而减小,而一般合金的热导率随温度的升高而增大。

一般非金属的热导率随温度的升高而增大。

绝大多数建筑材料和绝热材料都具有多孔或纤维结构(如砖、混凝土、石棉、炉渣等),不是均匀介质,因此,将傅里叶定律应用于这些物体的导热计算是有条件的,只有当孔隙的大小与物体的总体几何尺寸相比非常小时,才可以近似地把这些物体看作是均匀介质。多孔材料的热导率是指它的表观热导率,或称为折算热导率,它相当于和多孔材料物体具有相同的形状、尺寸和边界温度,且通过的导热热流量相同的某种均质物体的热导率。

一般多孔材料的孔隙中都充满空气,由于空气的热导率要比多孔材料中固体的热导率小得多,因此多孔材料的热导率都较小。之所以多孔材料的热导率随温度的升高而增大,主要是因为孔隙中气体的热导率随温度的升高而增大;此外,随着温度的升高,孔隙内壁面间的辐射传热加强,使综合的表观热导率增大。

多孔材料的热导率与密度有关。一般密度越小,多孔材料的空隙率就越大,热导率就越小。如石棉的密度从 $800 kg/m^3$ 减小到 $400 kg/m^3$ 时,热导率从 $0.248 W/(m \cdot K)$ 减小到 $0.105 W/(m \cdot K)$。但是,当密度小到一定程度后,由于孔隙较大,空隙中的空气出现宏观流动,因对流传热的作用反而使多孔材料的表观热导率增大。

多孔材料的热导率受湿度的影响较大。湿材料的热导率比干材料和水的热导率都大。例如干砖的热导率为 $0.35 W/(m \cdot K)$,水的热导率为 $0.60 W/(m \cdot K)$,而湿砖的热导率为 $1.0 W/(m \cdot K)$。这一方面是由于水分的渗入,替代了多孔材料孔隙中的空气,水的热导率要比空气大很多;另一方面,由于多孔介质中毛细作用力的作用,高温区的水分向低温区迁移,由此产生热量传递,使湿材料的表观热导率增大。

(2) 液体的热导率 液体的导热机理比较复杂,不像气体和固体那样明确,还存在着不同的观点。一种观点认为类似于气体,只是因为液体分子间的距离比较近,分子间的作用力对碰撞过程的影响比气体大。另一种观点则认为其导热机理类似于非金属材料,依靠晶格振动传递热量,目前这一观点占优势。由于液体的分子间距与气体相比较小,因此一般液体的热导率比气体的热导率大。

室温下各类非金属液体的热导率数值一般在 $0.07 \sim 0.70 W/(m \cdot K)$ 范围内。非金属液体中水的热导率最大,20℃时约为 $0.599 W/(m \cdot K)$;120℃时达到最大值,约为 $0.69 W/(m \cdot K)$。汽油、柴油、原油和润滑油等油类的热导率数值在 $0.10 \sim 0.15 W/(m \cdot K)$ 之间。大多数液体的热导率随温度的升高而减小,而水、甘油等强缔合液体的热导率随温度的升高而增大。压力变化对液体热导率的影响很小,通常可以忽略。

液体金属和电解液是一类特殊的液体,它们依靠原子的运动和自由电子的迁移传递热量,热导率要比一般非金属液体大 $10 \sim 1000$ 倍。

(3) 气体的热导率 气体的热导率通常很小,一般在 $0.006 \sim 0.6 W/(m \cdot K)$ 范围内。在一般的温度和压力范围内,气体的导热可认为是由于分子的热运动及相互碰撞产生的热量传递,因此气体的热导率随温度的升高而增大。在气体中,氢和氦的热导率比其他气体要大 $4 \sim 9$ 倍,这是由于氢和氦的相对分子质量很小,其分子平均运动速度较大。

理想气体的热导率随压力的变化很小,在 $2.66 \times 10^3 \sim 2 \times 10^9 Pa$ 的压力范围内几乎不变。但水蒸气等实际气体的热导率与理想气体有很大的区别,受压力的影响较大。

需要指出的是,对于工业中经常遇到的气体或液体混合物,混合物的热导率不等于各组元的热导率之和，一般需要通过实验方法测定。

（4）绝热材料　为了减少设备、管道及其附件向周围环境散热，在其外表面采取的增加绝热层的措施，称为绝热，按热流方向分为保温和保冷。

国家标准 GB/T 4272—2008 规定了有关绝热材料及其制品的术语和定义、一般规定、绝热结构材料的性能要求、绝热设计、绝热结构、绝热工程的施工与验收、绝热工程效果的测试、绝热工程的维护检修和安全规定。该标准适用于设备、管道及其附件外表面温度在 −196~650℃ 的绝热工程，其他温度范围的绝热工程可参照该标准执行。

保温材料的性能要求包括：①在平均温度为 298K（25℃）时热导率值不应大于 $0.08W/(m\cdot K)$，并有在使用密度和使用温度范围下的热导率方程式或图表；②密度不大于 $300kg/m^3$；③除软质、半硬质、散状材料外，硬质无机成型制品的抗压强度不应小于 0.30MPa，有机成型制品的抗压强度不应小于 0.20MPa；④必须注明最高使用温度；⑤必要时须注明材料燃烧性能级别、含水率、吸湿率、热膨胀系数、收缩率、抗折强度、腐蚀性及耐蚀性等性能；⑥上述各项性能应按相应国家标准、行业标准及有关专业部门规定的方法测定。

保冷材料的性能要求包括：①泡沫塑料及其制品 25℃ 时的热导率值应不大于 $0.044W/(m\cdot K)$，密度应不大于 $60kg/m^3$，吸水率应不大于 4%，并应具有阻燃性能，氧指数应不小于 30%，硬质成型制品的抗压强度应不小于 0.15MPa；②泡沫橡塑制品 0℃ 时的热导率值应不大于 $0.036W/(m\cdot K)$，密度应不大于 $95kg/m^3$，真空吸水率应不大于 10%；③泡沫玻璃及其制品 25℃ 时的热导率值应不大于 $0.064W/(m\cdot K)$，密度应不大于 $180kg/m^3$，吸水率应不大于 0.5%；④应注明最低使用温度及线膨胀系数或线收缩率；⑤应具有良好的化学稳定性，对设备和管道无腐蚀作用，当遭受火灾时，不致大量逸散有毒气体；⑥耐低温性能好，在低温情况下使用不易变脆；⑦上述各项性能均应按有关国家标准或行业标准规定的绝热材料物化性能检测方法进行测定。

由本节的讨论可知，一旦物体中的温度分布已知，就可按傅里叶定律计算出各点的热流密度矢量。因此，求解导热问题的关键是要获得物体中的温度分布。

例 2-1　一维无内热源、平壁稳态导热的温度场如图 2-5 所示。试说明它的热导率 λ 是随温度增加而增加，还是随温度增加而减小？

分析　由傅里叶定律，$q=-\lambda\,\mathrm{grad}\,t=-\lambda(x)\dfrac{\mathrm{d}t(x)}{\mathrm{d}x}=\mathrm{const}$。

图 2-5 中 $\left|\dfrac{\mathrm{d}t(x)}{\mathrm{d}x}\right|$ 随 x 增加而减小，因此 $\lambda(x)$ 随 x 增加而增加，而温度 t 随 x 增加而降低，所以热导率 λ 随温度增加而减小。

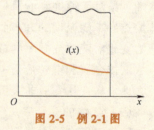

图 2-5　例 2-1 图

例 2-2　如图 2-6 所示的双层平壁中，热导率 λ_1、λ_2 为定值，假定过程为稳态，试分析图中三条温度分布曲线所对应的 λ_1 和 λ_2 的相对大小。

分析　由于过程是稳态的，因此在三种情况下，热流量 Φ 分别为常数，即

$$\Phi=-\lambda A\dfrac{\mathrm{d}t}{\mathrm{d}x}=\mathrm{const}$$

所以对情形 A $\left|\dfrac{dt}{dx}\right|_1 > \left|\dfrac{dt}{dx}\right|_2$，故 $\lambda_1 < \lambda_2$；

同理，对情形 B $\left|\dfrac{dt}{dx}\right|_1 = \left|\dfrac{dt}{dx}\right|_2$，故 $\lambda_1 = \lambda_2$；

对情形 C $\left|\dfrac{dt}{dx}\right|_1 < \left|\dfrac{dt}{dx}\right|_2$，故 $\lambda_1 > \lambda_2$。

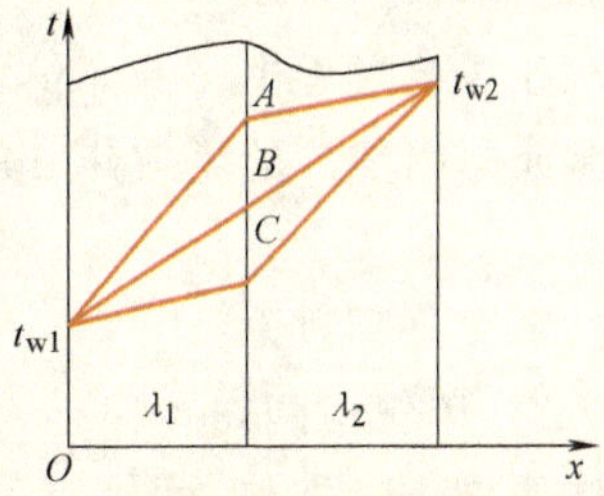

图 2-6 例 2-2 图

例 2-3 在寒冷的北方地区，建房用砖采用实心砖还是多孔的空心砖好？为什么？

分析 在其他条件相同时，实心砖材料（如红砖）的热导率约为 0.5W/(m·K)（35℃），而多孔空心砖中充满着不动的空气，空气在纯导热（即忽略自然对流）时，其热导率很低，是很好的绝热材料。因而用多孔空心砖好。

2.4 导热问题的数学描述

2.4.1 导热微分方程

由傅里叶定律可知，要计算物体的导热热流量，必须知道物体的温度场，即函数

$$t = f(x, y, z, \tau)$$

为求得温度场，必须首先建立描述温度场一般性规律的微分方程式——导热微分方程式。

导热微分方程式是根据微元控制体（简称微元体）的能量守恒和傅里叶定律导出的，为了使分析简化，做下列假设：

1) 所研究的物体由各向同性的连续介质构成。
2) 物体内部具有均匀内热源，如物体内部存在放热或吸热化学反应、电加热等。内热源强度记作 $\dot{\Phi}$，单位为 W/m^3，表示单位时间、单位体积内的内热源生成热。

导热微分方程式的导出分下面几个步骤：

1) 根据物体的形状，选择合适的坐标系，选取物体中的微元体作为研究对象。
2) 根据傅里叶定律及已知条件，分析导热过程中进、出微元体边界的能量及微元体内部的能量变化。
3) 根据能量守恒定律，建立微元体的热平衡方程式。
4) 对热平衡方程式进行归纳、整理，最后得出导热微分方程式。

如图 2-7 所示，在直角坐标系中，选取平行六面微元体作为研究对象，其边长分别为 dx、dy、dz。虽然从数学观点看，微元体的体积为无穷小，但从物理观点来看，它与微观尺度相比足够大，仍然可以作为连续介质处理。$d\Phi_x$、$d\Phi_y$、$d\Phi_z$ 分别为单位时间内在 x、y、z 三个方向上导入微元体的热量，$d\Phi_{x+dx}$、$d\Phi_{y+dy}$、$d\Phi_{z+dz}$ 分别为单位时间内在 x、y、z 三个方向上导出微

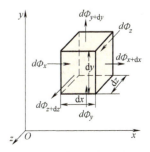

图 2-7 直角坐标系中微元体热平衡分析

元体的热量。

在导热过程中,微元体的热平衡可表述为:单位时间内,净导入微元体的热流量 $\mathrm{d}\Phi_\lambda$ 与微元体内热源的生成热 $\mathrm{d}\Phi_V$ 之和等于微元体热力学能的增加 $\mathrm{d}U$,即

$$\mathrm{d}\Phi_\lambda + \mathrm{d}\Phi_V = \mathrm{d}U \tag{2-9a}$$

下面分别讨论:

1) 单位时间内,净导入微元体的热流量。$\mathrm{d}\Phi_\lambda$ 等于从 x、y、z 三个坐标方向净导入微元体的热流量之和,即

$$\mathrm{d}\Phi_\lambda = \mathrm{d}\Phi_{\lambda x} + \mathrm{d}\Phi_{\lambda y} + \mathrm{d}\Phi_{\lambda z}$$

x 方向净导入微元体的热流量为

$$\mathrm{d}\Phi_{\lambda x} = \mathrm{d}\Phi_x - \mathrm{d}\Phi_{x+\mathrm{d}x} = q_x \mathrm{d}y \mathrm{d}z - q_{x+\mathrm{d}x} \mathrm{d}y \mathrm{d}z$$

在所研究的范围内,热流密度函数 q 是连续的,所以可以展开成泰勒级数的形式:

$$q_{x+\mathrm{d}x} = q_x + \frac{\partial q_x}{\partial x}\mathrm{d}x + \frac{\partial^2 q_x}{\partial x^2}\frac{\mathrm{d}x^2}{2!} + \cdots$$

因为 $\mathrm{d}x$ 为无穷小量,所以可以近似地取级数的前两项,即

$$q_{x+\mathrm{d}x} = q_x + \frac{\partial q_x}{\partial x}\mathrm{d}x$$

于是

$$\mathrm{d}\Phi_{\lambda x} = q_x \mathrm{d}y \mathrm{d}z - \left(q_x + \frac{\partial q_x}{\partial x}\mathrm{d}x\right)\mathrm{d}y\mathrm{d}z = -\frac{\partial q_x}{\partial x}\mathrm{d}x\mathrm{d}y\mathrm{d}z$$

将傅里叶定律表达式(2-6c)中的

$$q_x = -\lambda \frac{\partial t}{\partial x}$$

代入上式,可得

$$\mathrm{d}\Phi_{\lambda x} = -\frac{\partial}{\partial x}\left(-\lambda\frac{\partial t}{\partial x}\right)\mathrm{d}x\mathrm{d}y\mathrm{d}z = \frac{\partial}{\partial x}\left(\lambda\frac{\partial t}{\partial x}\right)\mathrm{d}x\mathrm{d}y\mathrm{d}z$$

同样也可以得出,在单位时间内,从 y 和 z 方向净导入微元体的热流量分别为

$$\mathrm{d}\Phi_{\lambda y} = \frac{\partial}{\partial y}\left(\lambda\frac{\partial t}{\partial y}\right)\mathrm{d}x\mathrm{d}y\mathrm{d}z$$

$$\mathrm{d}\Phi_{\lambda z} = \frac{\partial}{\partial z}\left(\lambda\frac{\partial t}{\partial z}\right)\mathrm{d}x\mathrm{d}y\mathrm{d}z$$

于是,在单位时间内净导入微元体的热流量为

$$\mathrm{d}\Phi_\lambda = \left[\frac{\partial}{\partial x}\left(\lambda\frac{\partial t}{\partial x}\right) + \frac{\partial}{\partial y}\left(\lambda\frac{\partial t}{\partial y}\right) + \frac{\partial}{\partial z}\left(\lambda\frac{\partial t}{\partial z}\right)\right]\mathrm{d}x\mathrm{d}y\mathrm{d}z \tag{2-9b}$$

2) 单位时间内,微元体内热源的生成热。

$$\mathrm{d}\Phi_V = \dot{\Phi}\mathrm{d}x\mathrm{d}y\mathrm{d}z \tag{2-9c}$$

3) 单位时间内,微元体热力学能的增加。

$$\mathrm{d}U = \rho c \frac{\partial t}{\partial \tau}\mathrm{d}x\mathrm{d}y\mathrm{d}z \tag{2-9d}$$

式中,ρ 为物体的密度(kg/m³);c 为物体的比热容 [J/(kg·K)],对于固体和不可压缩

流体，比定压热容 c_p 和比定容热容 c_V 相差很小，$c_p = c_V = c$。

将式（2-9b）~式（2-9d）三式代入微元体的热平衡表达式（2-9a），并消去 $dxdydz$，可得

$$\rho c \frac{\partial t}{\partial \tau} = \left[\frac{\partial}{\partial x}\left(\lambda \frac{\partial t}{\partial x}\right) + \frac{\partial}{\partial y}\left(\lambda \frac{\partial t}{\partial y}\right) + \frac{\partial}{\partial z}\left(\lambda \frac{\partial t}{\partial z}\right) \right] + \dot{\Phi} \tag{2-10}$$

式（2-10）称为导热微分方程式，它建立了导热过程中物体的温度随时间和空间坐标变化的函数关系。

当热导率 λ 为常数时，导热微分方程式可简化为

$$\frac{\partial t}{\partial \tau} = \frac{\lambda}{\rho c}\left(\frac{\partial^2 t}{\partial x^2} + \frac{\partial^2 t}{\partial y^2} + \frac{\partial^2 t}{\partial z^2}\right) + \frac{\dot{\Phi}}{\rho c} \tag{2-11a}$$

或写成

$$\frac{\partial t}{\partial \tau} = a \nabla^2 t + \frac{\dot{\Phi}}{\rho c} \tag{2-11b}$$

式中，$a = \lambda/\rho c$，称为热扩散率（m^2/s）；∇^2 为拉普拉斯算子，在直角坐标系中

$$\nabla^2 t = \frac{\partial^2 t}{\partial x^2} + \frac{\partial^2 t}{\partial y^2} + \frac{\partial^2 t}{\partial z^2}$$

由热扩散率的定义可知：

1）λ 是物体的热导率，λ 越大，在相同温度梯度下，可以传导的热量越多。

2）ρc 是单位体积的物体温度升高 1℃ 所需的热量。ρc 越小，温度升高 1℃ 所吸收的热量越少，可以剩下更多的热量向物体内部传递，使物体内温度更快地随界面温度升高而升高。热扩散率 a 是对非稳态导热过程有重要影响的热物性参数，其大小反映物体被瞬态加热或冷却时物体内温度变化的快慢。由式（2-11b）也可以看出，热扩散率 a 越大，温度随时间的变化率 $\partial t/\partial \tau$ 越大，即温度变化越快。例如，一般木材的热扩散率约为 $1.5 \times 10^{-7} m^2/s$，纯铜的热扩散率约为 $5.33 \times 10^{-5} m^2/s$，是木材的 355 倍，如果两手分别握同样长短粗细的木棒和纯铜棒，同时将另一端伸到灼热的火炉中，当拿纯铜棒的手感到很烫时，拿木棒的手尚无热的感觉，这说明在纯铜棒中温度的变化要比在木棒中快得多。

对于特殊的情况，导热微分方程式（2-11b）还可以进一步简化，例如：

1）无内热源，$\dot{\Phi} = 0$。

$$\frac{\partial t}{\partial \tau} = a \nabla^2 t \tag{2-12}$$

2）稳态导热，$\frac{\partial t}{\partial \tau} = 0$。

$$a \nabla^2 t + \frac{\dot{\Phi}}{\rho c} = 0 \tag{2-13}$$

3）稳态导热、无内热源。

$$\nabla^2 t = 0$$

即

$$\frac{\partial^2 t}{\partial x^2}+\frac{\partial^2 t}{\partial y^2}+\frac{\partial^2 t}{\partial z^2}=0 \qquad (2-14)$$

当所研究的对象是圆柱状（圆柱、圆筒壁等）物体时，采用圆柱坐标系（r、φ、z）比较方便，如图2-8所示。采用和直角坐标系相同的方法，分析圆柱坐标系中微元体在导热过程中的热平衡，可推导出圆柱坐标系中的导热微分方程式。详细的推导过程可参考有关文献，推导结果如下：

$$\rho c\frac{\partial t}{\partial \tau}=\frac{1}{r}\frac{\partial}{\partial r}\left(\lambda r\frac{\partial t}{\partial r}\right)+\frac{1}{r^2}\frac{\partial}{\partial \varphi}\left(\lambda \frac{\partial t}{\partial \varphi}\right)+\frac{\partial}{\partial z}\left(\lambda \frac{\partial t}{\partial z}\right)+\dot{\Phi} \qquad (2-15a)$$

当 λ 为常数时，式（2-15a）可简化为

$$\frac{\partial t}{\partial \tau}=a\left(\frac{\partial^2 t}{\partial r^2}+\frac{1}{r}\frac{\partial t}{\partial r}+\frac{1}{r^2}\frac{\partial^2 t}{\partial \varphi^2}+\frac{\partial^2 t}{\partial z^2}\right)+\frac{\dot{\Phi}}{\rho c} \qquad (2-15b)$$

当所研究的对象是球状物体时，采用图2-9所示的球坐标系（r、θ、φ）比较方便，球坐标系中的导热微分方程式为

$$\rho c\frac{\partial t}{\partial \tau}=\frac{1}{r^2}\frac{\partial}{\partial r}\left(\lambda r^2\frac{\partial t}{\partial r}\right)+\frac{1}{r^2\sin\theta}\frac{\partial}{\partial \theta}\left(\lambda \sin\theta\frac{\partial t}{\partial \theta}\right)+\frac{1}{r^2\sin^2\theta}\frac{\partial}{\partial \varphi}\left(\lambda \frac{\partial t}{\partial \varphi}\right)+\dot{\Phi} \qquad (2-16a)$$

当 λ 为常数时，式（2-16a）可简化为

$$\frac{\partial t}{\partial \tau}=a\left[\frac{1}{r}\frac{\partial^2 (rt)}{\partial r^2}+\frac{1}{r^2\sin\theta}\frac{\partial}{\partial \theta}\left(\sin\theta\frac{\partial t}{\partial \theta}\right)+\frac{1}{r^2\sin^2\theta}\frac{\partial^2 t}{\partial \varphi^2}\right]+\frac{\dot{\Phi}}{\rho c} \qquad (2-16b)$$

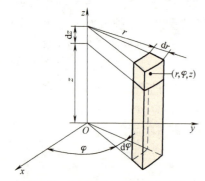

图2-8 圆柱坐标系中的微元体

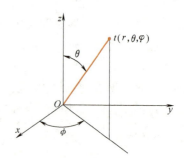

图2-9 球坐标系

2.4.2 单值性条件

导热微分方程式是在一定的假设条件下根据微元体在导热过程中的能量守恒建立起来的，是描述物体的温度随空间坐标及时间变化的一般性关系式，在推导过程中没有涉及导热过程的具体特点，所以它适用于无穷多个的导热过程，也就是说它有无穷多个解。为了完整地描述某个具体的导热过程，除了给出导热微分方程式之外，还必须说明导热过程的具体特点，即给出导热微分方程的单值性条件或定解条件，使导热微分方程式具有唯一解。导热微

分方程式与单值性条件一起构成了具体导热过程的数学描述。

单值性条件一般包括以下四个方面：

（1）几何条件　说明参与导热过程的物体的几何形状及尺寸的大小。很明显，在其他条件相同的情况下，物体的几何形状及尺寸对其温度场的影响非常大，它决定了温度场的空间分布特点和进行分析时所采用的坐标系。

（2）物理条件　说明导热物体的物理性质，如给出热物性参数（λ、ρ、c 等）的数值及其特点，是常物性（物性参数为常数）还是变物性（一般指物性参数随温度而变化）。热物性参数对物体中的温度分布具有显著的影响，尤其是稳态导热过程中的热导率 λ、非稳态导热过程中的热扩散率 a。几乎所有工程材料的热物性参数都不同程度地随温度而变化。本来温度场的求解是以物性参数已知为条件的，如果物性参数又随温度变化，物性场与温度场的相互耦合会给问题的分析和求解带来很大的困难。所以，如何处理变物性的问题，是求解导热以及对流传热问题的一个难点。对于这类问题，常根据实际情况和要求，采用不同的方法进行处理。最简单的办法是把物性参数取作常数（一般取物性参数在所研究温度范围内的平均值），这种处理方法只适用于材料的热物性参数在所研究的温度范围内变化不大、对求解的精确度要求不高的场合。若不能作为常物性来处理，应该尽可能地将物性参数随温度的变化规律加以简化，如前面在热导率一节中所讲的，在一定的温度范围内，可以认为材料的热导率随温度线性变化，这种近似处理方法往往可使问题的求解大大简化。

此外，物体有无内热源以及内热源的分布规律等也属于物理条件的范畴。

（3）时间条件　说明导热过程进行的时间上的特点，如是稳态导热还是非稳态导热。对于非稳态导热过程，还应该给出过程开始时物体内部的温度分布规律

$$t|_{\tau=0}=f(x,\ y,\ z) \tag{2-17}$$

称之为非稳态导热过程的初始条件。如果过程开始时物体内部的温度分布均匀，则初始条件可简化为

$$t|_{\tau=0}=t_0$$

式中，t_0 是一个常数。

（4）边界条件　因为物体内部的导热总是在外部环境的作用下发生的，所以需要说明导热物体边界上的热状态以及与周围环境之间的相互作用。例如，边界上的温度、热流密度分布以及物体通过边界与周围环境之间的热量传递情况等。

常见的边界条件有以下三类：

1）第一类边界条件。第一类边界条件给出了物体边界上的温度分布及其随时间的变化规律，即

$$\tau>0 \text{ 时}, t_w=f(x,\ y,\ z,\ \tau) \tag{2-18}$$

如果在整个导热过程中物体边界上的温度为定值，则式（2-18）可简化为

$$\tau>0 \text{ 时}, t_w=\text{常数}$$

2）第二类边界条件。第二类边界条件给出了物体边界上的热流密度分布及其随时间的变化规律，即

$$\tau>0 \text{ 时}, q_w=f(x,\ y,\ z,\ \tau) \tag{2-19}$$

根据傅里叶定律

$$q_w = -\lambda \left(\frac{\partial t}{\partial n}\right)_w$$

可得

$$\left(\frac{\partial t}{\partial n}\right)_w = -\frac{q_w}{\lambda} \tag{2-20}$$

所以第二类边界条件给出了边界面法线方向的温度变化率,但边界温度 t_w 未知,如图 2-10 所示。用电热片加热物体表面可实现第二类边界条件。

如果在导热过程中,物体的某一表面是绝热的,即 $q_w = 0$,则

$$\left(\frac{\partial t}{\partial n}\right)_w = 0$$

在这种情况下,物体内部的等温面或等温线与该绝热表面垂直相交。

3)第三类边界条件。第三类边界条件给出了与物体表面进行对流传热的流体温度 t_f 及表面传热系数 h,如图 2-11 所示。

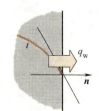
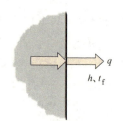

图 2-10　第二类边界条件　　　　图 2-11　第三类边界条件

根据边界面的热平衡,由物体内部导向边界面的热流密度应该等于从边界面传给周围流体的热流密度,于是由傅里叶定律和牛顿冷却公式可得

$$-\lambda \left(\frac{\partial t}{\partial n}\right)_w = h(t_w - t_f) \tag{2-21}$$

式(2-21)建立了物体温度场在边界处的变化率与边界处对流传热之间的关系,所以第三类边界条件也称为对流传热边界条件。对于稳态的对流传热,t_f 与 h 为常数;对于非稳态的对流传热,还应给出 t_f、h 与时间的函数关系。

从第三类边界条件表达式可以看出,在一定的情况下,第三类边界条件将转化为第一类边界条件或第二类边界条件:当 h 非常大时,边界面温度近似等于已知的流体温度,即 $t_w \approx t_f$,第三类边界条件转化为第一类边界条件;当 h 非常小时,$h \approx 0$、$q_w = 0$,相当于第二类边界条件。

上述三类边界条件概括了导热问题中的大部分实际情况,并且都是线性的,所以也称为线性边界条件。如果导热物体的边界处除了对流传热外,还存在与周围环境之间的辐射传热,则物体边界面的热平衡表达式为

$$-\lambda \left(\frac{\partial t}{\partial n}\right)_w = h(t_w - t_f) + q_r \tag{2-22}$$

式中,q_r 为物体边界面与周围环境之间的净辐射传热热流密度。由后文可知,q_r 与物体边界面和周围环境温度的四次方有关,此外,还与物体边界面和周围环境的辐射特性有关,所以式(2-22)是温度的复杂函数。这种对流传热与辐射传热叠加的复合传热边界条件是非线

性的边界条件。本书只限于讨论具有线性边界条件的导热问题。

综上所述，一个具体导热过程完整的数学描述（即导热数学模型），应该包括导热微分方程式和单值性条件两个方面，缺一不可。在建立数学模型的过程中，应该根据导热过程的特点，进行合理的简化，力求能够比较真实地描述所研究的导热问题。建立合理的数学模型，是求解导热问题的第一步，也是最重要的一步。对数学模型进行求解，就可以得到物体的温度场，进而根据傅里叶定律就可以确定相应的热流分布。

导热问题的求解方法有很多种，目前应用最广泛的方法有三种：分析解法、数值解法和实验方法，这也是求解所有传热学问题的三种基本方法。本章主要介绍导热问题的分析解法。

例 2-4 二维导热体内某时刻的温度分布为 $t(x,y)=4x^2+y^2(\text{℃})$，导热体内无内热源，物性均为常数。
1) 试问该导热过程是稳态的还是非稳态的？
2) 若在同一时刻测得某处的温升速率为 0.36℃/h，试计算材料的热扩散率。

解 1) 在二维、常物性、无内热源的条件下，导热微分方程式为

$$\frac{1}{a}\frac{\partial t}{\partial \tau}=\frac{\partial^2 t}{\partial x^2}+\frac{\partial^2 t}{\partial y^2} \tag{a}$$

由某时刻的温度分布：

$$t(x,y)=4x^2+y^2$$

可以得到

$$\begin{cases}\dfrac{\partial t}{\partial x}=8x, & \dfrac{\partial t}{\partial y}=2y \\ \dfrac{\partial^2 t}{\partial x^2}=8, & \dfrac{\partial^2 t}{\partial y^2}=2\end{cases} \tag{b}$$

将式（b）代入式（a）得

$$\frac{1}{a}\frac{\partial t}{\partial \tau}=\frac{\partial^2 t}{\partial x^2}+\frac{\partial^2 t}{\partial y^2}=(8+2)\text{℃}/\text{m}^2=10\text{℃}/\text{m}^2\neq 0$$

由此判断该导热过程是非稳态的。

2) 由式（a）可得

$$a=\frac{\dfrac{\partial t}{\partial \tau}}{\dfrac{\partial^2 t}{\partial x^2}+\dfrac{\partial^2 t}{\partial y^2}}=\frac{\dfrac{0.36}{3600}}{10}\text{m}^2/\text{s}=1\times 10^{-5}\text{m}^2/\text{s}$$

例 2-5 半径为 0.1m 的无内热源、常物性长圆柱体，已知某时刻温度分布为 $t=500+200r^2+50r^3$（r 为径向坐标，单位为 m），$\lambda=40\text{W}/(\text{m}\cdot\text{K})$，$a=0.0001\text{m}^2/\text{s}$。试求：
1) 该时刻圆柱表面上的热流密度及热流方向。
2) 该时刻圆柱体中心温度随时间的变化率。

解 在圆柱坐标系中该问题可看作常物性、无内热源的径向一维非稳态导热问题。

1)根据傅里叶定律

$$q_r = -\lambda \frac{dt}{dr} = -\lambda \frac{d(500+200r^2+50r^3)}{dr}$$

$$= -40\times(0+200\times 2r+50\times 3r^2) = -40\times(400r+150r^2)$$

在圆柱表面上，$r=0.1\text{m}$，代入上式得

$$q|_{r=0.1} = -\lambda \frac{dt}{dr}\Big|_{r=0.1} = -40\times(400\times 0.1+150\times 0.01)\text{W/m}^2 = -1660\text{W/m}^2$$

式中，负号表示 $\frac{dt}{dr}>0$，热流密度方向指向圆柱体中心。

2)由导热微分方程式

$$\frac{\partial t}{\partial \tau} = a\left(\frac{\partial^2 t}{\partial r^2}+\frac{1}{r}\frac{\partial t}{\partial r}\right) = a\left[(400+300r)+\frac{1}{r}(400r+150r^2)\right] = a(800+450r)$$

在圆柱中心 $r=0$，则

$$\frac{\partial t}{\partial \tau} = a\left(\frac{\partial^2 t}{\partial r^2}+\frac{1}{r}\frac{\partial t}{\partial r}\right)_{r=0} = 0.0001\times(800+450\times 0)\text{K/s} = 0.08\text{K/s}$$

小结

1)温差（或温度梯度）是导热过程的根本驱动力。从本质上讲，导热就是因温度分布不均匀而引起的热扩散过程。傅里叶定律的数学表达式为：$\boldsymbol{q} = -\lambda \operatorname{grad} t = -\lambda \frac{\partial t}{\partial n}\boldsymbol{n}$，无论稳态还是非稳态导热，傅里叶定律中的热流密度和温度梯度均应理解为针对特定时间和特定地点的局部值。原则上傅里叶定律是求解一切导热问题的理论基础，但在各向异性介质中不能直接使用。在超短时间、高热流密度和超低温等导热问题中，傅里叶定律需要做适当修正后才能应用。

2)热导率是各种材料固有的物理属性之一，它的基本定义直接来自傅里叶定律。一般来说，气体的热导率最小，液体稍大，固体最大。各类固体中又以金属的热导率最大。绝热材料在导热研究领域里有着特殊的重要性。所有材料的热导率都不同程度地随温度变化。当必须考虑这种变化时，常把它表示成一定温度范围内的线性函数形式。要正确理解热导率随温度变化的函数表达式中各项参数的意义。

3)导热微分方程是描述导热物体内温度随空间位置及时间变化规律的基本方程，它反映了一切导热过程都普遍遵循的共性。在直角坐标系、圆柱坐标系、球坐标系下它们具有各自不同的形式，在无内热源、常物性和稳态情况下，方程的形式可以大大简化。热扩散率 $a=\lambda/\rho c$ 表示非稳态过程中物体内温度趋于均匀一致的能力。

4)单值性条件表明了导热过程进行时内部、外部的各种特定条件，或者说它规定了某个特定导热问题进行时的各种限制因素。导热微分方程必须和单值性条件合起来才能构成对一个导热问题完整的数学描述。单值性条件包括几何条件、物理条件、时间条件和边界条件四个方面。稳态问题无需时间条件。边界条件有三种主要类型，一定条件下它们可以相互转化。

思考题与习题

2-1 试述温度场、等温面、等温线、温度梯度和热流线的概念。

2-2 试述温度场的分类方法,并举例具体说明。

2-3 请写出导热傅里叶定律表达式的一般形式,说明其适用条件及式中各项的物理意义。

2-4 请写出直角坐标系三个坐标方向上的傅里叶定律表达式。

2-5 傅里叶定律中并没有出现时间,能否用来计算非稳态导热过程中的导热量?

2-6 简述影响热导率的因素。

2-7 为什么导电性能好的金属导热性能也好?

2-8 工程中应用多孔性材料做保温隔热,使用时应注意什么问题?为什么?

2-9 试举两个隔热保温措施的例子,并用传热学理论阐明其原理。

2-10 一个具体导热过程的完整数学描述应包括哪些方面?

2-11 什么是导热问题的单值性条件?它包含哪些内容?

2-12 无内热源稳态导热的导热微分方程式变成 $\frac{\partial^2 t}{\partial x^2}+\frac{\partial^2 t}{\partial y^2}+\frac{\partial^2 t}{\partial z^2}=0$,式中没有热导率,所以有人认为无内热源稳态导热物体的温度分布与热导率无关。你同意这样的观点吗?

2-13 试述热扩散率与热导率的区别与联系。

2-14 一直径为 d_0,单位体积内热源的生成热为 $\dot{\Phi}$ 的实心长圆柱体,向温度为 t_∞ 的流体散热,表面传热系数为 h_0,试列出圆柱体中稳态温度场的导热微分方程式及单值性条件。

2-15 金属实心长棒通电加热,单位长度的热功率等于 Φ_l(单位:W/m),材料的热导率为 λ,表面发射率为 ε,周围气体温度为 t_f,辐射环境温度为 T_{sur},表面传热系数为 h,棒的初始温度为 t_0。试给出此导热问题的数学描述。

2-16 在一个厚度为 50mm 的平壁内正在发生具有均匀内热源的一维稳态热传导,平壁的热导率为 5W/(m·K)。在这些条件下温度分布的形式为 $t(x)=a+bx+cx^2$,$x=0$ 处表面的温度为 $t(0)=120$℃,与温度为 20℃ 的流体进行对流传热,表面传热系数为 500W/(m²·K)。$x=50$mm 处的表面隔热良好。

1) 对平壁应用总的能量平衡关系,试计算内部产热速率 $\dot{\Phi}$。

2) 通过对给定的温度分布应用边界条件,试确定系数 a、b、c,利用该结果计算并画出温度分布。

2-17 某房间的砖墙高 3m、宽 4m、厚 0.25m,墙内、外表面温度分别为 15℃ 和 -5℃,已知砖的热导率 $\lambda=0.7$W/(m·K),试求通过砖墙的散热量。

2-18 已知物体的热物性参数 λ、ρ、c,无内热源,试推导圆柱坐标系中的导热微分方程式。

2-19 已知物体的热物性参数 λ、ρ、c,无内热源,试推导球坐标系中的导热微分方程式。

2-20 根据下列各条件分别简化空间直角坐标系中的导热微分方程式。

1）导热体内物性参数为常数，无内热源。

2）导热体内物性参数为常数，一维稳态，有内热源。

3）二维稳态，无内热源。

4）导热体内物性参数为常数，二维稳态，无内热源。

2-21 一厚度为 50mm 的无限大平壁，其稳态温度分布为 $t=a+bx^2$，其中 t 的单位为℃，x 的单位为 m，并有 $a=200$℃、$b=-2000$℃$/m^2$。若平壁材料的热导率为 $45W/(m \cdot K)$，试求：

1）平壁两侧表面处的热流密度。

2）平壁中是否有内热源？为什么？若有，它的强度应该是多大？

2-22 热导率为常数 λ、无内热源的大平壁，平壁两侧均给出了沿壁面均匀分布的第二类边界条件，试画出稳态时平壁内的温度分布曲线。

2-23 在某一瞬时，某一个 1m 厚的墙内的温度分布为 $t(x)=a+bx+cx^2$，其中 t 的单位为℃，x 的单位为 m，并有 $a=900$℃、$b=-300$℃$/m$、$c=-50$℃$/m^2$。在 $10m^2$ 面积的墙中有均匀的内热源 $\dot{\Phi}=1000W/m^3$，物性参数 $\rho=1600kg/m^3$、$\lambda=40W/(m \cdot K)$、$c_p=4kJ/(kg \cdot K)$。试求：

1）进入墙（$x=0$ 处）的和离开墙（$x=1m$ 处）的热量。

2）墙内储存的能量的变化。

3）$x=0$、$0.25m$ 和 $0.5m$ 处温度随时间的变化率。

2-24 有一个无内热源的一维热传导系统，其厚度为 20mm，表面温度分别维持在 275K 和 325K。当系统由以下各种材料构成时，试计算通过系统的热流密度。1）纯铝；2）普通碳钢；3）耐热玻璃；4）聚四氟乙烯；5）混凝土。

第 3 章

稳态热传导

稳态导热是指温度场不随时间变化的导热过程，如当热力设备长时间处于稳定运行状态时，其部件内发生的导热过程就是稳态导热。本章分别讨论日常生活中和工程上常见的稳态热传导问题。

3.1 一维稳态导热

3.1.1 平壁的稳态导热

第 1 章中已经指出，当平壁的表面温度均匀不变并且平壁的边长比厚度大很多时，平壁的导热可以近似地作为一维稳态导热处理。下面对第一类边界条件下单层和多层平壁的一维稳态导热问题进行分析。

1. 单层平壁的稳态导热

假设平壁的表面积为 A、厚度为 δ、热导率 λ 为常数、无内热源，平壁两侧表面分别保持均匀恒定的温度 t_{w1}、t_{w2}，且 $t_{w1} > t_{w2}$。选取坐标轴 x 与壁面垂直，如图 3-1 所示。

平壁的导热微分方程式为

$$\frac{d^2 t}{dx^2} = 0 \tag{3-1}$$

边界条件为

$$x = 0, \quad t = t_{w1}$$
$$x = \delta, \quad t = t_{w2}$$

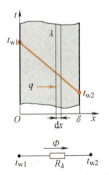

图 3-1 平壁的稳态导热

式（3-1）和边界条件构成了平壁稳态导热的完整的数学模型。式（3-1）可以用直接积分法求得通解

$$t = C_1 x + C_2 \tag{a}$$

将边界条件代入，可得

$$C_2 = t_{w1}$$

$$C_1 = -\frac{t_{w1}-t_{w2}}{\delta}$$

于是,平壁内的温度分布为

$$t = t_{w1} - \frac{t_{w1}-t_{w2}}{\delta}x \tag{b}$$

可见,当热导率 λ 为常数时,平壁内的温度呈线性分布,温度分布曲线的斜率为

$$\frac{dt}{dx} = -\frac{t_{w1}-t_{w2}}{\delta} \tag{c}$$

通过平壁的热流密度可由傅里叶定律得出

$$q = -\lambda \frac{dt}{dx} = \lambda \frac{t_{w1}-t_{w2}}{\delta} \tag{3-2}$$

由此可知,通过平壁的热流密度为常数,与坐标 x 无关。

通过整个平壁的热流量为

$$\Phi = Aq = A\lambda \frac{t_{w1}-t_{w2}}{\delta} \tag{3-3}$$

以上说明了根据导热微分方程式及边界条件进行求解的一般过程。实际上,对于无内热源平壁的一维稳态导热问题,平壁内任意位置的热流密度 q 都相等,可以直接将傅里叶定律表达式分离变量,并按照已知的边界条件积分求解:

$$q = -\lambda \frac{dt}{dx}$$

$$q\int_0^\delta dx = -\lambda \int_{t_{w1}}^{t_{w2}} dt$$

积分后可整理成

$$q = \lambda \frac{t_{w1}-t_{w2}}{\delta}$$

该结果和式(3-2)完全相同,但求解方法简单。

当平壁材料的热导率是温度的函数时,一维稳态导热微分方程式的形式为

$$\frac{d}{dx}\left(\lambda \frac{dt}{dx}\right) = 0 \tag{3-4}$$

当温度变化范围不大时,可以近似地认为材料的热导率随温度线性变化,即

$$\lambda = \lambda_0(1+bt)$$

将上式代入式(3-4),通过两次积分,并代入边界条件,可得平壁内的温度分布为

$$t + \frac{1}{2}bt^2 = -\frac{1}{\delta}(t_{w1}-t_{w2})\left[1+\frac{1}{2}b(t_{w1}+t_{w2})\right]x + t_{w1} + \frac{1}{2}bt_{w1}^2 \tag{3-5}$$

由式(3-5)可见,当平壁材料的热导率随温度线性变化时,平壁内的温度分布为二次曲线。根据傅里叶定律表达式

$$q = -\lambda \frac{dt}{dx} = -\lambda_0(1+bt)\frac{dt}{dx}$$

可得

$$\frac{dt}{dx} = -\frac{q}{\lambda_0(1+bt)}$$

当 $t_{w1} > t_{w2}$ 时，热流的方向与 x 轴同向，q 为正值，而热导率的数值永远为正，所以由上式可见，温度变化率 $\frac{dt}{dx}$ 为负值。如果 $b>0$，热导率 λ 随温度的降低而减小，$\frac{dt}{dx}$ 的绝对值随温度的降低而增大，温度曲线向上弯曲；如果 $b<0$，则正好相反；当 $b=0$ 时，即热导率 λ 为常数，壁内的温度分布为直线，如图 3-2 所示。

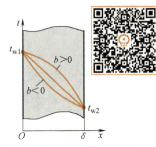

图 3-2 热导率随温度线性变化时内壁的温度

根据傅里叶定律，由式（3-5）可求得通过平壁的热流密度

$$q = \frac{\lambda_0}{\delta}(t_{w1}-t_{w2})\left[1+\frac{b}{2}(t_{w1}+t_{w2})\right] = \frac{t_{w1}-t_{w2}}{\delta}\lambda_0(1+bt_m) = \lambda_m \frac{t_{w1}-t_{w2}}{\delta} \tag{3-6}$$

式中，$t_m = \frac{t_{w1}+t_{w2}}{2}$ 为平壁的算术平均温度，该温度下的热导率为 $\lambda_m = \lambda_0(1+bt_m)$。式（3-6）与式（3-2）的形式完全相同，这说明，当热导率随温度线性变化时，通过平壁的热流量可用热导率为常数时的计算公式来计算，只需要将公式中的热导率 λ 改为平壁算术平均温度下的热导率 λ_m 即可。

例 3-1 假设平壁两侧表面分别保持均匀恒定的温度 t_{w1}、t_{w2}，但平壁内具有均匀分布的内热源，强度为 $\dot{\Phi}$，平壁材料的热导率 λ 为常数，试分析平壁内的温度分布规律及温度极值点的位置。

解 平壁一维稳态导热微分方程式为

$$\frac{d^2t}{dx^2} + \frac{\dot{\Phi}}{\lambda} = 0 \tag{3-7}$$

边界条件与无内热源时相同，仍为第一类边界条件：

$$x=0, \quad t=t_{w1}$$
$$x=\delta, \quad t=t_{w2}$$

对微分方程式（3-7）进行积分，得

$$\frac{dt}{dx} = -\frac{\dot{\Phi}}{\lambda}x + C_1$$

$$t = -\frac{\dot{\Phi}}{2\lambda}x^2 + C_1 x + C_2$$

将边界条件代入上式，可求得积分常数

$$C_2 = t_{w1}$$

$$C_1 = -\frac{t_{w1}-t_{w2}}{\delta} + \frac{\dot{\Phi}\delta}{2\lambda}$$

于是，壁内的温度分布为

$$t = -\frac{\dot{\Phi}}{2\lambda}x^2 - \left(\frac{t_{w1}-t_{w2}}{\delta} - \frac{\dot{\Phi}\delta}{2\lambda}\right)x + t_{w1} \tag{3-8}$$

由此可见，壁内的温度分布为抛物线。因为一般情况下，$\dot{\Phi}>0$，所以温度分布曲线向上弯曲，并且 $\dot{\Phi}$ 越大，弯曲得越厉害，当 $\dot{\Phi}$ 大于一定数值后，温度分布曲线在壁内某处 x_{max} 具有最大值 t_{max}，壁内热流的方向从 x_{max} 处指向两侧壁面，如图 3-3 所示。平壁内部温度具有最大值的位置可由下式求出：

$$\left.\frac{\mathrm{d}t}{\mathrm{d}x}\right|_{x=x_{max}} = 0$$

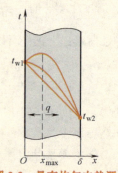

图 3-3 具有均匀内热源平壁的温度分布

由式 (3-8) 可得

$$x_{max} = \frac{\delta}{2} - \frac{1}{\dot{\Phi}}\frac{\lambda(t_{w1}-t_{w2})}{\delta} \tag{3-9}$$

由式 (3-9) 不难得出，当 $t_{w1}>t_{w2}$ 时，如果 $\dot{\Phi}<\frac{2\lambda(t_{w1}-t_{w2})}{\delta^2}$，则 $x_{max}<0$，这显然是不符合实际的，x_{max} 的位置不可能在平壁的外面，在这种情况下，应该是 $x_{max}=0$，即 $t_{max}=t_{w1}$。当 $t_{w1}=t_{w2}$ 时，$x_{max}=\frac{\delta}{2}$，即温度最大值的位置在平壁中心处。

通过平壁的热流密度可以根据傅里叶定律由式 (3-8) 求出：

$$q = -\lambda\frac{\mathrm{d}t}{\mathrm{d}x} = \frac{\lambda(t_{w1}-t_{w2})}{\delta} - \left(\frac{\delta}{2}-x\right)\dot{\Phi} \tag{3-10}$$

由式 (3-10) 可以看出，有内热源时单层平壁稳态导热的热流密度不再像无内热源那样等于常数，而是 x 的函数，并且热流的方向不一定指向一个方向，这取决于壁面温差 $(t_{w1}-t_{w2})$ 的大小以及内热源强度 $\dot{\Phi}$ 的大小。

2. 多层平壁的稳态导热

在日常生活与工程上，经常遇到由几层不同材料组成的多层平壁，例如房屋的墙壁，一般由白灰内层、水泥砂浆层和红砖（或青砖）主体层构成，高级的楼房还有一层水泥沙砾或瓷砖修饰层；再如锅炉的炉墙，一般由耐火砖砌成的内层、用于隔热的夹气层或保温层以及普通砖砌的外墙构成，大型锅炉还外包一层钢板。当这种多层平壁的表面温度均匀不变时，其导热也是一维稳态导热。

运用热阻的概念，很容易分析多层平壁的一维稳态导热问题。下面以图 3-4 所示具有第一类边界条件的三层平壁为例进行分析。

假设三层平壁材料的热导率分别为 λ_1、λ_2、λ_3，且为常数，厚度分别为 δ_1、δ_2、δ_3，各层之间的接触非常紧密，因此相互接

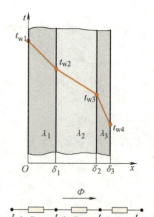

图 3-4 三层平壁的稳态导热

触的表面具有相同的温度，分别为 t_{w2}、t_{w3}，平壁两侧外表面分别保持均匀恒定的温度 t_{w1}、t_{w4}。显然，通过此三层平壁的导热为稳态导热，通过各层的热流量相同。根据单层平壁稳态导热的计算公式：

$$\Phi = \frac{t_{w1}-t_{w2}}{\frac{\delta_1}{A\lambda_1}} = \frac{t_{w1}-t_{w2}}{R_{\lambda 1}} \tag{a}$$

$$\Phi = \frac{t_{w2}-t_{w3}}{\frac{\delta_2}{A\lambda_2}} = \frac{t_{w2}-t_{w3}}{R_{\lambda 2}} \tag{b}$$

$$\Phi = \frac{t_{w3}-t_{w4}}{\frac{\delta_3}{A\lambda_3}} = \frac{t_{w3}-t_{w4}}{R_{\lambda 3}} \tag{c}$$

由以上三式可得

$$\Phi = \frac{t_{w1}-t_{w4}}{\frac{\delta_1}{A\lambda_1}+\frac{\delta_2}{A\lambda_2}+\frac{\delta_3}{A\lambda_3}} = \frac{t_{w1}-t_{w4}}{R_{\lambda 1}+R_{\lambda 2}+R_{\lambda 3}} \tag{3-11}$$

可见，三层平壁稳态导热的总导热热阻 R_λ 为各层导热热阻之和，可以用图 3-4 中下面的热阻网络来表示。

由此类推，对于 n 层平壁的稳态导热，热流量的计算公式应为

$$\Phi = \frac{t_{w1}-t_{w(n+1)}}{\sum_{i=1}^{n} R_{\lambda i}} \tag{3-12}$$

式中，分子为多层平壁两侧外壁面之间的温差；分母为总导热热阻，是各层导热热阻之和。

由此可见，利用热阻的概念，可以很容易地求得通过多层平壁稳态导热的热流量，进而求出各层间接触面的温度。

例 3-2 一双层玻璃窗，高 2m、宽 1m、玻璃厚 3mm，玻璃的热导率 $\lambda = 0.75\text{W}/(\text{m·K})$，双层玻璃间的空气夹层厚度为 5mm，夹层中的空气完全静止，空气的热导率 $\lambda = 0.025\text{W}/(\text{m·K})$。如果测得冬季室内外玻璃表面温度分别为 15℃ 和 5℃，试求玻璃窗的散热损失，并比较玻璃与空气夹层的导热热阻。

解 这是一个三层平壁的稳态导热问题。根据式（3-11），得

$$\Phi = \frac{t_{w1}-t_{w4}}{\frac{\delta_1}{A\lambda_1}+\frac{\delta_2}{A\lambda_2}+\frac{\delta_3}{A\lambda_3}} = \frac{t_{w1}-t_{w4}}{R_{\lambda 1}+R_{\lambda 2}+R_{\lambda 3}}$$

$$= \frac{15-5}{\frac{0.003}{2\times 0.75}+\frac{0.005}{2\times 0.025}+\frac{0.003}{2\times 0.75}}\text{W}$$

$$= \frac{10}{0.002+0.1+0.002}\text{W} = 96.15\text{W}$$

由此可知，单层玻璃的导热热阻为 0.002K/W，空气夹层的导热热阻为 0.1K/W，是玻璃的 50 倍。如果采用单层玻璃窗，则散热损失为

$$\Phi' = \frac{10}{0.002} = 5000\text{W}$$

是双层玻璃窗散热损失的 52 倍，可见采用双层玻璃窗可以大大减少散热损失，节约能源。

3.1.2 圆筒壁的稳态导热

圆形管道在工业和日常生活中的应用非常广泛，如发电厂的蒸汽管道、化工厂的各种液、气输送管道以及供暖热水管道等。下面主要讨论这类管道圆筒壁的稳态导热过程中的壁内温度分布及导热热流量。

1. 单层圆筒壁的稳态导热

如图 3-5 所示，已知一单层圆筒壁的内、外半径分别为 r_1、r_2，长度为 l，热导率 λ 为常数，无内热源（$q_V = 0$），内、外壁面分别保持均匀恒定的温度 t_{w1}、t_{w2}，且 $t_{w1} > t_{w2}$。

根据上述给定条件，壁内的温度只沿径向变化，如果采用圆柱坐标，则圆筒壁的导热为一维稳态导热，导热微分方程式为

$$\frac{\text{d}}{\text{d}r}\left(r\frac{\text{d}t}{\text{d}r}\right) = 0 \tag{3-13}$$

第一类边界条件：

$$r = r_1, \quad t = t_{w1}$$
$$r = r_2, \quad t = t_{w2}$$

对式（3-13）进行两次积分，可得导热微分方程式的通解为

$$t = C_1 \ln r + C_2$$

将其代入边界条件，得

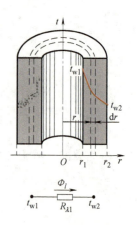

图 3-5 单层圆筒壁的稳态导热

$$C_1 = -\frac{t_{w1} - t_{w2}}{\ln(r_2/r_1)}$$

$$C_2 = t_{w1} + \frac{t_{w1} - t_{w2}}{\ln(r_2/r_1)} \ln r_1$$

将 C_1、C_2 代入通解，可得圆筒壁内的温度分布为

$$t = t_{w1} - (t_{w1} - t_{w2})\frac{\ln(r/r_1)}{\ln(r_2/r_1)}$$

由此可见，壁内的温度分布为对数曲线。温度沿 r 方向的变化率为

$$\frac{\text{d}t}{\text{d}r} = -\frac{t_{w1} - t_{w2}}{\ln(r_2/r_1)} \frac{1}{r}$$

上式说明温度变化率的绝对值沿 r 方向逐渐减小。

根据傅里叶定律，沿圆筒壁 r 方向的热流密度为

$$q = -\lambda \frac{dt}{dr} = \frac{\lambda}{r} \frac{t_{w1} - t_{w2}}{\ln(r_2/r_1)}$$

由上式可见，径向热流密度不等于常数，而是 r 的函数，随着 r 的增加，热流密度逐渐减小。但是，对于稳态导热，通过整个圆筒壁的热流量是不变的，其计算公式为

$$\Phi = 2\pi r l \cdot q = \frac{t_{w1} - t_{w2}}{\frac{1}{2\pi\lambda l}\ln\frac{r_2}{r_1}} = \frac{t_{w1} - t_{w2}}{\frac{1}{2\pi\lambda l}\ln\frac{d_2}{d_1}} = \frac{t_{w1} - t_{w2}}{R_\lambda} \tag{3-14}$$

式中，R_λ 为整个圆筒壁的导热热阻（K/W）。

单位长度圆筒壁的热流量为

$$\Phi_l = \frac{\Phi}{l} = \frac{t_{w1} - t_{w2}}{\frac{1}{2\pi\lambda}\ln\frac{d_2}{d_1}} = \frac{t_{w1} - t_{w2}}{R_{\lambda l}} \tag{3-15}$$

式中，$R_{\lambda l}$ 为单位长度圆筒壁的导热热阻（m·K/W）。于是，单层圆筒壁的稳态导热可以用图 3-5 中下面的热阻网络来表示。

以上说明了根据导热微分方程式及边界条件进行求解的一般过程。实际上，对于无内热源的圆筒壁一维稳态导热问题，单位长度圆筒壁的热流量 Φ_l 在壁内任意位置都相等，可以直接将傅里叶定律表达式

$$\Phi_l = -2\pi r \lambda \frac{dt}{dr}$$

分离变量，并按照相应的边界条件积分求解。

2. 多层圆筒壁的稳态导热

分析完单层圆筒壁的稳态导热之后，运用热阻的概念，很容易分析多层圆筒壁的稳态导热问题。

图 3-6 所示的是一个三层圆筒壁，无内热源，各层的热导率为常数，分别为 λ_1、λ_2、λ_3，内、外壁面保持均匀恒定的温度 t_{w1}、t_{w4}。这显然也是一维稳态导热问题，通过各层圆筒壁的热流量相等，总导热热阻等于各层导热热阻之和，可以用图中的热阻网络表示。单位长度圆筒壁的导热热流量为

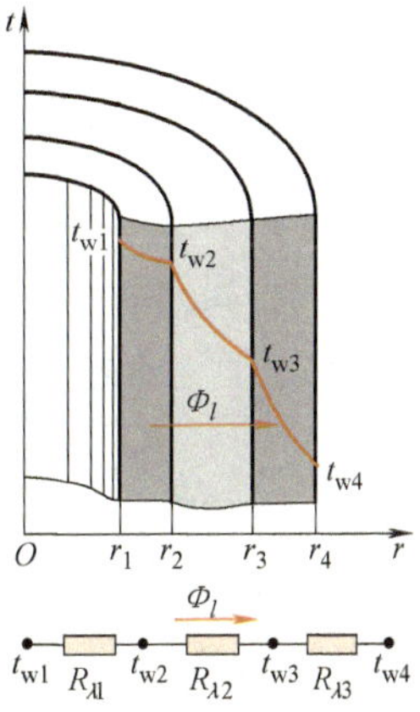

图 3-6 三层圆筒壁的稳态导热

$$\Phi_l = \frac{t_{w1} - t_{w4}}{R_{\lambda l_1} + R_{\lambda l_2} + R_{\lambda l_3}}$$

$$= \frac{t_{w1} - t_{w4}}{\frac{1}{2\pi\lambda_1}\ln\frac{d_2}{d_1} + \frac{1}{2\pi\lambda_2}\ln\frac{d_3}{d_2} + \frac{1}{2\pi\lambda_3}\ln\frac{d_4}{d_3}}$$

以此类推，对于 n 层不同材料组成的圆筒壁的稳态导热，单位管长的热流量为

$$\Phi_l = \frac{t_{w1} - t_{w(n+1)}}{\sum_{i=1}^{n} R_{\lambda li}} = \frac{t_{w1} - t_{w(n+1)}}{\sum_{i=1}^{n} \frac{1}{2\pi\lambda_i}\ln\frac{d_{i+1}}{d_i}} \tag{3-16}$$

例 3-3 热电厂中有一直径为 0.2m 的过热蒸汽管道,钢管壁厚为 8mm,钢材的热导率 $\lambda_1 = 45 \text{W}/(\text{m} \cdot \text{K})$,管外包有厚度 $\delta = 0.12\text{m}$ 的保温层,保温材料的热导率 $\lambda_2 = 0.1 \text{W}/(\text{m} \cdot \text{K})$,管内壁面温度 $t_{w1} = 300℃$,保温层外壁面温度 $t_{w3} = 50℃$。试求单位管长的散热损失。

解 这是一个双层圆筒壁的稳态导热问题。根据式（3-16），得

$$\Phi_l = \frac{t_{w1} - t_{w3}}{\frac{1}{2\pi\lambda_1}\ln\frac{d_2}{d_1} + \frac{1}{2\pi\lambda_2}\ln\frac{d_3}{d_2}}$$

$$= \frac{300-50}{\frac{1}{2\pi \times 45}\ln\frac{0.2+2\times 0.008}{0.2} + \frac{1}{2\pi \times 0.1}\ln\frac{0.216+2\times 0.12}{0.216}} \text{W/m}$$

$$= \frac{250\text{K}}{0.272\times 10^{-3}+1.189}\text{W/m} = 210.3\text{W/m}$$

从以上计算过程可以看出,钢管壁的导热热阻与保温层的导热热阻相比非常小,可以忽略。

如果例 3-3 中给出的是第三类边界条件,即管内蒸汽温度 $t_{f1} = 300℃$,表面传热系数 $h_1 = 150\text{W}/(\text{m}^2 \cdot \text{K})$,周围空气温度 $t_{f2} = 20℃$,表面传热系数 $h_2 = 10\text{W}/(\text{m}^2 \cdot \text{K})$,请读者计算单位管长的散热损失及钢管内壁面和保温层外壁面温度,并比较各热阻的大小。

例 3-4 外直径为 50mm 的蒸汽管道外表面温度为 400℃,其外包裹有厚度为 40mm、热导率为 $0.11\text{W}/(\text{m} \cdot \text{K})$ 的矿渣棉;矿渣棉外又包有厚度为 45mm 的煤灰泡沫砖,其热导率 λ 与砖层平均温度 t_m 的关系如下:$\lambda = 0.099 + 0.0002 t_m$;煤灰泡沫砖外表面温度为 50℃,已知煤灰泡沫砖最高耐温为 300℃。试检查煤灰泡沫砖层的温度有无超出最高温度,并求通过每米长该保温层的热损失。

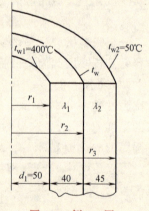

图 3-7 例 3-4 图

解 本题的关键在于确定矿渣棉与煤灰泡沫砖交界处的温度,而由题意,煤灰泡沫砖的热导率又取决于该未知的界面温度,因而计算过程具有迭代（试算法）性质。先设定一个界面温度,再校核,如图 3-7 所示。

由题意

$$\Phi_l = \frac{t_{w1}-t_w}{\frac{1}{2\pi\lambda_1}\ln\frac{d_2}{d_1}} = \frac{t_w-t_{w2}}{\frac{1}{2\pi\lambda_2}\ln\frac{d_3}{d_2}}$$

而

$$\lambda_2 = 0.099 + 0.0002\left(\frac{t_w+t_{w2}}{2}\right)$$

$$\Phi_l = \frac{400-t_w}{\frac{1}{0.11}\ln\frac{130}{50}} = \frac{t_w-50}{\frac{1}{0.099+0.0001(t_w+50)}\ln\frac{220}{130}}$$

迭代（试算法）求解上式，得 $t_w \approx 167℃$，没有超过该保温层的最高温度（300℃）。通过每米长保温层的热损失为

$$\Phi_l = \frac{400-167}{\frac{1}{2\pi \times 0.11} \ln \frac{130}{50}} \text{W/m} = 168.5 \text{W/m}$$

3.1.3 球壁的稳态导热

在工业上和日常生活中，常常遇到球形容器，如球形储气罐、储液罐等，因此研究通过球壁的导热具有实际意义。

1. 球壁稳态导热分析解

如图 3-8 所示，一空心单层球壁，内、外半径分别为 r_1、r_2，球壁材料的热导率 λ 为常数，无内热源，球壁内、外侧壁面分别维持均匀恒定的温度 t_{w1}、t_{w2}，且 $t_{w1} > t_{w2}$。根据上述条件，温度只沿径向发生变化，采用球坐标系，则球壁的导热是一个具有第一类边界条件的一维稳态导热问题，由球坐标系下的一般导热微分方程（2-16），可写出该球壁的导热微分方程式为

$$\frac{d}{dr}\left(r^2 \frac{dt}{dr}\right) = 0 \qquad (3-17)$$

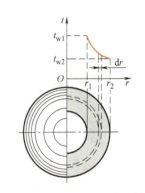

图 3-8 单层球壁的稳态导热

边界条件为

$$r = r_1, \quad t = t_{w1}$$
$$r = r_2, \quad t = t_{w2}$$

采用直接积分的方法，可求得球壁内的温度分布为

$$t = t_{w1} - \frac{t_{w1}-t_{w2}}{1/r_1 - 1/r_2}(1/r_1 - 1/r) \qquad (3-18)$$

由此可见，球壁内的温度分布曲线为双曲线，如图 3-8 所示。

根据傅里叶定律，可求得通过球壁的热流密度为

$$q = -\lambda \frac{dt}{dr} = \lambda \frac{t_{w1}-t_{w2}}{1/r_1 - 1/r_2} \cdot \frac{1}{r^2} \qquad (3-19)$$

式（3-19）表明，通过球壁的热流密度是变化的，沿 r 方向逐渐减小。通过整个球壁的热流量为

$$\Phi = Aq = 4\pi r^2 q = \frac{4\pi\lambda(t_{w1}-t_{w2})}{1/r_1 - 1/r_2} \qquad (3-20)$$

$$= \frac{2\pi\lambda(t_{w1}-t_{w2})}{1/d_1 - 1/d_2} = \pi\lambda \frac{d_1 d_2}{\delta}(t_{w1}-t_{w2})$$

式中，δ 为球壁的厚度。在稳态情况下，通过整个球壁的热流量为常数。式（3-20）也可以改写成欧姆定律表达式的形式：

$$\varPhi = \frac{t_{w1}-t_{w2}}{\dfrac{\delta}{\pi\lambda d_1 d_2}} = \frac{t_{w1}-t_{w2}}{R_\lambda} \qquad (3\text{-}21)$$

式中，R_λ 为球壁的导热热阻（K/W）。

对于热导率 λ 为常数、无内热源球壁的一维稳态导热问题，球壁内的热流量 $\varPhi$ 为常数，因此可以直接由式

$$\varPhi = -A\lambda\frac{\mathrm{d}t}{\mathrm{d}r} = -4\pi\lambda r^2\frac{\mathrm{d}t}{\mathrm{d}r}$$

分离变量，并按照相应的边界条件积分求得式（3-21）。

2. 圆球导热仪的工作原理

圆球导热仪是用来测量颗粒或粉末状材料热导率的仪器，如图 3-9 所示。其工作原理就是基于球壁的一维稳态导热计算式（3-20）。圆球导热仪的主体是由两层同心的纯铜球壳组成的，之所以采用纯铜材料，是因为纯铜的热导率高，容易使壁面温度均匀，进而实现等壁温（即第一类）边界条件。球壳内径为 d_1，球壳外径为 d_2，d_1、d_2 均已知。内壳里面装有球形电加热器，其加热功率 $\varPhi$ 由专用仪器测出。两球壳夹层空间用来均匀填充待测材料。内、外球壳上都装有热电偶，用来测量内、外球壳的壁面温度 t_{w1}、t_{w2}。考虑到由于各种因素的影响而产生的壁面温度的不均匀性，通常在内、外球壁上各安装几对热电偶，用来测量球壁的平均壁面温度。这样就可以根据已知的 d_1、d_2 及测得的 $\varPhi$、t_{w1}、t_{w2}，由式（3-20）求得所测材料在 $t_{w1} \sim t_{w2}$ 温度范围内的平均热导率。

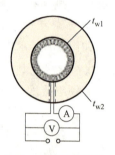

图 3-9　圆球导热仪示意图

3.2　肋片导热

由计算对流传热的牛顿冷却公式：

$$\varPhi = Ah\Delta t$$

可以看出，增加传热面积 A 是强化对流传热的有效方法之一。在传热表面上加装肋片是增加传热面积的主要措施，其在工业上及日常生活中得到了广泛的应用，如房屋供暖用的钢串片式暖气片，汽车散热器及家用冰箱、空调的散热片等，如图 3-10 所示。

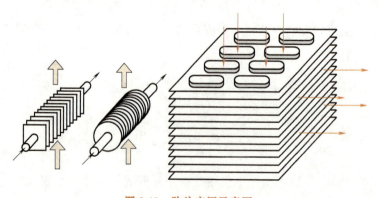

图 3-10　肋片应用示意图

肋片的形状有许多种，图 3-11 中列举了几种常见的肋片。下面以等截面直肋为例说明肋片稳态导热的求解方法。

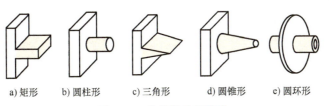

a) 矩形　　b) 圆柱形　　c) 三角形　　d) 圆锥形　　e) 圆环形

图 3-11　几种常见的肋片

图 3-11a、b 属于等截面直肋，图 3-11c、d 属于变截面直肋，图 3-11e 属于环形肋。

3.2.1　等截面直肋的稳态导热

以矩形肋为例进行分析，如图 3-12a 所示，矩形肋的高度为 H、厚度为 δ、宽度为 l，与高度方向垂直的横截面积为 A，横截面的周长为 U。为简化分析，做下列假设：

1) 肋片材料均匀，热导率 λ 为常数。

2) 肋片根部与肋基接触良好，温度一致，即不存在接触热阻。

3) 肋片表面各处与流体之间的表面传热系数 h 都相同。

4) 定义肋片的导热热阻 δ/λ 与肋片表面的对流传热热阻 $1/h$ 之比为毕渥数 Bi，即 $Bi = \dfrac{\delta/\lambda}{1/h}$。若 Bi 很小，可以忽略，在这种情况下可以近似地认为肋片的温度只沿高度方向发生变化，肋片的导热是一维的。一般肋片都用金属材料制造，热导率很大，肋片很薄，基本上都能满足这一条件。

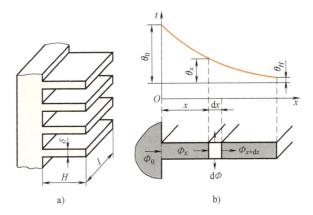

图 3-12　矩形肋的稳态导热分析

5) 忽略肋片端面的散热量，即认为肋片端面是绝热的。

热量从肋基导入肋片，然后从肋根导向肋端，沿途不断有热量从肋的侧面以对流传热的方式传给周围的流体，这种情况可以当作肋片具有负的内热源来处理，于是，肋片的导热过程是具有负内热源的一维稳态导热过程，导热微分方程式为

$$\frac{\mathrm{d}^2 t}{\mathrm{d}x^2} - \frac{\dot{\Phi}}{\lambda} = 0 \tag{3-22}$$

边界条件为

$$x = 0, \quad t = t_0$$

$$x = H, \quad \frac{\mathrm{d}t}{\mathrm{d}x} = 0$$

内热源强度 $\dot{\Phi}$ 为单位容积的放热（或吸热）量，对于图 3-12b 所示的微元段，有

$$\dot{\Phi} = \frac{U\mathrm{d}x \cdot h(t-t_\infty)}{A\mathrm{d}x} = \frac{Uh(t-t_\infty)}{A}$$

代入导热微分方程式（3-22），得

$$\frac{\mathrm{d}^2 t}{\mathrm{d}x^2} - \frac{hU}{\lambda A}(t-t_\infty) = 0 \tag{a}$$

令 $m = \sqrt{\dfrac{hU}{\lambda A}} \approx \sqrt{\dfrac{h2l}{\lambda \delta l}} = \sqrt{\dfrac{2h}{\lambda \delta}}$，$\theta = t - t_\infty$，$\theta$ 称为过余温度，则肋根处的过余温度为 $\theta_0 = t_0 - t_\infty$，肋端处的过余温度为 $\theta_H = t_H - t_\infty$。于是肋片的导热微分方程式可写成

$$\frac{\mathrm{d}^2 \theta}{\mathrm{d}x^2} - m^2 \theta = 0 \tag{b}$$

边界条件改写成

$$x = 0, \quad \theta = \theta_0$$
$$x = H, \quad \frac{\mathrm{d}\theta}{\mathrm{d}x} = 0$$

肋片的导热微分方程式（b）是将肋片表面向周围流体的散热按肋片具有负内热源处理，直接从有内热源的一维稳态导热微分方程式（3-22）导出的；如果肋片的温度低于流体的温度，可按肋片具有正内热源处理，同样也可以导出式（b）。实际上，如果以图 3-12b 所示的微元段作为研究对象，分析其热平衡，同样可以推导出肋片的导热微分方程式（b）。式（b）的通解为

$$\theta = C_1 \mathrm{e}^{mx} + C_2 \mathrm{e}^{-mx} \tag{c}$$

代入边界条件，可求得常数 C_1、C_2：

$$C_1 = \theta_0 \frac{\mathrm{e}^{-mH}}{\mathrm{e}^{mH} + \mathrm{e}^{-mH}}$$

$$C_2 = \theta_0 \frac{\mathrm{e}^{mH}}{\mathrm{e}^{mH} + \mathrm{e}^{-mH}}$$

将其代入通解式（c），可得肋片过余温度的分布函数为

$$\theta = \theta_0 \frac{\mathrm{e}^{m(H-x)} + \mathrm{e}^{-m(H-x)}}{\mathrm{e}^{mH} + \mathrm{e}^{-mH}} \tag{d}$$

根据双曲余弦函数的定义式：

$$\mathrm{ch}\, x = \frac{\mathrm{e}^x + \mathrm{e}^{-x}}{2}$$

可将式（d）改写为

$$\theta = \theta_0 \frac{\mathrm{ch}[m(H-x)]}{\mathrm{ch}(mH)} \tag{3-23}$$

由此可见，肋片的过余温度从肋根开始沿高度方向按双曲余弦函数的规律变化，如图 3-12b 所示。

图 3-13 给出了矩形肋的量纲一的过余温度 θ/θ_0 随量纲一的横坐标 x/H 的变化曲线，参变量为 $mH = \sqrt{\dfrac{2h}{\lambda \delta}} H$。由该图可以看出，肋片的过余温度从肋根开始沿高度方向逐渐降低，

当 mH 较小时,温度降低缓慢;当 mH 较大时,温度降低较快。mH 的大小取决于肋片的几何尺寸、肋片材料的热导率及肋片与周围流体之间的表面传热系数。在实际应用中,一般取 $0.7 < mH < 2$。当 $mH > 2$ 时,肋片温度下降非常迅速,靠近肋片端部的面积由于过余温度太低而散热效果差。

由式(3-23)可得肋端的过余温度为

$$\theta_H = \theta_0 \frac{1}{\text{ch}(mH)} \tag{3-24}$$

在图 3-14 中绘出了函数 $\dfrac{1}{\text{ch}(mH)}$ 随 mH 的变化曲线,结合式(3-24)可以看出,肋端的过余温度随 mH 的增加而降低。

在稳态情况下,由肋片向周围流体的散热量应等于从肋根导入肋片的热量,因此,肋片的散热量为

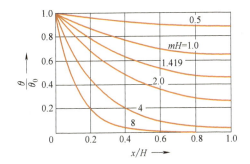

图 3-13　矩形肋的温度分布

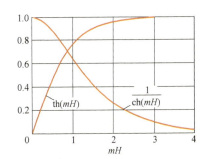

图 3-14　双曲函数随 mH 的变化曲线

$$\begin{aligned}
\Phi &= -A\lambda \frac{d\theta}{dx}\bigg|_{x=0} = A\lambda\theta_0 \frac{m\,\text{sh}[m(H-x)]}{\text{ch}(mH)}\bigg|_{x=0} \\
&= A\lambda m\theta_0 \frac{\text{sh}(mH)}{\text{ch}(mH)} = A\lambda m\theta_0 \text{th}(mH) \\
&= \sqrt{h\lambda UA}\,\theta_0 \text{th}(mH)
\end{aligned} \tag{3-25}$$

在图 3-14 中还绘出了双曲正切函数 $\text{th}(mH)$ 随 mH 的变化曲线,结合式(3-25)可以看出,随着 mH 的增大,肋片的散热量随之逐渐增加,一开始增加很迅速,但后来越来越缓慢,逐渐趋于一渐近值。这说明,增大 mH 虽然可以增加肋片的散热量,但增加到一定程度后,再增大 mH 所产生的效果已不显著,因此需要考虑经济性问题。

需要指出,上述分析虽然是针对矩形肋进行的,但结果同样适用于其他形状的等截面直肋,如圆柱形肋的一维稳态导热问题。

此外,在上述推导过程中,假设肋端面的散热量为零(绝热),这对于实际上采用的大多数薄而高的肋片来说,用上述公式进行计算已足够精确。如果必须考虑肋端面的散热,也可以采用近似修正方法,将肋端面面积折算到侧面上去,相当于肋加高为 $(H+\Delta H)$,其中

$$\Delta H = \frac{A}{U}$$

对于矩形肋:

$$\Delta H = \frac{l\delta}{2(l+\delta)} \approx \frac{\delta}{2}$$

还需要指出，对工程上绝大多数薄而高的矩形或细而长的圆柱形金属肋来说，将肋片的温度场近似为一维的处理结果已足够精确，但对于肋片的导热热阻 δ/λ 与肋片表面的对流传热热阻 $1/h$ 相比不可忽略的情况来说，肋片的导热不能认为是一维的，上述公式不再适用。此外，上述推导没有考虑辐射传热的影响，对一些温差较大的场合，必须加以考虑。

3.2.2 肋片效率

如上所述，加装肋片的目的是扩大散热面积，增大散热量，但随着肋片高度的增加，肋片的平均过余温度会逐渐降低，即肋片单位质量的散热量会逐渐减小，这就提出了一个加装肋片的效果问题。为了衡量肋片散热的有效程度，引入肋片效率的概念，将其定义为肋片的实际散热量 Φ 与假设整个肋片都具有肋基温度时的理想散热量 Φ_0 之比，用符号 η_f 表示，即

$$\eta_f = \frac{\Phi}{\Phi_0} = \frac{UHh(t_m - t_\infty)}{UHh(t_0 - t_\infty)} = \frac{\theta_m}{\theta_0} \tag{3-26}$$

式中，t_m、θ_m 分别为肋面的平均温度和平均过余温度；t_0、θ_0 分别为肋基温度与肋基过余温度。由于 $\theta_m < \theta_0$，故肋片效率 η_f 小于 1。

因为前面假设肋片表面各处 h 都相等，所以等截面直肋的平均过余温度可按下式计算：

$$\theta_m = \frac{1}{H}\int_0^H \theta dx = \frac{1}{H}\int_0^H \theta_0 \frac{\text{ch}[m(H-x)]}{\text{ch}(mH)} dx = \frac{\theta_0}{mH}\text{th}(mH)$$

将其代入式（3-26），可得

$$\eta_f = \frac{\text{th}(mH)}{mH} \tag{3-27}$$

式（3-27）表示了等截面直肋的肋片效率 η_f 随 mH 的变化规律，将其变化曲线绘在图 3-15 中，由图可见，mH 越大，肋片效率越低。

对于矩形肋，$mH = \sqrt{\frac{2h}{\lambda\delta}}H$，由此可以看出影响矩形肋片效率的主要因素有：

（1）肋片材料的热导率 λ　热导率越大，肋片效率越高。

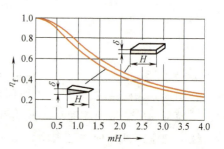

图 3-15　矩形肋与三角肋的肋片效率变化曲线

（2）肋片高度 H　肋片越高，肋片效率越低。

（3）肋片厚度 δ　肋片越厚，肋片效率越高。

（4）表面传热系数 h　h 越大，即对流传热越强，肋片效率越低。

对于工程上经常采用的三角形剖面肋片，通过同样的分析，也可以由温度分布得到类似于式（3-27）的肋片效率公式，即

$$\eta_f = \frac{\text{th}(\varphi mH)}{\varphi mH} \tag{3-28}$$

式中，φ 为修正系数，可近似地表示为

$$\varphi = 0.99101 + 0.31484 \frac{\text{th}(0.74485mH)}{mH} \tag{3-29}$$

式中，$mH = \sqrt{\frac{2h}{\lambda\delta}}H$，$\delta$ 为肋根的厚度。当 $mH<5$ 时，式（3-29）的误差小于 0.05%。图 3-15 中也绘出了三角形肋片的效率曲线。

对于图 3-16a 所示的工程上常用的等厚度圆环形肋片，史密特（Schmidt）给出了一个形式与式（3-28）完全一样的近似计算公式，式中

$$\varphi = 1 + 0.35\ln\left(1 + \frac{H}{r_0}\right) \tag{3-30}$$

当 $\eta_f > 0.5$ 时，式（3-30）的计算结果与精确值的偏差小于 1%。

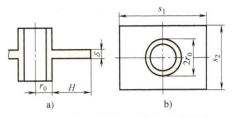

图 3-16 等厚度圆环形与长方形肋片

对于图 3-16b 所示的工程上常用的等厚度长方形肋片，也可以用式（3-28）计算肋片效率，不过肋片高度要进行修正，即

$$H = 0.64\sqrt{s_2(s_1 - 0.2s_2)} - r_0 \tag{3-31}$$

式中，$s_1 > s_2$。

例 3-5 两种几何尺寸完全相同的等截面直肋，在完全相同的对流环境（即表面传热系数和流体温度均相同）下，沿肋高方向的温度分布曲线如图 3-17 所示。请判断两种材料热导率的大小和肋片效率的高低。

分析 对一维肋片，热导率越高时，沿肋高方向热阻越小，因而沿肋高方向的温度变化（下降或上升）越小。因此曲线 1 对应的是热导率大的材料，曲线 2 对应热导率小的材料。而且，由肋片效率的定义可知，曲线 1 的肋片效率高于曲线 2。

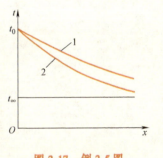

图 3-17 例 3-5 图

例 3-6 为了测量管道内的热空气温度和保护测温元件——热电偶，采用金属测温套管，热电偶端点镶嵌在套管的端部，如图 3-18 所示。套管长 $H=100$mm，外径 $d=15$mm，壁厚 $\delta=1$mm，套管材料的热导率 $\lambda = 45$W/(m·K)。已知热电偶的指示温度为 200℃，套管根部的温度 $t_0 = 50$℃，套管外表面与空气之间对流传热的表面传热系数 $h=40$W/(m²·K)。试分析产生测温误差的原因，并求出测温误差。

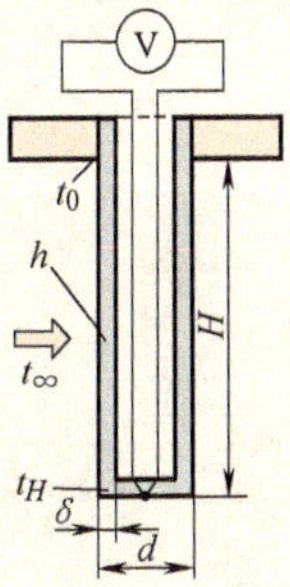

解 因为热电偶端点镶嵌在套管的端部，所以热电偶指示的是测温套管端部的温度 t_H。测温套管与周围环境的热量交换情况如下：热量以对流传热的方式由热空气传给测温套管，测温套管再通过热辐射和导热将热量传给空气管道壁面。这里只考虑套管的导热。在稳态情况下，测温套管热平衡的结果是使测温套管端部的温度不等于空气的温度，测温误差就是套管端部的过余温度 $\theta_H = t_H - t_\infty$。

图 3-18 例 3-6 图

如果忽略测温套管横截面上的温度变化，并认为套管端部绝热，则套管可以看成是等截面直肋，根据式（3-24），有

$$t_H - t_\infty = \frac{t_0 - t_\infty}{\text{ch}(mH)} \tag{a}$$

套管截面面积 $A = \pi d\delta$，套管换热周长 $U = \pi d$，根据 m 的定义，有

$$mH = \sqrt{\frac{hU}{\lambda A}} H = \sqrt{\frac{h}{\lambda \delta}} H = \sqrt{\frac{40}{45 \times 0.001}} \times 0.1 = 2.98 \tag{b}$$

查数学手册或直接由定义式计算可求得 ch2.98 = 9.87，将其代入式（a），可解得 $t_\infty = 216.9℃$，于是测温误差为

$$t_H - t_\infty = -16.9℃$$

由式（a）和式（b）可以看出，在表面传热系数不变的情况下，测温误差取决于套管的长度、厚度以及套管材料的热导率。如何减小测温误差，请读者自行分析。

例 3-7 如图 3-19 所示的长为 300mm、直径为 12.5mm 的铜杆，热导率为 386W/(m·K)，两端分别紧固地连接在温度为 200℃ 的墙壁上。温度为 38℃ 的空气横向掠过铜杆，表面传热系数为 17W/(m²·K)。求铜杆散失给空气的热量是多少？

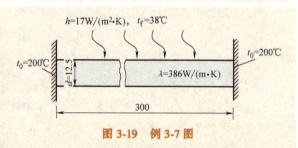

图 3-19　例 3-7 图

解 这是长为 150mm 的等截面直肋（且一端为绝热边界条件）的一维导热问题。由于物理问题对称，可取杆长的一半作为研究对象。此杆的散热量为实际散热量的一半。

$$\Phi_{1/2} = -\lambda A \frac{d\theta}{dx}\bigg|_{x=0} = \sqrt{hU\lambda A}\,\theta_0 \text{th}(mH), \quad m = \sqrt{\frac{hU}{\lambda A}} = \sqrt{\frac{17 \times \pi \times 0.0125}{386 \times \frac{\pi}{4} \times 0.0125^2}} = 3.754$$

$$\Phi_{1/2} = \sqrt{17 \times \pi \times 0.0125 \times 386 \times \frac{\pi}{4} \times 0.0125^2} \times (200-38) \times \text{th}(3.754 \times 0.15)\,\text{W} = 14.7\text{W}$$

故整个铜杆的散热量为

$$\Phi = 2\Phi_{1/2} = 2 \times 14.7\text{W} = 29.4\text{W}$$

3.3　其他稳态导热

3.3.1　二维稳态导热

二维或三维的稳态导热问题，在常物性的条件下由泊松方程式（2-13）或拉普拉斯方程式（2-14）描述。分析二维或三维稳态导热的方法主要有分析法和数值法。分析法的优点是能够得到适合于同类问题的一般函数关系式，各参数之间关系的物理意义明确，还可进一步

做微分和积分等数学运算。但是，分析法通常需要涉及较复杂的数学理论，而且至今只有少数具有特定几何形状和边界条件的问题才能得到温度场的分析解。

分离变量法可用于求解几何形状规则的区域中的导热问题，是最早发展的分析法，也常用作其他分析法的基础。本书仅介绍直角坐标系中的分离变量法，其他正交坐标系中分离变量的基本思路与之相同，读者可参阅相关文献。

由于求解过程中分离变量的要求，这一方法适合于处理齐次问题。下面以一个矩形区域中无内热源的稳态导热问题为例说明分离变量法的具体思路。如图3-20所示，矩形区域的4个边界中有3个边界维持均匀的温度t_0，第4个边界条件为已知的温度分布$f(x)$。引入过余温度$\theta=t-t_0$，可使3个等温边界条件变为齐次的。二维稳态导热由拉普拉斯方程描述：

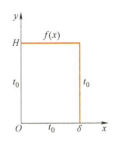

图3-20 矩形区域稳态导热的边界条件

$$\frac{\partial^2 \theta}{\partial x^2}+\frac{\partial^2 \theta}{\partial y^2}=0 \tag{3-32a}$$

$$x=0, \theta=0 \tag{3-32b}$$

$$x=\delta, \theta=0 \tag{3-32c}$$

$$y=0, \theta=0 \tag{3-32d}$$

$$y=H, \theta=f_1(x)=f(x)-t_0 \tag{3-32e}$$

假设所求的温度分布$\theta(x,y)$可以表示为一个x的函数和一个y的函数的乘积，即

$$\theta(x,y)=X(x)Y(y) \tag{3-33}$$

将式（3-33）代入方程式（3-32a），由于方程是线性齐次的，可以分离变量，故得

$$-\frac{X''}{X}=\frac{Y''}{Y}=\varepsilon^2$$

上式第一个等号左边是x的函数，右边是y的函数。因此，只有它们都等于一个常数时，等式才有可能成立，记这个常数为ε^2。由此得到带一个待定常数的两个常微分方程：

$$\frac{d^2 X}{dx^2}+\varepsilon^2 X=0 \tag{3-34a}$$

$$x=0, \quad X=0 \tag{3-34b}$$

$$x=\delta, \quad X=0 \tag{3-34c}$$

$$\frac{d^2 Y}{dy^2}-\varepsilon^2 Y=0 \tag{3-35a}$$

$$y=0, \quad Y=0 \tag{3-35b}$$

$$y=H, \quad \theta=f_1(x) \tag{3-35c}$$

方程式（3-34a）和方程式（3-35a）的通解为

$$X=A\cos(\varepsilon x)+B\sin(\varepsilon x) \tag{3-36}$$

$$Y=C\text{sh}(\varepsilon y)+D\text{ch}(\varepsilon y) \tag{3-37}$$

把式（3-34b）代入式（3-36）得$A=0$，所以解变为

$$X=B\sin(\varepsilon x) \tag{3-38}$$

为了得到x的非零解（否则$\theta=X, Y\equiv 0$，没有意义），必须有$B\neq 0$，因此必须有

$$\sin(\varepsilon\delta) = 0 \tag{3-39}$$

该方程称为这一分离变量问题的特征方程，它有无穷多个解。由于解的对称性，在这里仅取正的解即可，它们是

$$\varepsilon_m = \frac{m\pi}{\delta} \quad (m = 1, 2, \cdots) \tag{3-40}$$

ε_m 为满足式（3-39）的所有 ε 值，所以 ε_m 称为特征值，$\sin(\varepsilon_m x)$ 称为特征函数。

由边界条件式（3-35a）可得 $Y(0) = 0$，将其代入式（3-37）得 $D = 0$。因此解变为

$$Y = C \operatorname{sh}(\varepsilon_m y) \tag{3-41}$$

根据式（3-33）、式（3-38）和式（3-41）可得方程特解为

$$\theta_m = C_m \sin(\varepsilon_m x) \operatorname{sh}(\varepsilon_m y) \quad (m = 1, 2, \cdots)$$

式中，C_m 是式（3-41）和式（3-42）中省去的常数的乘积。

由于方程和 3 个边界条件都是线性齐次的，以上得到的解的叠加仍满足方程和这 3 个边界条件，即

$$\theta = \sum_{m=1}^{\infty} C_m \sin(\varepsilon_m x) \operatorname{sh}(\varepsilon_m y) \tag{3-42}$$

由边界条件式（3-32e）得

$$f_1(x) = \sum_{m=1}^{\infty} C_m \sin(\varepsilon_m x) \operatorname{sh}(\varepsilon_m H)$$

可以确定级数中的系数 C_m，即把 $f_1(x)$ 在 $(0, \delta)$ 区间上展开成正弦级数，可得

$$C_m \operatorname{sh}(\varepsilon_m H) = \frac{2}{\delta} \int_0^\delta f_1(x) \sin(\varepsilon_m x) \, \mathrm{d}x$$

即

$$C_m = \frac{2}{\delta} \frac{\int_0^\delta f_1(x) \sin(\varepsilon_m x) \, \mathrm{d}x}{\operatorname{sh}(\varepsilon_m H)} \tag{3-43}$$

最后得到原问题的解为

$$\theta(x, y) = \frac{2}{\delta} \sum_{m=1}^{\infty} \frac{1}{\operatorname{sh}\left(\frac{m\pi}{\delta} H\right)} \operatorname{sh}\left(\frac{m\pi}{\delta} y\right) \sin\left(\frac{m\pi}{\delta} x\right) \int_0^\delta f_1(x) \sin\left(\frac{m\pi}{\delta} x\right) \mathrm{d}x \tag{3-44}$$

对于第 4 个边界是等温边界的特例，即 $f(x) = t_1$，$f_1(x) = \theta_1 = t_1 - t_0$，式（3-44）可简化为

$$\theta(x, y) = \frac{2\theta_1}{\pi} \sum_{m=1}^{\infty} \frac{1 - (-1)^m}{m \operatorname{sh}\left(\frac{m\pi}{\delta} H\right)} \operatorname{sh}\left(\frac{m\pi}{\delta} y\right) \sin\left(\frac{m\pi}{\delta} x\right) \tag{3-45}$$

在以上的问题中，如果不止一个边界条件是非齐次的，就需要利用叠加原理把问题分解为几个简单的问题。仍以矩形区域中一般的第一类边界条件的稳态导热为例，其数学描述为

$$\left.\begin{aligned}&\frac{\partial^2 \theta}{\partial x^2}+\frac{\partial^2 \theta}{\partial y^2}=0\\&y=0,\quad \theta=f_0(x)\\&y=H,\quad \theta=f_1(x)\\&x=0,\quad \theta=\varphi_0(y)\\&x=\delta,\quad \theta=\varphi_1(y)\end{aligned}\right\} \tag{3-46}$$

令 $\theta=\theta_1+\theta_2+\theta_3+\theta_4$，$\theta_1$、$\theta_2$、$\theta_3$ 和 θ_4 分别是以下定解问题的解，即

$$\left.\begin{aligned}&\frac{\partial^2 \theta_1}{\partial x^2}+\frac{\partial^2 \theta_1}{\partial y^2}=0\\&y=0,\quad \theta_1=0\\&y=H,\quad \theta_1=0\\&x=0,\quad \theta_1=0\\&x=\delta,\quad \theta_1=\varphi_1(y)\end{aligned}\right\} \quad \left.\begin{aligned}&\frac{\partial^2 \theta_2}{\partial x^2}+\frac{\partial^2 \theta_2}{\partial y^2}=0\\&y=0,\quad \theta_2=0\\&y=H,\quad \theta_2=0\\&x=0,\quad \theta_2=\varphi_0(y)\\&x=\delta,\quad \theta_2=0\end{aligned}\right\} \quad \left.\begin{aligned}&\frac{\partial^2 \theta_3}{\partial x^2}+\frac{\partial^2 \theta_3}{\partial y^2}=0\\&y=0,\quad \theta_3=0\\&y=H,\quad \theta_3=f_1(x)\\&x=0,\quad \theta_3=0\\&x=\delta,\quad \theta_3=0\end{aligned}\right\} \quad \left.\begin{aligned}&\frac{\partial^2 \theta_4}{\partial x^2}+\frac{\partial^2 \theta_4}{\partial y^2}=0\\&y=0,\quad \theta_4=f_0(x)\\&y=H,\quad \theta_4=0\\&x=0,\quad \theta_4=0\\&x=\delta,\quad \theta_4=0\end{aligned}\right\}$$

由于每个问题中都有3个齐次边界条件，可以分别按上述方法求得分析解。最后可得原问题的解为

$$\begin{aligned}\theta(x,y)=&\frac{2}{\delta}\sum_{m=1}^{\infty}\frac{\operatorname{sh}(m\pi y/\delta)}{\operatorname{sh}(m\pi H/\delta)}\sin\left(\frac{m\pi}{\delta}x\right)\int_0^{\delta}f_1(x)\sin\left(\frac{m\pi}{\delta}x\right)\mathrm{d}x+\\&\frac{2}{\delta}\sum_{m=1}^{\infty}\frac{\operatorname{sh}[m\pi(H-y)/\delta]}{\operatorname{sh}(m\pi H/\delta)}\sin\left(\frac{m\pi}{\delta}x\right)\int_0^{\delta}f_0(x)\sin\left(\frac{m\pi}{\delta}x\right)\mathrm{d}x+\\&\frac{2}{H}\sum_{m=1}^{\infty}\frac{\operatorname{sh}(m\pi x/H)}{\operatorname{sh}(m\pi\delta/H)}\sin\left(\frac{m\pi}{H}y\right)\int_0^{h}\varphi_1(y)\sin\left(\frac{m\pi}{\delta}y\right)\mathrm{d}y+\\&\frac{2}{H}\sum_{m=1}^{\infty}\frac{\operatorname{sh}[m\pi(\delta-x)/H]}{\operatorname{sh}(m\pi\delta/H)}\sin\left(\frac{m\pi}{H}y\right)\int_0^{h}\varphi_0(y)\sin\left(\frac{m\pi}{\delta}y\right)\mathrm{d}y\end{aligned} \tag{3-47}$$

如果 x 方向（或 y 方向）的两个边界条件是齐次的第二类或第三类边界条件，或是这三类齐次边界条件的某种组合，则都可以直接按以上例子的思路进行分离变量求解。

3.3.2 多维稳态导热的形状因子解法

对于多维稳态导热问题，分析解法要困难得多，只有少数几何形状、边界条件的简单情况，才能获得分析解。这里介绍多维稳态导热的形状因子解法。

假设一个任意形状的物体，其材料热导率 λ 为常数，无内热源，具有温度均匀、恒定的等温表面，温度分别为 t_1、t_2，且 $t_1>t_2$，其他表面绝热。这显然是一个多维稳态导热问题。运用热阻的概念，这两个等温表面之间的热流量可表示为

$$\Phi=\frac{t_1-t_2}{R_\lambda} \tag{a}$$

式中，R_λ 为两个等温表面之间的导热热阻。显然，R_λ 只与材料热导率和物体的几何形状及尺寸大小有关，并且与热导率 λ 成反比。令比例系数为 S^{-1}，于是

$$R_\lambda=(S\lambda)^{-1} \tag{b}$$

将式（b）代入式（a），可得

$$\Phi = S\lambda(t_1 - t_2) \tag{3-48}$$

S 取决于物体的几何形状及尺寸大小，称为形状因子，单位是 m。对于具有第一类边界条件的单层平壁、圆筒壁、球壁的一维稳态导热问题，对照式（3-3）、式（3-14）和式（3-20）可知，形状因子分别为

平壁　　　　　　　　　　　　$S = \dfrac{A}{\delta}$

圆筒壁　　　　　　　　　　　$S = \dfrac{2\pi l}{\ln(d_2/d_1)}$

球壁　　　　　　　　　　　　$S = \dfrac{\pi d_1 d_2}{\delta}$

利用式（3-48）可以计算一些多维稳态导热问题的热流量，公式的形式虽然简单，但难点在于如何确定物体的形状因子 S。大量工程上常用的形状因子计算公式或数值已利用数学分析或数值方法求出，并收集在有关手册或文献之中。表 3-1 中摘录了几种工程上常见的几何条件下的形状因子计算公式。

如果热导率随温度变化，则热导率 λ 用 $t_1 \sim t_2$ 温度范围内的平均热导率 λ_m 取代。若热导率随温度线性变化，即 $\lambda = \lambda_0(1+bt)$，则

$$\lambda_m = \lambda_0 \left(1 + b\dfrac{t_1 + t_2}{2}\right) \tag{3-49}$$

表 3-1　几种工程上常见的几何条件下的形状因子计算公式

导热问题	图示	计算公式
半无限大物体表面与水平埋管表面之间的导热	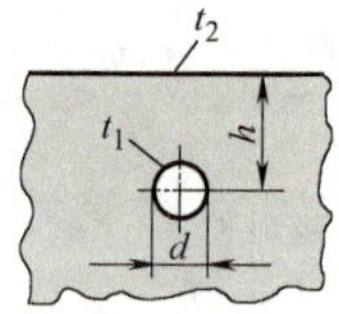	管长 $l \gg d$、$h < 1.5d$ 时：$S = \dfrac{2\pi l}{\text{ch}^{-1}\left(\dfrac{2h}{d}\right)}$ 管长 $l \gg d$、$h > 1.5d$ 时：$S = \dfrac{2\pi l}{\ln\left(\dfrac{4h}{d}\right)}$
半无限大物体表面与竖直埋管表面之间的导热	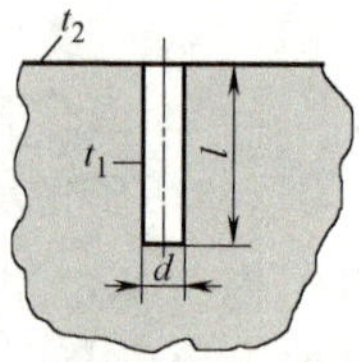	管长 $l \gg d$ 时：$S = \dfrac{2\pi l}{\ln\left(\dfrac{4h}{d}\right)}$
管道表面与偏心热绝缘层表面之间的导热	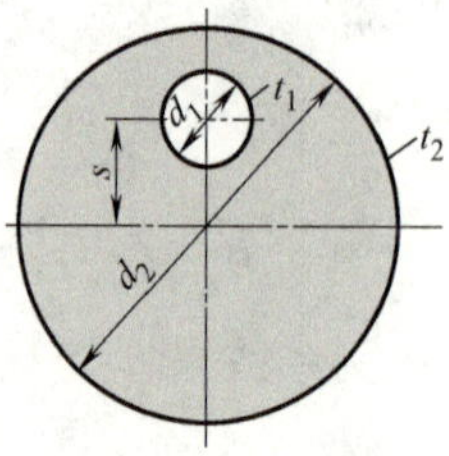	管长 $l \gg d_2$ 时：$S = \dfrac{2\pi l}{\text{ch}^{-1}\left(\dfrac{d_1^2 + d_2^2 - 4s^2}{2d_1 d_2}\right)}$

（续）

导热问题	图示	计算公式
无限大物体中两圆管表面之间的导热	（图示：两圆管半径 r_1, r_2，温度 t_1, t_2，中心距 s）	管长 $l \gg d_1, d_2$ 时：$$S = \frac{2\pi l}{\mathrm{ch}^{-1}\left(\dfrac{s^2 - r_1^2 - r_2^2}{2 r_1 r_2}\right)}$$

3.4 接触热阻

前面在分析多层平壁、多层圆筒壁的导热时，都假设层与层之间接触非常紧密，相互接触的表面具有相同的温度。实际上，无论固体表面看起来多么光滑，都不是一个理想的平整表面，总存在一定的表面粗糙度，两个固体表面之间不可能完全接触，只能是局部的、甚至存在点接触，如图 3-21 所示。当未接触的空隙中充满空气或其他气体时，由于气体的热导率远远小于固体，就会对两个固体间的导热过程产生热阻 R_c，称之为接触热阻。由于接触热阻的存在，导热过程中两个接触表面之间会出现温差 Δt_c。根据热阻的定义

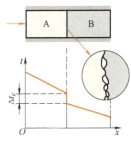

图 3-21 接触热阻

$$\Delta t_c = \Phi R_c$$

可见，热流量 Φ 越大，接触热阻产生的温差就越大。对于高热流密度场合，接触热阻的影响不容忽视，例如大功率可控硅元件，热流密度高于 $10^6 \mathrm{W/m^2}$，元件与散热器之间的接触热阻产生较大的温差，影响可控硅元件的散热，必须设法减小接触热阻。

接触热阻的主要影响因素有：

1）相互接触的物体表面的粗糙度。表面粗糙度值越高，接触热阻越大。

2）相互接触的物体表面的硬度。在其他条件相同的情况下，两个都比较坚硬的表面之间接触面积较小，因此接触热阻较大；而两个硬度较小或者一个硬一个软的表面之间接触面积较大，因此接触热阻较小。

3）相互接触的物体表面之间的压力。显然，加大压力会使两个物体直接接触的面积加大、中间空隙变小，接触热阻也就随之减小。

在工程上，为了减小接触热阻，除了尽可能地抛光接触表面、加大接触压力之外，有时在接触表面之间加一层热导率大、硬度又很小的纯铜箔或银箔，或者在接触面上涂一层导热油（也称导热姆，一种热导率较大的有机混合物），在一定的压力下，可将接触空隙中的气体排挤掉，显著减小导热热阻。

由于接触热阻的影响因素非常复杂，至今仍无统一的规律可循，只能通过实验加以确定。为使读者对接触热阻有进一步的了解，在表 3-2 中列举了几种不同情况下的接触热阻。

表 3-2 几种不同情况下的接触热阻

材料及界面状况	间隙介质和填片	表面粗糙度值/μm	温度/℃	压力/MPa	接触热阻/$(m^2 \cdot K/W)$
铝/铝，磨光	空气	2.54	150	1.2~2.5	0.88×10^{-4}
铝/铝，磨光	空气	0.25	150	1.2~2.5	0.18×10^{-4}
铝/铝，磨光	空气，0.025mm 黄铜片	2.54	150	1.2~2.0	1.23×10^{-4}
铜/铜，磨光	空气	1.27	20	1.2~2.0	0.07×10^{-4}
铜/铜，铣平	空气	3.81	20	1.0~5.0	0.18×10^{-4}
铜/铜，磨光	真空	0.25	30	0.7~7.0	0.88×10^{-4}
416 不锈钢，磨光	空气	2.54	90~200	0.3~2.5	2.64×10^{-4}
416 不锈钢，磨光	空气，0.025mm 黄铜片	2.54	30~200	0.7	3.52×10^{-4}

小结

1）无论哪种形状，一维导热的基本条件主要体现在对边界条件均匀性的要求，此外还要注意选取合适的坐标系。热传导问题中常说的"无限大""无限长"不应理解为只是几何概念，它更具有明确的物理内涵。

2）常物性条件下一维平壁、圆筒壁、球壁的导热热阻表达式分别为

$$\delta/\lambda A, \quad \frac{1}{2\pi\lambda l}\ln\frac{d_2}{d_1}, \quad \frac{1}{4\pi\lambda}\left(\frac{1}{r_1}-\frac{1}{r_2}\right)$$

由此出发可以用统一的关系式计算不同形状物体的导热热流量。通常求解一维导热问题有两条途径：①从导热微分方程出发，连同单值性条件，先求出温度分布，再用傅里叶定律得到热流密度或者热流量；②在给定两个恒温边界的情况下，对傅里叶定律直接积分既可以获得热流量，也能得出温度分布。

3）习惯上所称的传热过程其实就是第三类边界条件下的导热问题。用传热方程来描述这个多环节串联的过程，同时引入传热系数的概念。分析或运算时务必要注意传热系数与所对应的核算面积。

4）热阻（网络）分析方法不仅对分析多层壁面的导热问题有重要帮助，而且对分析和认识其他传热问题也有不可替代的指导作用。它是学习传热知识的一个有力工具。

5）对于常物性的一维稳态问题，有内热源时通过每个等温面的热流量不再相等，到达物体表面的热流量是累计的结果。另外，不可以把内热源部分以单元热阻形式画在热阻网络中。

6）越来越多的工程问题要求按变热导率做准确计算和分析，多数情况下可以用温度的线性函数来描述热导率的变化。对于平壁，在满足一维假设的条件下，只要取热导率的算术平均值，计算热流量的公式可以不做任何变动。对于圆筒壁和球壁，只要把热导率取为该温度区间的平均值，计算热流量的原公式也可以不做任何改动。

7）肋片是工程中采用得最普遍的强化传热方式之一。在简化的肋端绝热边界条件下，等截面直肋的温度分布呈双曲余弦规律，散热量则为双曲正切函数。在定义了肋片效率之后，可计算出各种肋的传热量。

8) 二维或三维的稳态导热问题，至今只有少数具有特定几何形状和边界条件的问题才能得到温度场的分析解。对多维稳态导热的形状因子解法，难点在于如何确定物体的形状因子。大量工程上常用的形状因子计算公式或数值已利用数学分析或数值方法求出，并收集在有关手册或文献之中。

9) 接触热阻是传热工程问题中无法回避的一个实际问题，对多层壁面和肋表面的传热以及很多传热测试都有重要的影响。在传热元件的设计和加工过程中，消除接触热阻是不能忽视的重要工艺环节。

思考题与习题

3-1 试说明在什么条件下平壁和圆筒壁的导热可以按一维导热处理。

3-2 画出稳态条件下多层平壁、多层圆筒壁和多层球壁的热阻网络图，写出它们的热流量计算式。

3-3 试用传热学观点说明为什么冰箱要定期除霜。

3-4 为什么有些物体要加装肋片？加肋一定会使传热量增加吗？

3-5 在什么情况下可以近似地认为肋片的温度只沿高度方向发生变化？肋片的导热是一维的吗？

3-6 用套管温度计测量容器内的流体温度，为了减小测温误差，套管材料选用铜还是不锈钢？

3-7 试说明影响肋片效率的主要因素。

3-8 什么是接触热阻？接触热阻的主要影响因素有哪些？

3-9 一炉壁由耐火砖和低碳钢板组成，砖的厚度 $\delta_1 = 7.5\text{cm}$，热导率 $\lambda_1 = 1.1\text{W}/(\text{m}\cdot\text{K})$，钢板的厚度 $\delta_2 = 6.4\text{cm}$，热导率 $\lambda_2 = 39\text{W}/(\text{m}\cdot\text{K})$。砖的内表面温度 $t_{w1} = 647℃$，钢板的外表面温度 $t_{w2} = 137℃$。

1) 试求每平方米炉壁通过的热流量。

2) 若每平方米壁面有 18 个直径为 1.9cm 的钢螺栓 $[\lambda = 39\text{W}/(\text{m}\cdot\text{K})]$ 穿过，试求这时热流量增加的百分率。

3-10 平壁表面温度 $t_{w1} = 450℃$，采用石棉作为保温层材料，$\lambda = 0.094 + 0.000125t$，保温层外表面温度 $t_{w2} = 50℃$，若要求热损失不超过 $340\text{W}/\text{m}^2$，问保温层的厚度应为多少？

3-11 在如图 3-22 所示的平板热导率测定装置中，试件厚度 δ 远小于直径 d。由于安装制造不好，试件与冷、热表面之间存在着一厚度 $\Delta = 0.1\text{mm}$ 的空气隙。设热表面温度 $t_1 = 180℃$，冷表面温度 $t_2 = 30℃$，空气隙的热导率可分别按 t_1、t_2 查取。试计算空气隙的存在给热导率的测定带来的误差。通过空气隙的辐射传热可以忽略不计。

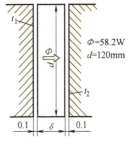

图 3-22 题 3-11 图

3-12 一铝板将热水和冷水隔开，铝板两侧面的温度分别维持 90℃ 和 70℃ 不变，板厚 10mm，并可认为是无限大平壁。0℃ 时铝板的热导率 $\lambda = 35.5\text{W}/(\text{m}\cdot\text{K})$，100℃ 时 $\lambda = 34.3\text{W}/(\text{m}\cdot\text{K})$，并假定在此温度范围内热导率是温度的线性函数。试计算热流密度，当板两侧的温度分别为 50℃ 和 30℃ 时，热流密度是否有变化？

3-13 厚度为 20mm 的平面墙的热导率为 $1.3\text{W}/(\text{m}\cdot\text{K})$。为使通过该墙的热流密度 q 不超过 $1830\text{W}/\text{m}^2$，在外侧敷一层热导率为 $0.25\text{W}/(\text{m}\cdot\text{K})$ 的保温材料。当复合壁的内、外壁温度分别为 1300℃ 和 50℃ 时，试确定保温层的厚度。

3-14 某大平壁厚为 25mm，面积为 0.1m^2，一侧面温度保持 38℃，另一侧面保持 94℃。通过材料的热流量为 1kW 时，材料中心面的温度为 60℃。试求出材料的热导率随温度变化的线性函数关系式。

3-15 参看图 3-23，一钢筋混凝土空斗墙，钢筋混凝土的热导率 $\lambda = 1.53\text{W}/(\text{m}\cdot\text{K})$，空气层的当量热导率 $\lambda = 0.742\text{W}/(\text{m}\cdot\text{K})$。试求该空斗墙单位面积的导热热阻。

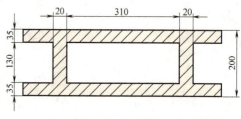

图 3-23 题 3-15 图

3-16 截面为矩形的冷空气通道，外形尺寸为长 3m、宽 2.2m，通道墙厚度均为 0.3m，已知墙体的热导率 $\lambda = 0.56\text{W}/(\text{m}\cdot\text{K})$，内、外墙表面温度均匀，分别为 0℃ 和 30℃，试求每米长冷空气通道的冷量损失。

3-17 蒸汽管道的内、外直径分别为 160mm 和 170mm，管壁热导率 $\lambda = 58\text{W}/(\text{m}\cdot\text{K})$，管外覆盖两层保温材料：第一层厚度 $\delta_2 = 30\text{mm}$、热导率 $\lambda_2 = 0.093\text{W}/(\text{m}\cdot\text{K})$；第二层厚度 $\delta_3 = 40\text{mm}$、热导率 $\lambda_3 = 0.17\text{W}/(\text{m}\cdot\text{K})$。蒸汽管的内表面温度 $t_{w1} = 300℃$，保温层外表面温度 $t_{w4} = 50℃$。试求：

1) 各层热阻，并比较其大小。
2) 单位长蒸汽管的热损失。
3) 各层之间的接触面温度 t_{w2} 和 t_{w3}。

3-18 一外径为 100mm，内径为 85mm 的蒸汽管道，管材的热导率 $\lambda = 40\text{W}/(\text{m}\cdot\text{K})$，其内表面温度为 180℃，若采用 $\lambda = 0.053\text{W}/(\text{m}\cdot\text{K})$ 的保温材料进行保温，并要求保温层外表面温度不高于 40℃，蒸汽管允许的热损失 $q_l = 52.3\text{W}/\text{m}$。问保温层的厚度应为多少？

3-19 一根直径为 3mm 的铜导线，每米长的电阻为 $2.22\times10^{-3}\Omega$。导线外包有厚度为 1mm、热导率为 $0.15\text{W}/(\text{m}\cdot\text{K})$ 的绝缘层。限定绝缘层的最高温度为 65℃，最低温度为 0℃，试确定这种条件下导线中允许通过的最大电流。

3-20 在一根外径为 100mm 的热力管道外拟包覆两层绝热材料，一种材料的热导率为 $0.06\text{W}/(\text{m}\cdot\text{K})$，另一种为 $0.12\text{W}/(\text{m}\cdot\text{K})$，两种材料的厚度都取为 75mm。试比较把热导率小的材料紧贴管壁与把热导率大的材料紧贴管壁这两种方法对保温效果的影响，这种影响对于平壁的情形是否存在？假设在两种做法中绝热层内、外表面的总温差保持不变。

3-21 用球壁导热仪测定型砂的热导率。两同心空心球壳直径分别为 $d_1 = 75\text{mm}$、$d_2 = 150\text{mm}$，两球壳间紧实地充填了型砂。稳态时，测得内、外表面温度分别为 $t_1 = 52.8℃$，$t_2 = 47.3℃$，加热的电流 $I = 0.124\text{A}$，电压 $U = 15\text{V}$，试求型砂的热导率。

3-22 把一个球形的冷冻治疗探头植入有病害的组织，以冻结并摧毁该组织。考虑一个直径3mm的探头，在植入处于37℃的组织后，其表面温度保持在-30℃。在探头的周围形成了一层球壳形冻结组织，冻结组织与正常组织之间的相变前沿（交界面）处的温度为0℃。如果冻结组织的热导率约为1.5W/(m·K)，且可用50W/(m²·K) 的有效表面传热系数描述相变前沿处的传热，问冻结组织层的厚度是多少（假设可忽略灌注的影响）？

3-23 测定储气罐空气温度的水银温度计测温套管用钢制成，厚度 $\delta = 15\text{mm}$，长度 $l = 20\text{mm}$，钢的热导率 $\lambda = 48.5\text{W}/(\text{m}\cdot\text{K})$，温度计示出套管端部的温度为84℃，套管的另一端与储气罐连接处的温度为40℃。已知套管和罐中空气之间的表面传热系数 $h = 20\text{W}/(\text{m}^2\cdot\text{K})$，试求由于套管导热所引起的测温误差。

3-24 同上题，若改用不锈钢套管，厚度 $\delta = 0.8\text{mm}$，长度 $l = 160\text{mm}$，套管与储气罐连接处予以保温使其温度为60℃，试求测温误差为多少？

3-25 一根长为40mm、直径为2mm的针肋是用铝合金[热导率为140W/(m·K)]制作的，将其置于恒温的流体中。

1) 肋的一端为恒定50℃，流体温度为25℃，表面传热系数为1000W/(m²·K)，在绝热肋端条件下，确定肋片的传热速率。

2) 一位工程师提出，使肋端保持低温可以提高肋片的传热速率。在肋端为0℃时，请确定新的肋片传热速率。其他条件与1)中的相同。

3-26 直径为30mm、长为100mm的钢杆，热导率 $\lambda = 49\text{W}/(\text{m}\cdot\text{K})$，将其置于恒温的流体中，流体温度 $t_f = 20℃$，杆的一端保持恒定的200℃（流体与此端面不接触），流体对杆的表面传热系数为20W/(m²·K)，试计算离端头50mm处的温度。

3-27 过热蒸汽在外径为127mm的钢管内流过，测蒸汽温度套管的布置如图3-24所示。已知套管外径 $d = 15\text{mm}$，厚度 $\delta = 0.9\text{mm}$，热导率 $\lambda = 49.1\text{W}/(\text{m}\cdot\text{K})$。蒸汽与套管间的表面传热系数 $h = 105\text{W}/(\text{m}^2\cdot\text{K})$。为使测温误差小于蒸汽与钢管壁温差的0.6%，试确定套管应有的长度。

3-28 用一柱体模拟燃气轮机叶片的散热过程。柱长为9cm、截面周长为7.6cm、截面面积为1.95cm²，柱体的一端被冷却到305℃（图3-25）。815℃的高温燃气吹过该柱体，假设表面上各处的表面传热系数均为28W/(m²·K)，柱体热导率 $\lambda = 55\text{W}/(\text{m}\cdot\text{K})$，肋端绝热。试求：

1) 该柱体中间截面上的平均温度及柱体中的最高温度。

2) 冷却介质所带走的热量。

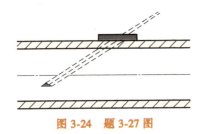

图3-24 题3-27图

图3-25 题3-28图

3-29 两块厚5mm的铝板，表面粗糙度值均为2.54μm，用螺栓连接，接触压力为2MPa，通过两块铝板的总温差为80℃。已知铝的热导率为180W/(m·K)，试计算接触面上的温差。

3-30 一个工业级的立方体冷冻室的边长为 3m，其复合壁由外层 6.35mm 厚的碳素钢板、中间层 100mm 厚的软木隔热材料和内层 6.35mm 厚的铝合金（2024）板构成。隔热材料与金属板之间的黏合界面的接触热阻均为 $2.5\times10^{-4}\mathrm{m^2\cdot K/W}$。在内、外表面温度分别为 $-6\mathrm{℃}$ 和 $22\mathrm{℃}$ 的情况下，问冷冻室必须维持的稳态制冷负荷为多大？

3-31 一空心圆柱，在 $r=r_1$ 处 $t=t_1$，$r=r_2$ 处 $t=t_2$。热导率 $\lambda=\lambda_0(1+bt)$，t 为局部温度。试导出圆柱中温度分布的表达式及导热量计算式。

第 4 章

非稳态热传导

许多工程实际问题需要确定物体内部的温度场随时间的变化，或确定其内部温度达到某一限定值所需的时间。掌握非稳态导热过程中温度场的变化规律及其热量的计算方法，对解决工程实际问题具有重要意义。本章讨论非稳态导热问题，首先简述非稳态导热的基本概念，然后由简单到复杂依次介绍零维问题、一维问题、多维问题的导热微分方程的分析解法以及图算法。与稳态导热问题类似，学习非稳态导热主要掌握基本概念、确定物体瞬时温度场的方法和在一段时间间隔内物体所传导热量的计算方法。

4.1 非稳态导热的基本概念

非稳态导热是指温度场随时间变化的导热过程。绝大多数的非稳态导热过程都是由于边界条件的变化所引起，例如一年四季或一天二十四小时大气温度的变化引起的地表层、房屋建筑墙壁温度变化与导热过程，动力机械（如蒸汽轮机、内燃机及喷气发动机等）在起动、停机或改变工况时引起的零部件内的温度变化与导热过程，热加工、热处理工艺中工件在加热或冷却时的温度变化与导热过程，火车在制动时由制动瓦与车轮之间的摩擦热而引起的车轮的温度变化与导热过程等。

根据温度场随时间的变化规律不同，非稳态导热分为周期性非稳态导热和非周期性非稳态导热。周期性非稳态导热是在周期性变化的边界条件下发生的导热过程，如内燃机气缸的气体温度随热力循环发生周期性变化，气缸壁的导热就是周期性非稳态导热；一年四季或一天二十四小时大气温度的变化引起的地表层、房屋建筑墙壁温度变化与导热过程也是周期性非稳态导热。非周期性非稳态导热通常是在瞬间变化的边界条件下发生的导热过程，如热处理工件的加热或冷却等。本书仅讨论非周期性非稳态导热问题，有关周期性非稳态导热问题，读者可参阅有关文献。

工程上，对于非稳态导热过程往往要求解决下列问题：

1）物体的某一部分从初始温度上升或下降到某一确定温度所需的时间，或经某一时间后物体各部分的温度是否上升或下降到某一指定值。

2）物体在非稳态导热过程中的温度分布，为求材料中的热应力和热变形提供必要的资料。

3）物体在非稳态导热过程中的温升速率。

4）某一时刻物体表面的热流量或从某一时刻起经一定时间后表面传递的总热量。

要解决以上问题，必须首先求出物体在非稳态导热过程中的温度场。求解非稳态导热过程中物体的温度场，通常可采用分析解法、数值解法、图解法和热电模拟法。

4.2 零维问题非稳态导热

当 $Bi \leqslant 0.1$ 时，物体内部的导热热阻远小于其表面的对流传热热阻，该导热热阻可以忽略不计，此时，物体内部各点的温度在任一时刻都趋于均匀，物体的温度只是时间的函数，与坐标无关。对于这种情况下的非稳态导热问题，只需求出温度随时间的变化规律以及在温度变化过程中物体放出或吸收的热量。这种忽略物体内部导热热阻的简化分析方法称为集总参数法。实际上，如果物体的热导率很大，几何尺寸很小，表面传热系数也不大时，物体内部的导热热阻一般都远小于其表面的对流传热热阻，都可以用集总参数法来分析。例如，小金属块在加热炉中的加热或在空气、水和油中的冷却过程，热电偶在测温时端部节点的升温或降温过程等。

集总参数法实质上就是直接运用能量守恒定律导出物体在非稳态导热过程中温度随时间的变化规律，说明如下：

一个任意形状的物体，如图4-1所示，体积为V，表面积为A，密度ρ、比热容c及热导率λ为常数，无内热源，初始温度为t_0。突然将该物体放入温度恒定为t_∞的流体之中，且$t_0 > t_\infty$，物体表面和流体之间对流传热的表面传热系数h为常数，需要确定该物体在冷却过程中温度随时间的变化规律以及放出的热量。

图4-1 集总参数法分析示意图

假设该问题满足$Bi \leqslant 0.1$的条件，根据能量守恒，单位时间物体热力学能的变化量应该等于物体表面与流体之间的对流传热量，即

$$\rho c V \frac{\mathrm{d}t}{\mathrm{d}\tau} = -hA(t - t_\infty) \tag{4-1}$$

引入过余温度$\theta = t - t_\infty$，式（4-1）可改写为

$$\rho c V \frac{\mathrm{d}\theta}{\mathrm{d}\tau} = -hA\theta \tag{4-2}$$

初始条件为

$$\tau = 0, \quad \theta = \theta_0 = t_0 - t_\infty$$

通过分离变量，式（4-2）可改写为

$$\frac{\mathrm{d}\theta}{\theta} = -\frac{hA}{\rho c V}\mathrm{d}\tau$$

将上式积分，有

$$\int_{\theta_0}^{\theta} \frac{\mathrm{d}\theta}{\theta} = -\int_0^{\tau} \frac{hA}{\rho c V}\mathrm{d}\tau$$

可得

$$\ln\frac{\theta}{\theta_0} = -\frac{hA}{\rho cV}\tau$$

即

$$\frac{\theta}{\theta_0} = e^{-\frac{hA}{\rho cV}\tau} = \exp\left(-\frac{hA}{\rho cV}\tau\right) \tag{4-3}$$

式中

$$\frac{hA}{\rho cV} = \frac{h(V/A)}{\lambda}\frac{\lambda}{\rho c}\frac{1}{(V/A)^2}$$

令 $V/A = l$, l 是具有长度的量纲,称为物体的特征长度,于是

$$\frac{hA}{\rho cV}\tau = \frac{hl}{\lambda}\frac{\lambda}{\rho c}\frac{\tau}{l^2} = \frac{hl}{\lambda}\frac{a\tau}{l^2} = Bi_V Fo_V$$

将上式代入式(4-3),得

$$\frac{\theta}{\theta_0} = e^{-Bi_V Fo_V} = \exp(-Bi_V Fo_V) \tag{4-4}$$

注意:式中毕渥数 Bi_V 与傅里叶数 Fo_V 的下标"V"表示以 $l=V/A$ 为特征长度。很容易计算出,对于厚度为 2δ 的无限大平壁, $l=\delta$;对于半径为 R 的圆柱, $l=\frac{1}{2}R$;对于半径为 R 的圆球, $l=\frac{1}{3}R$。分析结果表明,对于形状如平板、柱体或球这样的物体,只要满足

$$Bi_V \leq 0.1M \tag{4-5}$$

物体内各点过余温度之间的偏差就小于5%,就可以使用集总参数法计算。式(4-5)中的 M 是与物体形状有关的量纲一的数。对于无限大平板, $M=1$;对于无限长圆柱, $M=1/2$;对于球, $M=1/3$。

式(4-3)表明,当 $Bi \leq 0.1$ 时,物体的过余温度 θ 按指数函数规律下降,一开始温差大,下降迅速,随着温差的减小,下降的速度越来越缓慢,如图4-2所示。同时也可以看出,式中指数部分中的 $\frac{\rho cV}{hA}$ 具有时间的量纲,令 $\tau_c = \frac{\rho cV}{hA}$, τ_c 称为时间常数,单位是 s。当物体的冷却(或加热)时间等于时间常数,即 $\tau = \tau_c$ 时,由式(4-3)可得

$$\frac{\theta}{\theta_0} = e^{-1} = 0.368 = 36.8\%$$

即物体的过余温度达到初始过余温度的36.8%。这说明,时间常数反映物体对周围环境温度变化响应的快慢,时间常数越小,物体的温度变化越快,越迅速地接近周围流体的温度,如图4-2所示。

由式 $\tau_c = \frac{\rho cV}{hA}$ 可见,影响时间常数大小的主要因素是物体的热容量 ρcV 和物体表面的对流传热条件 hA。物体的热容量越小,表面的对流传热越强,物体的时间常数越小。利用热电偶测量流体温度,总是希望热电偶的时间常数越小越好,因为时间常数越小,热电偶越能迅速地反映被测流体的温度变化,所以,

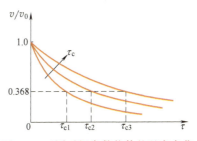

图4-2 不同时间常数物体的温度变化

热电偶端部的节点总是做得很小,用其测量流体温度时,也总是设法强化热电偶端部的对流传热,如采用抽气式热电偶。

如果几种不同形状的物体都是用同一种材料制作,并且和周围流体之间的表面传热系数 h 也都相同,都满足 $Bi \leq 0.1$ 的条件,则由式 $\tau_c = \dfrac{\rho c V}{hA}$ 可以看出,单位体积的表面积 A/V 越大的物体,时间常数越小,在初始温度相同的情况下放在温度相同的流体中被冷却(或加热)的速度越快。例如,用同一种材料制成的体积相同的圆球、长度等于直径的圆柱与正方体,可以很容易算出,三者的表面积之比为

$$A_{圆球} : A_{圆柱} : A_{正方体} = 1 : 1.146 : 1.242$$

正方体的表面积最大,时间常数最小,相同条件下的冷却(或加热)速度最快,圆柱次之,圆球居后。但直径为 $2R$ 的球体、长度等于直径 $2R$ 的圆柱体与边长为 $2R$ 的正方体相比,三者单位体积的表面积都相同,都为 $\dfrac{A}{V} = \dfrac{3}{R}$,三者的时间常数相同,在相同条件下的冷却(或加热)速度也相同。

物体温度随时间的变化规律确定之后,就可以根据式(4-3)或式(4-4)计算 $0 \sim \tau$ 时间内物体和周围环境之间交换的热量:

$$Q_\tau = \rho c V(t_0 - t) = \rho c V(\theta_0 - \theta)$$
$$= \rho c V \theta_0 \left(1 - \dfrac{\theta}{\theta_0}\right) = \rho c V \theta_0 (1 - e^{-Bi_V Fo_V})$$

令 $Q_0 = \rho c V \theta_0$,表示物体温度从 t_0 变化到周围流体温度 t_∞ 所放出或吸收的总热量,上式可改写成量纲一的形式:

$$\dfrac{Q_\tau}{Q_0} = 1 - e^{-Bi_V Fo_V} \tag{4-6}$$

式(4-4)、式(4-6)既适用于物体被加热的情况,也适用于物体被冷却的情况。

例 4-1 将一个初始温度为 20℃、直径为 100mm 的钢球投入 1000℃ 的加热炉中加热,表面传热系数 $h = 50\text{W}/(\text{m}^2 \cdot \text{K})$。已知钢球的密度 $\rho = 7790\text{kg/m}^3$,比热容 $c = 470\text{J}/(\text{kg} \cdot \text{K})$,热导率为 $43.2\text{W}/(\text{m} \cdot \text{K})$。试求钢球中心温度达到 800℃ 时所需要的时间。

解 首先判断能否用集总参数法求解。
毕渥数为

$$Bi_V = \dfrac{h(R/3)}{\lambda} = \dfrac{50 \times 0.05/3}{43.2} = 0.019 < \dfrac{0.1}{3}$$

可以用集总参数法求解。根据式(4-4),有

$$\dfrac{\theta}{\theta_0} = \dfrac{t - t_\infty}{t_0 - t_\infty} = e^{-Bi_V Fo_V}$$

将已知条件代入上式,得

$$\dfrac{800℃ - 1000℃}{20℃ - 1000℃} = e^{-0.019 Fo_V}$$

可解得 $Fo_V = 83.6$，即

$$\frac{a\tau}{(R/3)^2} = 83.6$$

由此可得

$$\tau = \frac{83.6(R/3)^2}{\frac{\lambda}{\rho c}} = \frac{83.6 \times (0.05/3)^2}{\frac{43.2}{7790 \times 470}} \text{s} \approx 1968\text{s} = 32.8\text{min}$$

即钢球中心温度达到 800℃ 需要 32.8min。

例 4-2 一直径为 5cm、长为 30cm 的钢圆柱体，初始温度为 30℃，将其放入炉温为 1200℃ 的加热炉中加热，升温到 800℃ 方可取出。设钢圆柱体与烟气间的复合传热表面传热系数为 140W/(m²·K)，问需要多长时间才能达到要求。已知钢的物性参数：$c = 0.48\text{kJ/(kg·K)}$，$\rho = 7753\text{kg/m}^3$，$\lambda = 33\text{W/(m·K)}$。

解 首先判断能否用集总参数法求解，为此计算 Bi：

$$Bi = \frac{h(V/A)}{\lambda} = \frac{h[(\pi d^2 l/4)/(\pi dl + 2\pi d^2/4)]}{\lambda} = \frac{h}{\lambda} \frac{dl/4}{l+d/2}$$

$$= \frac{140}{33} \times \frac{0.05 \times 0.3}{0.3 + 0.025} \approx 0.049 < 0.05$$

可以采用集总参数法求解。

$$\frac{hA}{\rho cV} = \frac{h}{\rho c}\left(\frac{V}{A}\right)^{-1} = \frac{h}{\rho c} \frac{4(l+d/2)}{dl} = \frac{140 \times 4 \times 0.325}{7753 \times 480 \times 0.050 \times 0.3}\text{s}^{-1}$$

$$= 0.326 \times 10^{-2}\text{s}^{-1}$$

$$\frac{\theta}{\theta_0} = \frac{t-t_\infty}{t_0-t_\infty} = \frac{800-1200}{30-1200} = 0.342$$

即

$$0.342 = \exp(-0.326 \times 10^{-2}\tau)$$

由此解得

$$\tau = 329\text{s}$$

即需要 329s 才能达到要求。

4.3 一维问题非稳态导热

4.3.1 无限大平壁冷却或加热问题

第三类边界条件下大平壁、长圆柱及球体的加热或冷却是工程上常见的一维非稳态导热问题，下面重点讨论大平壁。

1. 无限大平壁冷却或加热问题的分析解

如图 4-3 所示，一厚度为 2δ 的无限大平壁，材料的热导率 λ、热扩散率 a 为常数，无内热源，初始温度与两侧的流体相同，为 t_0。突然将两侧流体温度降低为 t_∞，并保持不变，假设平壁表面与流体间对流传热的表面传热系数 h 为常数。考虑到温度场的对称性，选取坐标系如图 4-3 所示，x 坐标原点位于平壁中心，因此仅需讨论半个平壁的导热问题。很显然，这是一个一维的非稳态导热问题，其导热微分方程式为

$$\frac{\partial t}{\partial \tau} = a \frac{\partial^2 t}{\partial x^2} \tag{4-7}$$

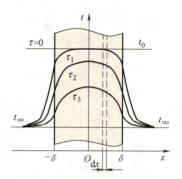

图 4-3　第三类边界条件下无限大平壁的一维非稳态导热

初始条件　　　　　　　$\tau = 0,\quad t = t_0$

边界条件　　　　　　　$x = 0,\quad \dfrac{\partial t}{\partial x} = 0$（对称性）

$$x = \delta,\quad -\lambda \frac{\partial t}{\partial x} = h(t - t_\infty)$$

以上导热微分方程式及单值性条件组成了该非稳态导热问题的数学模型。引入过余温度 $\theta = t - t_\infty$，于是式（4-7）和单值性条件变为

$$\frac{\partial \theta}{\partial \tau} = a \frac{\partial^2 \theta}{\partial x^2} \tag{4-8}$$

初始条件　　　　　　　$\tau = 0,\quad \theta_0 = t_0 - t_\infty$

边界条件　　　　　　　$x = 0,\quad \dfrac{\partial \theta}{\partial x} = 0$

$$x = \delta,\quad -\lambda \frac{\partial \theta}{\partial x} = h\theta$$

再引入量纲一的温度 $\Theta = \theta/\theta_0$，量纲一的坐标 $X = x/\delta$，可将式（4-8）及单值性条件无量纲化为

$$\frac{\partial \Theta}{\partial \tau} = \frac{a}{\delta^2} \frac{\partial^2 \Theta}{\partial X^2}$$

即

$$\frac{\partial \Theta}{\partial \left(\dfrac{a\tau}{\delta^2}\right)} = \frac{\partial^2 \Theta}{\partial X^2} \tag{4-9}$$

初始条件　　　　　　　$\tau = 0,\quad \Theta_0 = 1$

边界条件　　　　　　　$X = 0,\quad \dfrac{\partial \Theta}{\partial X} = 0$

$$X = 1,\quad \frac{\partial \Theta}{\partial X} = -\frac{h\delta}{\lambda}\Theta$$

通过量纲分析可以发现，参数组 $\dfrac{a\tau}{\delta^2}$、$\dfrac{h\delta}{\lambda}$ 均为量纲一的数，称为特征数，习惯上也称为准则数，具有特定的物理意义。

令 $Fo = \dfrac{a\tau}{\delta^2}$，$Fo$ 称为傅里叶数，从式 $Fo = \dfrac{a\tau}{\delta^2} = \dfrac{\tau}{\delta^2/a}$ 可见，分子为从非稳态导热过程开始

到 τ 时刻的时间，分母也具有时间的量纲，分母可理解为温度变化波及 δ^2 面积所需要的时间，所以 Fo 为两个时间之比，是非稳态导热过程的量纲一的时间。

令 $Bi = \dfrac{h\delta}{\lambda}$，$Bi$ 称为毕渥数，从式 $Bi = \dfrac{h\delta}{\lambda} = \dfrac{\delta/\lambda}{1/h}$ 可见，Bi 为物体内部的导热热阻 δ/λ 与边界处的对流传热热阻 $1/h$ 之比。

由式（4-9）和单值性条件可知，Θ 是 $\dfrac{a\tau}{\delta^2}$、$\dfrac{h\delta}{\lambda}$、X 三个参数的函数，可表示为

$$\Theta = f(Bi, Fo, X)$$

或

$$\dfrac{\theta}{\theta_0} = f(Bi, Fo, X) \tag{4-10}$$

确定式（4-10）所表达的函数关系，是求解该非稳态导热问题的主要任务。

采用分离变量法可由式（4-8）及其单值性条件求得分析解，这里只给出求解结果：

$$\dfrac{\theta(x,\tau)}{\theta_0} = \sum_{n=1}^{\infty} \dfrac{2\sin\beta_n}{\beta_n + \sin\beta_n \cos\beta_n} \cos\left(\beta_n \dfrac{x}{\delta}\right) e^{-\beta_n^2 Fo} \tag{4-11}$$

可见，解的函数形式为无穷级数，式中 β_1、β_2、$\cdots$、β_n 是超越方程

$$\tan\beta = \dfrac{Bi}{\beta} \tag{4-12}$$

的根，有无穷多个，是毕渥数 Bi 的函数。

由式（4-11）也可以看出，量纲一的过余温度 $\Theta = \dfrac{\theta(x,\tau)}{\theta_0}$ 确实是三个量纲一的参数 Bi、Fo、$X = \dfrac{x}{\delta}$ 的函数，与前面由量纲一的导热微分方程（4-9）分析得出的结果相一致。

2. 关于分析解的讨论

（1）傅里叶数 Fo 对温度分布的影响　无论 Bi 取任何值，超越方程式（4-12）的根 β_1、β_2、$\cdots$、β_n 都是正的递增数列，所以从函数形式可以看出，式（4-11）是一个快速收敛的无穷级数。计算结果表明，当傅里叶数 $Fo \geq 0.2$ 时，取级数的第一项来近似整个级数产生的误差很小，对工程计算来说已足够精确。因此，当 $Fo \geq 0.2$ 时，可取

$$\dfrac{\theta(x,\tau)}{\theta_0} = \dfrac{2\sin\beta_1}{\beta_1 + \sin\beta_1 \cos\beta_1} \cos\left(\beta_1 \dfrac{x}{\delta}\right) e^{-\beta_1^2 Fo} \tag{4-13}$$

表 4-1 中列出了一些 Bi 数值下的 β_1 值。

表 4-1　一些 Bi 数值下的 β_1 值

Bi	0.1	0.5	1.0	2.0	5.0	10	50	100	∞
β_1	0.3111	0.6533	0.8603	1.0769	1.3138	1.4289	1.5400	1.5552	1.5708

因为 $Fo = \dfrac{a\tau}{\delta^2}$，所以将式（4-13）左、右两边取对数，可得

$$\ln\theta = -m\tau + \ln\left[\theta_0 \dfrac{2\sin\beta_1}{\beta_1 + \sin\beta_1 \cos\beta_1} \cos\left(\beta_1 \dfrac{x}{\delta}\right)\right]$$

式中，$m=\beta_1^2\dfrac{a}{\delta^2}$，因为 β_1 为超越方程式（4-12）的第一个根，只与 Bi 有关，即只取决于第三类边界条件、平壁的物性与几何尺寸，所以当平壁及其边界条件给定之后，m 为一常数，与时间 τ、地点 x/δ 无关。而式右边的第二项只与 Bi、x/δ 有关，与时间 τ 无关，简写成 $C(Bi,\ x/\delta)$，于是上式可改为

$$\ln\theta=-m\tau+C(Bi,\ x/\delta) \tag{4-14}$$

式（4-14）表明，当 $Fo\geqslant 0.2$，即 $\tau\geqslant\tau'=0.2\delta^2/a$ 时，平壁内所有各点过余温度的对数都随时间线性变化，并且变化曲线的斜率都相等，如图 4-4 所示，这一温度变化阶段称为非稳态导热的正规状况阶段，在此之前的非稳态导热阶段称为非正规状况阶段。在正规状况阶段，初始温度分布的影响已消失，各点的温度都按式（4-13）的规律变化，这是非稳态导热正规状况阶段的特点之一。

将式（4-14）两边对时间求导，可得

$$\frac{1}{\theta}\frac{\partial\theta}{\partial\tau}=-m=-\beta_1^2\frac{a}{\delta^2} \tag{4-15}$$

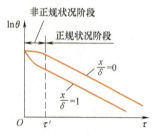

图 4-4　正规状况阶段示意图

由式（4-15）可见，m 的物理意义是过余温度对时间的相对变化率，单位是 s^{-1}，称为冷却率（或加热率）。当 $Fo\geqslant 0.2$，物体的非稳态导热进入正规状况阶段后，所有各点的冷却率或加热率 m 都相同，且不随时间而变化，m 的数值取决于物体的物性参数、几何形状与尺寸大小以及表面传热系数，这是非稳态导热正规状况阶段的又一特点。

如果用 θ_m 表示平壁中心（$X=x/\delta=0$）的过余温度，则由式（4-13）可得

$$\frac{\theta_m}{\theta_0}=\frac{2\sin\beta_1}{\beta_1+\sin\beta_1\cos\beta_1}e^{-\beta_1^2 Fo}=f(Bi,\ Fo) \tag{4-16}$$

由式（4-13）、式（4-16）之比可得

$$\frac{\theta}{\theta_m}=\frac{\theta/\theta_0}{\theta_m/\theta_0}=\cos\left(\beta_1\frac{x}{\delta}\right)=f\left(Bi,\ \frac{x}{\delta}\right) \tag{4-17}$$

由式（4-17）可见，当 $Fo\geqslant 0.2$，非稳态导热进入正规状况阶段以后，虽然 θ、θ_m 都随时间而变化，但它们的比值与时间无关，只取决于毕渥数 Bi 与几何位置 x/δ，这是正规状况阶段的另一重要特点。

认识正规状况阶段的温度变化规律对工程计算具有重要的实际意义，因为工程技术中的非稳态导热过程绝大部分时间都处于正规状况阶段。有关文献已证明，当 $Fo\geqslant 0.2$ 时，其他形状物体的非稳态导热也进入正规状况阶段，表现出上述特点，具有式（4-14）、式（4-15）所表示的温度变化规律，只是 m 与 $C(Bi,\ x/\delta)$ 的数值不同而已。

（2）毕渥数 Bi 对温度分布的影响　前面已指出，毕渥数的物理意义为物体内部的导热热阻 δ/λ 与边界处的对流传热热阻 $1/h$ 之比，所以 Bi 的大小对平壁内的温度分布有很大影响。

平壁非稳态导热的第三类边界条件的表达式为

$$-\lambda \frac{\partial \theta}{\partial x}\bigg|_{x=\pm\delta} = h\theta\big|_{x=\pm\delta}$$

上式可改写成

$$-\frac{\partial \theta}{\partial x}\bigg|_{x=\pm\delta} = \frac{\theta\big|_{x=\pm\delta}}{\lambda/h} = \frac{\theta\big|_{x=\pm\delta}}{\delta/Bi}$$

对照图4-5，从几何意义来说，上式表示在整个非稳态导热过程中平壁内过余温度分布曲线在边界处的切线右侧通过点 $(\delta+\lambda/h, 0)$，左侧通过点 $(-\delta-\lambda/h, 0)$，这些点称为第三类边界条件的定向点，与平壁边界面的距离为 $\lambda/h=\delta/Bi$，如图4-5中 O' 点所示。

$Bi\to\infty$ 表明对流传热热阻趋于零，平壁表面与流体之间的温差趋于零，这意味着非稳态导热一开始平壁的表面温度就立即变为流体温度 t_∞，平壁内部的温度变化完全取决于平壁的导热热阻。由于 t_∞ 在第三类边界条件中已给定，因此这种情况相当于给定了壁面温度，即给定了第一类边界条件，此时的定向点位于平壁表面上，平壁内的过余温度分布如图4-6a所示。$Bi\to\infty$ 是一种极限情况，实际上只要 $Bi>100$，就可以近似地按这种情况处理。

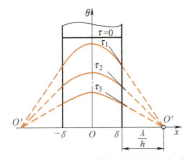

图4-5 过余温度分布曲线及定向点

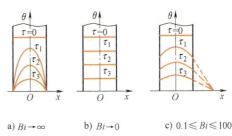

a) $Bi\to\infty$　　b) $Bi\to 0$　　c) $0.1\leqslant Bi\leqslant 100$

图4-6 毕渥数 Bi 对温度分布的影响示意图

$Bi\to 0$ 意味着平壁的导热热阻趋于零，平壁内部各点的温度在任一时刻都趋于均匀一致，只随时间而变化，变化的快慢完全取决于平壁表面的对流传热强度。在这种情况下，$\lambda/h=\delta/Bi\to\infty$，定向点在离平壁表面无穷远处，平壁内的过余温度分布如图4-6b所示。$Bi\to 0$ 同样是一种极限情况，工程上只要 $Bi<0.1$，就可以近似地按这种情况处理，这种情况下的非稳态导热就是前面介绍的集总参数法。

当 $0.1\leqslant Bi\leqslant 100$ 时，平壁内的过余温度分布如图4-6c所示。在这种情况下，平壁的温度变化既取决于平壁内部的导热热阻，也取决于平壁外部的对流传热热阻。

4.3.2 诺模图

如上所述，当 $Fo\geqslant 0.2$ 时，可以用式（4-13）或式（4-16）、式（4-17）近似计算平壁的过余温度分布。

为工程计算方便，式（4-16）、式（4-17）已被绘制成线算图，如图4-7、图4-8所示，称为诺模图。图4-7中的参变量以及图4-8中的横坐标都是 $1/Bi$，计算时，可先根据已知条件算出 $1/Bi$ 和 Fo 的数值，由图4-7查出平壁中心量纲一的过余温度 θ_m/θ_0，再由 $\theta_0=t_0-t_\infty$ 算出 θ_m。平壁中其他位置 x 处的温度可由图4-8查出 θ/θ_m，再算出 x 处在 τ 时刻的过余温度 $\theta=t-t_\infty$，进而确定温度 t。

任意时刻 τ 的温度分布确定之后，便可求得无限大平壁在 $0\sim\tau$ 时间内与周围流体之间

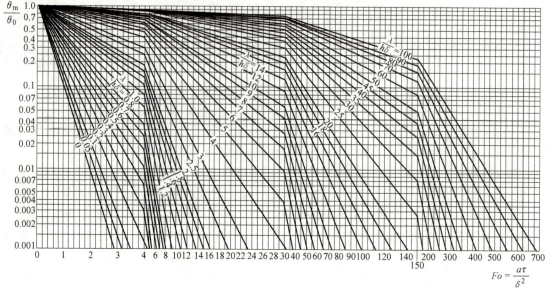

图 4-7　厚度为 2δ 的无限大平壁的 $\theta_m/\theta_0 = f(Bi, Fo)$ 线算图

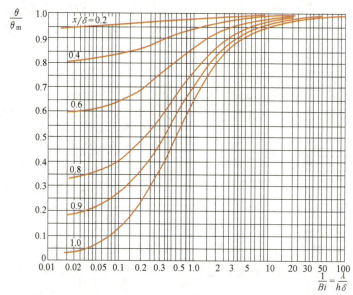

图 4-8　厚度为 2δ 的无限大平壁的 $\theta/\theta_m = f(Bi, x/\delta)$ 线算图

交换的热量。在平壁内 x 处平行于壁面取一厚度为 $\mathrm{d}x$ 的微元薄层，在 $0 \sim \tau$ 时间内，单位面积微元薄层放出的热量等于其热力学能的变化，即

$$\mathrm{d}Q = \rho c(t_0 - t)\mathrm{d}x = \rho c(\theta_0 - \theta)\mathrm{d}x$$

于是，在 $0 \sim \tau$ 时间内，单位面积平壁所放出的热量为

$$Q = \rho c \int_{-\delta}^{\delta}(\theta_0 - \theta)\mathrm{d}x = 2\rho c\theta_0 \int_0^{\delta}\left(1 - \frac{\theta}{\theta_0}\right)\mathrm{d}x$$

将式 (4-11) 代入上式，得

$$Q = 2\rho c\theta_0 \int_0^\delta \left[1 - \sum_{n=1}^{\infty} \frac{2\sin\beta_n}{\beta_n + \sin\beta_n \cos\beta_n} \cos\left(\beta_n \frac{x}{\delta}\right) e^{-\beta_n^2 Fo} \right] dx$$

$$= 2\rho c\theta_0 \delta \left(1 - \sum_{n=1}^{\infty} \frac{2\sin^2\beta_n}{\beta_n^2 + \beta_n \sin\beta_n \cos\beta_n} e^{-\beta_n^2 Fo} \right)$$

令 $Q_0 = 2\rho c\theta_0 \delta$，为单位面积平壁从温度 t_0 冷却到 t_∞ 所放出的热量，于是

$$\frac{Q}{Q_0} = 1 - \sum_{n=1}^{\infty} \frac{2\sin^2\beta_n}{\beta_n^2 + \beta_n \sin\beta_n \cos\beta_n} e^{-\beta_n^2 Fo} = f(Bi, Fo) \tag{4-18}$$

当 $Fo \geq 0.2$ 时，式（4-18）可近似为

$$\frac{Q}{Q_0} = 1 - \frac{2\sin^2\beta_1}{\beta_1^2 + \beta_1 \sin\beta_1 \cos\beta_1} e^{-\beta_1^2 Fo} = f(Bi, Fo) \tag{4-19}$$

式（4-19）也同样被绘制成线算图，如图 4-9 所示。

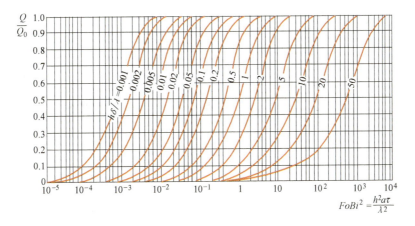

图 4-9　厚度为 2δ 的无限大平壁的 $Q/Q_0 = f(Bi, Fo)$ 线算图

关于图 4-7～图 4-9 的几点说明：

1）上述分析虽然是针对平壁被冷却的情况进行的，但很容易证明，其分析结果包括线算图对平壁被加热的情况同样适用。

2）由于平壁（厚度为 2δ）具有对称的第三类边界条件，温度场也必然是对称的，因此分析时只取半个平壁作为研究对象，这相当于一侧（中心面）绝热、另一侧具有第三类边界条件的情况，故上述结果也适用于一侧绝热、另一侧具有第三类边界条件且厚度为 δ 的平壁。

3）线算图只适用于 $Fo \geq 0.2$ 的情况，对于 $Fo < 0.2$ 的情况，温度分布需用式（4-11）进行计算，传热量需用式（4-18）计算。

对于温度仅沿半径方向变化的圆柱体（如可近似按无限长圆柱处理的长圆柱或两端绝热的圆柱体）和球体在第三类边界条件下的一维非稳态导热问题，分别在圆柱坐标系和球坐标系下进行分析，也可以求得温度分布的分析解，解的形式和无限大平壁的分析解类似，是快速收敛的无穷级数，并且是 Bi、Fo 和 r/R 的函数，即可以表示为

$$\frac{\theta}{\theta_0} = f\left(Bi, Fo, \frac{r}{R}\right) \tag{4-20}$$

注意：式中 $Bi = \dfrac{hR}{\lambda}$、$Fo = \dfrac{a\tau}{R^2}$，R 为圆柱或球体的半径，θ_0 为圆柱或球体的初始过余温度。

分析结果表明，当 $Fo \geqslant 0.2$ 时，无限长圆柱和球体的非稳态导热过程也都进入正规状况阶段，分析解可以近似地取无穷级数的第一项，近似结果也被绘制成了线算图。无限长圆柱体的一维非稳态导热诺模图如图4-10～图4-12所示。

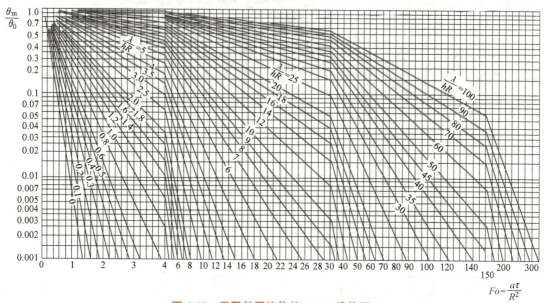

图 4-10　无限长圆柱体的 θ_m/θ_0 线算图

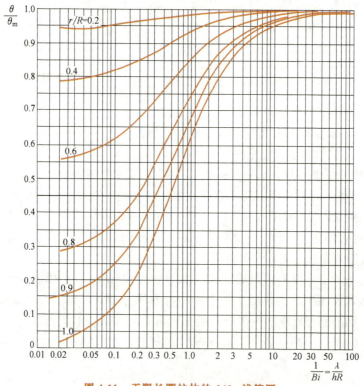

图 4-11　无限长圆柱体的 θ/θ_m 线算图

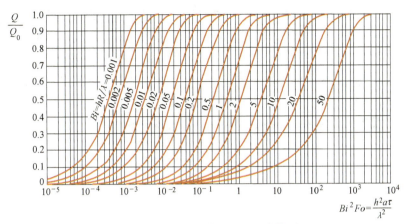

图 4-12 无限长圆柱体的 Q/Q_0 线算图

例 4-3 一块厚 200mm 的大钢板，钢材的密度 $\rho=7790\text{kg/m}^3$，比热容 $c=470\text{J/(kg·K)}$，热导率为 43.2W/(m·K)，钢板的初始温度为 20℃，放入 1000℃ 的加热炉中加热，表面传热系数 $h=300\text{W/(m}^2\text{·K)}$。试求加热 40min 时钢板的中心温度。

解 可以近似地认为这是一个第三类边界条件下的一维非稳态导热问题，利用图 4-7 或式（4-16）求解。

根据题意，$\delta=100\text{mm}=0.1\text{m}$。钢材的热扩散率为

$$a=\frac{\lambda}{\rho c}=\frac{43.2}{7790\times 470}\text{m}^2/\text{s}=1.18\times 10^{-5}\text{m}^2/\text{s}$$

傅里叶数为

$$Fo=\frac{a\tau}{\delta^2}=\frac{1.18\times 10^{-5}\times(40\times 60)}{0.1^2}=2.83$$

毕渥数为

$$Bi=\frac{h\delta}{\lambda}=\frac{300\times 0.1}{43.2}=0.694$$

$$\frac{1}{Bi}=1.44$$

查图 4-7 可得

$$\frac{\theta_m}{\theta_0}=\frac{t_m-t_\infty}{t_0-t_\infty}=0.18$$

于是

$$t_m=0.18(t_0-t_\infty)+t_\infty=[0.18\times(20-1000)+1000]℃=823.6℃$$

在查图运算过程中可以体会到，在某些参数范围内，查图的视觉误差会很大，在这种情况下用式（4-16）求解更准确。

例 4-4 一块初温为 20℃、厚 10cm 的钢板,密度为 7800kg/m³,比热容为 460.5J/(kg·K),热导率为 53.5W/(m·K),放入 1200℃ 的加热炉中加热,表面传热系数为 407W/(m²·K)。试问:

1) 单面加热 30min 时的中心温度为多少?(假设在此过程中相当于给一块厚为 $2\delta=20$cm 的钢板两面对称加热)

2) 如两面加热,要达到相同的中心温度需要多少时间?

解 1) 单面加热。给钢板单面加热,按题意此时相当于给一块厚为 $2\delta=20$cm 的钢板两面对称加热,题给钢板的中心处相当于 $\dfrac{x}{\delta}=\dfrac{5\text{cm}}{10\text{cm}}=0.5$。热扩散率为

$$a=\frac{\lambda}{\rho c}=\frac{53.5}{7800\times 460.5}\text{m}^2/\text{s}=1.489\times 10^{-5}\text{m}^2/\text{s}$$

参量

$$Fo=\frac{a\tau}{\delta^2}=\frac{1.489\times 10^{-5}\times(30\times 60)}{0.1^2}=2.68$$

$$\frac{1}{Bi}=\frac{\lambda}{h\delta}=\frac{53.5}{407\times 0.1}=1.31$$

查图 4-7 得 $\dfrac{\theta_m}{\theta_0}=0.21$。又由 $\dfrac{\lambda}{h\delta}=1.31$ 和 $\dfrac{x}{\delta}=0.5$,查图 4-8 得 $\dfrac{\theta}{\theta_m}=0.93$,则钢板中心的相对过余温度为

$$\frac{\theta}{\theta_0}=\frac{\theta}{\theta_m}\times\frac{\theta_m}{\theta_0}=0.93\times 0.21=0.195$$

钢板的中心温度为

$$t=t_\infty+0.195(t_0-t_\infty)=[1200+0.195\times(20-1200)]\text{℃}=970\text{℃}$$

2) 双面加热。此时,引用尺寸 $2\delta=10$cm,$\delta=5$cm。参量

$$\frac{1}{Bi}=\frac{\lambda}{h\delta}=\frac{53.5}{407\times 0.05}=2.62$$

中心处的相对过余温度为

$$\frac{\theta_m}{\theta_0}=\frac{t_m-t_\infty}{t_0-t_\infty}=\frac{970-1200}{20-1200}=0.195$$

由 $\dfrac{\lambda}{h\delta}=2.62$ 和 $\dfrac{\theta_m}{\theta_0}=0.195$,查图 4-7 得

$$Fo=\frac{a\tau}{\delta^2}=4.8$$

则两面加热时中心处达 970℃ 所需时间为

$$\tau=\frac{4.8\delta^2}{a}=4.8\times\frac{0.05^2}{1.489\times 10^{-5}}\text{s}=806\text{s}=13.4\text{min}$$

4.4 多维问题非稳态导热

实际上，有些物体可以看成是由无限大平壁、无限长圆柱垂直相交而成的。例如，矩形截面的无限长柱体是由两个无限大平壁垂直相交而成的，矩形截面的有限长柱体（或称垂直六面体）是由三个无限大平壁垂直相交而成的，有限长圆柱是由一个无限长圆柱和一个无限大平壁垂直相交而成的，如图 4-13 所示。

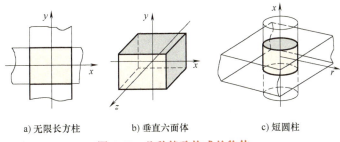

a) 无限长方柱   b) 垂直六面体   c) 短圆柱

图 4-13 几种特殊构成的物体

对于这些物体在第一类边界条件（初始温度均匀）或第三类边界条件（表面传热系数 h 为常数）下的二维或三维的非稳态导热问题，在数学上已经证明，它们的量纲一的过余温度的解等于构成这些物体的两个或三个物体在同样边界条件下一维非稳态导热问题解的乘积。例如：

对于无限长方柱

$$\frac{\theta(x,y,\tau)}{\theta_0} = \frac{\theta(x,\tau)}{\theta_0} \frac{\theta(y,\tau)}{\theta_0} \quad (4\text{-}21)$$

对于垂直六面体

$$\frac{\theta(x,y,z,\tau)}{\theta_0} = \frac{\theta(x,\tau)}{\theta_0} \frac{\theta(y,\tau)}{\theta_0} \frac{\theta(z,\tau)}{\theta_0} \quad (4\text{-}22)$$

对于短圆柱

$$\frac{\theta(x,r,\tau)}{\theta_0} = \frac{\theta(x,\tau)}{\theta_0} \frac{\theta(r,\tau)}{\theta_0} \quad (4\text{-}23)$$

这样，就可以简单地利用一维非稳态导热问题的解来求解这些特殊的多维非稳态导热问题。

例 4-5 一直径为 500mm、高为 800mm 的钢锭，初温为 30℃，被送入 1200℃ 的炉子中加热。设各表面同时受热，且表面传热系数 $h = 180\text{W}/(\text{m}^2 \cdot \text{K})$，$\lambda = 40\text{W}/(\text{m} \cdot \text{K})$，$a = 8 \times 10^{-6} \text{m}^2/\text{s}$。试确定 3h 后钢锭高 400mm 处的截面上半径为 0.13m 处的温度。

解 所求之点位于平板的中心截面与无限长圆柱 $r = 0.13\text{m}$ 的柱面相交处。

对平板

$$Bi = \frac{h\delta}{\lambda} = \frac{180 \times 0.4}{40} = 1.8$$

$$Fo = \frac{a\tau}{\delta^2} = \frac{8 \times 10^{-6} \times (3 \times 3600)}{0.4^2} = 0.54$$

69

由图 4-7 查得 $\theta_x/\theta_0 = 0.66$。

对圆柱体

$$Bi = \frac{hR}{\lambda} = \frac{180 \times 0.25}{40} = 1.125$$

$$Fo = \frac{a\tau}{R^2} = \frac{8 \times 10^{-6} \times (3 \times 3600)}{0.25^2} = 1.38$$

由图 4-10 查得 $\theta_R/\theta_0 = 0.12$。

又根据 $r/R = 0.13/0.25 = 0.52$，$1/Bi = 0.889$，由图 4-11 查得 $\theta_r/\theta_R = 0.885$。

则对于圆柱体：

$$\theta_r/\theta_0 = (\theta_r/\theta_R)(\theta_R/\theta_0) = 0.885 \times 0.12 = 0.1062$$

所以，所求点的量纲一的温度为

$$\theta/\theta_0 = (\theta_x/\theta_0)(\theta_r/\theta_0) = 0.66 \times 0.1062 = 0.0701$$

$$t = 0.0701\theta_0 + t_\infty = 0.0701(t_0 - t_\infty) + t_\infty = (-0.0701 \times 1170 + 1200)\text{℃} = 1118\text{℃}$$

小结

1) 非稳态导热是指温度场随时间变化的导热过程。绝大多数的非稳态导热过程都是由于边界条件的变化所引起。根据温度场随时间的变化规律不同，非稳态导热分为周期性非稳态导热和非周期性非稳态导热。周期性非稳态导热是在周期性变化的边界条件下发生的导热过程，非周期性非稳态导热通常是在瞬间变化的边界条件下发生的导热过程。

2) 当 $Bi \to 0$ 时，也就是说物体的导热热阻远远小于对流传热热阻时，可以认为当外面的热量传入物体内部时，很快就被分配到物体的各处，这样就可以认为物体内部各处的温度一致，即可使用集总参数法。

3) 一维非稳态导热问题的分析解法比较复杂，当 $Fo \ge 0.2$ 时，可以简化解，仅取其第一项，而把后面的无穷级数全部略去。为了工程计算的方便，通常的做法是直接查阅给出的诺模图。

4) 多维非稳态导热问题的解法，如果是第一类边界条件（初始温度均匀）或第三类边界条件（表面传热系数 h 为常数），在数学上已经证明，它们的量纲一的过余温度的解等于构成这些物体的两个或三个物体在同样边界条件下一维非稳态导热问题解的乘积。

思考题与习题

4-1 试述非稳态导热的分类及各类型的特点。

4-2 试述 Bi 准则数、Fo 准则数的定义及物理意义。

4-3 $Bi \to 0$ 和 $Bi \to \infty$ 各代表什么样的传热条件？

4-4 试述集总参数法的物理意义及应用条件。

4-5 试述使用集总参数法时，物体内部温度变化及传热量的计算方法。

4-6 试述时间常数的定义及物理意义。

4-7 试述非稳态导热正规状况阶段的物理意义及数学计算上的特点。

4-8 非稳态导热正规状况阶段的判断条件是什么?

4-9 一热电偶的热结点直径为 0.15mm,材料的比热容为 420J/(kg·K),密度为 8400kg/m³,热电偶与流体之间的表面传热系数分别为 58W/(m²·K) 和 126W/(m²·K),计算热电偶在这两种情形的时间常数。

4-10 热电偶的热结点近似认为是直径为 0.5mm 的球形,热电偶材料的 $\rho = 8930 \text{kg/m}^3$,$c = 400 \text{J/(kg·K)}$。热电偶的初始温度为 25℃,突然将其放入 120℃ 的气流中,热电偶表面与气流间的表面传热系数 $h = 95 \text{W/(m}^2\text{·K)}$,试求热电偶的过余温度达到初始过余温度的 1% 时所需的时间为多少?这时热电偶的指示温度为多少?

4-11 将初始温度为 80℃、直径为 20mm 的纯铜棒,突然横置于气温为 20℃、流速为 12m/s 的风道中,5min 后纯铜棒表面温度降为 34℃。已知纯铜的密度 $\rho = 8954 \text{kg/m}^3$,比热容 $c = 383.1 \text{J/(kg·K)}$,热导率 $\lambda = 386 \text{W/(m·K)}$,试求纯铜棒与气体之间的表面传热系数。

4-12 有两块同样材料的平壁 A 和 B,已知 A 的厚度为 B 的两倍,两平壁从同一高温炉中取出置于冷流体中淬火,流体与平壁表面的表面传热系数近似认为是无限大。已知 B 平壁中心点的过余温度下降到初始过余温度的一半需要 12min,问平壁 A 达到同样的温度需要多少时间?

4-13 内热阻相对于外热阻很小 ($Bi < 0.1$) 的物体被温度为 t_f 的常温介质所冷却。物体的初始温度为 t_0,表面传热系数未知,只知道 τ_1 时刻物体的温度为 t_1。试求该物体温度随时间的变化关系。

4-14 一块厚 20mm 的钢板,加热到 500℃ 后置于 20℃ 的空气中冷却,设冷却过程中钢板两侧面的平均表面传热系数为 35W/(m²·K),钢板的热导率为 45W/(m·K),热扩散率为 $1.37 \times 10^{-5} \text{m}^2\text{/s}$。试确定使钢板冷却到与空气相差 10℃ 时所需的时间。

4-15 一长水泥杆,初始温度为 7℃,直径为 250mm,空气与水泥杆之间的表面传热系数为 10W/(m²·K),水泥杆的热导率 $\lambda = 1.4 \text{W/(m·K)}$,$a = 7 \times 10^{-7} \text{m}^2\text{/s}$。当周围空气温度突然下降到 -4℃ 时,试问 8h 后杆中心的温度为多少?

4-16 一块长 360mm、宽 240mm、厚 100mm 的肉,初始温度为 30℃,将其放入 -5℃ 的冰箱中冷藏,冰箱中的相当表面传热系数 $h = 25 \text{W/(m}^2\text{·K)}$,若已知肉的 $\lambda = 0.55 \text{W/(m·K)}$,$a = 1.28 \times 10^{-7} \text{m}^2\text{/s}$,问肉中心的温度达到 5℃ 需要多少时间?

4-17 一直径为 150mm 的混凝土圆柱,长为 300mm,初始温度为 25℃,已知混凝土的 $\lambda = 1.37 \text{W/(m·K)}$,$a = 7 \times 10^{-7} \text{m}^2\text{/s}$,若把圆柱放在 0℃ 的大气环境中冷却,圆柱表面的表面传热系数 $h = 15 \text{W/(m}^2\text{·K)}$,试计算中心温度冷却到 5℃ 需要多少时间?

4-18 一初始温度为 25℃ 的正方形人造木块被置于 425℃ 的环境中,设木块的 6 个表面均可受到加热,表面传热系数 $h = 6.5 \text{W/(m}^2\text{·K)}$,经过 290.4min 后,木块局部地区开始着火。试推算此种材料的着火温度。已知木块的边长为 0.1m,材料是各向同性的,$\lambda = 0.65 \text{W/(m·K)}$,$\rho = 810 \text{kg/m}^3$,$c = 2550 \text{J/(kg·K)}$。

4-19 有一航天器,重返大气层时壳体的表面温度为 1000℃,随即落入温度为 5℃ 的海洋中。假设海水与壳体表面间的表面传热系数为 1120W/(m²·K),并假定壳体可视作一维无限大平板处理,试计算此航天器落入海洋 10min 后的壳体表面温度是多少?此时壳体壁面中的最高温度是多少?假设壳体的壁厚 $\delta = 50 \text{mm}$,$\lambda = 56 \text{W/(m·K)}$,$a = 5.0 \times 10^{-6} \text{m}^2\text{/s}$,其内侧面可认为是绝热的,不考虑热辐射。

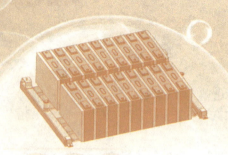

第 5 章

对流传热基础

本章对对流传热问题进行了概述,分析了对流传热的影响因素,归纳了对流传热的类型,扼要介绍了对流传热的研究方法;介绍了在对流传热中应用的边界层理论;对对流传热过程的能量微分方程式进行了推导,并结合流体力学中的质量微分方程和动量微分方程,引入单值性条件,获得了对流传热问题的数学描述,在此基础上,应用边界层理论对对流传热问题的数学描述进行了简化,得到了边界层型对流传热问题的数学描述;介绍了采用实验方法获得对流传热计算式的重要理论工具——量纲分析及相似原理。

5.1 对流传热概述

5.1.1 牛顿冷却公式与表面传热系数

第 1 章中已经指出,流体流过一个物体表面时流体与物体表面间的热量传递过程称为对流传热,如图 1-2 所示。对流传热是常见的热传递过程,是导热和热对流两种基本传热方式同时作用的结果,热流量可用牛顿冷却公式表示为

$$q = h\Delta t \tag{5-1}$$

或

$$\Phi = hA\Delta t \tag{5-2}$$

式中,Δt 为固体壁面与流体之间的温差(℃),流体被加热时 $\Delta t = t_w - t_f$,流体被冷却时 $\Delta t = t_f - t_w$,t_w 为固体壁面温度(℃),t_f 为流体温度(℃);h 称为表面传热系数 [W/(m²·K)]。

在式(5-1)和式(5-2)中,h 实质上表示的是整个固体表面的平均表面传热系数,t_w 是固体表面的平均温度,t_f 是流体温度。由于沿固体表面传热条件(如固体表面的几何条件、表面温度以及流体的流动状态等)的变化,某一点的局部表面传热系数 h_x、温差 Δt_x 以及热流密度 $q_{w,x}$ 都会沿固体表面发生变化。对于局部对流传热,牛顿冷却公式可表示为

$$q_{w,x} = h_x \Delta t_x \tag{5-3}$$

于是,整个固体表面积 A 上的总对流传热量可写为

$$\Phi = \int_A q_{w,x} dA = \int_A h_x \Delta t_x dA \tag{5-4}$$

如果固体表面温度均匀，壁面各处与流体之间的温差都相同，即 $\Delta t_x = \Delta t =$ 常数，则式 (5-4) 变为

$$\Phi = \Delta t \int_A h_x dA \tag{5-5}$$

将式 (5-5) 与式 (5-2) 比较，可以得出平均表面传热系数 h 与局部表面传热系数 h_x 之间的关系式，即

$$h = \frac{1}{A}\int_A h_x dA \tag{5-6}$$

牛顿冷却公式描述了对流传热量与表面传热系数及温差之间的关系，是表面传热系数的定义式，形式虽然简单，但难点都集中在表面传热系数的确定上。如何确定表面传热系数的大小是对流传热的核心问题，也是对流传热部分所要讨论的主要内容。

5.1.2 对流传热的影响因素

影响对流传热的因素包括影响流体流动的因素和影响流体中热量传递的因素，这些因素归纳起来主要有以下五个方面：

1. 流体流动的起因

由于流体流动的起因不同，流体内的速度分布、温度分布不同，对流传热的规律也不相同。根据流体流动的起因，对流传热可分为强制对流传热与自然对流传热两大类。前者是由于流体在风机、泵或其他外部动力源的作用下产生的，而后者通常是由于流体在不均匀的体积力（重力、离心力及电磁力等）的作用下引起的。本书只涉及日常生活中最常见的在重力场作用下产生的自然对流。由于流体的密度是温度的函数，流体内部温度场不均匀会导致密度场的不均匀，在重力的作用下就会产生浮升力而促使流体发生流动，室内暖气片周围空气的流动就是这种自然对流最典型的实例。

一般来说，自然对流的流速较低，因此自然对流传热通常要比强制对流传热弱，表面传热系数要小。例如气体的自然对流传热表面传热系数在 $1\sim 10\text{W}/(\text{m}^2\cdot \text{K})$ 范围内，气体的强制对流传热表面传热系数通常在 $10\sim 100\text{W}/(\text{m}^2\cdot \text{K})$ 范围内。

2. 流体的流动状态

由流体力学可知，黏性流体的流动状态有层流和湍流。层流时流速缓慢，流体将分层地平行于壁面方向流动，在垂直于流动方向上的热量传递主要靠分子扩散（即导热）。而湍流时流体内存在强烈的脉动和旋涡，使各部分流体之间迅速混合。流体湍流时的热量传递除了分子扩散之外，主要靠流体宏观的湍流脉动，因此湍流对流传热要比层流对流传热强烈，表面传热系数大。

3. 流体的物理性质

流体的物理性质（简称物性）对对流传热影响很大。由于对流传热是导热和热对流两种基本传热方式共同作用的结果，因此，对导热和热对流产生影响的物性都将影响对流传热。在对流传热中涉及的主要物性参数有：热导率 λ，$\text{W}/(\text{m}\cdot\text{K})$；密度 ρ，kg/m^3；比热容 c，$\text{J}/(\text{kg}\cdot\text{K})$；动力黏度 η，$\text{Pa}\cdot\text{s}$；运动黏度 ν，$\nu = \eta/\rho$，m^2/s；体胀系数 α_V，$1/\text{K}$。对于自然对流，$\alpha_V = \frac{1}{V}\left(\frac{\partial V}{\partial t}\right)_p = -\frac{1}{\rho}\left(\frac{\partial \rho}{\partial t}\right)_p$；对于理想气体，$\alpha_V = \frac{1}{t}$；对于液体或蒸汽，$\alpha_V$ 可

由实验确定。

流体的热导率 λ 越大，流体导热热阻越小，对流传热越强烈；ρc 反映单位体积流体热容量的大小，其数值越大，通过热对流转移的热量越多，对流传热越强烈；由流体力学可知，流体的黏度影响速度分布与流态（层流还是湍流），从而对对流传热产生影响；体胀系数 α_V 影响重力场中的流体因密度差而产生的浮升力的大小，因此影响自然对流传热。

流体的物性参数随流体的种类、温度和压力而变化。对于同一种不可压缩的牛顿型流体，其物性参数的数值主要随温度而变化。在分析计算对流传热时，用来确定物性参数数值的温度称为定性温度。

4. 传热表面的几何因素

传热表面的几何形状、尺寸、相对位置以及表面粗糙度等几何因素将影响流体的流动状态，从而影响流体的速度分布和温度分布，对对流传热产生显著的影响。例如，图 5-1a 所示的管内强制对流流动与流体横掠圆管的强制对流流动是截然不同的。前一种是管内流动，属于内部流动的范围；后一种是外掠物体流动，属于外部流动的范围。这两种流动条件下的传热规律必然是不同的。在自然对流领域里，不仅几何形状，几何布置对流动也有决定性的影响，如图 5-1b 所示的水平壁，热面朝上散热的流动与热面朝下散热的流动就截然不同，它们的传热规律也是不一样的。后面章节将对不同几何条件的对流传热分别进行讨论。

a) 强制对流   b) 自然对流

图 5-1　几何因素的影响

5. 流体有无相变

当流体没有发生相变时，对流传热的热量传递是以显热的变化形式实现的，而在有相变时的传热过程中（如沸腾和凝结），流体相变潜热的释放或吸收常常起主要作用，因而传热规律与无相变时相差甚远。

综上所述，影响对流传热的因素有很多，表征对流传热强弱的表面传热系数取决于多种因素，是一个多变量函数。以单相强制对流传热为例，表面传热系数可表示为

$$h = f(u, l, \rho, \eta, \lambda, c) \tag{5-7}$$

式中，u 为流体流过物体表面的速度；l 为传热表面的特征长度。

5.1.3　对流传热的分类

目前常见的对流传热的分类方法如图 5-2 所示，在学习中要特别注意每一种对流传热的物理过程。

研究对流传热的方法，即获得表面传热系数 h 的表达式的方法大致有以下四种：①分析法；②实验法；③比拟法；④数值法。其中，比拟法是通过研究动量传递及热量传递的共性或类似特性，从而建立起表面传热系数与阻力系数之间的相互关系的方法。应用比拟法，可通过比较容易用实验测定的阻力系数获得相应的表面传热系数的计算公式。在传热学发展的

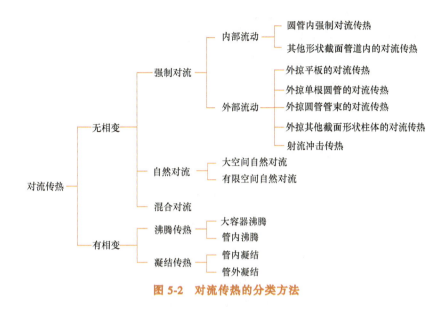

图 5-2 对流传热的分类方法

早期,这一方法曾广泛用来获得湍流传热的计算公式。随着实验测试技术和计算机技术的迅速发展,以及研究的流动传热问题日趋复杂,近年来这一方法已较少采用。但是,这一方法所依据的动量传递和热量传递在机理上的类似性,对理解与分析对流传热过程很有帮助。数值法在 20 世纪后期以来得到了迅速发展,并将会在未来的对流传热问题研究中发挥日益重要的作用。

5.2 边界层理论

1904 年,德国科学家普朗特(Prandtl)在对黏性流体的流动进行大量实验观察的基础上提出了著名的边界层概念。后来,波尔豪森(Pohlhausen)又把边界层概念推广应用于对流传热问题,提出了热边界层的概念。

5.2.1 流动边界层

当流体沿固体壁面流动时,流体黏性起作用的区域仅仅局限在紧贴壁面的流体薄层内,这种黏性作用逐渐向外扩散,在离开壁面某个距离之外的流动区域,黏性的影响可以忽略不计,于是在这个距离以外区域的流动可以认为是理想流体的流动,普朗特把紧贴壁面处这一速度发生明显变化的流体薄层称为流动边界层(或速度边界层)。以流体平行外掠平板的强制对流传热为例,流动边界层示意图如图 5-3 所示。

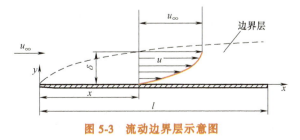

图 5-3 流动边界层示意图

通常规定速度达到 $0.99u_\infty$ 处的 y 值作为边界层的厚度，用 δ 表示。以温度为 20℃ 的空气掠过平板为例，在不同来流速度 u_∞ 下，δ 沿平板长度 l 的变化情况如图 5-4 所示。由图可见，δ 与 l 相比非常小，相差一个数量级以上。

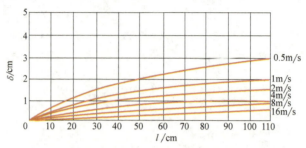

图 5-4 空气沿平板流动时边界层的变化情况

由于流动边界层的存在，流场可分成两个区：边界层区（$0 \leqslant y \leqslant \delta$）和主流区（$y > \delta$）。流动边界层是速度梯度存在与黏性力的作用区，也就是发生动量传递的主要区域，流体的流动由动量微分方程描写；边界层以外的区域称为主流区，在主流区内速度梯度趋近于零，黏性力的作用可忽略，流体可近似为理想流体。主流区的流动由理想流体的欧拉方程描写。

流体的流动状态有层流和湍流两类。流动边界层在壁面上的发展过程也显示出，在边界层内也会出现层流和湍流两类不同的流动状态。图 5-5 所示为流体掠过平板时边界层的形成和发展过程，当流体以 u_∞ 的速度沿平板流动时，在平板的前沿 $x=0$ 处，流动边界层的厚度 $\delta=0$。随着流体向前流动，由于动量的传递，壁面处黏性力的影响逐渐向流体内部发展，流动边界层越来越厚。在距平板前沿的一段距离之内（$0 < x < x_c$），边界层内的流动处于层流状态，这段边界层称为层流边界层。随着边界层的加厚，边界层边缘处黏性力的影响逐渐减弱，惯性力的影响相对加大，促使边界层内的流动产生紊乱的不规则脉动，并最终发展为旺盛湍流，形成湍流边界层。在层流边界层和湍流边界层中间存在一段过渡区。即使在湍流边界层内，在紧靠壁面处，黏性力与惯性力相比还是占绝对的优势，仍然有一薄层流体保持层流，称为层流底层。层流底层内具有很大的速度梯度，而湍流核心内由于强烈的扰动混合使速度趋于均匀，速度梯度较小。在层流底层和湍流核心之间存在着起过渡作用的缓冲层。

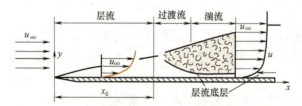

图 5-5 流体掠过平板时边界层的形成和发展过程

边界层从层流开始向湍流过渡的距离 x_c 称为临界距离，其大小取决于流体的物性、固体壁面的表面粗糙度等几何因素以及来流的稳定度，由实验确定，通常用临界雷诺数 Re_c 给出。对于流体外掠平板的流动，$Re_c = u_\infty x_c / \nu = 2 \times 10^5 \sim 3 \times 10^6$，一般情况下，取 $Re_c = 5 \times 10^5$。

5.2.2 热边界层

当温度均匀的流体与它流过的固体壁面温度不同时，在壁面附近将形成一层温度变化较大的流体层，称为热边界层或温度边界层。如图5-6所示，在热边界层内，紧贴壁面的流体温度等于壁面温度t_w，随着远离壁面，流体温度逐渐接近主流温度t_∞。与流动边界层类似，规定流体过余温度$t-t_w=0.99(t_\infty-t_w)$处到壁面的距离为热边界层的厚度，用δ_t表示。所以说，热边界层就是温度梯度存在的流体层，也是发生热量传递的主要区域，其温度场由能量微分方程描述。热边界层之外，温度

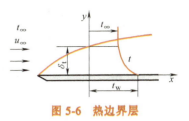

图5-6 热边界层

梯度忽略不计，流体温度为主流温度t_∞。于是，对流传热问题的温度场也可分为两个区域：热边界层区与主流区。

如果整个平板都与流体进行对流传热，则热边界层和流动边界层都从平板前沿开始同时形成和发展，在同一位置，这两种边界层厚度的相对大小取决于流体运动黏度ν与热扩散率a的相对大小。运动黏度反映流体动量扩散的能力，在其他条件相同的情况下，ν值越大，流动边界层越厚；热扩散率a反映物体热量扩散的能力，在其他条件相同的情况下，a值越大，热边界层越厚。ν与a具有相同的量纲m^2/s，令$\nu/a=Pr$，则Pr是一个量纲一的数，称为普朗特数，其物理意义为流体的动量扩散能力与热量扩散能力之比。分析结果表明，对于层流边界层，如果热边界层和流动边界层都从平板前沿开始同时形成和发展，当$Pr \geq 1$时，$\delta \geq \delta_t$；当$Pr<1$时，$\delta<\delta_t$。对于液态金属，Pr为10^{-2}数量级，热边界层的厚度要远大于流动边界层的厚度。对于液态金属除外的一般流体，$Pr=0.6 \sim 4000$，如高Pr的油类（$Pr=10^2 \sim 10^3$），流动边界层的厚度要远大于热边界层的厚度。气体的Pr较小，在$0.6 \sim 0.8$范围内，所以气体的流动边界层比热边界层略薄。

综上所述，边界层具有以下几个特征：

1) 边界层的厚度（δ、δ_t）与壁面特征长度l相比是很小的量。

2) 流场可划分为边界层区和主流区。流动边界层内存在较大的速度梯度，是发生动量扩散（即黏性力作用）的主要区域，在流动边界层之外的主流区，流体可近似为理想流体；热边界层内存在较大的温度梯度，是发生热量扩散的主要区域，热边界层之外的温度梯度可以忽略。

3) 根据流动状态，边界层分为层流边界层和湍流边界层。湍流边界层分为层流底层、缓冲层和湍流核心三层结构。层流底层内的速度梯度和温度梯度远大于湍流核心。

4) 在层流边界层与层流底层内，垂直于壁面方向上的热量传递主要靠导热。湍流边界层的主要热阻在层流底层。

需要指出，边界层的概念只有在流体不脱离固体表面时才成立。对于分离流动，边界层的概念不再适用。

5.3 对流传热的数学描述

5.3.1 表面传热系数

当流体流过固体表面时，在流体为连续介质的假设条件下，由于黏性力的作用，紧靠壁面处的流体是静止的，无滑移流动，速度为零，因此紧靠壁面处的热量传递只能靠导热。根

据傅里叶导热定律，在固体壁面 x 处的局部热流密度为

$$q_{w,x} = -\lambda \frac{\partial t}{\partial y}\bigg|_{y=0,x}$$

式中，λ 为流体的热导率；$\dfrac{\partial t}{\partial y}\bigg|_{y=0,x}$ 为壁面 x 处流体沿 y 方向的温度变化率。

根据牛顿冷却公式

$$q_{w,x} = h_x(t_{w,x} - t_\infty)$$

式中，h_x 为壁面 x 处的局部表面传热系数；$t_{w,x}$ 为 x 处的固体壁面温度，在流体为连续性介质的假设条件下，$t_{w,x}$ 也是紧靠壁面处流体的温度；t_∞ 为远离壁面处的流体温度。联立上面两式，可求得局部表面传热系数

$$h_x = -\frac{\lambda}{t_{w,x} - t_\infty} \frac{\partial t}{\partial y}\bigg|_{y=0,x} \tag{5-8}$$

式（5-8）建立了表面传热系数与温度场之间的关系。

由式（5-8）可知，要想得到表面传热系数，首先必须求出流体的温度场。而流体的温度场和速度场密切相关，由流体力学可知，流体的速度场是由质量微分方程和动量微分方程描写的，而温度场和速度场之间的关系将由能量微分方程描写。因此，描写对流传热的微分方程有质量微分方程、动量微分方程和能量微分方程。因为流体力学中已有质量微分方程、动量微分方程的详尽推导，这里不再重复，只给出推导结果。下面将重点介绍能量微分方程式的推导。

5.3.2 能量微分方程

1. 简化假设

为简化分析，对影响对流传热问题的主要因素做下列假设：①流体的物性参数为常数，不随温度变化；②流体为不可压缩的牛顿型流体；③流体无内热源，忽略黏性耗散产生的耗散热；④对流传热是二维的，例如流体横向流过垂直于纸面方向无限长的平板或柱体，如图 5-7 所示。在直角坐标系中，取边长为 dx、dy 和 $dz=1$ 的微元体为研究对象。

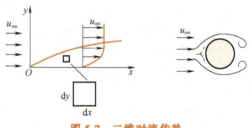

图 5-7 二维对流传热

2. 微元体能量平衡分析

能量微分方程描述流动流体的温度与有关物理量的联系，它的导出同样基于能量守恒定律及傅里叶导热定律。与导出导热微分方程的不同之处在于，这里要把流体流进、流出一个微元体时带入或带出的能量考虑进去。

以图 5-8 所示直角坐标系中的微元体作为分析对象，它是固定在空间一定位置的一个控制体，其界面上不断地有流体流进、流出，因而是热力学中的一个开口系统。不计流体流动时对外界做的功，根据热力

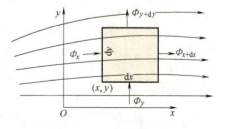

图 5-8 能量微分方程推导中的微元体

学第一定律，有

$$\Phi = \frac{dU}{d\tau} + (q_m)_{out}\left(h + \frac{1}{2}v^2 + gz\right)_{out} - (q_m)_{in}\left(h + \frac{1}{2}v^2 + gz\right)_{in} \quad (5\text{-}9)$$

式中，q_m 为质量流量；h 为流体的比焓；下标"in"和"out"分别表示流体的流进和流出；U 为微元体的热力学能；Φ 为通过界面由外界导入微元体的热流量。由于流体流过微元体时位能及动能的变化均可以忽略不计，于是有

$$\Phi = \frac{dU}{d\tau} + (q_m)_{out}h_{out} - (q_m)_{in}h_{in} \quad (a)$$

对于二维问题，在 $d\tau$ 时间内，由导热进入微元体的热量为

$$\Phi d\tau = \lambda\left(\frac{\partial^2 t}{\partial x^2} + \frac{\partial^2 t}{\partial y^2}\right)dxdyd\tau \quad (b)$$

在 $d\tau$ 时间内，微元体中流体温度改变了 $\frac{\partial t}{\partial \tau}d\tau$，根据前面的假设，其热力学能的增量为

$$\Delta U = \rho c_p dxdy\frac{\partial t}{\partial \tau}d\tau \quad (c)$$

流体流进、流出微元体时带入、带出的焓可分别从 x 和 y 方向加以计算。以 x 方向为例，在 $d\tau$ 时间内在截面 x 处由流体带入微元体的焓为

$$H_x = \rho c_p utdyd\tau \quad (d)$$

而在相同的时间内在截面 $x+dx$ 处由流体带出微元体的焓为

$$H_{x+dx} = \rho c_p\left(u + \frac{\partial u}{\partial x}dx\right)\left(t + \frac{\partial t}{\partial x}dx\right)dyd\tau \quad (e)$$

式（d）与式（e）相减可得 $d\tau$ 时间内在 x 方向上由流体净带出微元体的热量，略去高阶项后为

$$H_{x+dx} - H_x = \rho c_p\left(u\frac{\partial t}{\partial x} + t\frac{\partial u}{\partial x}\right)dxdyd\tau \quad (f)$$

同理，y 方向上由流体净带出微元体的热量的表达式为

$$H_{y+dy} - H_y = \rho c_p\left(v\frac{\partial t}{\partial y} + t\frac{\partial v}{\partial y}\right)dxdyd\tau \quad (g)$$

于是，在 $d\tau$ 时间内由于流体的流动而带出微元体的净热量为

$$(q_m)_{out}h_{out} - (q_m)_{in}h_{in} = \rho c_p\left[\left(u\frac{\partial t}{\partial x} + v\frac{\partial t}{\partial y}\right) + t\left(\frac{\partial u}{\partial x} + \frac{\partial v}{\partial y}\right)\right]dxdyd\tau = \rho c_p\left(u\frac{\partial t}{\partial x} + v\frac{\partial t}{\partial y}\right)dxdyd\tau \quad (h)$$

将式（b）、式（c）、式（h）代入式（a），化简后得到的微分方程为

$$\rho c_p\left(\frac{\partial t}{\partial \tau} + u\frac{\partial t}{\partial x} + v\frac{\partial t}{\partial y}\right) = \lambda\left(\frac{\partial^2 t}{\partial x^2} + \frac{\partial^2 t}{\partial y^2}\right) \quad (5\text{-}10)$$

式（5-10）就是常物性、无内热源、不可压缩牛顿型流体二维对流传热的能量微分方程式。方程左边第一项是非稳态项，表示温度随时间的变化率；第二项和第三项称为对流项，表示由于流体流动而产生的热量传递；方程右边的项称为扩散项，表示由于流体导热产生的热量传递。

在下列情况下，式（5-10）可扩展：①如果流体中有内热源，其大小为 $\dot{\Phi}(x, y)$，单

位为 W/m³，只需在式（5-10）的右边加上 $\dot{\Phi}(x,y)$，就可得到有内热源时的能量微分方程式；②如果流体静止，则 $u=0$、$v=0$，能量微分方程式转化为常物性、无内热源的导热微分方程式。

5.3.3 对流传热问题的数学描述

1. 微分方程组

对流传热问题还应包括质量守恒方程和动量守恒方程，由它们与式（5-10）一起组成描述对流传热问题的微分方程组。

质量守恒方程

$$\frac{\partial u}{\partial x}+\frac{\partial v}{\partial y}=0 \tag{5-11}$$

动量守恒方程

$$\rho\left(\frac{\partial u}{\partial \tau}+u\frac{\partial u}{\partial x}+v\frac{\partial u}{\partial y}\right)=F_x-\frac{\partial p}{\partial x}+\eta\left(\frac{\partial^2 u}{\partial x^2}+\frac{\partial^2 u}{\partial y^2}\right) \tag{5-12}$$

$$\rho\left(\frac{\partial v}{\partial \tau}+u\frac{\partial v}{\partial x}+v\frac{\partial v}{\partial y}\right)=F_y-\frac{\partial p}{\partial y}+\eta\left(\frac{\partial^2 v}{\partial x^2}+\frac{\partial^2 v}{\partial y^2}\right) \tag{5-13}$$

能量守恒方程

$$\frac{\partial t}{\partial \tau}+u\frac{\partial t}{\partial x}+v\frac{\partial t}{\partial y}=\frac{\lambda}{\rho c_p}\left(\frac{\partial^2 t}{\partial x^2}+\frac{\partial^2 t}{\partial y^2}\right) \tag{5-14}$$

上述方程中，F_x 和 F_y 分别为 x、y 方向的质量力，p 为压力，η 为流体的动力黏度。该方程组中含有 4 个未知量 u、v、p 及 t，所以方程组是封闭的。对于一个具体的对流传热过程，除了给出微分方程组外，还必须给出单值性条件，才能构成对其完整的数学描述。

2. 对流传热的单值性条件

对流传热过程的单值性条件就是使对流传热微分方程组具有唯一解的条件，也称定解条件，是对研究的对流传热问题的所有具体特征的描述。与导热过程类似，对流传热过程的单值性条件包含以下四个方面：

（1）几何条件　说明对流传热表面的几何形状、尺寸、壁面与流体之间的相对位置、壁面的表面粗糙度等。

（2）物理条件　说明流体的物理性质，如给出热物性参数（λ、ρ、c_p、a 等）的数值及其变化规律等。此外，物体有无内热源以及内热源的分布规律等也属于物理条件的范畴。

一般对流传热问题提出时，几何条件和物理条件就已给定，只有这样，才能选择合适的坐标系，建立相应的对流传热微分方程。

（3）时间条件　说明对流传热过程进行的时间上的特点，如是稳态还是非稳态。对于非稳态对流传热过程，还应该给出初始条件，即过程开始时刻的速度场与温度场。

（4）边界条件　说明所研究的对流传热在边界上的状态（如边界上的速度分布和温度分布规律）以及与周围环境之间的相互作用。常遇到的主要有以下两类对流传热边界条件：

1）第一类边界条件。第一类边界条件给出了边界上的温度分布及其随时间的变化规律，即

$$t_w=f(x,y,z,\tau) \tag{5-15}$$

如果在对流传热过程中固体壁面上的温度为定值，即 t_w = 常数，则称为等壁温边界条件。

2) 第二类边界条件。第二类边界条件给出了边界上的热流密度分布及其随时间的变化规律，即

$$q_w = f(x, y, z, \tau) \tag{5-16}$$

因为紧贴固体壁面的流体是静止的，热量传递依靠导热，根据傅里叶定律可得

$$-\frac{\partial t}{\partial n}\bigg|_w = \frac{q_w}{\lambda} \tag{5-17}$$

所以第二类边界条件等于给出了边界面法线方向的流体温度变化率，但边界温度未知。如果 q_w = 常数，则称为常热流边界条件。

对流传热无第三类边界条件，因为求解对流传热问题的主要目的之一就是求表面传热系数。

上述对流传热微分方程组和单值性条件构成了对一个具体对流传热过程的完整的数学描述。但是，由于动量微分方程的复杂性和非线性的特点，方程组的求解非常困难。

5.3.4 对流传热微分方程组的简化

根据边界层理论，流动边界层内存在较大的速度梯度，是发生动量扩散的主要区域；热边界层内存在较大的温度梯度，是发生热量扩散的主要区域。在流动边界层之外的主流区，流体可近似为理想流体。因此，可以运用数量级分析方法对对流传热微分方程组进行简化。数量级分析方法的基本思想是，通过比较方程中各项数量级的相对大小，把数量级较小的项舍去，而数量级较大的项保留下来，从而使方程得到合理的简化，更容易分析求解。

根据图 5-3 和图 5-5，边界层的厚度（δ、δ_t）与流体流过壁面的特征长度 l 相比是很小的量，δ、$\delta_t \ll l$，$y \ll x$，$u \gg v$。依此对对流传热微分方程组中的各项进行数量级分析可得

$$\frac{\partial u}{\partial y} \gg \frac{\partial u}{\partial x}, \frac{\partial v}{\partial x}, \frac{\partial v}{\partial y}$$

$$\frac{\partial^2 u}{\partial y^2} \gg \frac{\partial^2 u}{\partial x^2}, \frac{\partial^2 v}{\partial x^2}, \frac{\partial^2 v}{\partial y^2}$$

$$\frac{\partial t}{\partial y} \gg \frac{\partial t}{\partial x}$$

$$\frac{\partial^2 t}{\partial y^2} \gg \frac{\partial^2 t}{\partial x^2}$$

上述分析结果表明，y 方向动量微分方程中的各项与 x 方向动量微分方程中的各项相比很小，可以不予考虑，只需保留 x 方向的动量微分方程；x 方向动量微分方程中的 $\frac{\partial^2 u}{\partial x^2}$ 与 $\frac{\partial^2 u}{\partial y^2}$ 相比以及能量微分方程中的 $\frac{\partial^2 t}{\partial x^2}$ 与 $\frac{\partial^2 t}{\partial y^2}$ 相比都很小，可以忽略，这实质上是忽略边界层中 x 方向的动量扩散与能量扩散，只考虑 y 方向的动量扩散与能量扩散。对于体积力可以忽略的稳态强制对流传热，$\frac{\partial u}{\partial \tau} = \frac{\partial v}{\partial \tau} = \frac{\partial t}{\partial \tau} = 0$，$F_x = F_y = 0$。于是，对流传热微分方程组可以简化为

质量守恒方程 $$\frac{\partial u}{\partial x}+\frac{\partial v}{\partial y}=0 \tag{5-18}$$

动量守恒方程 $$u\frac{\partial u}{\partial x}+v\frac{\partial u}{\partial y}=-\frac{1}{\rho}\frac{\mathrm{d}p}{\mathrm{d}x}+\nu\frac{\partial^2 u}{\partial y^2} \tag{5-19}$$

能量守恒方程 $$u\frac{\partial t}{\partial x}+v\frac{\partial t}{\partial y}=a\frac{\partial^2 t}{\partial y^2} \tag{5-20}$$

因为 y 方向的压力变化 $\frac{\partial p}{\partial y}$ 已随同 y 方向动量微分方程一起被忽略，边界层中的压力只沿 x 方向变化，所以 x 方向动量微分方程中的 $\frac{\partial p}{\partial x}$ 改为 $\frac{\mathrm{d}p}{\mathrm{d}x}$。压力 p 可由主流区理想流体的伯努利方程确定，因此 $\frac{\mathrm{d}p}{\mathrm{d}x}$ 是已知量。于是，3 个方程包含 3 个未知量 u、v 及 t，方程组是封闭的。

5.4 量纲分析

对流传热是一般工程中最常遇到的传热过程，它是在流体流动的过程中发生的热量传递现象。对流传热源于热传导，说明热传导基本规律的是傅里叶导热定律 $q=-\lambda\mathrm{d}t/\mathrm{d}n$，即热传导的速率与在传热介质中的温度梯度 $\mathrm{d}t/\mathrm{d}n$ 成正比例关系，其中 λ 是热导率，是由导热介质的物性决定的。显然，导热方程是一个线性微分方程。对于在流体流动中的对流传热，最早形成的牛顿冷却定律 $q=h(t_\mathrm{f}-t_\mathrm{w})$，认为其中的传热系数 h 也仅仅是与传热介质的物性有关的参数，即它也是把对流传热速率与传热推动力之间看成是线性关系的一个线性过程。但是，实际上对流传热系数 h 不仅与传热介质的物性有关，而且与流体的流动状态以及设备的结构型式等因素有关。因此，人们开始研究对流传热系数与物性、流动等有关因素之间的关系。由于其中包含的变量较多，问题复杂，在 20 世纪初普遍地采用了量纲分析和实验数据综合关联的方法，把有关的变量按照量纲和谐的原理组成量纲一的数群或量纲一的特征数作为变元，并由实验获得数据材料，而后进行关联获得这些变元之间的函数关系或经验方程，用于设计计算。

量纲分析方法是由物理学中最一般的规律"量纲和谐"原理形成的。物理量的量纲是由描述该现象的基本方程式获得的。例如，由牛顿黏性定律获得流体黏度系数 ν 的量纲，由热传导方程获得物质热导率 λ 的量纲等。而这些物理学中的基本定律都是线性方程，因此其组成的量纲一的数群也只能是反映它所包含的各物理量之间的线性关系。但是，像对流传热这样的现象是在运动的流体中进行的过程，其中往往包含着湍流等因素，问题十分复杂，其动力学关系常常不是线性的，而是非线性的。前面所说的用量纲分析来获得量纲一的数群和以实验数据关联来获得经验方程的方法实际上是用量纲一的数群来反映有关物理量间的线性关系，而用实验研究及数据关联来解决它们之间存在的复杂的非线性关系。如一般在数据关联时，常常用量纲一的数群通过对数坐标来获得一条直线，即对量纲一的数群取对数值，将它们之间存在着的非线性关系转化为线性关系，获得实用的关联式。这方面的工作取得了大量成果，有效地解决了设计计算等实际应用问题，但对这些获得的关联式所蕴含着的深一层的物理意义却未见阐明。

量纲分析的优点是方法简单，对列不出微分方程而只知道影响现象的有关物理量的问题，也可以求得结果；它的缺点是在有关物理量漏列或错列时不能得出正确的结果。就前面讨论的对流传热问题而言，绝大多数情况都可列出微分方程式，漏列或错列有关物理量的情况并不存在。由于这个原因，许多基础传热学教材都采用量纲分析法导出量纲一的量。

量纲间的内在联系，体现在量纲分析的基本依据 π 定理上。其内容是：一个表示 n 个物理量间关系的量纲一致的方程式，一定可以转换成包含 $n-r$ 个独立变量的量纲一的物理量群间的关系式。r 指 n 个物理量中涉及的基本量纲的数目。它的数学证明已超出本书的范围，着眼点在于学会应用这条定理。应用的核心在于确认 n 和 r 的数目，用一定技巧把各个量纲一的物理量群（即量纲一的量）的内涵确定下来。

下面以单相介质管内对流传热问题为例，应用量纲分析法导出其有关的量纲一的量。根据式（5-7），有

$$h = f(u, d, \rho, \eta, \lambda, c_p)$$

应用量纲分析法获得特征数的步骤如下：

1) 找出组成与本问题有关的各物理量量纲中的基本量的量纲。本例有 7 个物理量，它们的量纲均由 4 个基本量的量纲——时间的量纲 T、长度的量纲 L、质量的量纲 M 及温度的量纲 Θ 组成，即 $n=7$，$r=4$，故可以组成 3 个量纲一的量。同时，选定 4 个物理量作为基本物理量，该基本物理量的量纲必须包括上述 4 个基本量的量纲。本例中取 u、d、λ 及 η 为基本物理量。

2) 将基本量逐一与其余各量组成量纲一的量。量纲一的量总采用幂指数形式表示，其中指数值待定。用字母 π 表示量纲一的量，对本例则有

$$\pi_1 = h u^{a_1} d^{b_1} \lambda^{c_1} \eta^{d_1} \tag{i}$$

$$\pi_2 = \rho u^{a_2} d^{b_2} \lambda^{c_2} \eta^{d_2} \tag{j}$$

$$\pi_3 = c_p u^{a_3} d^{b_3} \lambda^{c_3} \eta^{d_3} \tag{k}$$

3) 应用量纲和谐原理决定上述待定指数 $a_1 \sim a_3$ 等。以 π_1 为例可列出各物理量的量纲为

$$\dim h = M\Theta^{-1}T^{-3}, \quad \dim d = L$$
$$\dim \lambda = ML\Theta^{-1}T^{-3}, \quad \dim \eta = ML^{-1}T^{-1}$$
$$\dim u = LT^{-1}$$

将上述结果代入式（i），并将量纲相同的项归并到一起，得

$$\dim \pi_1 = L^{a_1+b_1+c_1-d_1} M^{c_1+d_1+1} \Theta^{-1-c_1} T^{-a_1-d_1-3c_1-3}$$

上式等号左边为量纲一的量，因而等号右边各量纲的指数必为零（量纲和谐原理），故得

$$\left.\begin{array}{r} a_1 + b_1 + c_1 - d_1 = 0 \\ c_1 + d_1 + 1 = 0 \\ -1 - c_1 = 0 \\ -a_1 - d_1 - 3c_1 - 3 = 0 \end{array}\right\}$$

由此得 $b_1 = 1$，$d_1 = 0$，$c_1 = -1$，$a_1 = 0$。故有

同理
$$\pi_1 = hu^0 d^1 \lambda^{-1} \eta^0 = Nu$$
$$\pi_2 = \frac{\rho u d}{\eta} = Re$$
$$\pi_3 = \frac{\eta c_p}{\lambda} = Pr$$

π_1 及 π_2 分别是以管子内径为特征长度的努塞尔数及雷诺数。至此,式(5-7)可转化为

$$Nu = f(Re, Pr) \tag{5-21}$$

5.5 相似原理

5.5.1 相似原理的内容

由于对流传热过程的复杂性,在实物或模型上进行实验求解对流传热问题的方法仍是传热研究的主要和可靠的手段。那么,如何进行实验研究?一般地说,在影响因素比较少或者允许采取某些简化措施的情况下,通常可在实验中变动一个量而设法使其他量保持不变,以此逐个研究各变量的影响,从而找到现象的变化规律。但当影响因素较多或各影响因素不能单独改变时,例如对流传热现象,不仅影响因素多,而且有些影响因素之间是互相制约的,如改变温度,物性也随之变化,类似这样的问题,如果采用上述方法,实验将极难进行或者实验次数会很多,若设备尚处于研制阶段,则这种方法的缺点更为明显。因此,在如何通过实验寻找现象的规律以及推广应用实验的结果等方面,人们在长期的生产和科学实验中,逐渐掌握了以量纲分析和相似原理为基础的模型实验研究方法,该方法是简化复杂问题、指导模型实验的理论,不仅在流体力学中有广泛的应用,而且也广泛地应用于传热、传质问题,如燃烧、船舶设计、土木建筑、水工建筑工程以及其他物理化学过程的研究中,因此从理论上掌握该方法是十分必要的。

相似的概念最初来自几何学。如果两个图形的对应边一一成比例,对应角相等,则称这两个图形几何相似。对于两个相似的图形,其中任何一个图形都可以看成是另一个图形按比例缩小或放大的结果。相似的概念可以推广到物理现象中去,具体来说,相似原理主要包含以下内容:物理现象相似的定义、物理现象相似的性质、相似特征数之间的关系及物理现象相似的条件。

1. 物理现象相似的定义

众所周知,任何一个物理现象(或称为物理过程)都由相关的物理量描述。在物理现象的发生、发展过程中,相关的物理量通常都随时间和地点发生变化,换句话说,每一个物理量都有一个随时间和地点变化的物理量场,如对流传热过程中的温度场、速度场、物性(λ、η、ρ、…)场等。

对于两个同类的物理现象,如果与现象有关的同名物理量场都相似,即在相应的时刻及相应的地点上与现象有关的同名物理量一一对应成比例,则称两物理现象相似。

这里所谓同类物理现象,是指那些具有相同性质、服从于同一自然规律的物理过程,它们用形式相同、内容也相同的方程式描写。例如,强制对流传热与自然对流传热虽然同属于

对流传热，但不是同类现象，因为自然对流传热动量微分方程中包含有体积力项，形式和内容都与强制对流传热动量微分方程不同。再如前面曾说过，对流传热微分方程组既适用于层流传热，也适用于湍流传热，两者具有形式完全相同的微分方程，但由于它们的本质及方程中物理量的内容不一样，因此层流传热与湍流传热也不是同类物理现象。同类的对流传热过程应具有相同的物理本质、同样的作用力。不同类的物理现象影响因素不同，不能建立相似关系。

2. 物理现象相似的性质

因为和物理现象相关的物理量由描写该物理现象的方程联系在一起，所以相似物理现象中各物理量的相似倍数之间的关系不是相互独立的，而是由描写该物理现象的方程确定的，可根据相似现象的基本定义导出制约这些相似倍数间的关系，从而得到相应的相似准则数。

下面以常物性、不可压缩牛顿型流体外掠等壁温平板时的两对流传热现象 A 与 B 相似为例，分析各物理量的相似倍数之间的关系。

根据物理现象相似的定义，两者必须是同类的对流传热现象，可用形式和内容完全相同的方程描写。于是，由对流传热过程方程式（5-8）可得

对于现象 A
$$h'_{x'} = -\frac{\lambda'}{(t'_w - t'_\infty)_{x'}} \frac{\partial t'}{\partial y'}\bigg|_{y'=0, x'} \tag{5-22}$$

对于现象 B
$$h''_{x''} = -\frac{\lambda''}{(t''_w - t''_\infty)_{x''}} \frac{\partial t''}{\partial y''}\bigg|_{y''=0, x''} \tag{5-23}$$

与现象有关的各物理量场应分别相似，同名物理量一一对应成比例，即

$$\frac{x'}{x''} = \frac{y'}{y''} = \frac{l'}{l''} = C_l, \quad \frac{h'_{x'}}{h''_{x''}} = \frac{h'}{h''} = C_h, \quad \frac{\lambda'}{\lambda''} = C_\lambda, \quad \frac{t'_w}{t''_w} = \frac{t'_\infty}{t''_\infty} = \frac{t'}{t''} = C_t \tag{a}$$

式中，C_l、C_h、C_λ、C_t 分别为几何尺寸 l、表面传热系数 h、热导率 λ 和温度场 t 的相似倍数。将式（a）代入式（5-22），整理后得

$$\frac{C_h C_l}{C_\lambda} h''_{x''} = -\frac{\lambda''}{(t''_w - t''_\infty)_{x''}} \frac{\partial t''}{\partial y''}\bigg|_{y''=0, x''} \tag{b}$$

比较式（b）和式（5-23）可得

$$\frac{C_h C_l}{C_\lambda} = 1 \tag{c}$$

式（c）说明，三个相似倍数之间的关系不是独立的，而是存在着上式所示的制约关系。将 $\frac{h'_{x'}}{h''_{x''}} = \frac{h'}{h''} = C_h$，$\frac{\lambda'}{\lambda''} = C_\lambda$，$\frac{x'}{x''} = \frac{l'}{l''} = C_l$ 代入式（c），整理后可得

$$\frac{h'_{x'} x'}{\lambda'} = \frac{h''_{x''} x''}{\lambda''}, \quad \frac{h' l'}{\lambda'} = \frac{h'' l''}{\lambda''} \tag{d}$$

式中，$h'_{x'} x'/\lambda'$ 与 $h''_{x''} x''/\lambda''$、$h' l'/\lambda'$ 与 $h'' l''/\lambda''$ 均为量纲一的量，分别代表了对流传热现象 A 与 B，这样的量纲一的量被称为相似特征数（简称为特征数），也被称为准则数。式（d）中的相似特征数称为努塞尔数，定义为

$$Nu = \frac{hl}{\lambda} \tag{e}$$

于是，式（d）可表示为

$$Nu'_{x'} = Nu''_{x''}, \quad Nu' = Nu'' \tag{5-24}$$

Nu_x、Nu 分别为以 x 和 l 作为特征长度的局部努塞尔数和平均努塞尔数。式（5-24）表明，A、B 两个对流传热现象相似，努塞尔数相等。

这种由描述物理现象的方程式导出相似特征数的方法称为相似分析。因此，已知描述物理现象的方程式是进行相似分析的前提条件。

采用相似分析，从动量微分方程式（5-19）可导出

$$\frac{u'l'}{\nu'} = \frac{u''l''}{\nu''} \tag{f}$$

即
$$Re' = Re'' \tag{5-25}$$

式（5-25）说明，若两流体的运动现象相似，其雷诺数 Re 必定相等。

同理，从能量微分方程式（5-20）可导出

$$\frac{u'l'}{a'} = \frac{u''l''}{a''} \tag{g}$$

即
$$Pe' = Pe'' \tag{5-26}$$

式（5-26）说明，若两热量传递现象相似，其贝克来（Peclet）数 Pe 一定相等。Pe 数可分解为下列形式：

$$Pe = \frac{\nu}{a} \frac{ul}{\nu} = Pr\, Re \tag{5-27}$$

式中，$Pr = \nu/a$，即 Pr 数。

通过上述相似分析可以得出结论：A、B 两个常物性、不可压缩牛顿型流体外掠等壁温平板的对流传热现象相似，努塞尔数 Nu、雷诺数 Re、普朗特数 Pr 分别相等。这一结论反映了物理现象相似的重要性质：彼此相似的物理现象，同名的相似特征数相等。

对于自然对流传热，动量微分方程式（5-19）右侧需增加体积力项。体积力与压力梯度合并成浮升力 F_z，有

$$F_z = (\rho_\infty - \rho)g = \rho\alpha_V\theta g \tag{h}$$

式中，α_V 为流体的体胀系数（K^{-1}）；g 为重力加速度（m/s²）；θ 为过余温度（℃），$\theta = t - t_\infty$。

改写后适用于自然对流的动量微分方程为

$$u\frac{\partial u}{\partial x} + v\frac{\partial u}{\partial y} = g\alpha_V\theta + \nu\frac{\partial^2 u}{\partial y^2} \tag{5-28}$$

对式（5-28）进行相似分析，可得到一个新的量纲一的量，即

$$Gr = \frac{g\alpha_V\Delta t l^3}{\nu^2} \tag{i}$$

式中，Gr 称为格拉晓夫（Grashof）数；$\Delta t = t_w - t_\infty$。

以上推导得出的 Re、Pr、Nu、Gr 几个量纲一的量是研究稳态无相变对流传热问题常用的特征数。这些特征数反映了物理量间的内在联系，都具有一定的物理意义，将在后面讨论。

3. 相似特征数之间的关系

由前面的分析可知，相似特征数之间也必然存在着函数关系，这种函数关系就是特征数

关联式。描写物理现象的微分方程的解可以表示成特征数关联式的形式。

根据物理现象相似的性质，彼此相似物理现象的同名相似特征数相等，所以可得出结论：所有相似的物理现象的解必定可用同一个特征数关联式来描写。这意味着，从一个物理现象所获得的特征数关联式适用于与其相似的所有物理现象。

4. 物理现象相似的条件

综合上述对物理现象相似的基本概念和性质的分析，可以得出物理现象相似的三个条件：

1）同类现象。
2）单值性条件相似。
3）同名已定特征数相等。

已定特征数是由所研究问题的已知量组成的特征数。例如，在研究对流传热现象时，Re、Pr 是已定特征数，而 Nu 是待定特征数，因为其中的表面传热系数是需要求解的未知量。通过前面的相似分析可知，单相流体的对流传热相似，已定特征数 Re、Pr 相等。因待定特征数 Nu 是 Re、Pr 的函数，所以 Nu 也必然相等。

以上三个条件是物理现象相似的充分必要条件，是判断物理现象是否相似的依据。

5.5.2 相似原理指导下的实验研究方法

利用模型实验模拟原型中的实际对流传热过程，探索对流传热规律，是目前求解复杂对流传热问题的主要方法。相似原理回答了进行模型实验所必须解决的三个主要问题：如何安排实验、怎样整理实验数据、实验结果的适用范围。

1. 实验安排

根据相似原理，实验模型中的对流传热过程必须与原型中的实际对流传热过程相似，只有这样，模型实验的研究结果才能运用到原型中去。为此，模型中进行的对流传热过程必须满足物理现象相似的三个条件，即必须是与原型同类的对流传热过程、其单值性条件必须与原型相似、已定特征数必须与原型相等。

单值性条件中的几何条件相似比较容易做到。通常实验模型是将原型按一定比例缩小的复制品，但模型不是原型外形的简单复制，必须保证所有对对流传热过程有影响的几何形状、尺寸以及壁面与流体之间的相对位置都要与原型相似。对于自然对流传热以及自然对流影响不可忽略的强制对流传热，相对位置的影响不容忽视。此外，几何尺寸的缩小不应改变模型中对流传热过程的性质，例如，当模型的尺寸小到使模型中流体偏离连续介质的假定时，其对流传热就不能用连续介质的对流传热微分方程来描述。

在实验模型中实现物理条件相似主要是指模型中流体的物性场必须保持与原型相似。一般情况下，模型实验都采用与原型相同的流体，对于常物性而言，物性场相似条件自然满足。如果物性随温度变化，即便流体与原型相同，保持物性场相似也很困难，因为不同的温度范围，物性参数随温度的变化规律也有所区别，除非模型中的温度场与原型完全相同。采用选择定性温度将物性视为常数的方法可以近似满足物性场相似的条件。

如何在模型中准确地实现边界条件相似是实验研究人员特别关注的问题。常见的传热壁面处的热边界条件有等壁温和常热流两种边界条件。等壁温的边界条件可以通过另一侧流体的相变传热或者采用导热性能良好的壁面材料实现；常热流的边界条件通常通过电加热的手段实现。有时也会遇到导热、对流、辐射相耦合的复杂边界条件，实现起来也就更为困难。此外，还要保证模型入口处流体的速度场和温度场与原型相似。

根据第三个相似条件，模型实验还必须保证已定特征数 Re、Pr 与原型相等。由于 Re 表达式中含有特征长度 l，如果模型和原型的几何相似倍数 $C_l = l'/l''$（l'、l'' 分别代表原型与模型的特征长度）已定，假设 $C_l = 10$，即模型比原型缩小 10 倍，那么要保持 Re 与原型相等，即

$$\frac{u'l'}{\nu'} = \frac{u''l''}{\nu''}$$

就必须改变上式中的其他物理量，使 $\frac{u''}{u'} \cdot \frac{\nu'}{\nu''} = 10$。如果模型和原型的流体相同，并且物性为常数，即 $\nu'/\nu'' = 1$，则必须使 $u''/u' = 10$，即模型中的流速必须是原型的 10 倍。

原则上允许模型实验使用与原型不同的流体，但要保持模型与原型的普朗特数相等，即 $Pr' = Pr''$，往往难以实现。如果模型和原型的流体相同，并且物性为常数，则普朗特数自然相等。如果普朗特数随温度变化较大，模型和原型的温度场又不同，实现普朗特数相等就非常困难。

综上所述，要实现对流传热过程的准确相似，往往会遇到难以克服的困难，在实践中通常采用近似模拟法或局部模拟法。所谓近似模拟法就是在模拟实验时忽略次要条件，只保持主要条件相似，例如进行气体对流传热的模拟实验时，忽略 Pr 随温度的变化，或者选择合适的定性温度将物性近似为常数。局部模拟法只保持局部的对流传热相似，例如进行流体外掠管束的对流传热实验研究时，只对管束中的一根管子加热或冷却，只研究该管子的对流传热规律。由这种近似模拟法获得的特征数关联式一般都能满足工程计算的要求。

2. 实验数据的测量与整理

根据相似原理，所有相似物理现象的解都可用同一个特征数关联式描写。实验研究的主要目的就是确定这种特征数关联式的具体函数形式，即待定特征数与已定特征数之间的函数关系。

以工程上常见的无相变单相流体的强制对流传热问题为例，通常根据经验可将特征数关联式写成幂函数的形式：

$$Nu = f(Re, Pr) = cRe^n Pr^m \tag{5-29}$$

式中，c、n 及 m 为待定常数，由实验确定。

实践证明，幂函数是可以用来描写绝大多数实验曲线的最简单、最方便的函数，尤其是对于单调变化的曲线，在双对数坐标图中，幂函数曲线是直线。

由于气体的 Pr 基本上等于常数，因此对于气体的强制对流传热，式（5-29）可简化为

$$Nu = f(Re) = cRe^n \tag{5-30}$$

将式（5-30）两边取对数，得

$$\lg Nu = \lg c + n \lg Re$$

可见，在以 $\lg Nu$ 为纵坐标、$\lg Re$ 为横坐标的坐标系中，上式可用直线表示，如图 5-9 所示。$\lg c$ 为直线在 $\lg Nu$ 轴上的截距，n 为直线的斜率。

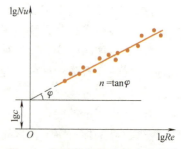

图 5-9 实验数据整理方法示意图

在实验中,以 Re 为自变量、以 Nu 为因变量,通过改变实验工况来改变 Re 的数值。每改变一次工况,设定一个 Re 值,就可以确定一个对应的 Nu 数值,在对数坐标系中也就可以得到一个实验点。进行多种工况的实验,就可以得到多个实验点,最后采用最小二乘法对这些实验点进行曲线拟合,就可以获得常数 c、n 的数值,同时还可以求出实验点的标准偏差。标准偏差的大小反映实验点的分散程度,也反映用所获得的特征数关联式表示实验结果的准确程度。

为了确定一般流体的强制对流传热特征数关联式 $Nu=cRe^nPr^m$,原则上可以首先用 Pr 不同的流体在相同的 Re 下进行实验,将实验点描绘在以 $\lg Nu$ 为纵坐标、$\lg Pr$ 为横坐标的双对数坐标系中,同样用最小二乘法确定 m 的数值。但由于用 Pr 不同且变化范围较大的多种流体进行实验有较大的难度,因此通常直接采用前人通过理论分析或实验研究已经获得的数据。例如,对于层流,取 $m=1/3$;对于湍流,取 $m=0.4$ 或其他数值。然后再用同一种流体在不同的 Re 下进行实验,用与上述相同的方法确定 c 和 n 的数值。

3. 影响特征数关联式的几个参数的确定

由表达式 $Nu=\dfrac{hl}{\lambda}$、$Re=\dfrac{ul}{\nu}$ 可以看到,要确定 Re 和 Nu 的数值,必须首先选择长度 l、速度 u 和决定物性参数 λ、ν 等的温度。在计算各种相似准则的数值时,往往会遇到反映物体几何特征并对传热有影响的几何量,与流体流动状态有关的速度,以及反映流体物理性质对传热影响的物性参数。采用不同的几何尺寸和根据不同温度确定流体的物性参数值时,相似准则的数值不同,而且准则方程中的系数和已定准则的指数也将不一样。实际上,这三个物理量的正确选定,不仅关系到准则方程的准确度(即实验结果的分散度),而且影响到实际使用准则方程时是否方便。因此,反映物体几何特征的几何量、流体速度和物性参数的选定是建立准则方程时需要解决的重要问题。传热学中,通常把反映物体几何特征的几何量称为定性尺寸,把确定物性参数的温度称为定性温度,而把计算准则所采用的流体速度称为特征速度。

从相似理论的观点来看,上述三个特征量原则上是可以任意选定的。但实际上,由于物性参数随温度变化,这时即使温度场相似,也无法保证物理量场的相似,从而无法实现严格的现象相似。因而,建立的准则方程是否能正确地反映所研究过程的内在联系,是与合理地选择上述三个特征量密切相关的。

这三个特征量可根据实践经验选定,但选择过程中一般遵循下列原则。首先,所选特征量必须与传热过程密切相关,即对传热有重要的影响;其次,所选定的特征量应该容易测定或是单值性条件中给出的物理量;最后,根据这些特征量确定的准则方程能使实验数据具有最小的分散度,而且在实际应用时比较方便。

通常选择对对流传热有显著影响的几何尺寸作为特征长度,例如对于管内强制对流传热,选择管内径作为特征长度;外掠圆管的对流传热,则选择管外径作为特征长度。定性温度用来确定特征数 Re 和 Nu 中物性参数 λ、ν 的数值,对于管内强制对流传热,一般选择流体的平均温度 t_f 作为定性温度,在流体温度变化不大的情况下,t_f 近似为流体进、出口截面平均温度的算术平均值 $\dfrac{1}{2}(t'_f+t''_f)$。而特征速度一般取截面平均流速,例如流体外掠平板传热取来流速度,管内对流传热取截面平均流速等。

下面把前面已经学过的一些相似准则数的物理意义做一个总结：

1) 毕渥数 $Bi = \dfrac{hl}{\lambda}$，表示固体内部导热热阻与界面上对流传热热阻之比（λ 为固体的热导率）。

2) 傅里叶数 $Fo = \dfrac{a\tau}{l^2}$，表示非稳态过程的量纲一的时间，表征过程进行的深度。

3) 努塞尔数 $Nu = \dfrac{hl}{\lambda}$，表征流体在壁面处法线方向上的平均量纲一的温度梯度，其大小反映对流传热的强弱。这里需要注意努塞尔数 Nu 与毕渥数 Bi 的区别：两者表达式的形式完全相同，但具有不同的物理意义。Bi 表征第三类边界条件下的固体导热热阻与边界处的对流传热热阻之比，表面传热系数 h 由第三类边界条件给定，热导率 λ 是固体材料的热导率，特征长度 l 是反映固体导热温度场几何特征的尺度；而 Nu 表达式中的 h 是待定参数，λ 是流体的热导率，l 是反映对流传热固体边界几何特征的尺度，如外掠平板对流传热过程中沿流动方向平板的长度。

4) 雷诺数 $Re = \dfrac{ul}{\nu}$，表征流体惯性力与黏性力的相对大小，Re 越大，惯性力的影响越大。人们通常根据 Re 的大小来判断流态。

5) 普朗特数 $Pr = \dfrac{\nu}{a} = \dfrac{\eta c_p}{\lambda}$，是流体的物性特征数，表征流体动量扩散能力与热量扩散能力的相对大小。对于液态金属除外的一般流体，$Pr = 0.6 \sim 4000$。因为液体的动力黏度 η 随温度变化很大，而比热容 c_p 与热导率 λ 随温度的变化很小，所以液体的普朗特数 Pr 随温度的变化规律与动力黏度 η 相似，通常温度升高时，液体的 Pr 迅速减小。气体的 Pr 较小，在 0.6~0.8 范围内，并且基本上与温度、压力无关，等于常数。

6) 格拉晓夫数 $Gr = \dfrac{g\alpha_V \Delta t l^3}{\nu^2}$，是流体浮升力与黏性力之比的一种度量。

例 5-1　一根外径 $d = 100\text{mm}$ 的水管横置在高温烟气之中，已知水管外壁面温度 $t_w = 80\text{℃}$，烟气的温度 $t_f = 500\text{℃}$，烟气的流速 $u = 10\text{m/s}$，单位长度水管的传热量 $\Phi_l = 1.5 \times 10^4 \text{W/m}$。假设烟气的各物性参数为常数，试问：若将烟气的速度降低为 $u' = 5\text{m/s}$，同时水管的外径增加为 $d' = 200\text{mm}$，并维持 t_w、t_f 不变，这时单位管长的传热量为多少？

分析　这是一个管外强制对流传热问题，要确定传热量的大小，根据牛顿冷却公式，应先确定表面传热系数 h，h 可由努塞尔数 Nu 得到，因此先应确定与 Nu 有关的特征数关联式。

解　管外烟气侧强制对流传热特征数关联式的形式为

$$Nu = f(Re, Pr)$$

根据题意，$u' = \dfrac{1}{2}u$，$d' = 2d$，物性参数为常数，于是可得

$$Re' = \dfrac{u'd'}{\nu} = \dfrac{ud}{\nu} = Re, \quad Pr' = Pr$$

烟气流速和管径改变后的对流传热与改变前的对流传热完全相似，根据相似理论或直接由特征数关联式可得

$$Nu' = Nu$$

即

$$\frac{h'd'}{\lambda} = \frac{hd}{\lambda}$$

由此可得

$$h' = \frac{d}{d'}h = \frac{1}{2}h$$

根据牛顿冷却公式，得

$$\Phi'_l = \pi d'h'(t_f - t_w) = \pi \cdot 2d \cdot \frac{1}{2}h(t_f - t_w) = \Phi_l$$

$$= 1.5 \times 10^4 \, \text{W/m}$$

讨论 求解过程表明，尽管烟气流速和水管外径发生了变化，但只要同名特征数相等，参数改变前、后的对流传热现象就是相似的。

例 5-2 为了解设计的空气预热器的换热性能，用尺寸为实物 1/8 的模型来预测。模型中用 40℃ 的空气模拟空气预热器中 133℃ 的空气。空气预热器中的空气流速为 6.03m/s，问模型中的空气流速应为多少？如果模型中的 $h = 412 \, \text{W}/(\text{m}^2 \cdot \text{K})$，问锅炉中空气的表面传热系数 h 是多少？

分析 为使由模型得到的数据能适用于空气预热器（实物），模型和实物的对流传热必须相似。由此，它们的同名特征数必相等，这就是求解本题的基础。

解 用下标"m"表示模型的参数，用下标"p"表示实物的参数。

（1）模型中的空气流速 根据相似原理，有

$$Re_m = Re_p$$

即

$$\frac{u_m l_m}{\nu_m} = \frac{u_p l_p}{\nu_p}$$

查附录 E 得：40℃ 时空气的运动黏度 $\nu_m = 16.96 \times 10^{-6} \, \text{m}^2/\text{s}$，133℃ 时空气的运动黏度 $\nu_p = 26.98 \times 10^{-6} \, \text{m}^2/\text{s}$。因此，模型中空气的流速为

$$u_m = u_p \frac{l_p}{l_m} \frac{\nu_m}{\nu_p}$$

$$= 6.03 \times 8 \times \frac{16.96 \times 10^{-6}}{26.98 \times 10^{-6}} \, \text{m/s} = 30.32 \, \text{m/s}$$

（2）空气预热器的对流传热系数 h_p 根据相似原理，有

$$Nu_p = Nu_m$$

即

$$\frac{h_p l_p}{\lambda_p} = \frac{h_m l_m}{\lambda_m}$$

查附录 E 得：40℃ 时空气的 $\lambda_m = 0.0276\text{W}/(\text{m}\cdot\text{K})$，133℃ 时空气的 $\lambda_p = 0.0344\text{W}/(\text{m}\cdot\text{K})$。因此，空气预热器的对流表面传热系数为

$$h_p = h_m \frac{l_m}{\lambda_m}\frac{\lambda_p}{l_p} = h_m \frac{l_m}{l_p}\frac{\lambda_p}{\lambda_m}$$

$$= 412 \times \frac{1}{8} \times \frac{0.0344}{0.0276}\text{W}/(\text{m}^2\cdot\text{K}) = 64.19\text{W}/(\text{m}^2\cdot\text{K})$$

讨论

1) 本题采用近似模拟法。请检查一下这里是否符合近似模拟法的条件。
2) 本题模型尺寸比设备缩小，而流速却提高了，你能阐明其道理吗？

小结

流体流过一个物体表面时流体与物体表面间的热量传递过程称为对流传热。对流传热是常见的热传递过程，是导热和热对流两种基本传热方式同时作用的结果。

影响对流传热的因素包括影响流体流动的因素和影响流体中热量传递的因素，这些因素归纳起来主要有以下五个方面：流体流动的起因、流体的流动状态、流体的物理性质、传热表面的几何因素、流体有无相变。热流量可用牛顿冷却公式表示，表征对流传热强弱的表面传热系数取决于多种因素，是一个多变量的函数。

研究对流传热的方法，即获得表面传热系数 h 的表达式的方法大致有以下四种：①分析法；②实验法；③比拟法；④数值法。数值法在 20 世纪后期以来得到了迅速发展，并将会在未来的对流传热问题研究中发挥日益重要的作用。

德国科学家普朗特提出了著名的边界层概念。当流体沿固体壁面流动时，流体黏性起作用的区域仅仅局限在紧贴壁面的流体薄层内，普朗特把紧贴壁面处这一速度发生明显变化的流体薄层称为流动边界层（或速度边界层）。通常规定速度达到 $0.99 u_\infty$ 处的 y 值作为边界层的厚度，用 δ 表示。波尔豪森又把边界层概念推广应用于对流传热问题，提出了热边界层的概念。当温度均匀的流体与它流过的固体壁面温度不同时，在壁面附近将形成一层温度变化较大的流体层，称为热边界层或温度边界层。与流动边界层类似，规定流体过余温度 $t-t_w = 0.99(t_\infty - t_w)$ 处到壁面的距离为热边界层的厚度，用 δ_t 表示。

流体的温度场和速度场密切相关，描写对流传热的微分方程包括质量微分方程、动量微分方程和能量微分方程。对流传热微分方程组和单值性条件构成了对一个具体对流传热过程的完整的数学描述。但是，由于动量微分方程的复杂性和非线性的特点，方程组的求解非常困难。可以运用数量级分析方法对对流传热微分方程组进行简化。数量级分析方法的基本思想是，通过比较方程中各项数量级的相对大小，把数量级较小的项舍去，而数量级较大的项保留下来，从而使方程得到合理的简化，更容易分析求解。

量纲分析方法是由物理学中最一般的规律"量纲和谐"原理形成的。物理量的量纲是由描述该现象的基本方程式获得的。量纲间的内在联系，体现在量纲分析的基本依据 π 定理上。其内容是：一个表示 n 个物理量间关系的量纲一致的方程式，一定可以转换成包含 $n-r$ 个独立变量的量纲一的物理量群间的关系式。r 指 n 个物理量中涉及的基本量纲的数目。

在如何通过实验寻找现象的规律以及推广应用实验的结果等方面，人们在长期的生产和科学实验中，逐渐掌握了以量纲分析和相似原理为基础的模型实验研究方法。相似原理回答了进行模型实验所必须解决的三个主要问题：如何安排实验、怎样整理实验数据、实验结果的适用范围。在将这些科学试验与研究方法应用于重大工程实践中时，创新往往是关键所在。

思考题与习题

5-1 对流传热是如何分类的？影响对流传热的主要物理因素有哪些？

5-2 为什么电厂发电机用氢气冷却比空气冷却效果好？为什么用水冷却比氢气冷却效果更好？

5-3 什么是流动边界层？什么是热边界层？为什么它们的厚度之比与普朗特数 Pr 有关？

5-4 在流体温度边界层中，何处温度梯度的绝对值最大？为什么？有人说对一定表面传热温差的同种流体，可以用贴壁处温度梯度绝对值的大小来判断表面传热系数 h 的大小，你认为对吗？

5-5 当流体流过固体表面时，局部表面传热系数 $h_x = -\dfrac{\lambda}{(t_w - t_\infty)_x} \left.\dfrac{\partial t}{\partial y}\right|_{y=0,\,x}$。该表达式中没有流速 u，能否说明 h_x 与 u 无关？为什么？

5-6 对流传热问题完整的数学描述应包括哪些内容？既然对大多数实际对流传热问题尚无法求得其精确解，那么建立对流传热问题的数学描述有什么意义？

5-7 对流传热边界层微分方程组是否适用于黏度很大的油和 Pr 数很小的液态金属？为什么？

5-8 管内湍流强制对流传热时，流速增加一倍，其他条件不变，对流传热系数 h 如何变化？管径缩小一半，流速等其他条件不变时，h 如何变化？管径缩小一半，体积流量等其他条件不变时，h 如何变化？

5-9 当一个由若干个物理量所组成的实验数据转换成数目较少的量纲一的量以后，这个实验数据的性质发生了什么变化？

5-10 空气在一根内径为 50mm、长为 2.5m 的管子内流动并被加热，已知空气平均温度为 80℃，管内对流传热的表面传热系数 $h = 70\text{W}/(\text{m}^2 \cdot \text{K})$，热流密度为 $q = 5000\text{W}/\text{m}^2$，试求管壁温度及热流量。

5-11 试推导二维不可压缩牛顿型流体、常物性、无内热源、定常、层流流动的能量微分方程。

5-12 同一种流体流过直径不同的两根管道，如果 B 管道的内径是 A 管道内径的 3 倍，即 $d_B = 3d_A$，则为使管道内流体的流态相似，A 管内流体的流量应是 B 管流量的多少？

5-13 在一台缩小成为实物 1/8 的模型中，用 20℃ 的空气模拟实物中平均温度为 200℃ 空气的加热过程。实物中空气的平均流速为 6.03m/s，问模型中的流速应为多少？若模型中的平均表面传热系数为 195W/(m²·K)，求相应实物中的值。在这一实验中，模型与实物中流体的 Pr 数并不严格相等，你认为这样的模拟实验有无实用价值？

5-14 为了用实验的方法确定直径 $d=400$mm 的钢棒 [热导率 $\lambda=42$W/(m·K)，热扩散率 $a=1.18\times10^{-5}$m²/s，表面传热系数 $h=116$W/(m²·K)] 放入炉内时间 $\tau=2.5$h 时的温度分布，现用几何形状相似的合金钢棒 [$\lambda_m=16$W/(m·K)，$a_m=0.53\times10^{-5}$m²/s，$h_m=150$W/(m²·K)] 在不大的炉中加热。求模型的直径 d_m 和模型放入炉内多长时间后模型与钢棒的温度分布相同。

5-15 试通过对外掠平板的边界层动量方程式

$$u\frac{\partial u}{\partial x}+v\frac{\partial u}{\partial y}=\nu\frac{\partial^2 u}{\partial y^2}$$

沿 y 方向做积分（从 $y=0$ 到 $y\geqslant\delta$）（图 5-10），导出下列边界层的动量积分方程。提示：在边界层外边界上 $v_\delta\neq0$。

$$\rho\frac{\mathrm{d}}{\mathrm{d}x}\int_0^\delta u(u_\infty-u)\mathrm{d}y=\eta\left(\frac{\partial u}{\partial y}\right)_{y=0}$$

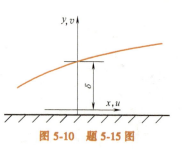

图 5-10 题 5-15 图

5-16 用均匀地绕在圆管外表面上的电阻带做加热元件，以进行管内流体对流传热实验，如图 5-11 所示。用功率表测得外表面加热的热流密度为 3500W/m²；用热电偶测得某一截面上的空气温度为 45℃，内管壁温度为 80℃。设热量沿径向传递，外表面绝热良好，试计算所讨论截面上的局部表面传热系数。圆管的外径为 36mm，壁厚为 2mm。

5-17 对于空气横掠如图 5-12 所示的正方形截面柱体（$l=0.5$m）的情形，有人通过实验测得下列数据：$u_1=15$m/s，$h_1=40$W/(m²·K)，$u_2=20$m/s，$h_2=50$W/(m²·K)。其中 h_1、h_2 为平均表面传热系数。对于形状相似但 $l=1$m 的柱体，试确定当空气流速为 15m/s 及 20m/s 时的平均表面传热系数。设在所讨论的情况下空气的对流传热准则方程具有以下形式：$Nu=cRe^nPr^m$。四种情形下定性温度之值均相同，特征长度为 l。

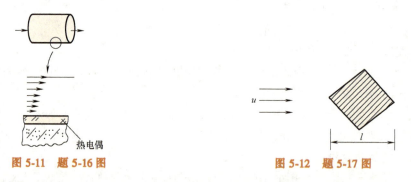

图 5-11 题 5-16 图　　　图 5-12 题 5-17 图

5-18 对于流体外掠平板的流动，试利用数量级分析的方法，从动量方程引出边界层厚度的如下变化关系式：$\delta/x\sim1/\sqrt{Re_x}$。

第 6 章

单相对流传热的计算

对流传热包括无相变和有相变的对流传热两大类,本章将讨论无相变对流传热,主要讨论流体外掠平板的传热层流分析解,讨论管内强制对流,外掠平板、圆管及管束强制对流以及自然对流等单相流体的对流传热问题,介绍常见无相变对流传热的实验关联式,这些内容是分析、计算各类传热问题和传热设备的基础。而有相变的对流传热则留待第 7 章介绍。

6.1 流体外掠平板层流对流传热的分析解

对于图 5-5 所示的流体外掠平板层流传热问题,在边界层动量方程式(5-19)中引入 $dp/dx=0$ 的条件,可以得到层流时截面上速度场和温度场的分析解。这里仅介绍求解结果。

6.1.1 速度场的求解结果

由边界层动量守恒方程和质量守恒方程可求出边界层的速度分布,再由速度分布可得到流动边界层厚度计算公式,即

$$\frac{\delta}{x} = 5.0 Re_x^{-1/2} \tag{6-1}$$

式中,$Re_x = \dfrac{u_\infty x}{\nu}$,下标 x 表示以当地的几何尺度为特征尺度。

根据局部黏性切应力公式 $\tau_{w,x} = \eta \dfrac{\partial u}{\partial y}\bigg|_{y=0,x}$ 及范宁局部摩擦系数的定义式 $c_{f,x} = \dfrac{\tau_{w,x}}{\frac{1}{2}\rho u_\infty^2}$,

由边界层的速度分布可求出局部摩擦系数,即

$$c_{f,x} = 0.664 Re_x^{-1/2} \tag{6-2}$$

整个平板的平均摩擦系数计算式为

$$c_f = \frac{1}{l} \int_0^l c_{f,x} dx$$

由式(6-2)可以看出,$c_{f,x}$ 与 $x^{-1/2}$ 成正比,因此可写成 $c_{f,x} = Cx^{-1/2}$(C 为常数),将

其代入上式可得

$$c_f = \frac{1}{l}\int_0^l Cx^{-1/2}dx = 2Cl^{-1/2} = 2c_{f,l}$$

上式表明，平板全长的平均摩擦系数为平板末端（$x=l$）局部摩擦系数的 2 倍。于是由式（6-2）可得

$$c_f = 1.328Re^{-1/2} \tag{6-3}$$

式中，$Re = \dfrac{u_\infty l}{\nu}$。

6.1.2 温度场的求解结果

由边界层能量守恒方程可求出边界层中的温度分布，于是可以确定热边界层的厚度 δ_t。对于 $Pr = 0.6 \sim 15$ 的流体，近似求得热边界层与流动边界层的厚度之比为

$$\frac{\delta_t}{\delta} = Pr^{-1/3} \tag{6-4}$$

由边界层的温度分布可求出局部表面传热系数 h_x，对于 $Pr \geqslant 0.6$ 的流体，有

$$h_x = 0.332\frac{\lambda}{x}Re_x^{1/2}Pr^{1/3} \tag{6-5}$$

引入量纲一的数 Nu_x，式（6-5）可以改写为

$$Nu_x = \frac{h_x x}{\lambda} = 0.332Re_x^{1/2}Pr^{1/3} \tag{6-6}$$

式中，Nu_x 称为以 x 作为特征长度的局部努塞尔数。

对于等壁温平板，平板全长的平均表面传热系数 h 为

$$h = \frac{1}{l}\int_0^l h_x dx$$

由式（6-6）可以看出，h_x 与 $x^{-1/2}$ 成正比，可写成 $h_x = C'x^{-1/2}$（C' 为常数），将其代入上式可得

$$h = \frac{1}{l}\int_0^l C'x^{-1/2}dx = 2C'l^{-1/2} = 2h_l \tag{6-7}$$

式（6-7）表明，平板全长的平均表面传热系数是平板末端（$x=l$）局部表面传热系数的 2 倍。由此可得平均努塞尔数为

$$Nu = \frac{hl}{\lambda} = \frac{2h_l l}{\lambda} = 2Nu_l \tag{6-8}$$

于是由式（6-6）可得

$$Nu = 0.664Re^{1/2}Pr^{1/3} \tag{6-9}$$

需要指出，上述关系式仅适用于外掠等壁温平板层流传热问题，定性温度为边界层的算术平均温度 $t_m = \dfrac{1}{2}(t_w + t_\infty)$。

对于 $Pr \geqslant 0.6$ 的流体外掠常热流平板层流传热，分析结果为

$$Nu_x = 0.453Re_x^{1/2}Pr^{1/3} \tag{6-10}$$

对比式（6-6）与式（6-10）可以看出，当 Re_x、Pr 相同时，常热流情况下的局部努塞尔数 Nu_x 要比等壁温情况大 36% 左右。

在常热流情况下，$q_x = h_x(t_w - t_f)_x = q = 常数$，壁面温度 t_w 是变化的，温差 $(t_w - t_f)_x$ 不等于常数。如果将平均壁面温差定义为

$$t_w - t_f = \frac{1}{l}\int_0^l (t_w - t_f)_x \mathrm{d}x = \frac{1}{l}\int_0^l \frac{q}{h_x}\mathrm{d}x = \frac{q}{l\lambda}\int_0^l \frac{x}{Nu_x}\mathrm{d}x$$

则平均努塞尔数

$$Nu = \frac{hl}{\lambda} = \frac{ql}{\lambda(t_w - t_f)} = \frac{l^2}{\int_0^l \frac{x}{Nu_x}\mathrm{d}x}$$

将式（6-10）代入上式，可以导出常热流情况下的平均努塞尔数为

$$Nu = 0.680 Re^{1/2} Pr^{1/3} \tag{6-11}$$

对比式（6-9）与式（6-11）可以看出，当 Re、Pr 相同时，常热流情况下的平均努塞尔数只比等壁温情况大 2.4%。

在上面得到的结果中，以特征数表示的对流传热计算关系式称为特征数方程，习惯上又称关联式或准则方程。获得不同传热条件下的特征数方程是研究对流传热的根本任务。在后面的章节中，将系统介绍主要的实验研究结果。

例 6-1 温度为 30℃ 的空气和水分别以 0.5m/s 的速度平行掠过长 250mm、温度为 50℃ 的平板，试分别求出平板末端流动边界层和热边界层的厚度及空气和水与单位宽度平板的传热量。

解 无论对空气还是水，边界层的平均温度都为

$$t_m = \frac{1}{2}(t_w + t_\infty) = 40℃$$

1) 对于空气，40℃ 的物性参数分别为 $\nu = 16.96 \times 10^{-6} \mathrm{m^2/s}$，$\lambda = 2.76 \times 10^{-2} \mathrm{W/(m \cdot K)}$，$Pr = 0.699$。在离平板前沿 250mm 处，雷诺数为

$$Re = \frac{ul}{\nu} = \frac{0.5 \times 0.25}{16.96 \times 10^{-6}} = 7.37 \times 10^3$$

边界层为层流。根据式（6-1），流动边界层的厚度为

$$\delta = 5.0x Re^{-1/2} = 5.0 \times 0.25 \times (7.37 \times 10^3)^{-1/2} \mathrm{m} = 0.0146 \mathrm{m}$$
$$= 14.6 \mathrm{mm}$$

由式（6-4）可求出热边界层的厚度为

$$\delta_t = \delta Pr^{-1/3} = 14.6 \times (0.699)^{-1/3} \mathrm{mm} = 16.4 \mathrm{mm}$$

可见，空气的热边界层比流动边界层略厚。

整个平板的平均表面传热系数可用式（6-9）计算，即

$$Nu = 0.664 Re^{1/2} Pr^{1/3} = 0.664 \times (7.37 \times 10^3)^{1/2} \times 0.699^{1/3}$$
$$= 50.6$$

$$h = \frac{\lambda}{l} Nu = \frac{2.76 \times 10^{-2}}{0.25} \times 50.6 \mathrm{W/(m^2 \cdot K)} = 5.6 \mathrm{W/(m^2 \cdot K)}$$

1m 宽平板与空气的传热量为

$$\Phi = Ah(t_w - t_\infty) = 1 \times 0.25 \times 5.6 \times (50-30)\text{W} = 28\text{W}$$

2）对于水，40℃的物性参数分别为 $\nu = 0.659 \times 10^{-6} \text{m}^2/\text{s}$，$\lambda = 0.635\text{W}/(\text{m} \cdot \text{K})$，$Pr = 4.31$。在离平板前沿 250mm 处，雷诺数为

$$Re = \frac{ul}{\nu} = \frac{0.5 \times 0.25}{0.659 \times 10^{-6}} = 1.9 \times 10^5$$

边界层为层流。根据式（6-1），流动边界层的厚度为

$$\delta = 5.0xRe^{-1/2} = 5.0 \times 0.25 \times (1.9 \times 10^5)^{-1/2}\text{m} = 0.0029\text{m}$$
$$= 2.9\text{mm}$$

可见，在同样温度及流动条件下，水的流动边界层要比空气的薄。

由式（6-4）可求出热边界层的厚度为

$$\delta_t = \delta Pr^{-1/3} = 2.9 \times 4.31^{-1/3}\text{mm} = 1.8\text{mm}$$

可见，水的热边界层比流动边界层薄。

整个平板的平均表面传热系数计算式为

$$Nu = 0.664Re^{1/2}Pr^{1/3} = 0.664 \times (1.9 \times 10^5)^{1/2} \times 4.31^{1/3}$$
$$= 471$$

$$h = \frac{\lambda}{l}Nu = \frac{0.635}{0.25} \times 471\text{W}/(\text{m}^2 \cdot \text{K}) = 1196\text{W}/(\text{m}^2 \cdot \text{K})$$

1m 宽平板与水的传热量为

$$\Phi = Ah(t_w - t_\infty) = 1 \times 0.25 \times 1196 \times (50-30)\text{W} = 5980\text{W}$$

6.2 内部强制对流传热的计算

管内单相流体的强制对流传热是工程上普遍的传热现象。冷却水在内燃机气缸冷却夹套和散热器中的对流传热、机油在机油冷却器中的对流传热、锅炉中水蒸气在过热器中的对流传热以及烟气在管式空气预热器中的对流传热等均属于此类传热。

6.2.1 管内流动与对流传热问题

在讨论外部流动时，只需要弄清楚流动是层流还是湍流，但在讨论内部流动时，还必须注意入口和充分发展区域的存在。

1. 管内流体的流动状态

在第 5 章对流传热概述一节中已指出，流体的流动状态对对流传热有显著影响。由流体力学可知，单相流体管内强制对流的流动状态不仅取决于流体的物性、管道的几何尺寸、管内壁的表面粗糙度，还与流体进入管道前的稳定程度有关。对于工业和日常生活中常用的一般光滑管道，当 $Re = u_m d/\nu \leqslant 2300$ 时，流态为层流；当 $2300 < Re < 10^4$ 时，流态为由层流到湍流的过渡阶段；当 $Re > 10^4$ 时，流态为旺盛湍流。这种根据雷诺数 Re 的大小范围判断流态的方法不是对所有管内流动都适用，只适用于一般光滑管道的测量结果。随着工艺水平与实验

技术的发展,在 19 世纪初就已在实验中利用特制的管道将管内层流保持到 $Re \approx 4 \times 10^4$,现在利用高新技术能使管内 Re 达到几十万时,保持层流状态。

2. 管内流动入口段与充分发展段

当不可压缩牛顿型流体以均匀的流速从大空间稳态流进圆管时,从管子的进口处开始,管内流动边界层逐渐加厚,圆管横截面上的速度分布沿流动方向(轴向)不断变化。当流动边界层的边缘在圆管的中心线汇合之后,圆管横截面上的速度分布沿轴向不再变化,这时称流体进入了流动充分发展阶段,在此之前的那一段称为流动入口段,如图 6-1 所示。

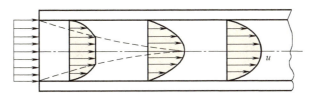

a) 管内流动边界层的发展

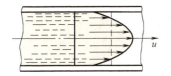

b) 充分发展的层流速度分布

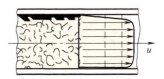

c) 充分发展的湍流速度分布

图 6-1 管内流动边界层发展及速度剖面

在处理内部流动时,重要的是要知道入口段的长度,它取决于流动是层流还是湍流。对于管内层流,流动入口段长度可用下式计算:

$$\frac{x}{d} \approx 0.05 Re \tag{6-12}$$

该表达式基于这样的设想:流体从圆形收缩喷管进入管内,因此在入口处具有接近均匀的速度分布(图 6-1b)。

对于管内湍流,还没有令人满意的用于计算流动入口段长度的通用表达式,但它大致与雷诺数无关,作为初步近似,有

$$10 \leq \frac{x}{d} \leq 60$$

根据前面讲述的流态为旺盛湍流的条件,在本书中认为 $x/d > 60$ 时湍流已充分发展。

对于圆管内充分发展区的不可压缩、常物性流体的层流,具有以下特征:

1) 径向速度分量 v 及轴向速度分量的梯度 $(\partial u/\partial x = 0)$ 处处为零。
2) 圆管横截面上的速度分布为抛物线形,可表达为

$$\frac{u(r)}{u_m} = 2\left(1 - \frac{r^2}{r_0^2}\right) \tag{6-13}$$

式中,r 为径向坐标;r_0 为管内半径;u_m 为截面平均流速,将它乘以流体密度 ρ 和圆管横截面积 A_c 就可得到通过圆管的质量流率。因此

$$\dot{m} = \rho u_m A_c \tag{6-14}$$

对于圆管内的不可压缩流动,可得

$$u_m = \frac{2}{r_0^2} \int_0^{r_0} r u(r, x) \, dr \quad (6\text{-}15)$$

3）沿流动方向的阻力系数 f 和压力梯度 dp/dx 均为常数，可用下面的表达式计算，即

$$f = \frac{64}{Re} \quad (6\text{-}16)$$

$$\Delta p = f \frac{l}{d} \frac{\rho u_m^2}{2} \quad (6\text{-}17)$$

式中，l 为管长；d 为管内径。

3. 管内流动热入口段与热充分发展段

如果管内流体和管壁之间有温差，流体进入管内后就会发生对流传热，开始形成热边界层，并沿流动方向逐渐加厚，流体的温度沿 x 和 r 方向不断变化。当热边界层的边缘在圆管的中心线汇合之后，虽然流体的温度仍然沿 x 方向不断发生变化，但量纲一的温度 $\frac{t_w - t}{t_w - t_f}$ 不再随 x 而变，只是 r 的函数，从这时起称管内的对流传热进入了热充分发展段，此前称为热入口段，如图 6-2 所示。

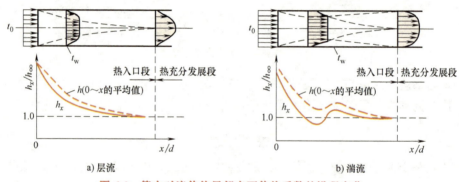

a) 层流　　　　　　　　　　　b) 湍流

图 6-2　管内对流传热局部表面传热系数的沿程变化

层流的热入口段长度的计算式为

$$\left(\frac{x}{d}\right)_t \approx 0.05 RePr \quad (6\text{-}18)$$

比较式（6-12）与式（6-18）可以看出，当 $Pr>1$ 时，流动边界层的发展比热边界层快，即流动入口段长度比热入口段小；当 $Pr<1$ 时，热边界层的发展比流动边界层快，即热入口段长度比流动入口段小。

对于湍流，热边界层的状态几乎与普朗特数无关，作为初步近似，可以认为 $x/d>60$ 时已达到热充分发展状态。

当管内的对流传热进入热充分发展阶段之后，有

$$\frac{\partial}{\partial x}\left(\frac{t_w - t}{t_w - t_f}\right) = 0 \quad (6\text{-}19)$$

式中，t_w、t_f 分别为管壁温度与流体截面平均温度，因此在壁面处，有

$$\frac{\partial}{\partial r}\left(\frac{t_w-t}{t_w-t_f}\right)_{r=r_0} = \frac{-\left(\frac{\partial t}{\partial r}\right)_{r=r_0}}{t_w-t_f} = \text{const} \quad (\text{不随 } x \text{ 而变}) \tag{a}$$

根据傅里叶定律表达式与牛顿冷却公式,有

$$q = -\lambda\left(\frac{\partial t}{\partial r}\right)_{r=r_0} = h_x(t_w-t_f)$$

$$\frac{-\left(\frac{\partial t}{\partial r}\right)_{r=r_0}}{t_w-t_f} = \frac{h_x}{\lambda}$$

将上式代入式(a),可得

$$\frac{\partial}{\partial r}\left(\frac{t_w-t}{t_w-t_f}\right)_{r=r_0} = \frac{h_x}{\lambda} = \text{const} \quad (\text{不随 } x \text{ 而变}) \tag{b}$$

对于常物性流体,λ = 常数,由上式可得

$$h_x = h_\infty = \text{const} \tag{6-20}$$

式(6-20)表明,常物性流体管内对流传热进入热充分发展阶段后,表面传热系数沿流动方向保持不变。这一结论对于管内层流和湍流、等壁温边界条件和常热流边界条件都适用。

进口处边界层很薄,局部表面传热系数 h_x 很大,对流传热较强。随着边界层的加厚,h_x 将沿 x 方向逐渐减小,对流传热逐渐减弱,直到进入热充分发展段后保持不变,如图6-2所示。

因此,在计算管内对流传热时要考虑入口段的影响,尤其是短管的对流传热。考虑入口段的影响时,通常在特征数关联式的右端乘以一个修正系数 c_x。对于工业上常见管子的管内湍流传热,c_x 的计算式为

$$c_x = 1 + \left(\frac{d}{x}\right)^{0.7} \tag{6-21}$$

4. 管内流体平均温度

管内截面上流体的平均温度或全管长流体的平均温度是管内传热计算或实验研究中为确定流体物性及传热温差的重要数据。在用实验方法或数值模拟确定了同一截面上的速度及温度分布后,可以利用式(6-22)得到该截面上流体的平均温度,即

$$t_f = \frac{\int_{A_c} c_p \rho u t \, dA}{\int_{A_c} c_p \rho u \, dA} \tag{6-22}$$

采用实验方法测定时,可让测量点的流体先经过一混合室充分混合,这样才能保证测出的温度为该截面的平均温度。

5. 对流传热过程中管壁及管内流体温度的变化

当运用牛顿冷却公式

$$q = h(t_w - t_f) = h\Delta t \tag{6-23}$$

计算管内强制对流传热时,除了需要确定平均表面传热系数 h 外,还必须知道管壁与流体之

间的平均温差 Δt。一般情况下，管壁温度（等壁温边界条件除外）和流体温度都沿管轴向发生变化，其变化规律与边界条件有关。

对于常热流边界条件下常物性流体在等截面直管内的强制对流传热，流体的截面平均温度 t_f 和管壁温度 t_w 沿流动方向 x 的变化如图 6-3 所示。由图可以看出，流体截面平均温度 t_f 沿流动方向 x 线性变化，因此整个流体的平均温度为管子进、出口流体截面平均温度的算术平均值，即

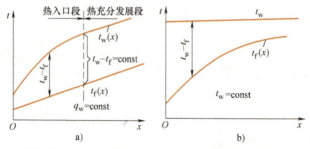

图 6-3　均匀热流与均匀壁温下流体平均温度与壁面温度的沿程变化

$$t_f = \frac{1}{2}(t_f' + t_f'')$$

在常热流（$q_w = \text{const}$）边界条件下，当管内对流传热进入热充分发展段以后，因为 h_x 沿流向保持不变，所以由牛顿冷却公式 $q_x = h_x \Delta t_x$ 可知，温差 Δt_x 也沿流向不变，这说明壁面温度变化曲线 $t_w(x)$ 和流体截面平均温度变化曲线 $t_f(x)$ 是两条平行直线，如图 6-3a 所示。在管子进口处（$x=0$），由于边界层最薄，局部表面传热系数 h_x 最大，因此温差 Δt_x 最小，随着 h_x 沿 x 方向逐渐减小，Δt_x 逐渐增大，直到进入热充分发展段后保持不变。如果管子较长，入口段的影响可以忽略，则可取充分发展段的温差（即管子出口处的温差）作为整个管子的平均温差，即

$$\Delta t = \Delta t'' = t_w'' - t_f''$$

如果管子较短，入口段的影响不能忽略，则可近似地取管子进口温差 $\Delta t'$ 和出口温差 $\Delta t''$ 的算术平均值，即

$$\Delta t = \frac{1}{2}(\Delta t' + \Delta t'') \tag{6-24}$$

对于等壁温边界，分析结果表明，温差 Δt_x 沿 x 方向按指数函数规律变化，因为 t_w 为常数，所以流体截面平均温度 t_f 也按同样的指数函数规律变化，如图 6-3b 所示。整个管子的平均温差可按对数平均温差计算，即

$$\Delta t = \frac{\Delta t' - \Delta t''}{\ln \dfrac{\Delta t'}{\Delta t''}} \tag{6-25}$$

如果进口温差与出口温差相差不大，$0.5 < \Delta t'/\Delta t'' < 2$ 时，可近似地取管子进口温差与出口温差的算术平均值，即按式（6-24）计算，计算结果与对数平均温差的偏差小于 4%。

在等壁温的边界条件下，流体的平均温度计算式为

$$t_f = t_w \pm \Delta t \tag{6-26}$$

加号用于 $t_w < t_f$，减号用于 $t_w > t_f$。

6.2.2 管内强制对流传热特征数关联式

1. 层流传热

对于常物性流体在光滑管道内充分发展的层流传热，已做了大量的理论分析工作。表 6-1 中给出了一些具有不同横截面形状的管道的分析结果。

表 6-1 截面形状不同的管道内充分发展层流传热的努塞尔数 Nu 与阻力系数 f

截面形状	$Nu = \dfrac{h d_e}{\lambda}$		$f\,Re$ $\left(Re = \dfrac{u_m d_e}{\nu}\right)$
	常热流边界	等壁温边界	
圆形	4.36	3.66	64
等边三角形	3.11	2.47	53
正方形	3.61	2.98	57
正六边形	4.00	3.34	60
长方形（长 a、宽 b）			
$a/b = 2$	4.12	3.39	62
$a/b = 3$	4.79	3.96	69
$a/b = 4$	5.33	4.44	73
$a/b = 8$	6.49	5.60	82
$a/b = \infty$	8.24	7.54	96

由表 6-1 中数值可以看出，常物性流体管内充分发展的层流传热具有以下特点：

1）对于表中所列的等截面直通道的情形，层流充分发展时的 Nu 数与 Re 数无关，这与湍流时有很大不同。

2）对于同一截面形状的管道，常热流边界条件下的 Nu 总是高于等壁温边界条件下的 Nu，可见层流情况下热边界条件的影响不能忽略。

对于非圆形截面管道，计算 Nu、Re 之类的参数时，应采用当量直径 d_e 作为特征长度，计算式为

$$d_e = \frac{4 A_c}{P} \tag{6-27}$$

式中，A_c 为管道流通截面面积；P 为润湿周长，即管道壁与流体接触面的长度。

在等壁温情况下，凯斯（Kays）提出了平均努塞尔数 Nu_f 的计算式：

$$Nu_f = 3.66 + \frac{0.0668 (d/l) Re_f Pr_f}{1 + 0.04 [(d/l) Re_f Pr_f]^{2/3}} \tag{6-28}$$

式（6-28）适用于热入口长度问题或 $Pr_f \geq 5$ 的混合入口长度问题，可应用于速度分布已充分发展的所有情形。混合入口长度问题对应于温度和速度分布同时发展的情况。

对于混合入口长度，希德（Sieder）和泰特（Tate）提出了适用于中等大小普朗特数的平均努塞尔数 Nu_f 的计算式：

$$Nu_f = 1.86 \left(\frac{Re_f Pr_f}{l/d}\right)^{1/3} \left(\frac{\eta_f}{\eta_w}\right)^{0.14} \tag{6-29}$$

式（6-29）的适用条件为 $0.6 \leqslant Pr \leqslant 5$、$0.0044 \leqslant \dfrac{\eta_f}{\eta_w} \leqslant 9.75$，但前提条件是 $Nu_f \geqslant 3.66$。如果 Nu_f 低于该值，采用 $Nu_f = 3.66$ 是合理的，因为此时大部分管子均处于充分发展状态。

2. 湍流传热

（1）迪图斯-贝尔特公式　对于管内湍流强制对流传热，普遍应用的实验关联式是迪图斯（Dittus）和贝尔特（Boelter）于1930年提出的公式：

$$Nu_f = 0.023 Re_f^{0.8} Pr_f^n \tag{6-30}$$

其中，当 $t_w > t_f$ 时，$n = 0.4$；当 $t_w < t_f$ 时，$n = 0.3$。实验验证范围：

$$0.7 \leqslant Pr_f \leqslant 160,\ Re_f \geqslant 10^4,\ l/d \geqslant 60$$

式（6-30）适用于流体温度与管壁温度之间具有小到中等温差的情况。一般来说，

对于气体　　　　　　　　　　$\Delta t = t_w - t_f < 50℃$

对于水　　　　　　　　　　　$\Delta t < 20℃$

对于油　　　　　　　　　　　$\Delta t < 10℃$

定性温度为流体平均温度 t_f，即管道进、出口两个截面平均温度的算术平均值，其中所有的物性参数都要以 t_f 取值。对于物性变化较大的流动，还需要进一步考虑物性的影响，此时应对式（6-30）进行修正。

几乎流体的所有物性参数都是温度的函数。当流体在管内强制对流传热时，流体温度场的不均匀会引起物性场的不均匀，从而对管内对流传热产生影响。与流体的其他物性相比，黏度随温度的变化最大。黏度场的不均匀直接影响流体的速度分布，因此对对流传热的影响最为显著。前面已提到，对于流体在管内充分发展的等温层流流动，速度分布为抛物线，如图6-4中的曲线1所示。由于气体的黏度随温度的升高而加大，液体的黏度随温度的升高而减小，因此当气体被加热或者液体被冷却时，越靠近壁面，黏度越大，越不容易流动，在质量流量不变的情况下，与等温流动相比，靠近壁面处的流速会降低，管中心处的流速会升高，速度分布如图6-4中曲线2所示。当气体被冷却或者液体被加热时，情况正好与此相反，速度分布曲线如图6-4中曲线3所示。

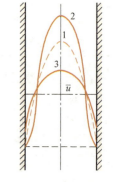

图6-4　管内速度分布随传热情况的畸变
1—等温流动
2—液体冷却或气体加热
3—液体加热或气体冷却

为了考虑流体温度与管壁温度之间温差较大时引起的物性场不均匀的影响，通常的做法是在特征数关联式的右端乘以一个修正系数 c_t，对于气体和液体采用不同的修正方法，对关联式（6-30）有：

对于气体，$t_w > t_f$ 时　　　　　$c_t = \left(\dfrac{T_f}{T_w}\right)^{0.5}$　　　　　（6-31a）

$t_w < t_f$ 时　　　　　$c_t = 1$　　　　　（6-31b）

对于液体，$t_w > t_f$ 时　　　　　$c_t = \left(\dfrac{\eta_f}{\eta_w}\right)^{0.11}$　　　　　（6-32a）

$t_w < t_f$ 时　　　　　$c_t = \left(\dfrac{\eta_f}{\eta_w}\right)^{0.25}$　　　　　（6-32b）

式中，T 为热力学温度（K）；η 为动力黏度（Pa·s）；下标 f、w 分别表示以流体平均温度及壁面温度计算流体的动力黏度。

（2）格尼林斯基公式　格尼林斯基（Gnielinski）于 1976 年提出了适用于包括过渡区在内的很大雷诺数范围的计算公式：

$$Nu_f = \frac{(f/8)(Re_f - 1000)Pr}{1 + 12.7(f/8)^{1/2}(Pr^{2/3} - 1)}\left[1 + \left(\frac{d}{l}\right)^{2/3}\right]c_t \tag{6-33a}$$

对于气体
$$c_t = \left(\frac{T_f}{T_w}\right)^{0.45}, \quad 0.5 \leqslant \frac{T_f}{T_w} \leqslant 1.5 \tag{6-33b}$$

对于液体
$$c_t = \left(\frac{Pr_f}{Pr_w}\right)^{0.11}, \quad 0.05 \leqslant \frac{Pr_f}{Pr_w} \leqslant 20 \tag{6-33c}$$

式中，l 为管长；f 为管内湍流流动的达尔西（Darcy）阻力系数，按弗罗年柯（Filonenko）公式计算：

$$f = (1.82\ln Re_f - 1.64)^{-2}$$

式（6-33a）的实验验证范围为：$0.5 \leqslant Pr_f \leqslant 2000$，$2300 \leqslant Re_f \leqslant 5 \times 10^6$。

应该指出，格尼林斯基公式是迄今为止计算准确度最高的一个关联式。在该式所依据的 800 多个实验数据中，90% 的数据与关联式的偏差在 ±20% 以内，大部分在 ±10% 以内。同时，在应用迪图斯-贝尔特公式时关于温差以及长径比的限制，在格尼林斯基公式中已经做了考虑。当需要较高的计算准确度时推荐使用这个公式。

在应用以上两个关联式时，还要注意以下两点：

1）它们只适用于普通光滑管道内的对流传热。对于粗糙管，例如工业上常用的铸造管以及为了强化传热有意加工的粗糙内表面管（如内螺纹管等），在高雷诺数（湍流）情况下，其对流传热要比一般的光滑管道强，上述公式不再适用，作为初步的计算可以采用格尼林斯基公式，其中阻力系数 f 的数值可根据管道内表面的粗糙情况查阅有关工程手册或流体力学文献获得。

2）这两个关联式都只适用于平直的管道。对于弯管或螺旋管，由于管道弯曲改变了流体的流动方向，离心力的作用使流体内产生如图 6-5 所示的二次环流，结果增加了扰动，使对流传热得到强化。弯管的曲率半径越小，二次环流的影响越大。考虑管道弯曲的影响时，通常在直管内强制对流湍流传热特征数关联式的右端乘以一个修正系数 c_r。c_r 的计算公式推荐如下：

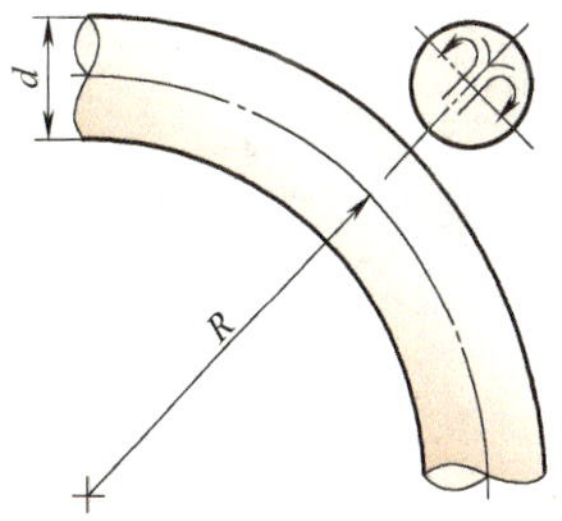

图 6-5　管道弯曲影响示意图

对于气体
$$c_r = 1 + 1.77\frac{d}{R} \tag{6-34}$$

对于液体
$$c_r = 1 + 10.3\left(\frac{d}{R}\right)^3 \tag{6-35}$$

对于管内层流传热，管道弯曲影响较小，可以忽略。

最后，应注意上面介绍的两个实验关联式不适用于液态金属（$3 \times 10^{-3} \leqslant Pr \leqslant 5 \times 10^{-2}$）。

对于具有等表面热流密度的光滑圆管内充分发展的湍流，斯库平斯基（Skupinski）等人推荐使用如下形式的关系式：

$$Nu_f = 4.82 + 0.0185 Pe_f^{0.827} \tag{6-36}$$

实验验证范围为：$3.6 \times 10^3 \leq Re_f \leq 9.05 \times 10^5$，$10^2 \leq Pe_f \leq 10^4$。

类似地，对于等表面温度的情况，西巴恩（Seban）和希玛扎基（Shimazaki）建议，对 $Pe_f \geq 100$ 的情况采用以下关系式：

$$Nu_f = 5.0 + 0.025 Pe_f^{0.8} \tag{6-37}$$

6.2.3 计算举例

例 6-2 苯在内径为 2.54mm 的管内流动，其速度分布已完全发展，要使其平均温度从 15.56℃ 升高到 37.78℃，管道的长度应为多少？已知管壁温度恒定，为 65.56℃。苯的平均流速为 0.488m/s。

解 苯的平均温度为

$$\bar{t} = \frac{t_1 + t_2}{2} = \frac{15.56 + 37.78}{2} ℃ = 26.67 ℃$$

时，流体的物性为

$$\rho = 874.7 \text{kg/m}^3, \quad \lambda = 0.159 \text{W/(m·K)}, \quad c_p = 1.757 \text{kJ/(kg·K)}$$

$$\eta_f = 5.8945 \times 10^{-4} \text{kg/(m·s)}, \quad Pr = 6.5$$

雷诺数为

$$Re_f = \frac{u d \rho}{\eta_f} = \frac{0.488 \times 2.54 \times 10^{-3} \times 874.7}{5.8945 \times 10^{-4}} = 1839$$

因此，流动为层流。

平均努塞尔数由式（6-28）给出，令 $Nu_f = \bar{h} d / \lambda$，有

$$\frac{\bar{h} \times (2.54 \times 10^{-3})}{0.159} = 3.66 + \frac{0.0668 \times [(2.54 \times 10^{-3}/l) \times 1839 \times 6.5]}{1 + 0.04 \times [(2.54 \times 10^{-3}/l) \times 1839 \times 6.5]^{2/3}}$$

这是一个关于 $\bar{h}$ 和 l 的方程，化简后可得

$$\bar{h} = 228.75 + \frac{126.75/l}{1 + 0.04 \times (30.36/l)^{2/3}} \tag{a}$$

该方程包含两个量，因此还需要一个方程。对流体进行能量平衡分析可得

$$q = \dot{m} c_p \Delta t = \bar{h} \pi d l (t_w - \bar{t})$$

$$\bar{h} = \frac{\rho u (\pi d^2 / 4) c_p \Delta t}{\pi d l (t_w - \bar{t})} = \frac{\rho u d c_p \Delta t}{4 l (t_w - \bar{t})}$$

则

$$= \frac{874.7 \times 0.488 \times 2.54 \times 10^{-3} \times 1757 \times 22.22}{4 l \times (65.56 - 26.67)} \text{W/(m·K)} \tag{b}$$

$$= \frac{272.10}{l} \text{W/(m·K)}$$

由式（a）和式（b）可得

$$\frac{272.10}{l} = 228.75 + \frac{126.75/l}{1+0.04\times(30.36/l)^{2/3}}$$

利用试凑法容易求得 $l = 0.808\text{m}$。

在本题中,黏性变化的影响是很有意义的。对应表面温度 $t_w = 65.56℃$,动力黏度 $\eta_w = 3.87\times 10^{-4}\text{kg/(m·s)}$,因此有

$$\left(\frac{\eta_f}{\eta_w}\right)^{0.14} = \left(\frac{5.8945\times 10^{-4}}{3.87\times 10^{-4}}\right)^{0.14} = 1.061$$

把式(6-28)右边第二项乘以这个因子,并与能量平衡方程联立求解,所得结果为 $l = 0.783\text{m}$,比忽略黏性修正所得的结果少 3.09%。

值得指出的是,若令 $\overline{h}d/\lambda = 3.66$ 或 $\overline{h} = 228.860$,与能量平衡方程(b)联立求解可得 $l = 1.189\text{m}$。必须指出,这个结果忽略了轴向热传导、浮力作用及黏度变化的影响。

因此,最好的结果是 $l = 0.783\text{m}$。

例 6-3 平均温度为 30℃ 的液态饱和氨流入一个内径为 20mm 的圆管,平均流速为 0.03m/s,管长为 1.5m,管的内表面处于恒定温度 40℃。流动是从加热的管道入口处开始的,没有上游发展段。试确定:

1) 流动入口段及热入口段长度。
2) 在整个管长 1.5m 上的平均表面传热系数。

解 已知液态饱和氨的平均温度为 30℃,从附录可查得:
$\lambda = 0.4583\text{W/(m·K)}$, $c_p = 4.843\text{kJ/(kg·K)}$, $\rho = 595.4\text{kg/m}^3$, $\nu = 0.349\times 10^{-6}\text{m}^2/\text{s}$, $\rho_w = 579.5\text{kg/m}^3$, $\nu_w = 0.1988\times 10^{-6}\text{m}^2/\text{s}$, $Pr = 1.348$。

除了 ρ_w 和 ν_w 是对应壁面温度的值外,其他参数均用流体平均温度得到。

雷诺数为

$$Re_f = \frac{ud}{\nu} = \frac{0.03\times 0.02}{0.2143\times 10^{-6}} = 2799.8$$

显然流动是层流。

由式(6-12)和式(6-18),流动入口段及热入口段长度分别为

$$x = 0.05Re_f, \quad d = 0.05\times 2799.8\times 0.02\text{m} = 2.80\text{m}$$

$$x_t = 0.05Re_f dPr = 2.80\times 1.348\text{m} = 3.77\text{m}$$

其中热入口段的长度方程是基于(速度)完全发展的流动的,所以在这个问题中,速度与温度分布都是正在发展的。可利用式(6-29)确定 $\overline{h}$。

$$Nu_f = 1.86\times \left(\frac{2799.8\times 1.348}{1.5\text{m}/0.02\text{m}}\right)^{1/3}\left(\frac{595.4\times 0.2143\times 10^{-6}}{579.5\times 0.1988\times 10^{-6}}\right)^{0.14} = 6.97$$

$$\overline{h} = \frac{\lambda Nu_f}{d} = \frac{0.4583\times 6.97}{0.02}\text{W/(m}^2\text{·K)} = 159.62\text{W/(m}^2\text{·K)}$$

注意:可以看出,黏性比值对结果的影响不大,这是由于液氨的黏度随温度变化不大。

例 6-4 水流过长 $l=5\text{m}$、壁温均匀的直管时，从 $t'_f=25.3℃$ 被加热到 $t''_f=34.6℃$，管子的内径 $d=20\text{mm}$，水在管内的流速为 2m/s，求表面传热系数。

分析 本题先采用式（6-30）计算。为此先假定：①$l/d\geqslant 60$；②传热处于小温差的范围。待计算得出表面传热系数以后再推算平均壁温，并且校核假定条件是否成立。如果不成立，则在第一次计算得到的初步结果的基础上再行计算。

解 水的平均温度为

$$t_f=\frac{t'_f+t''_f}{2}=\frac{25.3+34.6}{2}℃=30℃$$

以此为定性温度，从附录 H 查得

$$\lambda_f=0.618\text{W/(m·K)},\ \nu_f=0.805\times10^{-6}\text{m}^2/\text{s},\ Pr_f=5.42$$

雷诺数为

$$Re_f=\frac{ud}{\nu_f}=\frac{2\times0.02}{0.805\times10^{-6}}=4.97\times10^4>10^4$$

因此，流动处于旺盛湍流区。

利用式（6-30）求 $\overline{h}$：

$$Nu_f=0.023Re_f^{0.8}Pr_f^{0.4}=0.023\times(4.97\times10^4)^{0.8}\times5.42^{0.4}=258.5$$

$$\overline{h}=\frac{\lambda_f}{d}Nu_f=\frac{0.618}{0.02}\times258.5\text{W/(m}^2\cdot\text{K)}=7988\text{W/(m}^2\cdot\text{K)}$$

被加热水每秒钟内的吸热量[从附录 H 中查得 30℃时水的 $c_p=4.174\text{kJ/(kg·K)}$，$\rho=995.7\text{kg/m}^3$]为

$$\Phi=\rho u\frac{\pi d^2}{4}c_p(t''_f-t'_f)$$

$$=995.7\times2\times\frac{3.14\times(0.02)^2}{4}\times4174\times(34.6-25.3)\text{W}$$

$$=2.43\times10^4\text{W}$$

先用下式计算壁温：

$$t_w=t_f+\frac{\Phi}{\overline{h}A}$$

$$=\left(30+\frac{2.43\times10^4}{7988\times0.02\times3.14\times5}\right)℃=39.7℃$$

温差 $t_w-t_f=9.7℃$，远小于 20℃，在式（6-30）的适用范围内，故所求的 $\overline{h}$ 即为本题答案。

讨论

1）再按格尼林斯基公式计算，并近似地取 $t_w=40℃$。由附录查得

$$Pr_w=4.31,\ \eta_w=653.3\times10^{-6}\text{kg/(m·s)},\ \eta_f=801.5\times10^{-6}\text{kg/(m·s)}$$

于是有

$$f = (1.82 \times \lg 49700 - 1.64)^{-2} = 0.02096$$

$$Nu_f = \frac{0.02096/8 \times (4.97 \times 10^4 - 1000) \times 5.42}{1 + 12.7 \times \sqrt{0.02096/8} \times (5.42^{2/3} - 1)} \times \left[1 + \left(\frac{0.02}{5}\right)^{2/3}\right] \times \left(\frac{5.42}{4.31}\right)^{0.11} = 308.4$$

由此可见，按两个关联式计算同一问题的结果相差 16%。如果采用其他管内湍流的实验关联式，差别可能会更大。

2）本题计算 t_w 时采用了算术平均温差的方法。实际上，如本节前面所述，对均匀壁温的情形，对于整个传热面应用牛顿冷却公式时应该采用对数平均温差，整理实验数据时一般也是按对数平均温差决定 Δt_m 的。利用式（6-25）计算 t_w，有

$$\Delta t_m = \frac{t''_f - t'_f}{\ln \dfrac{t_w - t'_f}{t_w - t''_f}} = \frac{\Phi}{h_m A}$$

代入数据得

$$\frac{34.6 - 25.3}{\ln \dfrac{t_w - 25.3}{t_w - 34.6}} = \frac{2.43 \times 10^4}{7988 \times 0.02 \times 314 \times 5}$$

由此得 $t_w = 40$℃。这一修正的计算结果并不影响本题的计算有效性。

6.3 外部强制对流传热的计算

在外部流动传热中，流动边界层与热边界层能自由发展，不受邻近表面的限制。因而在外部流动传热中存在着一个边界层外的区域，那里无论是速度梯度还是温度梯度都可以忽略。本节根据壁面几何形状的不同，分别介绍工程上常见的流体外掠平板、横掠单管与管束的对流传热实验关联式。

6.3.1 外掠平板

1. 层流传热

如果来流是速度均匀分布的层流，平行流过平板，则在距平板前沿的一段距离之内（$Re_x \leq 5 \times 10^5$）形成层流边界层。对于流体外掠平板的层流传热，理论分析已经做得相当充分，所得结论和实验结果非常吻合。6.1 节已经给出了相应的理论解表达式（6-6）、式（6-9）~式（6-11），也就是实验关联式，在这里进一步将这些公式归纳如下：

对于 $Pr \geq 0.6$ 的流体沿等壁温平板的层流传热：
距离平板前沿 x 处的局部努塞尔数为

$$Nu_x = 0.332 Re_x^{1/2} Pr^{1/3} \tag{6-38}$$

平均努塞尔数为

$$Nu = 0.664Re^{1/2}Pr^{1/3} \tag{6-39}$$

对于 $Pr \geqslant 0.6$ 的流体沿常热流平板的层流传热：

距离平板前沿 x 处的局部努塞尔数为

$$Nu_x = 0.453Re_x^{1/2}Pr^{1/3} \tag{6-40}$$

平均努塞尔数为

$$Nu = 0.680Re^{1/2}Pr^{1/3} \tag{6-41}$$

对于普朗特数小的液态金属，尽管液态金属有腐蚀性且易于发生化学反应，但其独有的性质（低的熔点和蒸气压，以及高的比热容和热导率）使它们在需要高传热速率的应用中成为具有吸引力的冷却剂。由于其热边界层的发展速度比速度边界层快得多（$\delta_t \gg \delta$），假定整个热边界层中具有均匀的速度是合理的。基于这种假定求得的热边界层方程的解为

$$Nu_x = 0.565Pe_x^{1/2} \quad (Pr \leqslant 0.05, Pe_x \geqslant 100) \tag{6-42}$$

丘吉尔（Churchill）和欧之（Ozoe）推荐了一个适用于所有普朗特数的单一关系式。对于等壁温平板上的层流传热，局部努塞尔数的计算式为

$$Nu_x = \frac{0.3387Re_x^{1/2}Pr^{1/3}}{[1+(0.0468/Pr)^{2/3}]^{1/4}} \quad (Pe_x \geqslant 100) \tag{6-43}$$

2. 湍流传热

对于等壁温平板上的湍流传热，湍流边界层内的局部努塞尔数的计算关联式为

$$Nu_x = 0.0296Re_x^{4/5}Pr^{1/3} \quad (0.6 \leqslant Pr \leqslant 60) \tag{6-44}$$

对于常热流平板上的湍流传热，湍流边界层内的局部努塞尔数的计算关联式为

$$Nu_x = 0.0308Re_x^{4/5}Pr^{1/3} \quad (0.6 \leqslant Pr \leqslant 60) \tag{6-45}$$

工程上，流体纵掠平壁时的湍流边界层往往发生在平壁后部，前部仍为层流边界层，常称为复合（或混合）边界层，如图6-6所示。此时，整个平板的平均表面传热系数可按层流段（$0 \leqslant x \leqslant x_c$）和湍流段（$x_c < x \leqslant l$）分别积分平均，即

$$h = \frac{1}{l}\left(\int_0^{x_c} h_{L,x}\mathrm{d}x + \int_{x_c}^l h_{t,x}\mathrm{d}x\right) \tag{6-46}$$

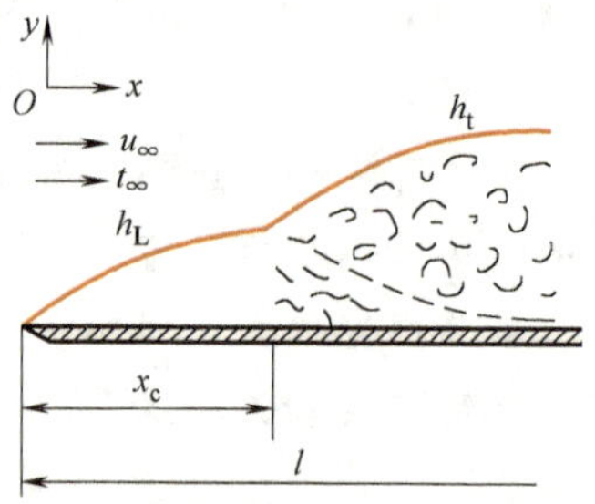

式中，$h_{L,x}$ 为层流边界层局部对流传热系数 [W/(m²·K)]；$h_{t,x}$ 为湍流边界层局部对流传热系数 [W/(m²·K)]。

图6-6 平板表面的对流传热系数

由式（6-46）可得

$$Nu = (0.037Re^{4/5} - A)Pr^{1/3} \tag{6-47}$$

式（6-47）的适用范围为：$0.6 \leqslant Pr \leqslant 60$，$Re_{x_c} \leqslant Re_l \leqslant 10^8$。常数 A 由临界雷诺数 Re_{x_c} 的值确定，即

$$A = 0.037Re_{x_c}^{4/5} - 0.664Re_{x_c}^{1/2} \tag{6-48}$$

对于完全的湍流边界层（$Re_{x_c} = 0$），$A = 0$。利用细金属丝或其他形式的湍流触发器在前沿处触发边界层可以实现这种情况。对于过渡雷诺数 $Re_{x_c} = 5 \times 10^5$ 的情况，$A = 871$。

上述关联式中物性参数的定性温度为边界层的算术平均温度 $t_m = \frac{1}{2}(t_w + t_\infty)$。

6.3.2 横掠单管

横掠单管是指流体沿着垂直于管子轴线的方向流过管子表面。流体绕流圆柱外表面和绕流平板的最大区别在于，边界层流体压力沿流动方向发生变化，从而导致流体横掠单管的特殊边界层流动现象——边界层分离。

1. 流动与传热的特点

如图 6-7 所示，当流体流过圆柱体时，沿流动方向可得

$$\frac{dp}{dx} = -\rho u_\infty \frac{du_\infty}{dx} \neq 0$$

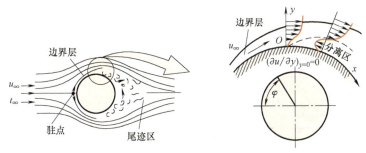

图 6-7 流体横掠单管时的流动状态示意图

流体在圆柱体的前缘被滞止，在该点速度为零而压力最大，称为驻点。边界层从前驻点开始形成，在来流方向的前半周，是压力减小的加速流动，称为顺压力梯度流动。即

$$\frac{du_\infty}{dx} > 0, \quad \frac{dp}{dx} < 0$$

而在后半周，是压力增加的减速流动，称为逆压力梯度流动。即

$$\frac{du_\infty}{dx} < 0, \quad \frac{dp}{dx} > 0$$

此时，在边界层内流体依靠自身的动量克服压力增加而向前流动，由于近壁的流体层动量不大，在克服上升的压力时显得越来越困难，最终会在某一个位置上出现壁面速度梯度 $(\partial u/\partial y)_{y=0} = 0$ 的现象，这一转折点称为绕流脱体的起点（或称分离点），如图 6-7 中的 O 点。从此点起边界层内缘脱离壁面，流体产生漩涡，随后产生与流动方向相反的回流。

分离点的位置取决于 Re 数：当 $Re < 10$ 时，不出现脱体；当 $10 < Re \leq 1.5 \times 10^5$ 时，边界层为层流，脱体发生在 $\varphi \approx 80° \sim 85°$ 处；当 $Re > 1.5 \times 10^5$ 时，边界层在脱体前已转变为湍流，脱体的发生推后到 $\varphi \approx 140°$ 处。

流体沿圆柱体表面流动状态的变化规律决定了流体外掠圆柱体时对流传热的特点。图 6-8 所示为常热流条件下流体外掠圆柱体表面时，在 $70800 \leq Re \leq 219000$ 范围内，

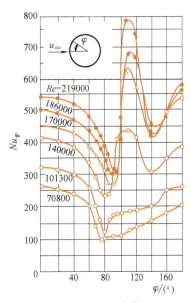

图 6-8 常热流条件下局部 Nu_φ 的变化

局部努塞尔数 Nu_φ 随角度 φ 变化的一组曲线簇。从图中可以看出，在 0°~80° 的范围内，局部努塞尔数逐渐减小，φ 在 80°~100° 的范围内，局部努塞尔数出现极小值，这是由于层流边界层逐渐加厚的缘故。下面两条曲线在 $\varphi \approx 80°$ 开始回升，是由于雷诺数较低时，层流边界层在 $\varphi \approx 80°$ 左右脱体，扰动使对流传热增强。上面三条曲线出现两次回升，是由于雷诺数较高时，边界层先由层流过渡到湍流，然后在 $\varphi \approx 140°$ 处脱体。

2. 实验关联式

在实际工程设计计算中，需要计算流体沿圆管周向的平均对流传热系数，对于空气，准则关联式为

$$Nu = C_1 Re^n \tag{6-49}$$

对于其他流体，准则关联式为

$$Nu = C_2 Re^n Pr^{1/3} \tag{6-50}$$

式中，C_1、C_2 和 n 的数值见表 6-2；定性温度为 $(t_w + t_\infty)/2$；定性尺寸为圆管外径；特征速度为来流速度。

式 (6-49) 和式 (6-50) 的适用范围为：$0.4 \leqslant Re \leqslant 4 \times 10^5$。

表 6-2 式 (6-49) 和式 (6-50) 中常数 C_1、C_2 和 n 的数值

Re	C_1	C_2	n
0.4~4	0.891	0.989	0.330
4~40	0.821	0.911	0.385
40~4000	0.615	0.683	0.466
4000~40000	0.174	0.193	0.618
40000~400000	0.0239	0.0266	0.805

丘吉尔和朋斯登（Bernstein）对流体横向外掠单管提出了在整个实验范围内都适用的准则式：

$$Nu = 0.3 + \frac{0.62 Re^{1/2} Pr^{1/3}}{[1 + (0.4/Pr)^{2/3}]^{1/4}} \left[1 + \left(\frac{Re}{282000} \right)^{5/8} \right]^{4/5} \tag{6-51}$$

式 (6-51) 的定性温度仍为 $(t_w + t_\infty)/2$，并适用于 $RePr > 0.2$ 的情形。

6.3.3 横掠管束

工业上许多传热设备都是由多根管子组成的管束构成的。典型的情况有两种：一种是流体在管内流过，另一种是温度不同的流体在管外横向掠过管束。

1. 管束的排列方式

管束的排列方式通常有两种：顺排与叉排，如图 6-9 所示。这种结构的特征尺度是管子直径 d、管子中心间的横向距离 s_1 和纵向距离 s_2。管束中的流动状态是由边界层分离现象以及尾迹间的相互作用控制的，而它又影响对流传热。叉排时，流体在管间交替

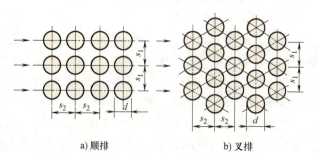

a) 顺排　　b) 叉排

图 6-9 管束的排列方式

收缩和扩张的弯曲通道中流动，而顺排时则流道相对比较平直，并且当流速低或管间距 s_2 较小时，易在管的尾部形成滞流区。因此，一般地说，叉排时流体扰动较好，只要管间距设计合理，传热可比顺排强。但顺排管束的流动阻力比叉排小，管外表面的污垢比较容易清洗。

2. 影响管束传热的因素

当流体外掠管束时，除 Re、Pr 之外，管束的排列方式、管间距以及管排数对流体和管外壁面之间的对流传热都会产生影响。例如对顺排管束，第一排之后顺排的管子处于上游管排的湍流尾迹中，对于适中的 s_2 值，因湍流的影响，下游管排的对流表面传热系数得到增强。典型的情况是，管排的对流表面传热系数随排数增加而提高，直到第五排左右，此后湍流度几乎不变，因而对流表面传热系数也基本稳定。

3. 实验关联式

茹卡乌斯卡斯（Zhukauskas）总结出了一组在很大的 Pr 数变化范围内计算管束平均表面传热系数的关联式。这些关联式列于表 6-3 及表 6-4 中，它们是用于计算沿流体流动方向排数大于或等于 16 的管束平均表面传热系数的关联式。式中定性温度为管束进、出口流体的平均温度，Pr_w 按管束的平均壁温确定，Re 数中的流速取管束中最小截面处的平均流速，特征长度为管子外径。这些关联式适用于 $Pr = 6 \sim 500$ 的范围。

表 6-3 流体横掠顺排管束时的平均对流表面传热系数关联式（≥16 排）

关 联 式	适 用 范 围	
$Nu_f = 0.9 Re_f^{0.4} Pr_f^{0.36} (Pr_f/Pr_w)^{0.25}$	$1 \leq Re \leq 10^2$	(6-52a)
$Nu_f = 0.52 Re_f^{0.5} Pr_f^{0.36} (Pr_f/Pr_w)^{0.25}$	$10^2 < Re \leq 10^3$	(6-52b)
$Nu_f = 0.27 Re_f^{0.63} Pr_f^{0.36} (Pr_f/Pr_w)^{0.25}$	$10^3 < Re \leq 2 \times 10^5$	(6-52c)
$Nu_f = 0.033 Re_f^{0.8} Pr_f^{0.36} (Pr_f/Pr_w)^{0.25}$	$2 \times 10^5 < Re \leq 2 \times 10^6$	(6-52d)

表 6-4 流体横掠叉排管束时的平均对流表面传热系数关联式（≥16 排）

关 联 式	适 用 范 围	
$Nu_f = 1.04 Re_f^{0.4} Pr_f^{0.36} (Pr_f/Pr_w)^{0.25}$	$1 \leq Re \leq 5 \times 10^2$	(6-53a)
$Nu_f = 0.71 Re_f^{0.5} Pr_f^{0.36} (Pr_f/Pr_w)^{0.25}$	$5 \times 10^2 < Re \leq 1 \times 10^3$	(6-53b)
$Nu_f = 0.35 (s_1/s_2)^{0.2} Re_f^{0.6} Pr_f^{0.36} (Pr_f/Pr_w)^{0.25}$	$1 \times 10^3 < Re \leq 2 \times 10^5$, $s_1/s_2 \leq 2$	(6-53c)
$Nu_f = 0.40 Re_f^{0.6} Pr_f^{0.36} (Pr_f/Pr_w)^{0.25}$	$1 \times 10^3 < Re \leq 2 \times 10^5$, $s_1/s_2 > 2$	(6-53d)
$Nu_f = 0.031 (s_1/s_2)^{0.2} Re_f^{0.8} Pr_f^{0.36} (Pr_f/Pr_w)^{0.25}$	$2 \times 10^5 < Re \leq 2 \times 10^6$	(6-53e)

对于管子排数小于 16 的管束，其平均表面传热系数应按表 6-3、表 6-4 计算所得之值再乘以一个修正系数 ε_n。修正系数 ε_n 列于表 6-5 中。

表 6-5 茹卡乌斯卡斯关联式中的管子排数修正系数 ε_n

排数	2	3	4	5	6	8	10	16	20
顺排	0.77	0.84	0.89	0.92	0.94	0.97	0.98	0.99	1.0
叉排	0.70	0.80	0.90	0.92	0.94	0.97	0.98	0.99	1.0

6.3.4 计算举例

例 6-5 温度为 50℃、压力为 1.01325×10^5 Pa 的空气,平行掠过一块表面温度为 100℃的平板上表面,平板下表面绝热。平板沿流动方向的长度为 0.2m,宽度为 0.1m。按平板长度计算的 Re 数为 4×10^4。试确定:

1) 平板表面与空气间的表面传热系数和传热量。

2) 如果空气流速增加一倍,压力增加到 10.1325×10^5 Pa,平板表面与空气间的表面传热系数和传热量。

解 本题为空气外掠平板强制对流传热问题。

1) 由于 $Re=4\times10^4<5\times10^5$,属于层流状态,因此

$$Nu=0.664Re^{1/2}Pr^{1/3}$$

空气定性温度为 $t_f=\dfrac{1}{2}(t_w+t_\infty)=\dfrac{1}{2}\times(50+100)℃=75℃$

由附录查得,空气的物性参数:$\lambda=0.03005\text{W}/(\text{m}\cdot\text{K})$,$Pr=0.693$。

因此

$$Nu=0.664\times(4\times10^4)^{1/2}\times0.693^{1/3}=117.5$$

$$h=Nu\frac{\lambda}{l}=117.5\times\frac{0.03005}{0.2}\text{W}/(\text{m}^2\cdot\text{K})=17.7\text{W}/(\text{m}^2\cdot\text{K})$$

传热量为 $\Phi=hA(t_w-t_\infty)=17.7\times0.2\times0.1\times(100-50)\text{W}=17.7\text{W}$

2) 若流速增加一倍,$u_2=2u_1$,压力 $p_2=10p_1$,则

$$\rho_2=10\rho_1,\quad \nu_2=\nu_1/10$$

而

$$Re=\frac{ul}{\nu}$$

故

$$\frac{Re_2}{Re_1}=\frac{u_2}{u_1}\frac{\nu_1}{\nu_2}=2\times10=20$$

所以 $Re_2=20\times4\times10^4=8\times10^5>5\times10^5$,属于湍流状态。

由式 (6-47),取 $A=871$,得

$$Nu=(0.037Re^{4/5}-871)Pr^{1/3}$$
$$=[0.037\times(8\times10^5)^{4/5}-871]\times0.7^{1/3}$$
$$=961$$

$$h=Nu\frac{\lambda}{l}=961\times\frac{0.03005}{0.2}\text{W}/(\text{m}^2\cdot\text{K})=144.4\text{W}/(\text{m}^2\cdot\text{K})$$

传热量为 $\Phi=hA(t_w-t_\infty)=144.4\times0.2\times0.1\times(100-50)\text{W}=144.4\text{W}$

例 6-6 空气横掠一光滑管束空气预热器。已知管束有 22 排,每排 24 根管;管子外径为 25mm,管长为 1.2m;管束叉排布置,管子间距 $s_1=50$mm,$s_2=38$mm;管壁温度为 100℃;空气最大流速 $u_{max}=6$m/s,平均温度为 30℃。试求表面传热系数以及热流量 Φ。

解 1) 求空气的物性值。以 30℃ 为定性温度,查附录得空气的物性参数为

$$\lambda_f = 0.0267 \text{W}/(\text{m} \cdot \text{K}), \quad \nu_f = 16.0 \times 10^{-6} \text{m}^2/\text{s}, \quad Pr_f = 0.701$$

2) 计算雷诺数

$$Re_{f,\max} = \frac{u_{\max} d}{\nu_f} = \frac{6 \times 0.025}{16.0 \times 10^{-6}} = 9375$$

3) 求表面传热系数。$s_1/s_2 = 50/38 = 1.32 < 2$,根据 Re_f、叉排以及 s_1/s_2 的值,查表 6-4 可知,应使用式(6-53c)进行计算;根据表 6-5,可取 $\varepsilon_n = 1.0$。对于空气,$(Pr_f/Pr_w)^{0.25} \approx 1.0$。于是

$$Nu_f = 0.35(s_1/s_2)^{0.2} Re_f^{0.6} Pr_f^{0.36} (Pr_f/Pr_w)^{0.25} \varepsilon_n$$
$$= 0.35 \times 1.32^{0.2} \times 9375^{0.6} \times 0.701^{0.36} \times 1.0 \times 1.0$$
$$= 78.67$$

$$h = \frac{\lambda_f}{d} Nu_f = \frac{0.0267}{0.025} \times 78.67 \text{W}/(\text{m}^2 \cdot \text{K})$$
$$= 84.02 \text{W}/(\text{m}^2 \cdot \text{K})$$

4) 求热流量。传热面积为

$$A = Nn\pi dl = 22 \times 24\pi \times 0.025 \times 1.2 \text{m}^2$$
$$= 49.76 \text{m}^2$$

热流量为

$$\Phi = hA(t_w - t_f) = 84.02 \times 49.76 \times (100 - 30) \text{W}$$
$$= 292.66 \text{kW}$$

6.4 自然对流传热

不依靠泵或风机等外力推动,由流体自身温度场的不均匀引起的流动称为自然对流或自由对流。不均匀温度场造成了不均匀密度场,由此产生的浮升力成为运动的动力。这种由自然对流造成的运动流体和表面间的热量传递称为自然对流传热。例如,暖气片的散热、不用风扇强制冷却的电器元件的散热等都是自然对流传热的应用实例。

6.4.1 自然对流传热的特点

由自然对流造成的流体流动也会在物体附近发展出边界层。在一般情况下,不均匀温度场主要发生在紧靠壁面的流体薄层内。以置于流体空间的温度均匀的热竖壁为例,其边界层及温度与速度分布如图 6-10 所示,在贴壁处,流体的温度等于壁面温度 t_w,在离开壁面的方向上温度逐渐变化,直至周围环境温度 t_∞。薄层内的速度分布沿离开壁面方向呈现中间大两头小的特点。

自然对流时也有层流和湍流,如图 6-11 所示。从图中可以看出,层流时局部表面传热系数逐渐减小,而旺盛湍流时的局部表面传热系数几乎是一个常量。层流时传热热阻主要取决于薄层的厚度。开始时,由于层流边界层不断增厚,对流传热热阻增加,表面传热系数

h_x 减小。此后，由层流边界层向湍流边界层过渡，边界层内流体的掺混作用使边界层热阻减小，h_x 增加。转变成湍流边界层后，h_x 基本上不再变化。

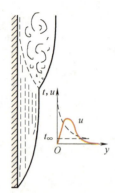

图 6-10　热竖壁边界层及温度与速度分布

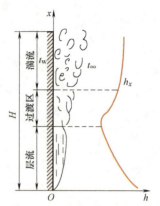

图 6-11　沿热竖壁自然对流局部表面传热系数

由于层流边界层和湍流边界层的 h_x 沿程变化规律不同，实验结果整理成的特征数关联式也不相同。一般可将它们分区整理，这样的特征数关联式形式较简单。不同形状的对流传热面，由于边界层的形成和发展不一样，其局部表面传热系数 h_x 的变化也不一样。因此，不同几何形状和位置的传热面的自然对流传热，也整理成不同的特征数实验关联式。

在自然对流中，由于速度边界层是由热边界层引起的，因此，速度边界层的厚度与热边界层的厚度总是相等的，与 Pr 数的大小无关。

按表面所处周围空间的特点，一般将自然对流传热分成两大类：大空间自然对流传热和有限空间自然对流传热。如果流体在表面所发展的自然对流边界层不受周围其他表面的影响，就称为大空间自然对流传热；反之则称为有限空间自然对流传热。

6.4.2　自然对流传热的准则关联式

根据对流传热问题的微分方程组［式（5-18）~式（5-20）］，可获得描述自然对流传热问题的微分方程组。在描述自然对流问题的动量守恒方程中需考虑浮升力的影响。参照图 6-11，自然对流传热问题的微分方程组为

$$\frac{\partial u}{\partial x}+\frac{\partial v}{\partial y}=0 \tag{6-54}$$

$$u\frac{\partial u}{\partial x}+v\frac{\partial u}{\partial y}=-g-\frac{1}{\rho}\frac{\mathrm{d}p}{\mathrm{d}x}+\nu\frac{\partial^2 u}{\partial y^2} \tag{6-55}$$

$$u\frac{\partial t}{\partial x}+v\frac{\partial t}{\partial y}=a\frac{\partial^2 t}{\partial y^2} \tag{6-56}$$

边界层内边界条件为

$$\left.\begin{array}{l} y=0,\quad u=0,\quad t=t_w \\ y=\delta,\quad u=0,\quad \dfrac{\partial u}{\partial y}=0,\quad t=t_\infty,\quad \dfrac{\partial t}{\partial y}=0 \end{array}\right\} \tag{6-57}$$

由此可以看出，自然对流传热的数学描述，除动量方程外，其他方程的形式均与强制对

流传热方程相同，因此，自然对流传热的相似准则可以通过动量方程导出。自然对流时，$\frac{dp}{dx}=-\rho_\infty g$。引入体胀系数 $\alpha_V=-\frac{1}{\rho}\left(\frac{\partial\rho}{\partial t}\right)_p$，式（6-55）即可转化为动量微分方程式，即

$$u\frac{\partial u}{\partial x}+v\frac{\partial v}{\partial y}=g\alpha_V\theta+\nu\frac{\partial^2 u}{\partial y^2} \tag{6-58}$$

以 u_0、l 以及 $\Delta t=t_w-t_\infty$ 分别作为流速、长度及过余温度的标尺，经相似理论分析可得

$$\frac{u_0 l}{\nu}\left(u^*\frac{\partial u^*}{\partial x^*}+v^*\frac{\partial u^*}{\partial y^*}\right)=\frac{g\alpha_V\Delta t l^2}{\nu u_0}\Theta^*+\frac{\partial^2 u^*}{\partial y^{*2}} \tag{6-59}$$

式中，上角标"*"的量为量纲一的量。引入一个新的量纲一的数 $Gr=\frac{g\alpha_V\Delta t l^2}{\nu u_0}\frac{u_0 l}{\nu}=\frac{g\alpha_V\Delta t l^3}{\nu^2}$，即格拉晓夫数。它在自然对流中的作用与雷诺数在强制对流中的作用相当。于是，可得自然对流传热的准则方程式为

$$Nu=f(Gr,\ Pr) \tag{6-60}$$

6.4.3 大空间自然对流传热实验关联式

1. 恒壁温

大空间恒壁温自然对流传热系数可整理成下列形式的特征数关联式：

$$Nu_m=c(GrPr)_m^n \tag{6-61}$$

式中，c 和 n 是由实验确定的系数和指数，几种典型情况下的数值列于表6-6中。

下标"m"表示特征温度为 $t_m=\frac{1}{2}(t_w+t_\infty)$，$t_w$ 为壁面温度，t_∞ 为远离壁面处的流体温度。

对于竖圆柱表面，当边界层厚度远小于圆柱直径时，可按竖平壁处理。根据实验，当

$$\frac{d}{H}\geq\frac{35}{Gr_H^{1/4}} \tag{6-62}$$

时，竖圆柱按平壁处理的误差小于5%。对于 d/H 较小的圆柱面，其外表面自然对流边界层厚度可与直径相比，而不能忽略曲率的影响，并且在极低 Gr 时，这种竖圆柱的自然对流传热进入以导热机理为主的范围，此时应使用其他的实验关联式。

球体的自然对流传热实验关联式为

$$Nu=2+\frac{0.589(GrPr)^{1/4}}{\left[1+(0.469/Pr)^{9/16}\right]^{4/9}} \tag{6-63}$$

定性温度同上，特征长度为球体直径。式（6-63）的适用范围为：$Pr\geq 0.7$，$GrPr\leq 10^{11}$。

表6-6 式（6-61）中的系数 c 和指数 n

加热表面的形状及位置	流态	系数 c 和指数 n		特征尺寸 l	$(GrPr)_m$ 范围
		c	n		
竖平壁及竖圆柱（图6-11）	层流	0.59	1/4	高度 H	$10^4\sim 10^9$
	湍流	0.11	1/3		$10^9\sim 10^{13}$

(续)

加热表面的形状及位置	流态	系数 c 和指数 n		特征尺寸 l	$(GrPr)_m$ 范围
		c	n		
横圆柱(图6-12)	层流 湍流	0.48 0.11	1/4 1/3	外径 d	$1\times10^4 \sim 1.5\times10^8$ $>1.5\times10^8$
水平板:热面朝上或 冷面朝下(图6-13)	层流 湍流	0.54 0.15	1/4 1/3	正方形取边长,长方形 取两边边长的平均值;圆 盘取 $0.9d$;狭长条取短边	$2\times10^4 \sim 5\times10^6$ $5\times10^6 \sim 1\times10^{11}$
水平板:热面朝下或 冷面朝上(图6-13)	层流	0.27	1/4		$3\times10^5 \sim 3\times10^{10}$

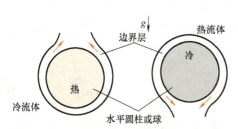

图 6-12　水平圆柱或球外侧的自然对流

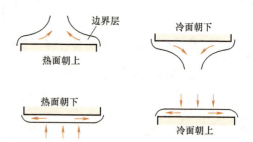

图 6-13　水平板的自然对流

2. 常热流

对于高为 L 的竖直平板的均匀热流加热情形,如果取平板中点的壁温作为确定 Gr 数中的温差以及牛顿冷却公式中温差的壁面温度,则对于均匀壁温得出的关联式仍能很好地适用于确定均匀热流密度时的平均表面传热系数。

电气和电子元器件自然对流冷却时,常要校核其壁温是否在允许范围内,即其最高壁温是否超过允许温度,以保证元器件的安全,所以常热流密度自然对流传热时,最有价值的数据往往是局部对流传热系数,而不是整个传热面的平均对流传热系数,对竖壁和倾斜表面常热流自然对流传热系数可用下列特征数关联式计算:

层流　　　　　　　　　　　$(Gr^*Pr)_m = 10^5 \sim 10^{11}$

$$Nu_x = \frac{h_x x}{\lambda} = 0.60(Gr^*Pr)_m^{1/5} \tag{6-64}$$

湍流　　　　　　　　　　　$2\times10^{13} < (Gr^*Pr)_m < 10^{16}$

$$Nu_x = \frac{h_x x}{\lambda} = 0.17(Gr^*Pr)_m^{1/4} \tag{6-65}$$

式中,$Gr^* = GrNu = \dfrac{g\alpha_V q l^4}{\lambda \nu^2}$,特征温度为 x 处局部平均温度 $t_{mx} = \dfrac{1}{2}(t_{wx} + t_\infty)$。对于倾斜表面,用 $g\cos\theta$ 代替 Gr^* 中的 g,θ 为倾斜壁与重力加速度 g 间的夹角。

6.4.4　有限空间自然对流传热实验关联式

有限空间自然对流传热受有限空间形式的变化而非常复杂。作为入门,本节仅介绍图6-14所示的竖直、水平平板间封闭气体夹层的自然对流传热。流体的加热和冷却在封闭夹层内同时进行，因此夹层壁面必然有高温和低温两部分，设温度分别为 t_h、t_c，如图 6-14 所示。图中未注明温度的另外两个壁面是绝热的。流体的定性温度取为 $(t_h+t_c)/2$。夹层内的流动主要取决于以夹层厚度 δ 为特征长度的 Gr 数：

$$Gr_\delta = \frac{g\alpha_V \Delta t \delta^3}{\nu^2}$$

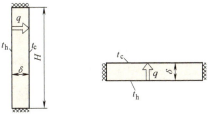

图 6-14　竖直和水平封闭夹层示意图

式中，$\Delta t = t_h - t_c$。对于竖夹层，当 $Gr_\delta \le 2860$ 时；对于水平夹层，当 $Gr_\delta \le 2430$ 时，夹层内的热量传递依靠导热。当 Gr_δ 数超过上述数值时，夹层内开始形成自然对流。对空气在夹层内的自然对流传热，可用下列关联式计算：

竖空气夹层

$$Nu = 0.197(Gr_\delta Pr)^{1/4}\left(\frac{H}{\delta}\right)^{-1/9}, \quad 8.6\times10^3 \le Gr_\delta \le 2.9\times10^5 \quad (6\text{-}66\text{a})$$

$$Nu = 0.073(Gr_\delta Pr)^{1/3}\left(\frac{H}{\delta}\right)^{-1/9}, \quad 2.9\times10^5 \le Gr_\delta \le 1.6\times10^7 \quad (6\text{-}66\text{b})$$

式（6-66）的实验范围为：$11 \le \dfrac{H}{\delta} \le 42$。

水平空气夹层

$$Nu = 0.212(Gr_\delta Pr)^{1/4}, \quad 1.0\times10^4 \le Gr_\delta \le 4.6\times10^5 \quad (6\text{-}67\text{a})$$

$$Nu = 0.061(Gr_\delta Pr)^{1/3}, \quad Gr_\delta > 4.6\times10^5 \quad (6\text{-}67\text{b})$$

应当指出，在气体自然对流的情况下，无论是大空间还是有限空间的自然对流，其表面总传热量中不仅包括自然对流传热量，还应包括表面和周围环境的辐射传热量，而且辐射传热量往往占有很大的比重，不可忽视。

6.4.5　计算举例

例 6-7　室温为 10℃ 的大房间中有一个直径为 15cm 的烟筒，其竖直部分高 1.5m，水平部分长 15m。求烟筒的平均壁温为 110℃ 时每小时的对流散热量。

假设　整个烟筒由水平段和竖直段构成，不考虑相交部分的相互影响，分别按水平段和竖直段单独计算。

解　平均温度为

$$t_m = \frac{1}{2}(t_\infty + t_w) = \frac{1}{2}\times(10+110)℃ = 60℃$$

由附录查得，60℃ 时空气的物性参数：$\lambda = 0.029\text{W}/(\text{m}\cdot\text{K})$，$\nu = 18.97\times10^{-6}\text{m}^2/\text{s}$，$Pr = 0.696$。

1）烟筒竖直部分的散热

$$Gr = \frac{g\alpha_V \Delta t l^3}{\nu^2} = \frac{9.8\times1.5^3\times(110-10)}{(273+60)\times(18.97\times10^{-6})^2} = 2.76\times10^{10}$$

$$GrPr = 2.76\times10^{10}\times0.696 = 1.92\times10^{10}$$

由表 6-6 知为湍流，其

$$Nu = 0.11(GrPr)^{1/3} = 0.11 \times (2.76 \times 10^{10} \times 0.696)^{1/3} = 295$$

所以

$$h = Nu \frac{\lambda}{l} = 295 \times \frac{0.029}{1.5} W/(m^2 \cdot K) = 5.70 W/(m^2 \cdot K)$$

$$\Phi_1 = \pi dl h(t_w - t_\infty) = 3.14 \times 0.15 \times 1.5 \times 5.70 \times (110-10) W = 403 W$$

2) 烟筒水平部分的散热

$$Gr = \frac{g\alpha_V \Delta t l^3}{\nu^2} = \frac{9.8 \times (110-10) \times 0.15^3}{(273+60) \times (18.97 \times 10^{-6})^2} = 2.76 \times 10^7$$

$$GrPr = 2.76 \times 10^7 \times 0.696 = 1.92 \times 10^7$$

由表 6-6 知为层流，于是

$$Nu = 0.48 \times (2.76 \times 10^7)^{1/4} = 31.8$$

$$h = Nu \frac{\lambda}{l} = 31.8 \times \frac{0.029}{0.15} W/(m^2 \cdot K) = 6.15 W/(m^2 \cdot K)$$

$$\Phi_2 = \pi dl h(t_w - t_\infty) = 3.14 \times 0.15 \times 15 \times 6.15 \times (110-10) W = 4345 W$$

烟筒的总散热量

$$\Phi = \Phi_1 + \Phi_2 = (403 + 4345) W = 4748 W$$

例 6-8 一水平封闭夹层，上、下表面间距 $\delta = 16mm$，夹层内充满压力 $p = 1.013 \times 10^5 Pa$ 的空气。一个表面温度为 80℃，另一表面温度为 40℃。试计算热表面在冷表面之上及在冷表面之下两种情形通过单位面积夹层的传热量之比。

解 本题为有限空间自然对流传热问题。定性温度为

$$t_m = \frac{1}{2}(t_{w1} + t_{w2}) = \frac{1}{2} \times (80+40)℃ = 60℃$$

由附录查得，60℃ 时空气的物性参数：$\lambda = 0.029 W/(m \cdot K)$，$\nu = 18.97 \times 10^{-6} m^2/s$，$Pr = 0.696$。

当热表面在上时，夹层内无自然对流，仅有导热，于是

$$q_1 = \lambda \frac{\Delta t}{\delta} = 0.029 \times \frac{(80-40)}{0.016} W/m^2 = 72.5 W/m^2$$

当热表面在下时，夹层中有自然对流

$$Gr_\delta = \frac{g\alpha_V \Delta t \delta^3}{\nu^2} = \frac{9.8 \times (80-40) \times 0.016^3}{(273+60) \times (18.97 \times 10^{-6})^2} = 1.34 \times 10^4$$

由式（6-67a）得

$$Nu = 0.212(Gr_\delta Pr)^{1/4} = 0.212 \times (1.34 \times 10^4 \times 0.696)^{1/4} = 2.08$$

$$h = Nu \frac{\lambda}{\delta} = 2.08 \times \frac{0.029}{0.016} W/(m^2 \cdot K) = 3.77 W/(m^2 \cdot K)$$

故单位面积传热量

$$q_2 = h\Delta t = 3.77 \times (80-40) W/m^2 = 150.8 W/m^2$$

两种情况下的传热量之比为

$$\frac{q_2}{q_1} = \frac{150.8}{72.5} = 2.08$$

小结

在许多实际应用中会遇到三种典型的单相流体对流传热：管内强制对流传热、横掠物体强制对流传热和自然对流传热。对每一类传热问题均应注意理解流动及传热机理，掌握典型条件下表面传热系数的数量级大小，理解影响因素及强化传热的基本途径，掌握流态的判别和准则关联式的选用方法。在选用时要特别注意关联式的条件和适用范围。

1) 对于流体平行外掠平板层流传热问题，应用边界层理论可以得到层流时截面上速度场和温度场的分析解，确定流动边界层和热边界层的厚度以及常热流和等壁温边界条件下的表面对流传热系数。介绍了外掠平板时的无相变对流传热的实验关联式。

2) 管内强制对流传热。从入口段和充分发展段的分析中了解局部表面传热系数的变化规律及其特点。了解热流方向、流道弯曲等因素对管内流动及传热的影响。会选用合适的传热关联式进行传热计算。

3) 外掠圆管流动传热。了解外掠单管流动边界层的流动及局部表面传热系数的变化规律及计算关联式。掌握管束传热计算，理解管束中流体的流动与管子排列方式、管间距、排数密切相关。

4) 自然对流传热。了解自然对流边界层速度场及温度场的特征。对于自然对流应采用 Gr、Pr 判断流态，并根据边界条件、壁面形状及位置选择准则关联式。

思考题与习题

6-1 外掠单管与管内流动这两个流动现象在本质上有什么不同？

6-2 管内强制对流传热考虑温度修正系数时，为什么液体用黏度来修正，而气体用温度来修正？

6-3 用准则关联式计算管内湍流表面传热系数 h，为什么对于短管需要修正而对于长管则不必修正？

6-4 什么是当量直径？如何计算？什么情况下要用当量直径？

6-5 冬天，当你将手伸到室温下的水中时会感到很冷，但手在同一温度下的空气中时并无这样冷的感觉，这是为什么？

6-6 外掠管束的平均表面传热系数只有当流动方向的管排数大于一定数值后才与管排数无关，试分析其原因。

6-7 自然对流传热时，为什么不用 Re 准则而用 Gr 准则作为定性准则之一？

6-8 为了增强管内强制对流传热和横掠单管对流传热，可以采用哪些技术措施？并说明理由。

6-9 压力为 $1.01325×10^5$ Pa、温度为 30℃ 的空气以 4.5m/s 的速度掠过长为 0.6m、壁温为 250℃ 的平板，试计算单位宽度的平板传给空气的总热量。

6-10 温度为 27℃ 的空气流过长 1m 的平板，风速为 10m/s，画出局部表面传热系数沿板长的变化曲线，并求出全板的平均表面传热系数。

6-11 压力为大气压的 20℃ 的空气，纵向流过一块长 320mm、温度为 40℃ 的平板，流速为 10m/s。求离平板前缘 50mm、100mm、150mm、200mm、250mm、300mm、320mm 处的流动边界层和热边界层的厚度。如平板的宽度为 1m，求平板与空气的换热量。

6-12 温度为 80℃ 的平板置于来流温度为 20℃ 的气流中，假设平板表面上某点在垂直于壁面方向的温度梯度为 40℃/mm，试确定该处的热流密度。

6-13 取外掠平板边界层的流动由层流转变为湍流的临界雷诺数 Re_c 为 $5×10^5$，试计算 25℃ 的空气、水及 14 号润滑油达到 Re_c 数时所需的平板长度，取 $u_\infty=1\text{m/s}$。

6-14 在一摩托车发动机的壳体上有一条高 2cm、长 12cm 的散热片（长度方向系与车身平行）。散热片的表面温度为 150℃。如果车子在 20℃ 的环境中逆风前进，车速为 30km/h，而风速为 2m/s，试计算此时肋片的散热量（车速与风速平行）。

6-15 试用量纲分析方法证明，恒壁温情况下导出的 $Nu=f(Gr,Re)$ 的关系式对于恒热流边界条件也是合适的，只是此时 Gr 数应定义为 $Gr^*=g\alpha_V q l^4/(v^2\lambda)$。

6-16 对于常物性流体横向掠过管束时的对流传热，当流动方向上的排数大于 10 时，实验发现，管束的平均表面传热系数 h 取决于下列因素：流体速度 u、流体物性 ρ、c_p、η、λ，几何参数 d、s_1、s_2。试用量纲分析方法证明，此时的对流传热关系式可以整理成为

$$Nu=f(Re,Pr,s_1/d,s_2/d)$$

6-17 有人曾经给出下列流体外掠正方形柱体（其一个面与来流方向垂直）的传热数据：

Nu	Re	Pr
41	5000	2.2
125	20000	3.9
117	41000	0.7
202	90000	0.7

采用 $Nu=cRe^n Pr^m$ 的关系式来整理数据并取 $m=1/3$，试确定其中的常数 c 和指数 n。在上述 Re 及 Pr 数的范围内，当正方形柱体的截面对角线与来流方向平行时，可否用此式进行计算，为什么？

6-18 现用模型来研究某变压器油冷却系统的传热性能。假如基本的传热机理是圆管内强制对流传热，变压器原耗散 100kW 的热流量。变压器油的 $\lambda=131.5×10^{-3}\text{W}/(\text{m}\cdot\text{K})$，$Pr=80$。模型的直径为 0.5cm，线性尺寸为变压器的 1/20，表面积为变压器的 1/400。模型和变压器中的平均温差相同，模型用乙二醇作为流体，雷诺数 $Re=2200$。乙二醇的 $\lambda=256×10^{-3}\text{W}/(\text{m}\cdot\text{K})$，$Pr=80$，$v=0.868×10^{-5}\text{m}^2/\text{s}$。试确定模型中的能耗率（散热热流量）和流速。

6-19 一个正方形（边长为 10mm）硅芯片的一侧绝缘，另一侧用 $u_\infty=20\text{m/s}$ 和 $t_\infty=24℃$ 的常压平行空气流冷却。在使用过程中，芯片内部的电功耗使冷却表面上具有恒定的

热流密度。如果要求芯片表面上任意点的温度都不超过80℃，最大允许的功率是多少？如果该芯片安装在衬底上，且上表面与衬底表面平齐，衬底构成了20mm的非加热起始段，则最大允许的功率是多少？

6-20 一个用电的空气加热器由一组水平放置的薄金属片阵列构成，空气平行流过这些金属片的顶部，它们沿气流方向上的长度均为10mm。每块金属片的宽度均为0.2m，共有25块金属片依次排列，形成一个连续且光滑的表面，空气以2m/s的速度流过该表面。在运行过程中每块金属片均处于500℃，而空气则处于25℃。

1) 第一块金属片上的对流散热速率是多少？第五块呢？第十块呢？其他所有的金属块呢？

2) 在空气流速分别为2m/s、5m/s及10m/s时，确定1)中所有位置处的对流传热速率。用表或线条图的形式表示结果。

3) 重复2)，但此时整个金属片阵列上的流动都是湍流。

6-21 考虑20℃的水以2m/s的速度平行流过一块长为1m的等壁温平板。

1) 画出对应于临界雷诺数分别为 5×10^5、3×10^5 和 0（流动为完全湍流）的三种流动条件下局部表面传热系数 h_x 沿板距的变化。

2) 画出1)中三种流动条件下平均表面传热系数 $\bar{h}_x$ 随距离的变化。

3) 求1)中三种流动条件下整个平板的平均表面传热系数 $\bar{h}_l$ 分别是多少？

6-22 用一根没有隔热的蒸汽管道将高温蒸汽从一栋建筑输送到另一栋建筑。管道直径为0.5m，表面温度为150℃，并暴露于-10℃的环境空气。空气以5m/s的速度横向流过管道。

1) 单位管长上的热损失是多少？

2) 讨论用硬质聚氨酯泡沫[$\lambda_m = 0.026W/(m \cdot K)$]对管道进行隔热的效果。在$0 \leq \delta \leq 50mm$范围内计算并画出热损失随隔热层厚度$\delta$的变化。

6-23 一个直径$D = 10mm$的长圆柱形电加热元件的热导率$\lambda = 240W/(m \cdot K)$、密度$\rho = 2700kg/m^3$、比热容$c_p = 900J/(kg \cdot K)$，将它安装在一个管道中，温度和速度分别为27℃和10m/s的空气横向流过该加热器。

1) 忽略辐射，计算单位长度加热器的电功耗为1000W/m时加热器的稳态表面温度。

2) 如果加热器在初始温度为27℃时起动，计算表面温度达到与其稳态值相差10℃以内所需的时间。

6-24 用热线风速仪测定气流速度的试验中，将直径为0.1mm的电热丝与来流方向垂直放置，来流温度为25℃，电热丝温度为55℃，测得电热丝功率为20W/m。假定除对流外其他热损失可忽略不计，试确定此时的来流速度。

6-25 两个标准大气压、温度为200℃的空气，以$u = 10m/s$的流速流入内径$d = 2.54cm$的管内被加热。壁温比空气温度高20℃。若管长为3m，试求通过管子的传热量和空气出口温度。

6-26 在一个预热器中通过在管束内冷凝100℃的蒸汽来加热入口压力和温度分别为$1.01325 \times 10^5 Pa$和25℃的空气。空气以5m/s的速度横向流过管束，每根管子均为1m长、外径为10mm。管束由196根管子构成正方形顺排阵列，有$s_1 = s_2 = 15mm$。问对空气的总的传热系数是多少？

6-27 如图 6-15 所示，一股冷空气横向吹过一组圆形截面的直肋。已知：最小截面处的空气流速为 3.8m/s，气流温度 $t_f=35℃$；肋片的平均表面温度为 65℃，热导率为 98W/(m·K)，肋根温度保持定值；$s_1/d=s_2/d=2$，$d=10mm$。为有效地利用金属，规定肋片的 mH 值不应大于 1.5，试计算此时肋片应为多高？在流动方向上的排数大于 10。

图 6-15 题 6-27 图
（部分肋片未画出）

6-28 某锅炉厂生产的 220t/h 高压锅炉，其低温段空气预热器的设计参数为：叉排布置，$s_1=76mm$，$s_2=44mm$，管子的直径 ϕ 为 40mm，长 1.5mm，平均温度为 150℃ 的空气横向掠过管束，流动方向的总排数为 44。在管排中心线截面上的空气流速（即最小截面上的流速）为 6.03m/s。试确定管束与空气间的平均表面传热系数。管壁平均温度为 185℃。

6-29 油冷却器中的顺排管束由外径为 2cm 的管子组成。水横掠管束，在水流方向上管排数为 10，管束的 $s_1/d=s_2/d=1.25$。高温油在管内流动，管子外表面温度为 50℃，冷却水温度为 30℃，管间最窄处的质流密度为 4kg/(m²·s)。试求管外的对流表面传热系数。

6-30 90℃ 的水蒸气在叉排管束的管内凝结，横掠管束的空气从 15℃ 被加热到 45℃。管子外径为 12mm，管束纵向间距 $s_2=18mm$，横向间距 $s_1=36mm$。横掠管束前空气的质流密度为 11kg/(m²·s)。求沿气流方向的管排数。

6-31 大气压下 30℃ 的空气以 30cm/s 的平均速度通过长 0.5m、直径为 20mm 的横管。若管壁温度维持 130℃，试计算对流传热系数。

6-32 一块宽 0.1m、高 0.18m 的薄平板竖直地置于温度为 20℃ 的大房间中，平板通电加热，功率为 100W。平板表面喷涂了反射率很高的涂层，试确定在此条件下平板的最高壁面温度。

6-33 温度分别为 100℃ 和 40℃、面积均为 0.5×0.5m² 的两竖壁，形成厚度 $\delta=15mm$ 的竖直空气夹层。试计算通过空气夹层的自然对流传热量。

第 7 章

相变对流传热

蒸汽遇冷会凝结为液体，液体受热会沸腾变为蒸汽，在实际的对流传热中，当流体与固体表面发生热量交换的温度处在某一区间时，流体会产生液态和气态的相变。蒸汽被冷却凝结成液体的传热过程称为凝结传热，液体被加热沸腾变成蒸汽的传热过程称为沸腾传热，这两种传热同属于有相变的对流传热。在这两种相变传热过程中，流体都是在饱和温度下放出或者吸收潜热，所以传热过程的性质以及传热强度都与单相流体的对流传热有明显的区别。一般情况下，凝结和沸腾传热的表面传热系数要比单相流体的对流传热高出几倍甚至几十倍。凝结与沸腾传热广泛地应用于各种工程领域：电站汽轮机装置中的冷凝器、锅炉炉膛中的水冷壁、冰箱与空调中的冷凝器与蒸发器、化工装置中的再沸器等都是应用实例。本章专门介绍相变对流传热过程的基本特点，以及工程上强化凝结和沸腾传热过程的基本思想和主要措施。

7.1 凝结传热

7.1.1 膜状凝结和珠状凝结

当蒸汽温度降低到它的饱和温度以下时，就会发生凝结。在工程实践中，这个过程一般发生在蒸汽与一个冷表面接触时。这时蒸汽的潜热就被释放出来，并把热量传给表面。如图 7-1 所示，有两种凝结现象：如果凝结液能很好地润湿壁面（图 7-1a），凝结液就会在壁面形成一层液膜，这种凝结现象称为膜状凝结（图 7-1b）；如果凝结液不能很好地润湿壁面（图 7-1c），凝结液的表面张力大于它与壁面之间的附着力，则凝结液就会在壁面形成大大小小的液珠，这种凝结现象就称为珠状凝结（图 7-1d）。究竟会发生哪一种凝结现象，取决于凝结液和壁面的物理性质，如凝结液的表面张力、壁面的

a) 润湿能力强

b) 膜状凝结

c) 润湿能力弱

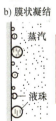

d) 珠状凝结

图 7-1 不同润湿条件下的凝结形式

表面粗糙度等。如果凝结液与壁面之间的附着力大于凝结液的表面张力，则形成膜状凝结；如果表面张力大于附着力，则形成珠状凝结。

当发生膜状凝结时，在壁面形成的凝结液膜阻碍蒸汽与壁面直接接触，蒸汽只能在液膜表面凝结，放出的汽化热必须通过液膜才能传到壁面，液膜成为膜状凝结传热的主要热阻，显然液膜越厚、面积越大，热阻越大。因此，如何排除凝结液、减小液膜厚度就是强化膜状凝结传热时要考虑的核心问题。

当发生珠状凝结时，大部分的蒸汽可以与壁面直接接触凝结，放出的汽化热直接传给壁面，因此珠状凝结传热与相同条件下的膜状凝结传热相比，其热阻已经小到可以忽略不计，但珠状凝结在常规金属表面上难以产生和长久保持。近些年来，很多学者对形成珠状凝结的技术措施进行了大量的研究工作，也取得了可喜的研究成果，但终因珠状凝结的条件限制和保持时间有限而很难在工业上推广应用。

实践证明，几乎所有的常用蒸汽，包括水蒸气在内，在纯净的条件下均能在常用的洁净表面上得到膜状凝结。鉴于实际工业应用上只能实现膜状凝结，从设计的观点出发，为保证凝结效果，只能用膜状凝结的计算式作为设计的依据。所以下面重点介绍膜状凝结传热的特点、计算方法和影响因素。

7.1.2 膜状凝结传热分析解及计算关联式

1. 纯净饱和蒸汽层流膜状凝结传热分析解

1916 年，努塞尔首先提出了纯净饱和蒸汽层流膜状凝结的分析解。其理论抓住了液体膜层的导热热阻是凝结过程的主要热阻这一特点，如图 7-2 所示，假设：

1）纯净蒸汽凝结成层流液膜。
2）常物性。
3）蒸汽是静止的，气液界面上无对液膜的黏滞应力，即 $\dfrac{\mathrm{d}u}{\mathrm{d}y}=0$。
4）液膜的惯性可以忽略。
5）气液界面上无温差，液膜表面温度等于饱和温度，即 $t_\delta = t_s$。
6）忽略液膜内的对流传热方式，液膜内部的热量传递只靠导热。在常物性条件下，液膜内的温度分布是线性的。

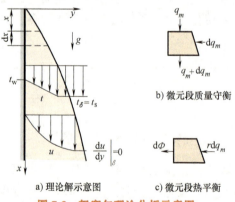

图 7-2 努塞尔理论分析示意图

7）忽略液膜的过冷度，凝结液的焓近似为饱和液的焓，这意味着传给壁面的热量就等于蒸汽在液膜表面凝结时放出的汽化热。
8）相对于液体密度，蒸汽密度可忽略不计。
9）液膜表面平整无波动。

简化后的微分方程组如下：

动量方程（重力与黏性力平衡）：

$$\eta \frac{\mathrm{d}^2 u}{\mathrm{d}y^2} + \rho g = 0 \tag{7-1}$$

能量方程（膜层内只有导热）：

$$\frac{d^2 t}{dy^2} = 0 \tag{7-2}$$

边界条件：

$$\left. \begin{array}{l} y=0, \quad u=0, \quad t=t_w \\ y=\delta, \quad \dfrac{du}{dy}=0, \quad t=t_s \end{array} \right\}$$

式中，t_w 为壁面温度；t_s 为流体的饱和温度。

努塞尔求得了上述方程组的分析解：

液膜厚度 δ_x：
$$\delta_x = \left[\frac{4\eta\lambda(t_s-t_w)x}{g\rho^2\gamma} \right]^{1/4} \tag{7-3}$$

定性温度取 $t_m = \dfrac{t_s + t_w}{2}$，潜热 γ 按饱和温度 t_s 确定。

按照努塞尔假设，单位时间微元段液膜的凝结传热量就是通过微元段液膜的导热热流量，即

$$d\Phi_x = h_x(t_s - t_w) dx = \lambda \frac{t_s - t_w}{\delta_x} dx$$

由此可得

$$h_x = \frac{\lambda}{\delta_x} \tag{7-4}$$

将式（7-3）代入式（7-4），可求得层流膜状凝结传热的局部表面传热系数：

$$h_x = \left[\frac{g\gamma\rho^2\lambda^3}{4\eta(t_s-t_w)x} \right]^{1/4} \tag{7-5}$$

因为在高度为 H 的整个垂直壁面上温差 $(t_s - t_w)$ 为常数，所以整个垂直壁面的平均表面传热系数 h 可以用下式计算：

$$h = \frac{1}{H} \int_0^H h_x dx$$

将式（7-5）代入上式，可得

$$h = \frac{4}{3} h_{x=H} = 0.943 \left[\frac{g\gamma\rho^2\lambda^3}{\eta H(t_s-t_w)} \right]^{\frac{1}{4}} \tag{7-6}$$

则有

$$Nu = 0.943 \left[\frac{gH^3}{\nu^2} \frac{\gamma}{c_p(t_s-t_w)} \frac{\eta c_p}{\lambda} \right]^{\frac{1}{4}} = 0.943 (GaJaPr)^{\frac{1}{4}}$$

式中，Ga 是伽利略数，$Ga = \dfrac{gH^3}{\nu^2}$，是重力与黏性力之比；Ja 是雅各布数，$Ja = \dfrac{\gamma}{c_p(t_s-t_w)}$，是潜热与显热之比。

以上就是竖板层流膜状凝结传热的分析解。

对于与垂直方向的倾角为 φ 的倾斜壁面，需要将式中的 g 替换成 $g\cos\varphi$。

如果定义膜层雷诺数为

$$Re = \frac{u_H d_e}{\nu} = \frac{\rho u_H d_e}{\eta} \quad (7\text{-}7a)$$

式中，u_H 为 $x=H$ 处液膜的平均流速；d_e 为该处液膜截面的当量直径，如图 7-3 所示，b 为液膜宽度，于是

$$d_e = \frac{4\delta b}{b} = 4\delta$$

$$Re = \frac{4\rho u_H \delta}{\eta} = \frac{4q_{m,H}}{\eta} \quad (7\text{-}7b)$$

图 7-3 膜层雷诺数定义示意图

式中，$q_{m,H}$ 为 $x=H$ 处单位宽度液膜的质量流量。

根据液膜的热平衡

$$\gamma q_{m,H} = h(t_s - t_w)H$$

可解出 $q_{m,H}$，将其代入式（7-7a），可将膜层雷诺数表示为

$$Re = \frac{4hH(t_s - t_w)}{\eta \gamma} \quad (7\text{-}7c)$$

实验观察结果表明，当 $Re<1600$ 时，液膜为层流；当 $Re>1600$ 时，液膜为湍流。

实验证实，当 $Re<30$ 时，实验结果与式（7-6）表示的理论解相吻合，但当 $Re>30$ 时，由于液膜表面的波动增强了液膜的传热，实际平均表面传热系数的数值要比式（7-6）的计算结果大 20% 左右，所以在工程计算时将式（7-6）的系数加大 20%，改为

$$h = 1.13\left[\frac{g\gamma\rho^2\lambda^3}{\eta H(t_s - t_w)}\right]^{\frac{1}{4}} \quad (7\text{-}8)$$

努塞尔的理论分析方法可以推广应用到水平圆管外壁面上的层流膜状凝结传热。对于单根水平圆管，平均表面传热系数计算公式为

$$h = 0.729\left[\frac{g\gamma\rho^2\lambda^3}{\eta d(t_s - t_w)}\right]^{\frac{1}{4}} \quad (7\text{-}9)$$

$$Nu = 0.729\left[\frac{gd^3}{\nu^2}\frac{\gamma}{c_p(t_s - t_w)}\frac{\eta c_p}{\lambda}\right]^{\frac{1}{4}} = 0.729(GaJaPr)^{\frac{1}{4}}$$

如果管子垂直放置，则须按垂直壁面层流膜状凝结传热的计算式（7-6）或式（7-8）计算。比较式（7-6）与式（7-9）可知，当 $H/d=50$ 时，水平管的平均表面传热系数要比垂直管高一倍，所以冷凝器的管子一般都采用水平布置。

工业上的绝大多数冷凝器都由多排水平圆管组成的管束构成。当垂直方向的管间距比较小时，上下管壁上的液膜连在一起，并且从上向下液膜逐渐增厚，如图 7-4 所示。如果液膜保持层流状态，则仍可以用式（7-9）计算平均表面传热系数，但需要将式中的特征长度 d 改为 nd，n 为垂直方向层流液膜流经的管排数。当管间距较大时，上一排管子的凝结液会滴到下一排管子上，扰动下一排管子上的液膜，使凝结传热增强，上述计算结果就会偏低。

对于球表面，层流膜状凝结的分析解为

图 7-4 水平管束的层流膜状凝结

$$Nu = 0.826\left[\frac{gd^3}{\nu^2}\frac{\gamma}{c_p(t_s-t_w)}\frac{\eta c_p}{\lambda}\right]^{\frac{1}{4}} = 0.826(GaJaPr)^{\frac{1}{4}}$$

需要指出，式（7-6）、式（7-8）、式（7-9）中，除汽化热 γ 按饱和温度 t_s 确定外，其他物性参数皆为凝结液在液膜平均温度 $t_m = \frac{1}{2}(t_s+t_w)$ 下的物性参数。而特征长度，对于竖板取板长 H，对于水平圆管和球取其外径 d。

2. 湍流膜状凝结传热

对于垂直壁面上的凝结传热，临界雷诺数 Re_c 为 1800。当 $Re > 1800$ 时，液膜由层流变为湍流，凝结传热大为增强，努塞尔理论解不再适用。这时，可以对液膜的层流段和湍流段分别进行计算，再根据层流段和湍流段的高度将求得的结果加权平均以求得整个壁面的平均表面传热系数。相关文献推荐用下面的特征数关联式计算整个垂直壁面的平均表面传热系数：

$$Nu = Ga^{1/3}\frac{Re}{58Pr_s^{-1/2}\left(\frac{Pr_w}{Pr_s}\right)^{1/4}(Re^{3/4}-253)+9200} \tag{7-10}$$

式中，$Nu = hl/\lambda$；$Ga = gl^3/\nu^2$ 称为伽利略数。各物性参数都是凝结液的，除 Pr_w 用壁面温度 t_w 作为定性温度外，其余都采用饱和温度 t_s 作为定性温度。

对于一般水平管，因为直径较小，液膜处在层流范围，达不到湍流阶段，所以不存在湍流凝结传热的问题。

7.1.3 膜状凝结传热的影响因素

由上述分析可知，流体的种类（关系到凝结液的物性、饱和温度 t_s），传热面的几何形状、尺寸和位置，蒸汽的压力（决定饱和温度 t_s 的大小）以及温差 t_s-t_w 都是影响膜状凝结传热的主要因素。工程实际中的凝结传热过程往往比较复杂，除上述因素之外，对膜状凝结传热产生重要影响的因素还有以下三项：

1. 不凝结气体

当蒸汽中含有不凝结气体（如空气）时，即使是微量，也会对凝结传热产生十分有害的影响。一方面，随着蒸汽的凝结，不凝结气体会越来越多地汇集在传热面附近，阻碍蒸汽靠近；另一方面，传热面附近的蒸汽分压力会逐渐下降，饱和温度 t_s 降低，凝结传热温差 t_s-t_w 减小，凝结传热的驱动力减小，这两方面的原因使凝结传热大大削弱。例如工程实际证实，如果水蒸气中含有 1% 的空气，就会使凝结表面传热系数降低 60%。因此，排除冷凝器中的不凝结气体是保证冷凝器高效工作的重要措施。

2. 蒸汽流速

前面介绍的努塞尔对层流膜状凝结传热进行的理论分析中，假设蒸汽是静止的，而实际上蒸汽具有一定的流速，当流速较高时，会对凝结传热产生明显的影响。由于蒸汽与液膜表面之间的黏性切应力作用，当蒸汽与液膜的流动方向相同时，液膜会被拉薄，使热阻减小；而当蒸汽与液膜的流动方向相反时，液膜会因流动受阻滞而增厚，使热阻增加。当然，如果蒸汽的流速较高时，会使凝结液膜产生波动，甚至会吹落液膜，使凝结传热大大强化。

3. 蒸汽过热

努塞尔的理论解是在假设蒸汽为饱和蒸汽的情况下得出的。如果蒸汽过热，在凝结传热的过程中会首先放出显热，冷却到饱和温度，然后再凝结，放出汽化热。过热蒸汽的膜状凝结传热仍然可以用上述公式计算，但须将公式中的汽化热 γ 改为过热蒸汽与饱和液的焓差。

7.1.4 膜状凝结传热的强化

通过上述分析可知，液膜的导热热阻是膜状凝结传热的主要热阻。因此，强化膜状凝结传热的关键措施就是设法将凝结液从传热面排走，并尽可能减小液膜厚度。目前工业上主要采用的强化措施有：

1）减薄液膜厚度或破坏液膜。如采用低肋管（图7-5）、锯齿形肋片管（图7-6）等高效冷凝面（利用凝结液的表面张力将凝结液拉入肋间槽内，使肋端部表面直接和蒸汽接触，达到强化凝结传热的目的）；增加顺液膜流动方向的蒸汽流速；对单管或管束尽量放置成水平位置。

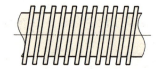

图7-5 整体式低肋管

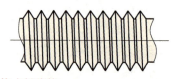

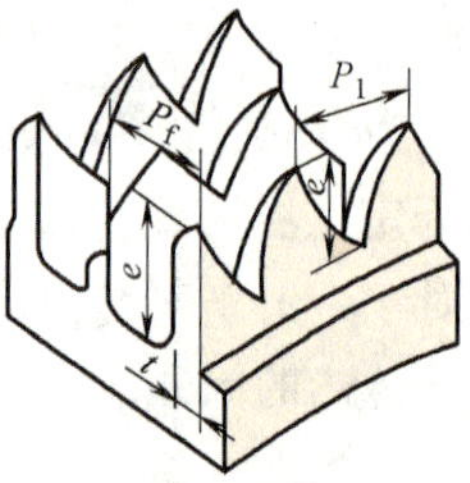

图7-6 锯齿形肋片管

2）加速液膜排泄（图7-7）。如采用分段排泄管、沟槽管、泄出罩或应用离心力、静电吸引力等措施。

3）减少不凝结气体的含量。如采取抽吸、引射等方式或顺液膜流动方向增加蒸汽流速。

4）对凝结表面采取一定的措施，使其尽最大可能实现珠状凝结。

需要指出的是，在电厂动力冷凝器中，一般用水蒸气作为凝结介质，而凝结液（水）的热导率在 0.7W/(m·K) 左右，汽化热大，其凝结传热的表面传热系数一般为 $(0.5\sim2.5)\times10^4$ W/(m²·K)，此时水蒸气凝结一侧不是传热过程

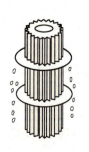
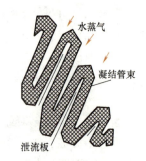

a) 排液圈　　b) 泄流板(挡水板)

图7-7 及时排液的措施

的主要热阻，强化凝结侧传热意义不大，但如果有空气等不凝结气体漏入，则应采取排除不凝结气体的措施；而对采用制冷剂作为凝结介质的制冷装置，制冷剂的热导率一般比水小一个量级，约为 0.07W/(m·K)，汽化热小，其凝结传热的表面传热系数为 500~2000W/(m²·K)，此时如传热过程的另一侧传热很强（如水的沸腾或强制对流），则热阻主要在蒸汽凝结一侧，有必要采取强化措施。

例 7-1 压力为 0.7×10^5 Pa 的饱和水蒸气，在高为 0.3m、壁温为 70℃ 的竖直平板上发生膜状凝结，求平均表面传热系数及平板每米宽的凝液量。

解 $p_s=0.7\times10^5$ Pa 的饱和水蒸气对应的饱和温度 $t_s=90℃$。

液膜平均温度 $$t_m=\frac{1}{2}(t_s+t_w)=\frac{1}{2}\times(90+70)℃=80℃$$

凝液（水）的物理参数

$$\rho_l=971.8\text{kg/m}^3,\quad \lambda_l=0.674\text{W/(m·K)},\quad \eta_l=355.1\times10^{-6}\text{Pa·s},\quad t_s=90℃$$

对应的汽化热 $\gamma=2283.1$ kJ/kg。

先假定液膜流动为层流，则

$$h=1.13\left[\frac{g\gamma\rho^2\lambda^3}{\eta H(t_s-t_w)}\right]^{\frac{1}{4}}=1.13\times\left[\frac{9.81\times2283.1\times10^3\times971.8^2\times0.674^3}{355.1\times10^{-6}\times0.3\times(90-70)}\right]^{\frac{1}{4}}\text{W/(m}^2\cdot\text{K)}$$

$$=8390\text{W/(m}^2\cdot\text{K)}$$

检验流态

$$Re=\frac{4hH(t_s-t_w)}{\eta\gamma}=\frac{4\times8390\times0.3\times(90-70)}{355.1\times10^{-6}\times2283.1\times10^3}=248<1600$$

所以，假设层流是正确的。

每米宽度平板的凝液量为

$$q_m=\frac{\Phi}{\gamma}=\frac{hH(t_s-t_w)}{\gamma}=\frac{8390\times0.3\times(90-70)}{2283.1\times10^3}\text{kg/s}=0.022\text{kg/s}$$

例 7-2 压力为 1.013×10^5 Pa 的饱和水蒸气，用壁温为 90℃ 的水平铜管来凝结。有两种方案可以考虑：用一根直径为 10cm 的铜管，或用 10 根直径为 1cm 的铜管。若两种方案的其他条件均相同，要使产生的凝液量最多，应采取哪种方案？这一结论与蒸汽压力和铜管壁温是否有关？

解 水平管的凝结传热公式为

$$h=0.729\left[\frac{g\gamma\rho^2\lambda^3}{\eta d(t_s-t_w)}\right]^{\frac{1}{4}}$$

两种方案的传热面积相同，温度相等，由牛顿冷却公式

$$\Phi=hA\Delta t$$

得凝液量

$$q_m=\frac{\Phi}{\gamma}=\frac{hA\Delta t}{\gamma}$$

因此，两种方案的凝液量之比为

$$\frac{q_{m1}}{q_{m2}}=\frac{h_1}{h_2}=\left(\frac{d_2}{d_1}\right)^{\frac{1}{4}}=\left(\frac{1}{10}\right)^{\frac{1}{4}}=0.562$$

故小管径系统的凝液量是大管径系统的 1.778 倍。只要保证蒸汽压力和管壁温度在两种情况下相同，上述结论与蒸汽压力和铜管壁温无关。

7.2 沸腾传热

当液体与高于其饱和温度的壁面接触时,液体被加热汽化而产生大量气泡的现象称为沸腾。

沸腾的形式有多种:如果液体的主体温度低于饱和温度,气泡在固体壁面上生成、长大,脱离壁面后又会在液体中凝结消失,这样的沸腾称为过冷沸腾;如果液体的主体温度达到或超过饱和温度,气泡脱离壁面后会在液体中继续长大,直至冲出液体表面,这样的沸腾称为饱和沸腾。如果液体具有自由表面,不存在外力作用下的整体运动,这样的沸腾又称为大容器沸腾(或池沸腾);如果液体沸腾时处于强迫对流运动状态,则称之为强迫对流沸腾,如大型锅炉和制冷机蒸发器的管内沸腾。

本书主要介绍大容器沸腾传热的特点、影响因素与计算方法。

7.2.1 大容器饱和沸腾曲线

通过对水在一个大气压($1.013 \times 10^5 \text{Pa}$)下的大容器饱和沸腾传热过程的实验观察,可以画出图 7-8 所示的曲线,称为饱和沸腾曲线。曲线的横坐标为沸腾温差 $\Delta t = t_w - t_s$,或称为加热面的过热度;纵坐标为热流密度 q。

如果控制加热面的温度,使过热度 Δt 缓慢增加,则可以观察到四种不同的传热状态。

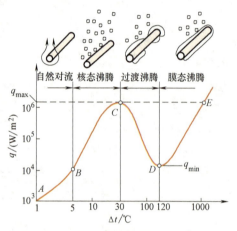

图 7-8 水在压力 $p = 1.013 \times 10^5 \text{Pa}$ 下的饱和沸腾曲线

1. 自然对流

当沸腾温差 Δt 比较小(图中 AB 段)时,加热面上只有少量气泡产生,并且不脱离壁面,看不到明显的沸腾现象,热量传递主要靠液体的自然对流,因此可近似地按自然对流传热规律计算。

2. 核态沸腾

如果沸腾温差 Δt 继续增加,加热面上产生的气泡将迅速增多,并逐渐长大,直到在浮升力的作用下脱离加热面,进入液体中。这时的液体已达到饱和,并具有一定的过热度,因此气泡在穿过液体时会继续被加热而长大,直至冲出液体表面,进入气相空间。由于加热面处液体的大量汽化以及液体被气泡剧烈地扰动,传热非常强烈,热流密度 q 随 Δt 迅速增加,直至峰值 q_{max}(图中 C 点)。因为从 B 到 C 这一阶段,气泡的生成、长大及运动对传热起决定作用,所以这一阶段的传热状态被称为核态沸腾(或泡态沸腾)。由于核态沸腾温差小、传热强,因此在工业上被广泛应用。

3. 过渡沸腾

如果从 C 点继续提高沸腾温差 Δt,热流密度 q 不仅不增加,反而迅速降低至一极小值 q_{min}(图中 D 点)。这时由于产生的气泡过多,连在一起形成气膜,覆盖在加热面上不易脱离,使传热条件恶化。这时的气膜不断破裂成大气泡脱离壁面,所以从 C 到 D 这一阶段的传热状态是不稳定的,称为过渡沸腾。

4. 膜态沸腾

在 D 点之后,随着沸腾温差 Δt 的继续提高,加热面上开始形成一层稳定的气膜,汽化在气液界面上进行,热量除了以导热和对流的方式从加热面通过气膜传到气液界面外,热辐射传热方式的作用也随着 Δt 的增加而加大,因此热流密度也随之增大。从 D 点以后的传热状态称为膜态沸腾。

包含上述四个传热状态的饱和沸腾曲线是在实验中通过调节加热功率、控制加热面温度得到的。如果加热功率不变,如用电加热器加热,则一旦热流密度达到并超过峰值 q_{max},工况将非常迅速地由 C 点沿虚线跳到膜态沸腾线上的 E 点,壁面温度会急剧升高到 1000℃ 以上,导致加热面因温度过高而烧毁。因此热流密度峰值 q_{max} 是非常危险的数值,也称为临界热流密度。为了保证安全的核态沸腾传热,必须控制热流密度低于临界热流密度。

前面介绍了在一个大气压下水的大容器饱和沸腾曲线,对于其他液体在不同的压力下的大容器饱和沸腾,都会得出类似的饱和沸腾曲线,即所有液体的大容器饱和沸腾现象都遵循类似的规律,只是各参数数值不同而已。

引起沸腾传热一般有两种加热方式,一是控制壁温,即改变壁温 t_w 与液体饱和温度 t_s 之差 $\Delta t = t_w - t_s$;二是控制热流,即改变壁面处的热流密度 q。沸腾传热的推动力是 $\Delta t = t_w - t_s$,因此壁面过热是产生沸腾传热的先决条件。

由于核态沸腾是工业中的理想工作区域,因此确定临界热流密度 q_{max} 具有十分重要的意义。对热流可控的情形,热流 q 与 h 无关,当热流密度稍超过 q_{max} 值,工况将沿 q_{max} 虚线跳至稳定膜态沸腾线,Δt 将猛升至近 1000℃。因此控制 $q<q_{max}$,可以保证设备安全运行而不至烧毁。对壁温可控的情形,q_{max} 与 Δt_c 对应,热流 q 与 h 有关,工程上选择 $\Delta t<\Delta t_c$,可以保证设备具有较高的传热效率。

7.2.2 核态沸腾传热的主要影响因素

由核态沸腾的特点可以看出,气泡的生成、长大及脱离加热面的运动对核态沸腾传热起决定作用,气泡的数量越多,越容易脱离加热面,核态沸腾传热就越强烈。

加热面的材料与表面状况、加热面的过热度、液体所在空间的压力以及液体的物性是影响核态沸腾传热的主要因素。科技工作者经过大量的实验观察研究和对气泡的生长过程所进行的理论分析,一致认为,气泡是在加热面上所谓的汽化核心处生成的,而形成汽化核心的最佳位置是加热面上的凹缝、孔隙处,这里残留着微量气体,最容易生成气泡核(即微小气泡),如图 7-9 所示。加热面的过热度越大,压力越高,能够长成气泡的气泡核越多,核态沸腾传热就越强烈。

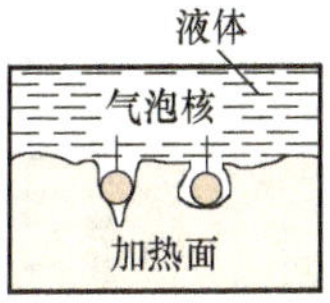

图 7-9 汽化核心示意图

影响沸腾传热的因素有以下几项:
1) 不凝结气体。溶解于液体中的不凝结气体往往会使沸腾传热得到某种强化。
2) 过冷度。在核态沸腾起始段,过冷度会使传热增强,表面传热系数增大。
3) 液位高度。只有低液位沸腾会强化传热,表面传热系数增大。
4) 重力加速度。只有在微重力状态下,重力加速度才会对核态沸腾传热产生影响。
5) 沸腾表面结构。沸腾表面的微小凹坑最容易产生汽化核心,从而强化传热。

工业上采用的强化核态沸腾传热的主要措施就是用烧结、钎焊、喷涂、机加工等方法在传热表面上造成一层多孔结构，如图 7-10 所示，以利于形成更多的汽化核心。经过这种处理的传热面的沸腾传热，其表面传热系数要比未经处理的光滑表面提高几倍甚至十几倍。

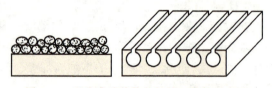

图 7-10　强化沸腾传热的加热面结构示意图

工程上常常遇到液体在管内发生强制对流沸腾的情况，如蒸汽锅炉中的传热管，水从管内流过，吸收管壁热量而蒸发。由于管内产生的蒸汽混入液流，会出现多种不同形式的两相流结构，传热机理很复杂。图 7-11 所示为一根竖管，流入管内的未饱和液体被管壁加热，到达一定位置时壁面上开始产生气泡。此时液体主流尚未达到饱和温度，处于过冷状态，这时的沸腾为过冷沸腾。继续加热而使液流达到饱和温度时，即进入饱和核态沸腾区。饱和核态沸腾区经历着泡状流和块状流（气泡汇合成块）。含气量增长到一定程度时，大气块进一步合并，在管中心形成气芯，把液体排挤到壁面，呈环状液膜，称为环状流。此时传热进入液膜对流沸腾区。环状液膜受热蒸发，逐渐减薄，最终液膜消失，湿蒸汽直接与壁面接触。液膜的消失称为蒸干。此时，传热恶化会使壁温猛升，可能导致管壁烧穿引起安全事故。对湿蒸汽流继续加热，最后进入干蒸汽单相传热区。横管内沸腾时，重力场对两相结构产生影响而有所不同，所以管的位置将影响管内沸腾状态。在管内沸腾中，最主要的影响参数是蒸汽含量（即蒸汽干度）、质量流量和压力。

为了防止管内沸腾蒸干区域管壁温度的飞升，锅炉中广泛采用图 7-12 所示的内螺纹管，肋片的高度在 1mm 左右。

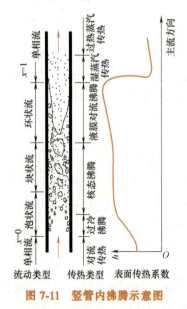

图 7-11　竖管内沸腾示意图

图 7-12　锅炉用内螺纹管

7.2.3　大容器饱和核态沸腾传热的实验关联式

1. 米海耶夫关联式

对于水在 $10^5 \sim 4 \times 10^6$ Pa 压力范围内的大容器饱和沸腾传热，米海耶夫推荐用核态沸腾

传热的表面传热系数计算式，即

$$h = 0.1224\Delta t^{2.33} p^{0.5} \quad (7\text{-}11)$$

因为 $q = h\Delta t$，所以式（7-11）可改写为

$$h = 0.5335 q^{0.7} p^{0.15} \quad (7\text{-}12)$$

式中，h 为沸腾传热的表面传热系数 [W/(m²·K)]；Δt 为沸腾温差，即壁面过热度（K）；p 为沸腾绝对压力（Pa）；q 为热流密度（W/m²）。

2. 罗森诺关联式

基于核态沸腾传热主要是气泡强烈扰动的对流传热的设想，罗森诺（Rohsenow）推荐的适用性较广的关联式为

$$q = \eta_l \gamma \left[\frac{g(\rho_l - \rho_v)}{\sigma}\right]^{1/2} \left(\frac{c_{pl}\Delta t}{C_{wl}\gamma Pr_l^s}\right)^3 \quad (7\text{-}13)$$

式中，η_l 为饱和液体的动力黏度 [kg/(m·s)]；γ 为汽化热（J/kg）；g 为重力加速度（m/s²）；ρ_l、ρ_v 分别为饱和液体和饱和蒸汽的密度（kg/m³）；σ 为蒸汽-液体界面的表面张力（N/m）；c_{pl} 为饱和液体的比定压热容，[J/(kg·K)]；Δt 为沸腾温差，即壁面过热度（K）；Pr_l 为饱和液体的普朗特数，$Pr_l = \dfrac{c_{pl}\eta_l}{\lambda_l}$；$s$ 为经验指数，对于水，$s=1$；对于其他液体，$s=1.7$；C_{wl} 为取决于加热面与液体组合情况的经验常数，由实验确定。一些加热面-液体组合的 C_{wl} 值列于表 7-1 中。

表 7-1 一些加热面-液体组合的 C_{wl} 值

加热面-液体组合	C_{wl}
水-抛光的铜	0.0130
水-粗糙表面的铜	0.0068
水-黄铜	0.0060
水-铂	0.0130
水-机械抛光的不锈钢	0.0130
水-化学腐蚀的不锈钢	0.0130
水-研磨并抛光的不锈钢	0.0060
乙醇-铬	0.0027
苯-铬	0.1010

3. 大容器沸腾的临界热流密度计算公式

在相关文献中，朱泊（Zuber）推荐采用半经验公式计算大容器饱和沸腾临界热流密度 q_{max}，即

$$q_{max} = \frac{\pi}{24}\gamma \rho_v^{1/2} [g\sigma(\rho_l - \rho_v)]^{1/4} \quad (7\text{-}14)$$

沸腾传热的计算公式拟合误差一般较大，这主要是由于沸腾传热过程本身机理比较复杂，它与加热表面的状况往往有很大关系。在使用公式时应注意各物理量的单位。

例 7-3 常压下直径为 30cm 的圆盘沸腾传热面每小时产生 2kg 的水蒸气。问此时壁面温度应为多少？

解 常压下水的物性值：$t_s = 100℃$，$\gamma = 2.257×10^6 \text{J/kg}$

$$q = \frac{m\gamma}{A} = \frac{2 \times 2.257 \times 10^6}{3600 \times \frac{3.14}{4} \times 0.3^2} \text{W/m}^2 = 17739 \text{W/m}^2$$

由 $h = 0.1224\Delta t^{2.33} p^{0.5} = 0.5335 q^{0.7} p^{0.15}$ 得

$$\Delta t^{2.33} = \frac{0.5335}{0.1224} q^{0.7} p^{-0.35} = 4.359 \times 17739^{0.7} \times 101325^{-0.35} = 72.71$$

壁面过热度 $\Delta t = 6.3℃$

壁面温度 $t_w = t_s + \Delta t = (100 + 6.3)℃ = 106.3℃$

小结

沸腾与凝结是一类复杂的对流传热，气-液两相间状态转变的存在使得这类传热有以下主要特点：

1) 热交换的动力是流体的饱和温度与壁面温度之差，因此它是牛顿冷却公式中的计算温差。

2) 影响对流传热的流体物理性质除了无相变时的 ρ、c_p、λ、η 以外，汽化热 γ 以及两相间的表面张力 σ 也是重要因素。

3) 无论凝结还是沸腾，都存在两种传热强度有数量级差别的方式，前者是膜状凝结与珠状凝结，后者是核态沸腾与膜态沸腾。

膜状凝结时传热阻力集中在液膜内，可以通过对液膜内流动与传热的控制方程的简化处理而得出分析解。尤其是竖壁与水平圆管外努塞尔理论的分析解，是对复杂问题做适当简化而获得的有实际意义解的范例，也是应用数学工具求解工程问题的典型。在膜状凝结中，由于完整液膜的存在，表面张力的作用显现不出来，但在珠状凝结中它就是一个重要的影响因素。

用 $q-\Delta t$ 表示的大容器沸腾曲线，表征了不同传热机制造成的传热强度的差别。特别要掌握两个问题：在核态沸腾区域，气泡的产生与脱离引起的强烈扰动是沸腾传热比单相对流传热强烈的主要原因；确认临界热流的存在具有重要的工程实际意义，读者可以通过恒定热流密度与恒定壁温加热两种情形理解其重要性。

强化膜状凝结的核心是使凝结液体尽快离开冷却表面，而强化沸腾的关键是在加热表面上产生尽可能多的汽化核心。

思考题与习题

7-1 什么是膜状凝结？什么是珠状凝结？为什么珠状凝结的传热强度远高于膜状凝结？

7-2 膜状凝结时热量传递的主要热阻在什么地方？试述影响膜状凝结的主要因素。

7-3 有人说，在其他条件相同的情况下，水平管外的凝结传热一定比竖直管强烈。这种说法一定成立吗？

7-4 从传热表面的结构而言，强化凝结传热的基本思想是什么？强化沸腾传热的基本思想是什么？

7-5 什么是过冷沸腾和饱和沸腾？大容器饱和沸腾曲线可以分为几个区域？各区域的特点是什么？

7-6 汽化核心在沸腾传热中所起的作用是什么？使水振动能否强化沸腾传热？

7-7 试对比水平管外凝结和水平管外膜态沸腾传热过程的异同。

7-8 为什么氨制冷系统要装空气分离器？

7-9 什么是沸腾传热的临界热负荷？确定临界热负荷对工程实际有何重要意义？

7-10 用水壶烧开水时，可以近似认为是恒热流的加热方式，为什么不必担心水烧干前水壶会被烧毁？

7-11 竖壁倾斜后其凝结传热表面传热系数是增大还是减小，为什么？

7-12 为什么蒸汽中含有不凝结气体会影响凝结传热的强度？

7-13 空气横掠管束时，沿流动方向管排数越多，传热越强，而蒸汽在水平管束外凝结时，沿液膜流动方向管束排数越多，传热强度越低。试对上述现象做出解释。

7-14 在电厂动力冷凝器中，主要冷凝介质是水蒸气，而在制冷剂（氟利昂）的冷凝器中，冷凝介质是氟利昂蒸汽。在工程实际中，常常要强化制冷设备中的凝结传热，而对电厂动力设备一般无须强化。试从传热角度加以解释。

7-15 两滴完全相同的水滴在大气压下分别滴在表面温度为 120℃ 和 300℃ 的铁板上，试问哪块板上的水滴先被烧干，为什么？

7-16 试从沸腾过程分析，为什么用电加热器加热时，当加热功率 $q > q_{max}$ 时，易发生壁面被烧毁的现象，而采用蒸汽加热则不会？

7-17 饱和水蒸气在高度 $H = 1.5$m 的竖直管外表面上做层流膜状凝结。水蒸气压力 $p = 2.5 \times 10^5$Pa，管子表面温度为 123℃，试利用努塞尔分析解计算离开管顶 0.1m、0.3m、0.5m、0.8m 及 1.1m 处的液膜厚度和局部表面传热系数。

7-18 大气压力下饱和蒸汽在 70℃ 的垂直壁面上凝结放热，壁面高 1.3m、宽 0.5m，求每小时的传热量及凝结水量。

7-19 立式氨冷凝器由外径为 50mm 的钢管制成。钢管外表面温度为 25℃，冷凝温度为 30℃，要求每根管子的氨凝结量为 0.009kg/s，试确定每根管的长度。

7-20 一竖管，管长为管径的 64 倍。为使管子竖放与水平放置时的凝结表面传热系数相等，必须在竖管上安装多少个泄液盘？设相邻泄液盘之间的距离相等。

7-21 一房间内空气温度为 25℃，相对湿度为 75%。一根外径为 30mm、外壁平均温度为 15℃ 的水平管道自房间穿过。空气中的水蒸气在管外壁面发生膜状凝结，假定不考虑传质的影响。试计算每米管子的凝结传热量。并将这一结果做分析：与实际情况相比，这一结果是偏高还是偏低？

7-22 试分析：液体在一定压力下做大容器饱和沸腾时，表面传热系数 h 增加一倍，壁面过热度应增加多少倍？如果同一液体做单相湍流强制对流传热（湍流充分发展），为使表

面传热系数 h 增加一倍，流速应增加多少倍？这时流体的驱动功率将增加多少倍？

7-23 直径为 5mm、长度为 100mm 的机械抛光不锈钢薄壁管，被置于压力为 1.013×10^5Pa 的水容器中，水温已接近饱和温度。对该不锈钢管两端通电以作为加热表面，试计算当加热功率为 1.9W 和 100W 时，水与钢管表面间的表面传热系数。

7-24 试计算当水在月球上并在 10^5Pa 和 10×10^5Pa 的压力下做大容器饱和沸腾时，核态沸腾的最大热流密度比地球上的相应数值小多少？（月球上的重力加速度为地球的 1/6）

第 8 章
热辐射的基本概念与定律

热辐射是不同于热传导和热对流的另一种热量传递方式,它不需要通过任何介质来实现热量的传递,而是由物体直接发出热射线借助电磁波来达到能量传递的目的。因此,它的研究方法也有着自身的特点。以热辐射方式进行的热量交换称为辐射传热。热辐射是一种非常普遍的热量传递现象,辐射传热问题也在工程领域和科学研究中普遍存在,尤其是在高温物体传热、红外加热技术、太阳能利用、航空航天工程、辐射采暖等领域中占有非常重要的地位。

本章主要从宏观的角度介绍热辐射的基本概念、黑体辐射的基本定律,以及实际物体和灰体的辐射特性。

8.1 热辐射的基本概念

8.1.1 电磁波的波谱和热辐射的特点

热辐射是辐射的一种,辐射是物体通过激发产生电磁波从而进行能量传递的现象,而激发产生电磁波的方式有多种,人们把由于自身温度或者热运动的原因而激发出电磁波的方式称为热辐射。

所有物质由于分子和原子振动的结果,都会连续不断地向外发射电磁波。电磁波的波长范围很广,包括波长达数百米的无线电波到波长小于 10^{-14}m 的宇宙射线。图 8-1 所示为电磁波的波谱范围,由于电磁波的激发方式有很多种,因此不同波段射线的性质也有所差异。

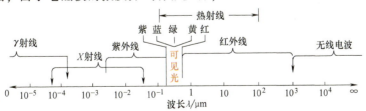

图 8-1 电磁波的波谱范围

热辐射处于整个电磁波谱的中段,所涵盖的光谱波长范围为 0.1~100μm,其中包括可见光、部分的紫外线和红外线。只要物体的温度高于绝对零度(0K),物体内部微观粒子就处于受激状态，总是不断地把热能变为辐射能，向外发出热辐射。同时，物体也不断地吸收周围物体投射到它表面上的热辐射，并把吸收的辐射能重新转化为热能。辐射传热就是指物体之间相互辐射和吸收的总效果。工程上一般物体的温度均小于 2000K，它们热辐射的大部分波长位于 $0.76 \sim 20\mu m$，只有对于太阳辐射才考虑波长在 $0.1 \sim 20\mu m$ 的热射线。因此，除特殊说明，一般涉及的热射线都是指红外线。

热射线的本质决定了热辐射过程具有以下几个特点。

1) 各种电磁波都以光速在空间传播，这是电磁辐射的共性，热辐射也不例外。电磁波的速率、波长和频率存在如下关系：

$$c = f\lambda \tag{8-1}$$

式中，c 为电磁波的传播速率，在真空中 $c = 3 \times 10^8 \text{m/s}$，在大气中的传播速率略低；$f$ 为电磁波的频率（s^{-1}）；λ 为波长（m），常用单位为 μm（微米），$1\mu m = 10^{-6}m$。

2) 辐射传热无须任何介质，热辐射可以穿过真空区和低温区。事实上，在真空中传递的效率最高，而其他两种热量传递方式则需要物质的接触。工程中不仅要研究相距很近物体之间的辐射传热，有时还要探讨距离很远物体（如太阳和地球）之间的辐射问题。

3) 物体消耗热力学能向外界发射热辐射能，同时又吸收外界投射到其表面的热射线，将其再转变为本身的热力学能。因此，在物体发射与吸收辐射能的过程中发生了电磁能与热能两种能量形式的两次转化。

4) 当物体之间或是物体与环境间处于热平衡时，其表面上的热辐射仍在不停地进行，但其净的辐射传热量等于零，此时物体间的辐射传热实际上是处于一种动态的热平衡。

8.1.2 物体表面对热辐射的作用

当热辐射的能量投射到物体表面时，与可见光一样，也发生吸收、反射和穿透现象。如图 8-2 所示，在外界投射到物体表面上的总能量 Q 中，一部分被物体吸收（记为 Q_α），另一部分被物体反射（记为 Q_ρ），其余部分则穿透物体（记为 Q_τ）。根据能量守恒定律，应有

$$Q = Q_\alpha + Q_\rho + Q_\tau \tag{8-2}$$

式（8-2）可以进一步改写成

$$\frac{Q_\alpha}{Q} + \frac{Q_\rho}{Q} + \frac{Q_\tau}{Q} = 1 \tag{8-3}$$

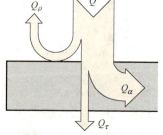

图 8-2 物体对热辐射的吸收、反射和透射

将式（8-3）中三部分能量的份额 Q_α/Q、Q_ρ/Q、Q_τ/Q 分别定义为该物体对投入辐射的吸收率、反射率和透射率，并记为 α、ρ、τ，于是有

$$\alpha + \rho + \tau = 1 \tag{8-4}$$

不同物体对投射辐射的吸收、反射、透射能力有很大的区别。当热辐射投射到固体或液体表面时，一部分被反射，其余部分在很薄的表面层内就被完全吸收了。对于金属导体，这一薄层只有 $1\mu m$ 的数量级，而对于大多数非导电体材料，这一薄层也小于 1mm。实用工程材料的厚度一般都大于这一数值，因此可以认为热辐射不能穿透固体和液体，即透射率为

零。于是，对于固体和液体，式（8-4）可简化为

$$\alpha+\rho=1 \tag{8-5}$$

由此可见，就固体和液体而言，吸收率和反射率是一对矛盾体。即吸收能力大的物体其反射本领就小，反之，吸收能力小的物体其反射本领就大。

当热辐射投射到气体上时，情况则大不一样。由于气体对辐射能几乎没有反射能力，可以认为反射率为零，因而式（8-4）可简化成式（8-6）。同理，吸收能力大的气体，其穿透能力就差。

$$\alpha+\tau=1 \tag{8-6}$$

此外，固体和液体对投入辐射所呈现的吸收和反射特性，均在物体表面上进行，并不涉及物体的内部，因此物体的表面状况对这些辐射特性的影响是至关重要的。而对于气体，辐射和吸收在整个气体容器空间中进行，不受容积界面影响，只与气体的内部特征有关，如太阳光在穿过大气层时，沿途将被各类气体吸收，因此其强度逐渐减弱。

不同物体的吸收率、反射率和透射率因具体条件不同差别很大，这给热辐射的计算带来很大困难。为了使问题简化，传热学中定义了一些理想物体。

透射率 $\tau=1$ 的物体称为透明体。在自然界中，完全的透明体是不存在的。但在一定条件下，玻璃材料对于可见光、空气对于红外线，均可视为完全透明的。

反射率 $\rho=1$ 的物体称为白体（具有漫反射特征的表面）或镜面体（具有镜面反射特征的表面）。镜面反射的特点是入射角等于反射角，如图 8-3a 所示。而漫反射时，被反射的辐射能在物体表面上方空间沿各个方向上均匀分布，如图 8-3b 所示。物体表面对热辐射的反射情况取决于物体表面粗糙程度和投射辐射能的波长。例如，当把一个球投到固体表面上时，如果球的直径远大于固体表面的表面粗糙度值，则很容易形成镜面反射，典型的例子便是篮球在球场上的运动。这里还应指出，漫反射的自身辐射也是漫发射的，而镜面反射的自身辐射也是镜发射的。对全波长范围内的热辐射，能完全镜面反射或者完全漫反射的实际物体也是不存在的，但是绝大多数工程材料在工业温度范围（温度小于 2000K）内对热辐射的反射可认为是近似于漫反射。

当吸收率 $\alpha=1$ 时，所有投入辐射能量全部被物体吸收，这种理想的吸收体被称为绝对黑体，简称黑体。黑体能将所有投射到它表面上的一切波长和所有方向上的辐射能全部吸收，在所有物体中，它吸收热辐射的能力是最强的，因此可以被用来作为衡量实际物体发射辐射能的参照物。

黑体也是一种理想物体，在自然界中是不存在的，但是炭黑、金刚砂、金黑、烟煤等一些少数物体表面吸收辐射能的能力可接近于黑体，而且可以人工制造出近似于黑体的模型。如图 8-4 所示的一个人工黑体模型，它是一个内表面吸收率较高的空腔，空腔壁面上开有一

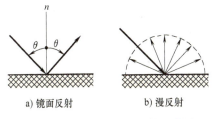

图 8-3 镜面反射与漫反射示意图

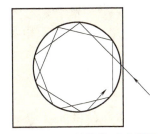

图 8-4 人工黑体模型示意图

个小孔。进入其中的热射线，经过多次的吸收和反射，只有极少量的部分能够从开孔处出来，这样的效果相当于小孔的吸收率接近于1。

黑体辐射在热辐射研究中具有重要的理论意义和实用价值，因而也是传热学中热辐射部分的重要学习内容。

8.2 黑体辐射的基本定律

黑体辐射有三个基本定律，它们分别从不同角度揭示了在一定的温度下，黑体单位表面辐射能的总量及其随波长和空间方向的分布规律。

8.2.1 辐射力和辐射强度

为了定量地表述物体单位表面在一定温度下向外界辐射能量的数量，需要引入辐射力和辐射强度这两个物理量。

1. 辐射力 E

如图 8-5 所示，任意微元表面 dA 将空间划分为对称的两部分，即该表面之上与之下，每一部分都是一个半球空间。微元面 dA 能向其上的半球空间发射辐射能，也能接收来自该半球空间的辐射能。单位时间内，单位辐射面积向其上半球空间所有方向发射出去的全部波长范围内的辐射总能量，称为辐射力，用符号 E 表示，单位为 W/m^2。通常，可用 E_b 表示黑体的辐射力。

图 8-5 半球空间图示

2. 光谱辐射力 E_λ

单位时间内物体单位辐射面积向其上半球空间所有方向发射出去的某个特定单位波长的能量，称为光谱辐射力（或单色辐射力），用符号 E_λ 表示，单位为 $W/(m^2 \cdot \mu m)$。若是黑体，则记为 $E_{b\lambda}$。光谱辐射力表征了物体发射某一波长辐射能力的大小，即可被用来描述辐射能量随波长的分布特征。

在热辐射的整个波谱内，物体发射每种波长辐射能的能力是不同的。很明显，光谱辐射力与辐射力之间存在积分关系，即

$$E = \int_0^\infty E_\lambda d\lambda \tag{8-7}$$

3. 定向辐射强度

为了说明物体发射的辐射能在空间的分布规律，首先要弄清如何表示空间方向及其大小，这就需要引入立体角的概念。

在图 8-6 所示的球坐标系中，φ 称为经度角，θ 称为纬度角。空间的方向可以用该方向的经度角和纬度角来表示。在微元面积 dA 上方半径为 r 的球面上，在 (θ, φ) 方向上有一个由经、纬线切割的微元面积 dA_c，其大小为

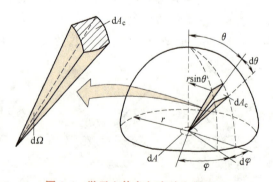

图 8-6 微元立体角与半球空间图示

$$dA_c = rd\theta \cdot r\sin\theta d\varphi = r^2 \sin\theta d\theta d\varphi \tag{8-8}$$

微元立体角可定义为

$$d\Omega = \frac{dA_c}{r^2} = \sin\theta d\theta d\varphi \tag{8-9}$$

立体角的单位称为空间度，记为 sr。显然，半球的立体角为 2πsr。

对于物体的辐射强度可以预期，由于对称性，在相同的纬度下，从微元面积 dA 向空间不同经度角方向单位立体角中辐射出去的能量是相等的。因此，研究实际物体或者黑体辐射在空间不同方向的分布，只需查明辐射能按不同纬度角分布的规律即可。

设微元面积 dA 向围绕空间纬度角 θ 方向的微元立体角 $d\Omega$ 内辐射出去的能量为 $d\Phi(\theta)$，实验测定表明，该能量与辐射强度的关系为

$$\frac{d\Phi(\theta)}{dAd\Omega} = I_\theta \cos\theta \tag{8-10}$$

通过变形，式（8-10）还可表示为另一种形式，即

$$\frac{d\Phi(\theta)}{dAd\Omega\cos\theta} = I_\theta \tag{8-11}$$

式中，$dA\cos\theta$ 可以视为从 θ 方向看过去的面积，称为可见面积（图 8-7）。式（8-11）右端的物理量 I_θ 定义为定向辐射强度，单位是 $W/(m^2 \cdot sr)$，可理解为，从物体单位可见面积发射出去的，落到空间任意方向单位立体角中的能量。

有了上述这些基本概念，就可以逐一对黑体辐射的基本规律进行讨论了。

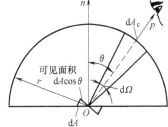

图 8-7 可见面积示意图

8.2.2 斯忒藩-玻耳兹曼定律

斯忒藩（Stefan）-玻耳兹曼（Boltzmann）定律给出了黑体的辐射力与其表面热力学温度之间的关系，即

$$E_b = \sigma T^4 = C_b \left(\frac{T}{100}\right)^4 \tag{8-12}$$

式中，σ 称为黑体辐射常数，其值为 $5.67 \times 10^{-8} W/(m^2 \cdot K^4)$；$C_b$ 称为黑体辐射系数，其值为 $5.67 W/(m^2 \cdot K^4)$。

由斯忒藩-玻耳兹曼定律可以看出，单位时间内单位黑体面积所发射出来的总辐射能与热力学温度的四次方成正比，故又称为四次方定律。因此，随着表面温度的不断上升，黑体辐射力也将急剧增加。

8.2.3 普朗克定律和维恩位移定律

1900 年，普朗克（Planck）在量子假设的基础上，从理论上确定了黑体辐射的光谱分布规律，给出了黑体的光谱辐射力与热力学温度、波长之间的函数关系，后人称之为普朗克定律。

$$E_{b\lambda} = \frac{C_1 \lambda^{-5}}{e^{C_2/(\lambda T)} - 1} \tag{8-13}$$

式中，$E_{b\lambda}$ 为黑体的光谱辐射力 $[W/(m^2 \cdot \mu m)]$；λ 为辐射能量的波长（μm）；T 为黑体

的热力学温度（K）；C_1 为普朗克第一常数，其值为 $3.7419×10^{-16}\mathrm{W\cdot m^2}$；$C_2$ 为普朗克第二常数，其值为 $1.4388×10^{-2}\mathrm{m\cdot K}$。

不同温度下黑体的光谱辐射力随波长的变化如图 8-8 所示。从图中可以看出，黑体的光谱辐射力随波长和温度的变化具有下述一些典型特点：

1）温度越高，同一波长下的光谱辐射力越大。

2）在一定的温度下，黑体的光谱辐射力随波长连续变化，其值先增大后减小，并在某一波长下具有最大值。

3）随着温度的升高，光谱辐射力取得最大值的波长 $\lambda_{\max}$ 越来越小，即在横坐标中的位置向短波方向移动。

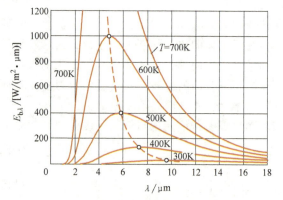

图 8-8 黑体的光谱辐射力曲线

在温度不变的情况下，应用普朗克定律表达式 (8-13) 求极值，可以确定黑体最大光谱辐射力对应波长 $\lambda_{\max}$ 与热力学温度 T 之间的关系为

$$\lambda_{\max} T = 2.8976×10^{-3}\,\mathrm{m\cdot K} \approx 2898\,\mathrm{\mu m\cdot K} \tag{8-14}$$

式 (8-14) 也称为维恩（Wien）位移定律，通过该式可以确定任一温度下黑体的光谱辐射力取得最大值的波长。例如，太阳可以近似为表面温度约为 5800K 的黑体，由式 (8-14) 可求得其光谱辐射力取得最大值的波长为 $\lambda_{\max} = 0.5\,\mathrm{\mu m}$，位于可见光的范围内，所以可见光的波长范围虽然很窄（$0.38\sim0.76\,\mathrm{\mu m}$），但太阳辐射能中可见光部分的份额却很大，约为 44.6%。再如，工业上常见的高温环境一般均低于 2000K，由式 (8-14) 可以确定，2000K 温度下黑体最大光谱辐射力下的波长为 $1.45\,\mathrm{\mu m}$，处于红外线范围内。加热炉中铁块升温过程中颜色的变化也能体现黑体辐射的特点：当铁块的温度低于 800K 时，所发射的热辐射主要是红外线，人的眼睛感受不到，看起来还是暗黑色的；随着温度的升高，铁块的颜色逐渐变为暗红色、鲜红色、橘黄色、亮白色，这是由于随着温度的升高，铁块发射的热辐射中可见光的比例逐渐增大。

图 8-8 所示的光谱辐射力曲线下的面积就是该温度下黑体的辐射力，根据辐射力与光谱辐射力之间的积分关系式 (8-7)，应有

$$E_b = \int_0^\infty E_{b\lambda}\,\mathrm{d}\lambda = \int_0^\infty \frac{C_1 \lambda^{-5}}{\mathrm{e}^{C_2/(\lambda T)} - 1}\,\mathrm{d}\lambda \tag{8-15}$$

可见，斯忒藩-玻耳兹曼定律表达式可以直接由普朗克定律表达式导出。

在工程上或其他实际问题中，常常需要计算黑体在一定的温度下发射的某一波长范围（或称波段）$\lambda_1\sim\lambda_2$ 内的辐射能 $E_{b(\lambda_1-\lambda_2)}$（也称为波段辐射力），如图 8-9 所示。根据积分运算规则，波段辐射力可以通过下式进行计算：

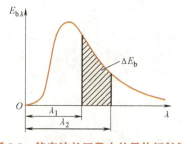

图 8-9 特定波长区段内的黑体辐射能

$$E_{b(\lambda_1-\lambda_2)} = \int_{\lambda_1}^{\lambda_2} E_{b\lambda} d\lambda = \int_0^{\lambda_2} E_{b\lambda} d\lambda - \int_0^{\lambda_1} E_{b\lambda} d\lambda \tag{8-16}$$

这一波段的辐射能占黑体辐射力的百分数 $F_{b(\lambda_1-\lambda_2)}$ 可计算为

$$F_{b(\lambda_1-\lambda_2)} = \frac{E_{b(\lambda_1-\lambda_2)}}{E_b} = \frac{\int_0^{\lambda_2} E_{b\lambda} d\lambda}{E_b} - \frac{\int_0^{\lambda_1} E_{b\lambda} d\lambda}{E_b} = F_{b(0-\lambda_2)} - F_{b(0-\lambda_1)} \tag{8-17}$$

式中，$F_{b(0-\lambda_1)}$、$F_{b(0-\lambda_2)}$ 分别为波段 $0\sim\lambda_1$、$0\sim\lambda_2$ 的辐射能所占同温度下黑体辐射能的百分数。

将普朗克定律表达式代入 $F_{b(0-\lambda)}$，可得

$$F_{b(0-\lambda)} = \frac{\int_0^\lambda E_{b\lambda} d\lambda}{\sigma T^4} = \frac{\int_0^\lambda \frac{C_1 \lambda^{-5}}{e^{C_2/(\lambda T)}-1} d\lambda}{\sigma T^4}$$

$$= \int_0^{\lambda T} \frac{C_1 (\lambda T)^{-5}}{e^{C_2/(\lambda T)}-1} \frac{1}{\sigma} d(\lambda T) \tag{8-18}$$

式中，$F_{b(0-\lambda)}$ 称为黑体辐射函数，表示这一百分数仅是以 λT 为自变量的函数。表 8-1 中给出了黑体辐射函数随 λT（单位：$\mu m \cdot K$）变化时的具体数值。

表 8-1 黑体辐射函数

$\lambda T/(\mu m \cdot K)$	$F_{b(0-\lambda)}(\%)$	$\lambda T/(\mu m \cdot K)$	$F_{b(0-\lambda)}(\%)$	$\lambda T/(\mu m \cdot K)$	$F_{b(0-\lambda)}(\%)$
1000	0.0323	3800	44.38	16000	97.38
1100	0.0916	4000	48.13	18000	98.08
1200	0.214	4200	51.64	20000	98.56
1300	0.434	4400	54.92	22000	98.89
1400	0.782	4600	57.96	24000	99.12
1500	1.290	4800	60.79	26000	90.30
1600	1.979	5000	63.41	28000	99.43
1700	2.862	5500	69.12	30000	99.53
1800	3.946	6000	73.81	35000	99.70
1900	5.225	6500	77.66	40000	99.79
2000	6.690	7000	80.83	45000	99.85
2200	10.11	7500	83.46	50000	99.89
2400	14.05	8000	85.64	55000	99.92
2600	18.34	8500	87.47	60000	99.94
2800	22.82	9000	89.07	70000	99.96
3000	27.36	9500	90.32	80000	99.97
3200	31.85	10000	91.43	90000	99.98
3400	36.21	12000	94.51	100000	99.99
3600	40.40	14000	96.29		

利用黑体辐射函数表，可以很容易地计算出黑体在某一温度下发射的任意波段的辐射能量，计算公式如下：

$$E_{b(\lambda_1-\lambda_2)} = [F_{b(0-\lambda_2)} - F_{b(0-\lambda_1)}] E_b \tag{8-19}$$

8.2.4 兰贝特定律

对于定向辐射强度的定义式 (8-11)，如果辐射物体是黑体，则可根据大量的实验研究

结果，将其进一步改写成

$$I = \frac{\mathrm{d}\Phi(\theta)}{\mathrm{d}A\mathrm{d}\Omega\cos\theta} \tag{8-20}$$

该式表明，黑体的定向辐射强度是一个常量，与空间方向无关，即半球空间各方向上的辐射强度都相等。这种黑体辐射强度所遵循的空间均匀分布规律，称为兰贝特（Lambert）定律。

值得注意的是，式（8-20）中，定向辐射强度是以单位可见面积作为度量依据的，如果以单位实际辐射面积为度量，则可将式（8-20）改写成

$$\frac{\mathrm{d}\Phi(\theta)}{\mathrm{d}A\mathrm{d}\Omega} = I\cos\theta \tag{8-21}$$

由此可以看出，黑体单位面积辐射出去的能量在空间不同方向的分布是不均匀的，按空间纬度角 θ 呈现出余弦规律变化。即在垂直于该表面的方向上辐射能量最大，而与该表面平行的方向上辐射能量为零，这就是兰贝特定律的另一种表达方式，称为余弦定律。

将式（8-21）两端各乘以 $\mathrm{d}\Omega$，然后在整个半球空间内进行积分，就可以得到从单位表面发射出去的、落到整个半球空间的能量，黑体的辐射力为

$$E_b = \int_{\Omega=2\pi} \frac{\mathrm{d}\Phi(\theta)}{\mathrm{d}A} = I_b \int_{\Omega=2\pi} \cos\theta \mathrm{d}\Omega \tag{8-22}$$

将微元空间立体角的定义式（8-9）代入式（8-22），可得

$$\begin{aligned} E_b &= I_b \iint \cos\theta\sin\theta\mathrm{d}\theta\mathrm{d}\varphi \\ &= I_b \int_0^{2\pi} \mathrm{d}\varphi \int_0^{\pi/2} \sin\theta\cos\theta\mathrm{d}\theta \\ &= I_b \pi \end{aligned} \tag{8-23}$$

因此，遵循兰贝特定律的辐射，其辐射力在数值上等于定向辐射强度的 π 倍。

例 8-1 一个黑体，从 27℃ 加热到 827℃，求该表面的辐射力增加了多少？

解 由式（8-12）有

$$E_{b1} = \sigma T_1^4 = 5.67\times10^{-8}\times(273+27)^4 \mathrm{W/m^2} = 459\mathrm{W/m^2}$$

$$E_{b2} = \sigma T_2^4 = 5.67\times10^{-8}\times(273+827)^4 \mathrm{W/m^2} = 83014\mathrm{W/m^2}$$

其辐射力增加了约 180 倍，可见随着温度的增加，辐射将成为传热的主要方式。

例 8-2 一个边长为 0.1m 的正方形平板加热器，每一面的辐射功率为 100W。如果将加热器看作黑体，试求加热器的温度和对应于加热器最大的光谱辐射力的波长。

解 设加热器的每一面的面积为 A，由辐射力定义式及式（8-12）有 $E_b = \frac{Q}{A} = \sigma T^4$。

所以

$$T = \left(\frac{Q}{A\sigma}\right)^{\frac{1}{4}} = \left(\frac{100}{0.1^2\times 5.67\times10^{-8}}\right)^{\frac{1}{4}} \mathrm{K} = 648\mathrm{K}$$

根据维恩位移定律，得

$$\lambda_{\max} = \frac{2.8976\times10^{-3}\mathrm{m\cdot K}}{T} = \frac{2.8976\times10^{-3}\mathrm{m}}{648} = 4.47\mu\mathrm{m}$$

例 8-3 试计算太阳辐射中可见光所占的比例。

解 太阳可认为是表面温度 $T=5762\text{K}$ 的黑体，可见光的波长范围是 $0.38\sim 0.76\mu\text{m}$，即 $\lambda_1=0.38\mu\text{m}$，$\lambda_2=0.76\mu\text{m}$，于是

$$\lambda_1 T = 0.38\times 5762\mu\text{m}\cdot\text{K} = 2190\mu\text{m}\cdot\text{K}$$

$$\lambda_2 T = 0.76\times 5762\mu\text{m}\cdot\text{K} = 4380\mu\text{m}\cdot\text{K}$$

由黑体辐射函数表可查得

$$F_{b(0-\lambda_1)} = 9.94\%, \quad F_{b(0-\lambda_2)} = 54.59\%$$

可见光所占的比例为

$$F_{b(\lambda_1-\lambda_2)} = F_{b(0-\lambda_2)} - F_{b(0-\lambda_1)} = 44.65\%$$

从上述结果可以看出，太阳辐射中可见光所占的比例很大。

例 8-4 如图 8-10 所示，有一个微元黑体面积 $dA_b = 10^{-3}\text{m}^2$，与该黑体表面相距 0.5m 处另有三个微元面 dA_1、dA_2、dA_3，面积均为 10^{-3}m^2，试计算从 dA_b 发出分别落在 dA_1、dA_2 与 dA_3 对 dA_b 所张的立体角中的辐射能量。[已知：$I=7000\text{W}/(\text{m}^2\cdot\text{sr})$]

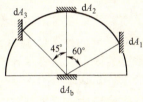

图 8-10 例 8-4 图

解 首先计算微元立体角

$$d\Omega_1 = \frac{dA_1}{r^2} = \frac{10^{-3}\times\cos 30°}{0.5\times 0.5} = 3.46\times 10^{-3}\text{sr}$$

$$d\Omega_2 = \frac{dA_2}{r^2} = \frac{10^{-3}\times\cos 0°}{0.5\times 0.5} = 4.0\times 10^{-3}\text{sr}$$

$$d\Omega_3 = \frac{dA_3}{r^2} = \frac{10^{-3}\times\cos 45°}{0.5\times 0.5} = 2.8\times 10^{-3}\text{sr}$$

辐射能

$$d\Phi_1 = IdA_b\cos\theta_1 d\Omega_1 = 7000\times 10^{-3}\times\frac{1}{2}\times 3.46\times 10^{-3}\text{W} = 1.21\times 10^{-2}\text{W}$$

$$d\Phi_2 = IdA_b\cos\theta_2 d\Omega_2 = 7000\times 10^{-3}\times 1\times 4.0\times 10^{-3}\text{W} = 2.8\times 10^{-2}\text{W}$$

$$d\Phi_3 = IdA_b\cos\theta_3 d\Omega_3 = 7000\times 10^{-3}\times\frac{\sqrt{2}}{2}\times 2.8\times 10^{-3}\text{W} = 1.38\times 10^{-2}\text{W}$$

如前所述，黑体的定向辐射强度与方向无关，是以单位可见面积作为度量单位的，实际上，黑体辐射能量在空间的分布是不均匀的，法线方向最大，切线方向为零。

8.3 实际物体和灰体的热辐射

前面讨论的黑体是一种研究热辐射的理想物体，与实际物体有很大差别。对于实际物体（包括固体、液体和气体）的辐射特性，将在与黑体的辐射特性进行对比的基础上来研究。由于实际物体不能完全吸收投入到它表面上的辐射能，因此它们的吸收特性还需要单独介绍。

气体的辐射和吸收与固体和液体有着较大差别，本节只介绍固体和液体的辐射吸收特性。

8.3.1 实际物体的辐射特性

黑体发射辐射的能力遵循斯忒藩-玻耳兹曼定律，而实际物体的辐射力 E 总是小于同温度下的黑体辐射力 E_b。这里，首先将引入发射率的概念，其定义为实际物体的辐射力与同温度下黑体的辐射力的比值，习惯上称为黑度，用符号 ε 表示，即

$$\varepsilon = \frac{E}{E_b} \tag{8-24}$$

可见，发射率的大小反映了物体发射辐射能的能力与同温度下黑体的接近程度，对于黑体，其发射率可认为等于 1。

借助发射率的定义，实际物体的辐射力也可依据斯忒藩-玻耳兹曼定律进行计算，即

$$E = \varepsilon E_b = \varepsilon \sigma T^4 = \varepsilon C_b \left(\frac{T}{100}\right)^4 \tag{8-25}$$

实验结果表明，实际物体的光谱辐射力随波长和温度的变化往往是不规则的，并不遵循普朗克定律。图 8-11 给出了黑体和实际物体的光谱辐射力随波长变化的示意性曲线，图上曲线下的面积分别表示各自的辐射力。

尽管实际物体的光谱辐射力按波长分布的规律不再是一条光滑的曲线，但基本的定性走势还是跟黑体一致的。在加热金属（如钢块）时可以观察到，当金属温度低于 500℃ 时，由于实际上没有可见光辐射，故不能觉察到金属颜色的变化；但随着温度的不断升高，金属将相继呈现暗红、鲜红、橘红等颜色，当温度超过 1300℃ 时将出现所谓白炽。金属在不同温度下呈现的各种颜色，说明随着温度的升高，热辐射中短波可见光的比例在逐渐增加。

从图 8-11 中可以发现，各个波长下，实际物体的光谱辐射力总小于同温度下黑体的光谱辐射力，两者之比称为实际物体的光谱发射率，用符号 ε_λ 表示为

$$\varepsilon_\lambda = \frac{E_\lambda}{E_{b\lambda}} \tag{8-26}$$

实际物体光谱辐射力在不同波长下不规则的变化趋势，也造成其光谱发射率不会是一个常数，从而也无规律地波动变化，如图 8-12 所示。

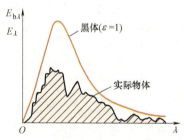

图 8-11 黑体和实际物体的光谱辐射力随波长变化的示意性曲线

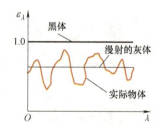

图 8-12 光谱发射率 ε_λ 随波长 λ 的变化

显然，光谱发射率与实际物体发射率之间的关系为

$$\varepsilon = \frac{E}{E_b} = \frac{\int_0^\infty \varepsilon_\lambda E_{b\lambda} d\lambda}{E_b} \tag{8-27}$$

需要指出的是，由于物体的发射率与温度有直接关系，因此其总的辐射力并不严格地与自身热力学温度的四次方成正比。

实际物体也不是漫发射体，也就是说辐射能量在空间方向的分布上，也不尽符合兰贝特定律。实际物体的定向辐射强度在不同方向上有所变化，是方向角 θ 的函数。这里，为了说明实际物体辐射强度的方向性，可引入定向发射率的概念，它可定义为实际物体在 θ 方向上的定向辐射力 E_θ 与同温度下黑体在该方向上的定向辐射力 $E_{b\theta}$ 的比值，用 ε_θ 表示，即

$$\varepsilon_\theta = \frac{E_\theta}{E_{b\theta}} = \frac{I(\theta)}{I_b} \tag{8-28}$$

式中，$I(\theta)$ 为与辐射法向面成 θ 角上的定向辐射强度；I_b 为同温度下黑体的定向辐射强度。

图 8-13 和图 8-14 描绘了几种金属和非金属材料表面的定向发射率 ε_θ 随方向角 θ 的变化情况，从图中可以看出 ε_θ 并不是常数。以磨光的金属为例，从 $\theta=0$ 开始，在一个小的 θ 角范围内，ε_θ 可近似看作常数，然后随着 θ 角增大至 40°左右，ε_θ 急剧增大，直到 θ 接近 90°才有所减缓。而对于非金属表面，从 $\theta=0\sim60$° 的范围内，ε_θ 基本上为一个常数值，表现出等强度辐射的特征，而在 $\theta>60$° 之后明显地急剧减小，直至 90°时降为零。金属和非金属在定向发射率方面表现出来的整体规律和差异可描述在图 8-15 中。

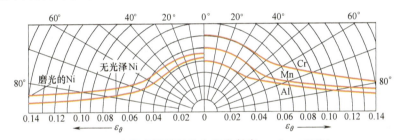

图 8-13　几种金属材料的定向发射率 ε_θ（$t=150$℃）

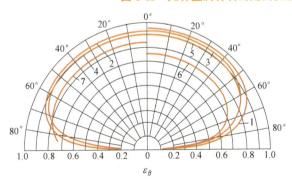

图 8-14　几种非金属材料的定向发射率 ε_θ（$t=0\sim93.3$℃）

1—潮湿的冰　2—木材　3—玻璃　4—纸
5—黏土　6—氧化铜　7—氧化铝

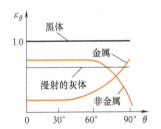

图 8-15　定向发射率 ε_θ 随方向角 θ 的变化

通常，可将沿半球空间的平均发射率称为表面的总发射率。发射率多为实验方法测定，而测量法线方向发射率最为简单。大量的测试结果均表明，半球总发射率 ε 与 $\theta=0$ 时的法向发射率 ε_n 相比变化不大。为此，可以近似认为大多数材料服从兰贝特定律，其发射率可由测得的法线发射率进行修正。对于金属表面取 $\varepsilon/\varepsilon_n=1.0\sim1.2$，对于非金属表面取 $\varepsilon/\varepsilon_n=0.95\sim1.0$。

需要注意的是，物体表面的发射率的大小只取决于发射体本身，与外界条件无关。对于

工程设计中遇到的绝大多数材料，都可以忽略 ε_θ 随 θ 的变化，近似地看作漫发射体。附录 O 中列举了一些常用材料的发射率，其大小取决于材料的种类、温度和表面状况（表面粗糙度、氧化和沾污程度、镀膜、涂层等），通常由实验测定。一般而言，非金属材料的发射率高于金属材料，粗糙表面的发射率高于光滑表面。目前，除了高度磨光的金属外，还不能用分析的方法说明所有这些因素的影响规律。

8.3.2 实际物体的吸收特性

作为一种理想物体，黑体的发射率为1，由于能够吸收投射到其表面的全部波长的各种辐射能，其吸收率也应当为1；对于实际物体，发射率小于1，且不能完全吸收投射到其表面上的辐射能，因此吸收率也小于1。

类似于光谱发射率，这里可以定义一个光谱吸收率，即表面对某个特定波长辐射能的吸收比例，记为 α_λ，对于实际物体，该参数同样也会随着波长发生变化。图 8-16、图 8-17 分别绘出了几种金属和非金属材料在室温下的光谱吸收率随波长的变化情况。从图中可以看出，对于磨光的铜和铝这类金属材料，光谱吸收率几乎不受波长变化的影响；但像阳极氧化的铝、粉墙面、白瓷砖等表面，光谱吸收率随波长变化很大，这种随波长变化的性质称为选择性。

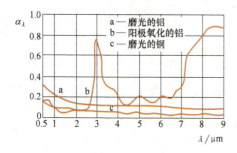

图 8-16 一些金属材料的光谱吸收率随波长的变化

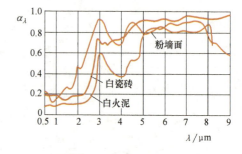

图 8-17 一些非金属材料的光谱吸收率随波长的变化

人们经常利用这种选择性来为工农业生产进行服务。例如，植物与蔬菜栽培使用的太阳能温室就是利用玻璃对于可见光以及红外线迥异的吸收特性而设计出来的。当太阳光照射到玻璃上时，由于玻璃对波长小于 $3\mu m$ 的辐射能的透射率很大，从而使大部分太阳能可以进入温室；温室中的物体（植物与土壤）由于温度低，其辐射能绝大部分位于波长大于 $3\mu m$ 的红外线范围内，玻璃对波长大于 $3\mu m$ 的红外线辐射能的透射率非常小，从而阻止了辐射能向温室外的散失，达到保温的目的，这就是所谓的"温室效应"。另外，焊接工人在焊接工件时要戴上一副黑色的墨镜，就是为了使对人眼有害的紫外线能被这种特殊玻璃所吸收，而不通过玻璃透射至人眼的视网膜。

特别值得指出，世上万物呈现不同的颜色，其主要原因也在于选择性地吸收与反射。当阳光照射到一个物体表面上时，如果该物体几乎全部吸收各种可见光，它就呈现黑色；如果几乎全部反射可见光，它就呈现白色；如果几乎均匀地吸收各色可见光并均匀地反射，它就呈现灰色；如果只反射了一种可见光而几乎全部吸收了其他可见光，则它就呈现出被反射的这种辐射线所对应的颜色。

实际物体的光谱吸收率对波长选择性的变化，使得实际物体对于辐射能的总吸收率 α 不仅取决于物体本身材料的种类、温度及表面性质，还与投入辐射随波长的分布密切相关，进一步地说就是与投入辐射能的发射体温度以及表面状况有关。图 8-18 绘出了一些材料在室温（$T_1 = 294K$）下对黑体辐射的吸收率随黑体温度 T_2 的变化。

实际物体光谱辐射特性随波长的变化，给辐射传热计算带来很大的困难。因此，为简化计算，这里引入了一种光谱辐射特性不随波长变化的假想物体——灰体的概念。

如果物体的光谱吸收率与波长无关，即 α_λ 为常数，则不管投入辐射的分布如何，这种物体对辐射能的总吸收率 α 也应当是同一个常数。换句话说，这时物体的吸收率只取决于它本身的情况，而与外界情况无关。

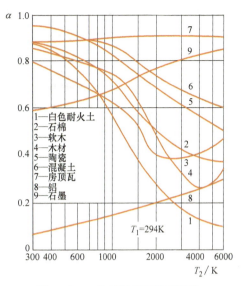

图 8-18 一些材料对黑体辐射的吸收率随黑体温度的变化

像黑体一样，灰体也是一种理想物体。但是，由于工程上实际物体辐射传热过程的常见温度范围在 2000K 之内，此时的热射线主要位于 0.76~10μm 的红外波长范围内，而绝大多数工程材料的光谱辐射特性在此波长范围内变化不大。因此，在工程计算时将实际物体近似地当作灰体处理，不会产生很大的误差，同时这种简化会给辐射传热分析计算带来很大的方便。

8.3.3 吸收率与发射率的关系——基尔霍夫定律

1860 年，德国物理学家基尔霍夫（Kirchhoff）揭示了物体吸收辐射能的能力与发射辐射能的能力之间的关系，称之为基尔霍夫定律，该定律可以通过如图 8-19 所示两个表面间辐射传热的分析过程导出。

假设有两个表面 1 和 2，彼此之间的距离很小，可认为从一个表面发出的辐射能全部落到另一个表面上。若表面 1 为黑体表面，表面 2 为任意表面，其辐射力和表面温度分别用 E_b、E 以及 T_b、T 表示，而表面 2 对于该温度下黑体辐射的总吸收率记为 α。根据辐射力的定义，单位时间内从表面 2 单位面积辐射出去的能量即为 E，当这部分能量落到表面 1 时，由于表面 1 为黑体表面，将被全部吸收。与此同时，表面 1 辐射出去的能量 E_b 只有 αE_b 被表面 2 吸收，其余部分 $(1-\alpha)E_b$ 被反射回表面 1，并被黑体表面全部吸收。根据上述的能量收支情况分析，两表面之间的净辐射传热量为

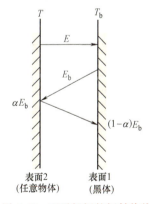

图 8-19 两平板间的辐射传热

$$Q_{12} = (E - \alpha E_b)A \qquad (8-29)$$

而当系统处于热平衡时，两个表面温度相等，净辐射传热量 Q_{12} 应该为 0，于是式（8-29）变为

$$\frac{E}{\alpha} = E_b \quad 或 \quad \alpha = \frac{E}{E_b} \qquad (8-30)$$

根据发射率定义式 $\varepsilon = \dfrac{E}{E_b}$，式（8-30）还可以进一步地改写为

$$\alpha = \varepsilon \qquad (8\text{-}31)$$

式（8-31）即为基尔霍夫定律，它说明物体对同温度下黑体投入辐射的总吸收率等于该物体的发射率。很明显，这种相等必须是在物体与黑体处于热平衡时才成立。在进行工程辐射传热计算时，投入辐射既不是黑体辐射，也不会处于热平衡，因此该定律并不能给物体间的辐射传热计算带来方便。

然而，如果系统中的表面2是一个漫射灰体，情况则完全不同。首先，按定义灰体的吸收率与波长无关，在一定温度下是一个常数；其次，物体的发射率是物性参数，与环境条件无关。假设在某温度 T 下，一个灰体与黑体处于热平衡，按基尔霍夫定律有 $\alpha(T)=\varepsilon(T)$。而对于漫灰表面，不论物体与外界是否处于热平衡，也不论投入辐射是否来自黑体，其吸收率总是等于同温度下的发射率，即 $\alpha = \varepsilon$。可见，灰体是无条件满足基尔霍夫定律的。由于大多数情况下的物体可按灰体对待，上述结论仍然可以给辐射传热计算带来实质性的简化，故基尔霍夫定律可广泛用于工程计算。

对于工程上常见的温度范围（$T \leqslant 2000\mathrm{K}$），大部分辐射能都处于红外波长范围内，绝大多数工程材料都可以近似为漫发射灰体，已知发射率的数值就可以确定吸收率的数值，不会引起较大的误差，故一般文献中只给出发射率的数据，而不涉及吸收率。但是，对于有些特殊的材料，在进行辐射传热时，尤其是吸收太阳辐射能时，吸收率和发射率有很大的区别（见表8-2）。例如太阳能集热器上的选择性表面涂层，它对于太阳辐射的吸收率高达0.9，而自身对于红外辐射能的发射率仅有0.1（图8-20），很显然不是漫灰表面，故不满足基尔霍夫定律。但是，这种人工合成材料的设计，既有利于保证装置对太阳能的吸收，又有效地减少了自身的辐射散热损失，在很多太阳能利用领域得到了广泛的应用。

表 8-2　部分材料 300K 时的发射率与对太阳能的吸收率

表面	α	$\varepsilon(300\mathrm{K})$	α/ε
金属底板上涂白漆	0.21	0.96	0.22
金属底板上涂黑漆	0.97	0.97	1
无光泽的不锈钢	0.50	0.21	2.4
红砖	0.63	0.93	0.68
人的皮肤(某种白种人)	0.62	0.97	0.64
雪	0.28	0.97	0.29
玉米叶子	0.76	0.97	0.78

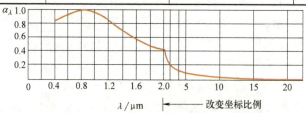

图 8-20　选择性表面涂层吸收率随波长的变化

例 8-5　假定人体皮肤的温度为 32℃，试计算人体皮肤的辐射力。

解　人体皮肤可近似按灰体处理，由表8-2查得，人体皮肤在32℃时的法向发射率为 $\varepsilon_n = 0.98$，即 $\varepsilon = 0.98$。按照式（8-25），其辐射力为

$$E = \varepsilon C_b \left(\frac{T}{100}\right)^4$$
$$= 0.98 \times 5.67 \times \left(\frac{32+273}{100}\right)^4 \text{W/m}^2$$
$$= 481 \text{W/m}^2$$

例 8-6 面积 $A_1 = 4 \times 10^4 \text{m}^2$、温度 $T_1 = 1000\text{K}$ 的漫射表面向半球空间发出辐射热，在与辐射表面法线成 45°方向距离为 1m 处安置一直径为 20mm 的热流计探头，测得该处的热流为 $1.2 \times 10^5 \text{W}$，探头表面吸收率取为 1。试确定辐射表面的黑度。

解 探头对辐射表面构成的立体角为

$$\Omega = \frac{A}{r^2} = \frac{\pi d^2/4}{1^2} = \frac{3.14 \times 0.02^2}{4} = 3.14 \times 10^{-4} \text{sr}$$

在 1000K 下黑体的辐射力为

$$E_b = \sigma \times T^4 = 5.67 \times 10^{-8} \times 1000^4 \text{W/m}^2 = 5.67 \times 10^4 \text{W/m}^2$$

热流计获得的热流

$$\Phi = IA_1 \cos\theta \cdot \Omega = \left(\frac{\varepsilon E_b}{\pi}\right) A_1 \cos\theta \cdot \Omega$$

则辐射表面的发射率

$$\varepsilon = \frac{\pi \Phi}{E_b A_1 \cos\theta \cdot \Omega}$$
$$= \frac{3.14 \times 1.2 \times 10^5}{5.67 \times 10^4 \times 4 \times 10^4 \times \cos 45° \times 3.14 \times 10^{-4}} = 0.748$$

即辐射表面 A_1 的黑度为 0.748。

例 8-7 一表面的光谱反射率与波长之间的关系如下：对于波长小于 4μm 的热辐射，其反射率 $\rho_1 = 0.2$；对于波长大于 4μm 的热辐射，其反射率 $\rho_2 = 0.8$。试确定该表面对温度为 1000K 的黑体辐射的吸收率。

解 由 $T = 1000\text{K}$、$\lambda = 4\mu\text{m}$，有 $\lambda T = 4000 \mu\text{m} \cdot \text{K}$。
查黑体辐射函数表得 $F_{b(0-\lambda)} = 48.13\%$

$$\alpha = F_{b(0-\lambda)}(1-\rho_1) + (1-F_{b(0-\lambda)})(1-\rho_2)$$
$$= 0.4813 \times (1-0.2) + (1-0.4813) \times (1-0.8) = 0.48878$$

所以该表面对温度为 1000K 的黑体辐射的吸收率为 0.48878。

小结

本章首先阐述了热辐射过程中的热量传递机制以及自身特点，给出了有关热辐射的一些重要概念，并提出了一个黑体模型。随后，分别从发射辐射能的总量、按波长分布和按照空间分布的角度，重点探讨了黑体辐射的三大基本定律。最后，分析了实际物体在发射辐射和吸收辐射方面与黑体之间的差异，在此基础上通过基尔霍夫定律和灰体概念的引入，建立了实际物体吸收率和发射率之间的联系。

本章的学习为第 9 章中物体间辐射传热的计算奠定了基础,针对重要内容总结如下:

1) 热辐射是指物体由于热的原因辐射电磁波的过程。对于工程实际中的大多数问题来说,热辐射特性主要是红外线的特征,因此不能用可见光的理论和知识来解释。

2) 固体和液体的辐射和吸收是在物体表面上进行的,而气体辐射却是在整个容积中进行的;对于固体和液体,在研究辐射和吸收时,均只研究半球空间。

3) 黑体是吸收率为 1 的物体,它是研究辐射传热的最重要的简化模型,实际物体的辐射与吸收都以黑体为参照对象;在相同温度的物体中,黑体的辐射能力和吸收能力都是最大的。

4) 漫射体和灰体是辐射传热研究中的另外两个重要模型。漫射体是指辐射特性与方向无关的物体,而灰体是指光谱吸收率 α_λ 与波长无关的物体。

5) 黑体辐射的规律:黑体的辐射力由斯忒藩-玻耳兹曼定律确定,辐射力正比于热力学温度的四次方;黑体辐射能量按波长的分布服从普朗克定律,而按空间方向的分布服从兰贝特定律;黑体的光谱辐射力有一个峰值,与此峰值相对应的波长 λ_{max} 由维恩位移定律确定,随着温度的升高,λ_{max} 向波长短的方向移动。

6) 实际物体的辐射特性只与其自身状况(表面温度、材料、表面状况)有关,金属和非金属表现出不同的辐射特性。对实际物体的两种简化处理为灰体和漫射体。大多数工程材料均满足"漫射的灰体"。

7) 基尔霍夫定律将实际物体的发射率 ε 与吸收率 α 联系起来,由于物体的发射率只取决于自身的温度及表面状况,故一般文献中只给出物体的发射率数据,而不给出吸收率的数据。

思考题与习题

8-1 黑体的特性是什么?自然界中是否有真的黑体?在热辐射理论中为什么要引入黑体这一概念?

8-2 什么是普朗克定律?什么是维恩位移定律?

8-3 在定义物体的辐射力时,为什么要加上"全波长"和"半球空间"的说明?

8-4 黑体的辐射能在空间方向上是怎么分布的?怎么理解定向辐射强度的概念?

8-5 全波长发射率与光谱发射率的关系是怎样的?

8-6 什么是漫射表面?什么是灰体?

8-7 在什么条件下,物体的吸收率等于发射率?

8-8 根据记忆,示意性地画出 $T_1<T_2<T_3$ 三个温度时黑体辐射的光谱分布。

8-9 一等温空腔的内表面为漫射体,并维持在均匀的温度。其上有一个面积为 $0.02m^2$ 的小孔,小孔面积相对于空腔内表面积可以忽略。今测得小孔向外界辐射的能量为 70W,试确定空腔内表面的温度,该温度下对应最大光谱辐射力的波长是多少?如果把空腔内表面全部抛光,而温度保持不变,问这一小孔向外的辐射有何变化?

8-10 计算与下述表面的最大光谱辐射力相对应的波长:太阳(5762K),温度为2500K的钨丝,1500K的热金属。

8-11 试确定一个电功率为100W的电灯泡发光效率。假设该灯泡的钨丝可看成是2900K的黑体,其几何形状为长5mm、宽2mm的矩形薄片。

8-12 用特定的仪器测得,一黑体炉发出的波长为$0.6\mu m$的辐射能(在半球范围内)为$10^8 W/m^3$,试问该黑体炉工作在多高的温度下?该工况下辐射黑体炉的加热功率为多大?辐射小孔的面积为$2\times10^{-2} m^2$。

8-13 经准确测定,从太阳投射到地球大气层外表面的辐射能为$1353W/m^2$。太阳直径为$1.39\times10^9 m$,两者相距$1.5\times10^{11} m$。若认为太阳是黑体,试估计其表面温度。

8-14 一炉膛内火焰的平均温度为1600K,炉墙上有一看火孔。试计算看火孔的辐射力。该辐射能中波长为$2\mu m$的光谱辐射力是多少?哪一种波长下的能量最多?若看火孔是直径为40mm的圆孔,在看火孔正前方0.5m处,有一直径为10mm的热流计,问该热流计所测到的看火孔的辐射能是多少?

8-15 地球同步轨道上的球形人造卫星,外表面温度为-13℃,发射率为0.6,卫星外径为350mm,试求卫星内部的产热功率。

8-16 有一现代大棚,所采用的棚顶材料对$0.4\sim3\mu m$波段的射线的透射率为0.98,其他波段不能透过,假设室内物体作为黑体处理,且温度为47℃。试计算太阳辐射与室内物体所发射的能量中能透过棚顶的部分各为多少?

8-17 图8-21所示为一个漫射表面在1600K下的光谱半球向发射率,试计算全波长半球向发射率和全波长发射功率。

8-18 对温度$T=2000K$的一个金属表面,测定了$\lambda=1.0\mu m$的光谱定向发射率,所得的方向分布可近似地用图8-22表示,试确定其光谱法向发射率、光谱半球向发射率、在法向的光谱辐射力和半球向光谱辐射力。

8-19 一个平板太阳集热器以低铁玻璃作为盖板,其透射率的光谱分布可近似地由图8-23表示。求玻璃盖板对太阳辐射的全波长透射率是多少?

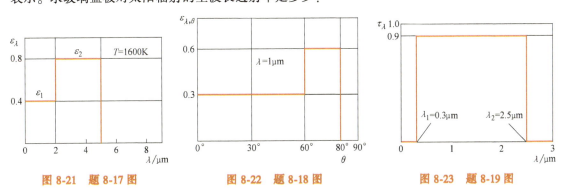

图8-21 题8-17图　　图8-22 题8-18图　　图8-23 题8-19图

8-20 已知一表面的光谱吸收率与波长的关系如图8-24a所示,在某一瞬间,测得表面温度为1000K。投入辐射G按波长分布的情形示于图8-24b中。试:

1) 计算单位表面积所吸收的辐射能。
2) 计算该表面的发射率及辐射力。

3）确定在此条件下物体表面的温度随时间的变化。设物体无内热源，没有其他形式的热量传递。

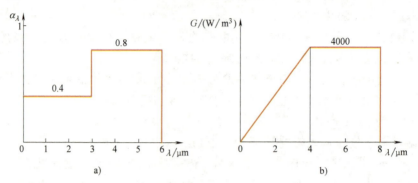

图 8-24　题 8-20 图

8-21　一个固体金属小球上有一层辐射透不过的漫射涂层，对 $\lambda \leqslant 5\mu m$ 的光谱区，吸收率 $\alpha_\lambda = 0.8$，对 $\lambda > 5\mu m$ 的光谱区，$\alpha_\lambda = 0.1$。将初始处于均匀温度 300K 的该小球放入壁温为 1200K 的大炉中。试确定小球对炉壁辐射的全波长半球向吸收率。

8-22　一漫射表面的光谱吸收率、光谱辐射力以及外界投入辐射随波长的分布，分别如图 8-25a、b、c 所示。若其温度为 1100K，试计算并回答：

1）此时该表面的辐射力和黑度。

2）定向辐射强度。

3）单位表面积吸收的外界投入辐射。

4）此条件下的物体温度随时间变化是升高还是降低。假定无内热源，也无其他形式的能量传递。

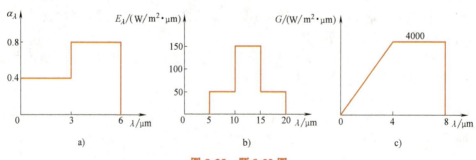

图 8-25　题 8-22 图

第 9 章

辐射传热的计算

本章讨论物体间辐射传热的计算方法，重点是固体表面之间的辐射传热。本章首先介绍辐射传热计算中的一个重要几何因子——角系数，分别介绍它的定义、性质和计算方法；接着介绍由两个及多个表面组成的封闭腔内部辐射传热的计算方法；然后简要介绍气体辐射，最后在之前基础上总结辐射传热的控制方法。

9.1 辐射传热的角系数

由于物体间的辐射传热是在整个空间中进行的，因此在讨论任意两表面间的辐射传热时，必须对所有参与辐射传热的表面进行考虑。实际处理中，常把参与辐射传热的有关表面视作一个封闭腔，表面间的开口设想为具有黑表面的假想面。

为了简化辐射传热的计算，假设：①进行辐射传热的物体表面之间是不参与辐射的透明介质（如单原子或具有对称分子结构的双原子气体、空气）或真空；②参与辐射传热的物体表面都是漫射（漫发射、漫反射）、灰体或黑体表面；③每个表面的温度、辐射特性及投入辐射分布均匀。实际上，能严格满足上述条件的情况很少，但工程上为了计算简便，常近似地认为满足上述条件，因此计算结果会有一定的误差，这些误差在工程计算中一般是在允许范围内。

物体间的辐射传热必然与物体表面的几何形状、大小及相对位置有关，角系数是反映这些几何因素对辐射传热影响的重要参数。

9.1.1 角系数的定义

对于图 9-1 所示的两个任意位置的表面 A_1、A_2，从表面 A_1 发出（自身发射与反射）的总辐射能中直接投射到表面 A_2 上的辐射能占总辐射能的百分数称为表面 A_1 对表面 A_2 的角系数，用符号 $X_{1,2}$ 表示。同样，表面 A_2 对表面 A_1 的角系数用 $X_{2,1}$ 表示。这里，角系数符号中第一个下标表示发射辐射能的表面，第二个下标表示接收辐射能的表面。角系数是几何量，只取决

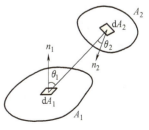

图 9-1 任意位置的两个表面之间的辐射传热

于两个物体表面的几何形状、大小和相对位置。

根据角系数的定义，单位时间内表面 A_1 发射到达表面 A_2 的能量为 $E_{b1}A_1X_{1,2}$，同时，单位时间内表面 A_2 发射到达表面 A_1 的能量为 $E_{b2}A_2X_{2,1}$。因为 A_1 和 A_2 都是黑体，故它们之间的辐射传热量为

$$\Phi_{1,2} = E_{b1}A_1X_{1,2} - E_{b2}A_2X_{2,1} \tag{9-1}$$

从式（9-1）看出，当黑体温度和面积均已知时，只需求解出角系数，就可计算出黑体表面间的辐射传热量。

9.1.2 角系数的性质

1. 相对性

根据式（9-1），当 $T_1 = T_2$ 时，净辐射传热量为零，有

$$A_1X_{1,2} = A_2X_{2,1} \tag{9-2}$$

式（9-2）同样适用于描述如图 9-2 所示的两个任意位置的漫射表面之间角系数的相互关系，称为角系数的相对性（或互换性）。只要知道其中一个角系数，就可以根据相对性求出另一个角系数。

2. 完整性

从辐射传热的角度看，任何物体都处于其他物体（实际物体或假想物体，如太空背景）的包围之中。换句话说，任何物体都与其他所有参与辐射传热的物体构成一个封闭空腔，如图 9-3 所示，它所发出的辐射能百分之百地落在封闭空腔的各个表面之上，也就是说，它对构成封闭空腔的所有表面的角系数之和等于 1，即

$$X_{1,1} + X_{1,2} + X_{1,3} + \cdots + X_{1,n} = 1 \tag{9-3}$$

式（9-3）称为角系数的完整性。式中的 $X_{1,1}$ 是表面 1 对自身的角系数，对于非凹表面（即平表面或凸表面），$X_{1,1} = 0$。

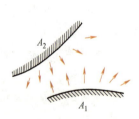

图 9-2　有限大小的两个表面之间的辐射传热

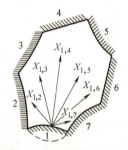

图 9-3　角系数的完整性

3. 可加性

角系数的可加性实质上是辐射能的可加性，体现能量守恒。对于图 9-4a 所示的系统，下面的关系式成立：

$$A_1 E_{b1} X_{1,2} = A_1 E_{b1} X_{1,a} + A_1 E_{b1} X_{1,b}$$

即

$$X_{1,2} = X_{1,a} + X_{1,b} \tag{9-4}$$

对于图 9-4b 所示的系统，下面的关系式成立：

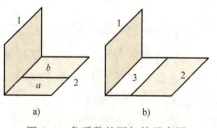

图 9-4　角系数的可加性示意图

$$A_1 E_{b1} X_{1,(2+3)} = A_1 E_{b1} X_{1,2} + A_1 E_{b1} X_{1,3}$$

即
$$X_{1,(2+3)} = X_{1,2} + X_{1,3} \tag{9-5}$$

9.1.3 角系数的计算方法

角系数是计算物体间辐射传热所需的基本参数。确定角系数的方法有多种，如积分法、代数法、图解法（或投影法）及光电模拟法等。对于积分法，只做简单介绍，给出几种几何系统的计算结果，这里重点讨论代数法。

1. 积分法

所谓积分法就是根据角系数的基本定义通过求解多重积分而获得角系数的方法。

图 9-5 所示为两个有限大小的面积 A_1 和 A_2 之间的辐射传热，分别从 A_1 和 A_2 上取微元面积 dA_1 和 dA_2。由辐射强度的定义知，dA_1 向 dA_2 辐射的能量为

$$dE_{b1} = dA_1 I_{b1} \cos\theta_1 d\Omega_1$$

将立体角的定义

$$d\Omega_1 = dA_2 \cos\theta_2 / r^2$$

代入上式得

$$dE_{b1} = I_{b1} \cos\theta_1 \cos\theta_2 dA_1 dA_2 / r^2$$

根据辐射强度与辐射力之间的关系

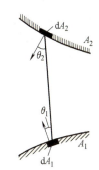

图 9-5 直接积分法图示

$$I_{b1} = \frac{E_{b1}}{\pi}$$

则表面 dA_1 向半球空间发出的辐射能为 $E_{b1} = \pi I_{b1} dA_1$，于是 dA_1 对 dA_2 的角系数为

$$X_{d1,d2} = \frac{dE_{b1}}{E_{b1}} = \frac{I_{b1} \cos\theta_1 dA_1 d\Omega_1}{E_{b1}} = \frac{\cos\theta_1 \cos\theta_2 dA_2}{\pi r^2} \tag{9-6}$$

同理，可以导出 dA_2 对 dA_1 的角系数为

$$X_{d2,d1} = \frac{dE_{b2}}{E_{b2}} = \frac{I_{b2} \cos\theta_2 dA_2 d\Omega_2}{E_{b2}} = \frac{\cos\theta_1 \cos\theta_2 dA_1}{\pi r^2} \tag{9-7}$$

比较式（9-6）和式（9-7）可以得到 $dA_1 X_{d1,d2} = dA_2 X_{d2,d1}$，由此式即可得出式（9-2）。分别对上述两式中的其中一个表面积分，就能导出微元表面对另一表面的角系数，即微元表面 dA_1 对整个表面 A_2 的角系数为

$$X_{d1,2} = \int_{A_2} \frac{\cos\theta_1 \cos\theta_2}{\pi r^2} dA_2 \tag{9-8}$$

微元表面 dA_2 对整个表面 A_1 的角系数为

$$X_{d2,1} = \int_{A_1} \frac{\cos\theta_1 \cos\theta_2}{\pi r^2} dA_1 \tag{9-9}$$

利用角系数的互换性应有 $dA_1 X_{d1,2} = dA_2 X_{2,d1}$，则表面 2 对微元表面 dA_1 的角系数为

$$X_{2,d1} = \frac{1}{A_2} \int_{A_2} \frac{\cos\theta_1 \cos\theta_2}{\pi r^2} dA_2 dA_1 \tag{9-10}$$

积分上式，得到整个表面 A_2 对表面 A_1 的角系数为

$$X_{2,1} = \frac{1}{A_2} \int_{A_1} \int_{A_2} \frac{\cos\theta_1 \cos\theta_2}{\pi r^2} dA_2 dA_1 \tag{9-11}$$

同理，表面 A_1 对表面 A_2 的角系数为

$$X_{1,2} = \frac{1}{A_1} \int_{A_2} \int_{A_1} \frac{\cos\theta_1 \cos\theta_2}{\pi r^2} dA_1 dA_2 \tag{9-12}$$

从上面的推导可以看出，角系数是 θ_1、θ_2、r、A_1 和 A_2 的函数，它们都是纯粹的几何量，所以角系数也是纯粹的几何量。角系数是纯粹几何量的原因在于引入了漫射表面的假设，也就是等强度辐射的假设，因而有 $E_{b1} = \pi I_{b1} dA_1$，这样才能导出上述结果。

当角系数是几何量时，它只与两表面的大小、形状和相对位置有关。此时角系数的性质对于非黑体表面以及没有达到热平衡的系统也适用。

对于几何形状和相对位置复杂一些的系统，积分运算将会非常烦琐和困难。为了工程计算方便，已将常见几何系统的角系数计算结果用公式或线算图的形式给出，表 9-1 中列出了几种几何系统的角系数计算公式。图 9-6~图 9-8 所示为一些常见的几何体系的角系数图线，可以方便查阅。

表 9-1 几种几何系统的角系数 $X_{1,2}$ 计算公式

几何系统	角系数 $X_{1,2}$
两个同样大小、平行相对的矩形表面：	$x = a/h, y = b/h$ $$X_{1,2} = \frac{2}{\pi xy}\left[\frac{1}{2}\ln\frac{(1+x^2)(1+y^2)}{1+x^2+y^2} - x\cdot\arctan x + x\sqrt{1+y^2}\arctan\frac{x}{\sqrt{1+y^2}} - y\cdot\arctan y + y\sqrt{1+x^2}\arctan\frac{y}{\sqrt{1+x^2}}\right]$$
两个相互垂直且具有一条公共边的矩形表面：	$x = b/c, y = a/c$ $$X_{1,2} = \frac{1}{\pi x}\left[x\cdot\arctan\frac{1}{x} + y\cdot\arctan\frac{1}{y} - \sqrt{x^2+y^2}\arctan\frac{1}{\sqrt{x^2+y^2}} + \frac{1}{4}\ln\frac{(1+x^2)(1+y^2)}{1+x^2+y^2} + \frac{x^2}{4}\ln\frac{x^2(1+x^2+y^2)}{(1+x^2)(x^2+y^2)} + \frac{y^2}{4}\ln\frac{y^2(1+x^2+y^2)}{(1+y^2)(x^2+y^2)}\right]$$
两个相互垂直且具有公共中垂线的圆盘：	$x = r_1/h, y = r_2/h, z = 1+(1+y^2)/x^2$ $$X_{1,2} = \frac{1}{2}\left[z - \sqrt{z^2 - 4(y/x)^2}\right]$$
一个圆盘和一个中心在其中垂线上的球：	$$X_{1,2} = \frac{1}{2}\left(1 - \frac{1}{\sqrt{1+(r_2/h)^2}}\right)$$

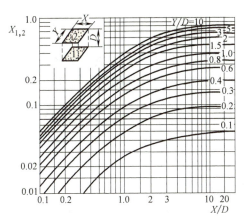

图 9-6　互相平行且等面积的两矩形之间的角系数

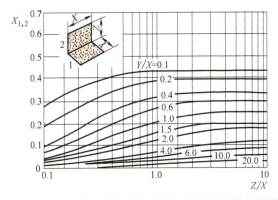

图 9-7　具有公共边的相互垂直的两矩形之间的角系数

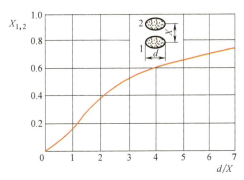

图 9-8　互相平行且等面积的两圆之间的角系数

2. 代数法

代数法是利用角系数的定义及相对性、完整性和可加性的性质，通过代数运算确定角系数的方法。下面举例说明如何利用代数法来确定角系数。

图 9-9 所示为一个由三个非凹表面（平面或凸面）组成的系统，假定三个表面在垂直于纸面方向是无限长的，那么从系统两端开口处逸出的辐射能可以忽略不计，因而可以认为它是一个封闭系统。设三个表面的面积分别为 A_1、A_2 和 A_3。根据角系数的完整性有：

$$X_{1,2}+X_{1,3}=1;\quad X_{2,1}+X_{2,3}=1;\quad X_{3,1}+X_{3,2}=1$$

根据角系数的相对性有：

$$A_1X_{1,2}=A_2X_{2,1};\quad A_2X_{2,3}=A_3X_{3,2};\quad A_3X_{3,1}=A_1X_{1,3}$$

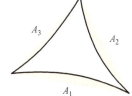

图 9-9　三个表面的封闭系统

联立求解上述一元六次方程，可以分别求出未知的 6 个角系数，例如 $X_{1,2}$ 为

$$X_{1,2}=\frac{A_1+A_2-A_3}{2A_1} \tag{9-13}$$

其他 5 个角系数也可以仿照 $X_{1,2}$ 的公式写出。由于三个表面在垂直于纸面方向的长度相同，因此长度量可以从式（9-13）的分子、分母中消去。设三个表面在图示方向的线段长分别为 l_1、l_2 和 l_3，则式（9-13）可改写为

$$X_{1,2} = \frac{A_1 + A_2 - A_3}{2A_1} = \frac{l_1 + l_2 - l_3}{2l_1} \tag{9-14}$$

利用上述公式还可以求解如图 9-10 所示的不封闭体系的角系数。设表面 A_1、A_2 垂直于纸面无限长，作辅助线 ac 和 bd，它们代表在垂直于纸面方向上无限延伸的两个表面，可以认为，它们连同 A_1、A_2 构成一个封闭体系。在这个系统里，根据角系数的完整性，表示 A_1 对 A_2 的角系数为

$$X_{1,2} = 1 - X_{1,ac} - X_{1,bd}$$

对于 A_1 与 ca、bc 面构成的封闭系统 abc，以及 A_1 与 ad、bd 面构成的封闭系统 abd，根据前面三个非凹表面构成的封闭体系的计算结果，可得

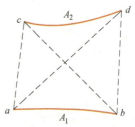

图 9-10 两无限长表面的角系数

$$X_{1,ac} = \frac{ab + ac - bc}{2ab}$$

$$X_{1,bd} = \frac{ab + bd - ad}{2ab}$$

将以上两式代入 $X_{1,2}$ 的表达式中，得

$$X_{1,2} = \frac{(ad + bc) - (ac + bd)}{2ab} \tag{9-15}$$

按式 (9-15) 的组成，可以归纳出一般关系，即

$$X_{1,2} = \frac{\text{交叉线长度之和} - \text{非交叉线长度之和}}{2 \times \text{表面 } A_1 \text{ 的横断面线段长度}} \tag{9-16}$$

对于在一个方向上长度无限延伸的多个表面组成的系统，任意两个表面之间的角系数的计算式，都可以参照式 (9-16) 的结构关系写出，这种确定角系数的方法称为交叉线法。

求出黑体表面之间的角系数之后，即可方便地计算出它们之间的辐射传热量，即

$$\Phi_{1,2} = E_{b1}A_1X_{1,2} - E_{b2}A_2X_{2,1} = A_1X_{1,2}(E_{b1} - E_{b2}) \tag{9-17}$$

例 9-1 试确定图 9-11 中几何结构的角系数 $X_{1,2}$。

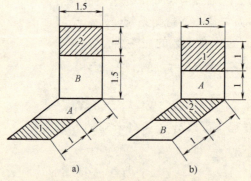

图 9-11 相互垂直的两矩形表面

解 1) 针对图 9-11a，由角系数的性质列出的关系式为

$$A_1X_{1,2} = A_2X_{2,1} = A_2(X_{2,1+A} - X_{2,A}) = A_{1+A}X_{1+A,2} - A_AX_{A,2}$$

$$X_{1,2} = (A_{1+A}/A_1)(X_{1+A,2+B} - X_{1+A,B}) - (A_A/A_1)(X_{A,2+B} - X_{A,B})$$

由图 9-11a 中尺寸查图 9-7 得

	$X_{1+A,2+B}$	$X_{1+A,B}$	$X_{A,2+B}$	$X_{A,B}$
Z/X	1.67	1.0	1.67	1.0
Y/X	1.33	1.33	0.667	0.667
角系数	0.19	0.165	0.275	0.255

代入原式,得

$$X_{1,2} = (3/1.5) \times (0.19 - 0.165) - (1.5/1.5) \times (0.275 - 0.255) = 0.03$$

2) 针对图 9-11b,由角系数的性质可列出下列关系:

$$A_1 X_{1,2} = A_2 X_{2,1} = A_2(X_{2,1+A} - X_{2,A})$$
$$X_{1,2} = (A_2/A_1)(X_{2,1+A} - X_{2,A})$$

由图 9-11b 中尺寸查图 9-7 得

	$X_{2,1+A}$	$X_{2,A}$
Z/X	1.333	0.667
Y/X	0.667	0.667
角系数	0.27	0.225

代入原式,得

$$X_{1,2} = (1.5/1.5) \times (0.27 - 0.225) = 0.045$$

9.2 封闭系统中被透热介质隔开的灰体表面间的辐射传热

在热量传递的三种基本方式中,导热与对流都发生在直接接触的物体之间,而辐射传热则可发生在两个被真空或透热介质隔开的表面之间。这里的透热介质指的是不参与热辐射的介质,如空气。下面讨论的固体表面间辐射传热是指表面之间不存在参与热辐射介质的情形。

9.2.1 封闭腔模型

热辐射是物体以电磁波方式向外界传递能量的过程,在计算任何一个表面与外界之间的辐射传热时,必须把由空间各个方向投入到该表面的辐射能包括进去,所以前面讨论热辐射特性时引入了半球空间的概念。当要计算一个表面通过热辐射与外界的净传热量时,计算对象必须是包含所研究表面在内的一个封闭腔。这个辐射传热封闭腔的表面可以全部是物理上真空的,也可以部分是虚构的。最简单的封闭腔就是两块无限接近的平行平板。这里只讨论由两个表面组成的封闭系统,重点在于灰体表面间辐射传热的计算。

如图 9-12 所示,黑体表面 1、2 在垂直于纸面方向为无限长(以下简称二维系统),则表面 1、2 间的净辐射传热量为

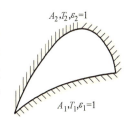

图 9-12 两黑体表面的辐射传热系统

$$\Phi_{1,2} = A_1 E_{b1} X_{1,2} - A_2 E_{b2} X_{2,1}$$
$$= A_1 X_{1,2} (E_{b1} - E_{b2})$$
$$= A_2 X_{2,1} (E_{b1} - E_{b2}) \tag{9-18}$$

由式 (9-18) 可见，黑体系统辐射传热量计算的关键在于求得角系数。对灰体系统的情况则要比黑体系统复杂得多，因为灰体表面的吸收率小于 1，只能部分吸收投入到灰体表面的辐射能，其余部分将被反射出去，所以存在多次吸收和反射的现象。

9.2.2 有效辐射

考虑到灰体系统辐射传热的复杂性，为了简化计算，这里引入有效辐射的概念。

如图 9-13 所示，考察任意一个参与辐射的灰体表面，设该表面温度为 T，面积为 A。对于处在一定温度条件下的物体表面，要向半球空间辐射出辐射能，其表面 A 由于自身温度向外发出的辐射能为 E，同时也要吸收投入到它上面的部分辐射能，并反射出去一部分。外界投射到表面 A 上的辐射能称为投入辐射，用符号 G 表示。吸收和反射的能量分别为 αG 和 ρG，这里 $\rho G = (1-\alpha) G$。定义单位时间内离开物体表面单位面积的总辐射能为物体表面的有效辐射，记为 J，有

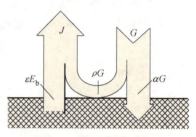

图 9-13 有效辐射示意图

$$J = E + \rho G = \varepsilon E_b + (1-\alpha) G \tag{9-19}$$

在表面外能感受到的表面辐射就是有效辐射，它也是用辐射探测仪能测量到的单位表面积上的辐射功率（单位为 W/m²）。

9.2.3 有效辐射与辐射传热量的关系

在图 9-13 中，从表面外部来观察，该表面的能量收支为
$$q = J - G$$
从表面内部来观察，该表面的能量收支应为
$$q = E - \alpha G$$
在两式中消去 G，即得到有效辐射 J 与辐射传热量 q 之间的关系：

$$J = \frac{E}{\alpha} - \frac{1-\alpha}{\alpha} q = E_b - \left(\frac{1}{\varepsilon} - 1\right) q \tag{9-20}$$

式 (9-20) 中的各个物理量均是对同一表面而言的，而且以向外界的净传热量为正值。

9.2.4 两个漫灰表面组成的封闭腔的辐射传热

由两个漫灰表面组成的二维封闭系统可抽象为图 9-14 所示的四种情形。其中图 9-14b、c、d 所代表的系统在垂直于纸面方向无限长（二维系统），图 9-14a 所示情形可以代表二维的（表面 1 和表面 2 为圆柱面），也可以是三维的（表面 1 和表面 2 为球面）。无论哪种情形，都可以写出表面 1 和表面 2 之间的辐射传热量为

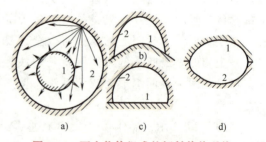

图 9-14 两个物体组成的辐射传热系统

$$\Phi_{1,2}=A_1J_1X_{1,2}-A_2J_2X_{2,1} \tag{9-21}$$

由角系数的互换性有 $A_1X_{1,2}=A_2X_{2,1}$，则式（9-21）可写为

$$\Phi_{1,2}=A_1X_{1,2}(J_1-J_2)=A_2X_{2,1}(J_1-J_2) \tag{9-22}$$

或

$$\Phi_{1,2}=\frac{J_1-J_2}{\dfrac{1}{A_1X_{1,2}}}=\frac{J_1-J_2}{\dfrac{1}{A_2X_{2,1}}} \tag{9-23}$$

同时应用式（9-20）有

$$J_1A_1=A_1E_{b1}-\left(\frac{1}{\varepsilon_1}-1\right)\Phi_{1,2}$$

$$J_2A_2=A_2E_{b2}-\left(\frac{1}{\varepsilon_2}-1\right)\Phi_{2,1}$$

根据能量守恒定律有

$$\Phi_{1,2}=-\Phi_{2,1}$$

综合以上等式可得

$$\Phi_{1,2}=\frac{E_{b1}-E_{b2}}{\dfrac{1-\varepsilon_1}{\varepsilon_1A_1}+\dfrac{1}{A_1X_{1,2}}+\dfrac{1-\varepsilon_2}{\varepsilon_2A_2}} \tag{9-24a}$$

若用 A_1 作为计算面积，则式（9-24a）可改写为

$$\Phi_{1,2}=\frac{A_1(E_{b1}-E_{b2})}{\left(\dfrac{1}{\varepsilon_1}-1\right)+\dfrac{1}{X_{1,2}}+\dfrac{A_1}{A_2}\left(\dfrac{1}{\varepsilon_2}-1\right)}=\varepsilon_s A_1 X_{1,2}(E_{b1}-E_{b2}) \tag{9-24b}$$

其中

$$\varepsilon_s=\frac{1}{1+X_{1,2}\left(\dfrac{1}{\varepsilon_1}-1\right)+X_{2,1}\left(\dfrac{1}{\varepsilon_2}-1\right)} \tag{9-25}$$

与黑体系统的辐射传热计算式（9-18）相比，灰体系统的计算式（9-24b）多了一个修正因子 ε_s。ε_s 的值小于1，它是考虑由于灰体系统发射率之值小于1而引起的多次吸收与反射对传热量影响的因子，称为系统发射率（又称系统黑度）。

对于下列三种情形，式（9-24a）和式（9-24b）可以进一步简化。

1）表面1为平面或凸面。有 $X_{1,2}=1$，式（9-24b）可简化为

$$\Phi_{1,2}=\frac{A_1(E_{b1}-E_{b2})}{\dfrac{1}{\varepsilon_1}+\dfrac{A_1}{A_2}\left(\dfrac{1}{\varepsilon_2}-1\right)}=\varepsilon_s A_1 \sigma(T_1^4-T_2^4) \tag{9-26}$$

2）表面积 A_1 和 A_2 相差很小，即 $A_1/A_2\to 1$ 的辐射，如图9-15所示的平行大平板之间的传热，有

$$\Phi_{1,2}=\frac{A_1(E_{b1}-E_{b2})}{\dfrac{1}{\varepsilon_1}+\dfrac{1}{\varepsilon_2}-1}=\varepsilon_s A_1 \sigma(T_1^4-T_2^4) \tag{9-27}$$

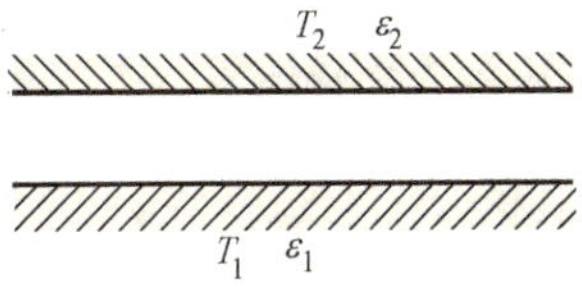

图9-15 平行平板间的辐射传热示意图

3) 表面积 A_2 比 A_1 大很多，即 $A_1/A_2 \to 0$ 的辐射，如大房间中的小物体的散热辐射，有

$$\Phi_{1,2} = \varepsilon_1 A_1 (E_{b1} - E_{b2}) = \varepsilon_1 A_1 \sigma (T_1^4 - T_2^4) \tag{9-28}$$

对于这个特例，系统发射率 $\varepsilon_s = \varepsilon_1$，在这种情况下的辐射计算，不需要知道物体 2 的面积 A_2 和其发射率 ε_2，但要确定其温度 T_2。

例 9-2 液氧储存容器为双壁镀银的夹层结构（图 9-16），外壁内表面温度 $t_{w1} = 27℃$，内壁外表面温度 $t_{w2} = -183℃$，镀银壁的发射率 $\varepsilon = 0.02$。试计算由于辐射传热的单位面积容器壁的散热量。

解 因为容器夹层的间隙相比壁面尺寸小得多，所以可以简化为大平板之间的辐射传热来考虑，可按式（9-27）计算。

$$T_{w1} = t_{w1} + 273\text{K} = (27+273)\text{K} = 300\text{K}$$

$$T_{w2} = t_{w2} + 273\text{K} = (-183+273)\text{K} = 90\text{K}$$

$$q_{1,2} = \frac{\sigma(T_1^4 - T_2^4)}{\frac{1}{\varepsilon_1} + \frac{1}{\varepsilon_2} - 1} = \frac{5.67 \times 10^{-8} \times (300^4 - 90^4)}{\frac{1}{0.02} + \frac{1}{0.02} - 1} \text{W/m}^2 = 4.60 \text{W/m}^2$$

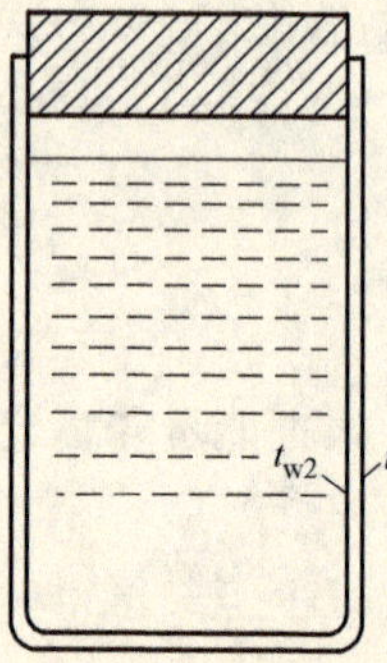

讨论 采用镀银壁对降低辐射散热量的作用极大。作为比较，如果 $\varepsilon_1 = \varepsilon_2 = 0.8$，则可计算得 $q_{1,2} = 303.70 \text{W/m}^2$，即散热量增加到原来的 66 倍。

图 9-16 液氧储存容器示意图

如果不采用抽真空的夹层，而是采用在容器外敷设保温材料来隔热，取保温材料的热导率为 0.05W/(m·K)（这已经是相当好的保温材料了），则按一维平板导热问题来估算，所需的保温材料壁厚约 2.43m。由此可见抽真空的低发射率夹层保温的有效性。

9.2.5 多表面系统漫灰表面的辐射传热的网络求解法

在由两个表面组成的封闭系统中，一个表面的净辐射传热量也就是该表面与另一个表面间的辐射传热量。而在多表面系统中，一个表面的净辐射传热量是与其余各表面分别传热的传热量之和。对于被透热介质隔开的多表面系统，可以用网络法得出计算各个表面的有效辐射的联立方程，当表面数量大时需要通过计算机求解。

1. 两表面传热系统的辐射网络

根据有效辐射的计算式（9-20）得

$$q = \frac{E_b - J}{\frac{1-\varepsilon}{\varepsilon}} \quad \text{或} \quad \Phi = \frac{E_b - J}{\frac{1-\varepsilon}{\varepsilon A}} \tag{9-29}$$

而由式（9-23）有

$$\Phi_{1,2} = \frac{J_1 - J_2}{\frac{1}{A_1 X_{1,2}}} \tag{9-30}$$

将式（9-29）、式（9-30）与电学中的欧姆定律相比可见：传热量 Φ 相当于电流；$E_b - J$

或 J_1-J_2 相当于电势差；$\dfrac{1-\varepsilon}{\varepsilon A}$ 及 $\dfrac{1}{A_1 X_{1,2}}$ 相当于电阻，分别称为表面辐射热阻及空间辐射热阻，因为它们分别取决于表面的辐射特性（ε）及表面的空间结构（角系数 X）。E_b 相当于电源电动势，而 J 则相当于节点电压。这两个辐射热阻的等效电路如图 9-17 所示。利用上述两个单元电路，可以容易地画出组成系统的两个灰体表面间辐射传热的等效网络图，如图 9-18 所示。

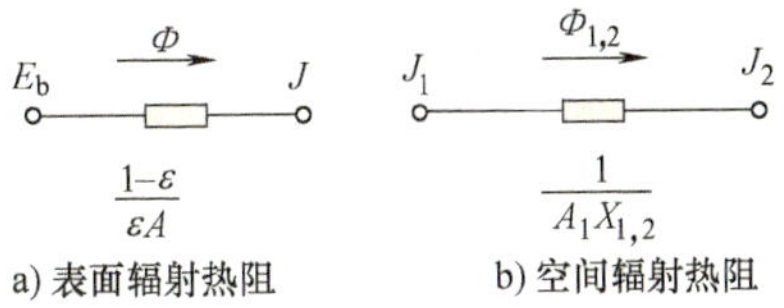

图 9-17 辐射传热单元网络图

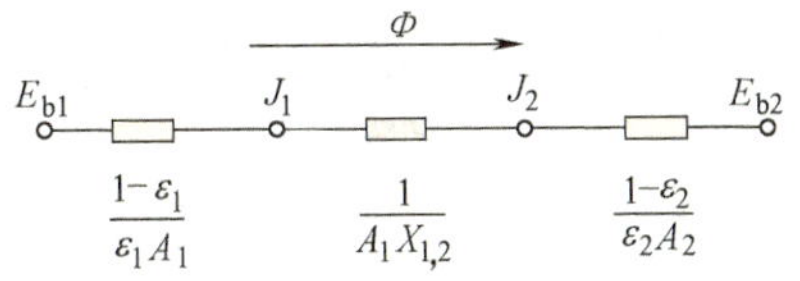

图 9-18 两表面封闭腔辐射传热等效网络图

根据这一等效网络，可以写出传热量的计算式，即

$$\Phi_{1,2} = \dfrac{E_{b1}-E_{b2}}{\dfrac{1-\varepsilon_1}{\varepsilon_1 A_1}+\dfrac{1}{A_1 X_{1,2}}+\dfrac{1-\varepsilon_2}{\varepsilon_2 A_2}}$$

这就是式（9-24a）。这种把辐射热阻比拟成等效电阻从而通过等效网络图来求解辐射传热的方法，称为辐射传热网络法。

2. 多表面封闭系统网络求解法的实施步骤

应用等效网络法可以求解多表面封闭系统辐射传热问题，以图 9-19 所示的三表面辐射传热问题为例，步骤如下：

1) 画出等效网络图（图 9-20）。画图时应注意：①每一个参与传热的表面均应有一段相应的电路，它包括源电动势、与表面热阻相应的电阻及节点电势；②各表面之间的连接，由节点电势出发通过空间热阻与其他节点电势连接。

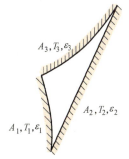

图 9-19 由三个表面组成的封闭腔

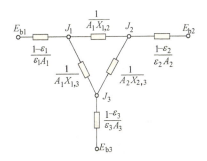

图 9-20 三个表面封闭腔的等效网络图

2) 列出节点的电流方程。画出等效网络图后，辐射传热问题就可以作为电流电路问题来求解。对于图 9-19 所示的三表面系统，根据电学中的基尔霍夫定律，可以列出三个节点 J_1、J_2、J_3 处的电流方程，即

节点 J_1

$$\dfrac{E_{b1}-J_1}{\dfrac{1-\varepsilon_1}{\varepsilon_1 A_1}}+\dfrac{J_2-J_1}{\dfrac{1}{A_1 X_{1,2}}}+\dfrac{J_3-J_1}{\dfrac{1}{A_1 X_{1,3}}}=0$$

节点 J_2

$$\frac{E_{b2}-J_2}{\frac{1-\varepsilon_2}{\varepsilon_2 A_2}}+\frac{J_1-J_2}{\frac{1}{A_1 X_{1,2}}}+\frac{J_3-J_2}{\frac{1}{A_2 X_{2,3}}}=0$$

节点 J_3

$$\frac{E_{b3}-J_3}{\frac{1-\varepsilon_3}{\varepsilon_3 A_3}}+\frac{J_1-J_3}{\frac{1}{A_1 X_{1,3}}}+\frac{J_2-J_3}{\frac{1}{A_2 X_{2,3}}}=0$$

3）求解上述代数方程得出节点电势（表面有效辐射）J_1、J_2、J_3。

4）按公式 $\Phi_i=\dfrac{E_{bi}-J_i}{\dfrac{1-\varepsilon_i}{\varepsilon_i A_i}}$ 确定每个表面的净辐射传热量。

3. 三表面封闭系统的两种特殊情形

在三表面封闭系统中，有两个重要的特例可以使计算大为简化：

1）有一个表面为黑体。设图 9-19 中的表面 3 为黑体，此时其表面热阻 $\dfrac{1-\varepsilon_3}{\varepsilon_3 A_3}=0$，从而有 $J_3=E_{b3}$，网络图简化成如图 9-21a 所示，这时上述代数方程简化为二元方程组。

2）有一个表面绝热，即净辐射传热量为零。设表面 3 绝热，则 $J_3=E_{b3}-\left(\dfrac{1}{\varepsilon}-1\right)q=E_{b3}$，即该表面的有效辐射等于该温度下的黑体辐射。但与表面 3 为黑体的情形不同的是：此时绝热表面的温度是未知的，而由其他两个表面所决定，其等效网络如图 9-21b 所示。需要注意，此处 $J_3=E_{b3}$ 是一个浮动电势，取决于 J_1、J_2 及其间的两个表面热阻。图 9-21c 是其另一种表示方法，可以清楚地看出上述特点。

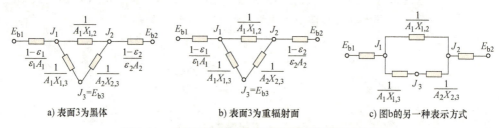

图 9-21 三表面封闭系统的两种特例的等效网络图

在辐射传热系统中，这种表面温度未定而净辐射传热量为零的表面称为重辐射面。在工程上常会遇到有重辐射面的情形，如电炉及加热炉中保温性能很好的耐火墙就是这种绝热表面。这时可以认为它把落在其表面的辐射能又完全重新辐射出去，因而被称为重辐射面。虽然重辐射面与传热表面之间无净辐射热量交换，但它的重辐射作用却可以影响到其他表面间的辐射传热。

例 9-3 如图 9-22 所示，由半球面和平面组成的半球腔体，其半径为 R，半球表面绝热，底面均分为 1、2 两部分。已知表面 1 为黑体，温度为 T_1；表面 2 为灰体，温度为 T_2，发射率为 ε_2。求表面 1 和表面 2 的辐射传热量 $\Phi_{1,2}$。

解 画出辐射传热系统的等效网络图（图 9-23）。

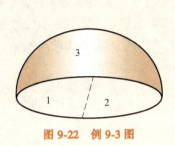

图 9-22 例 9-3 图

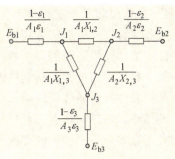

图 9-23 例 9-3 等效网络图

由几何结构可知，$X_{1,2}=0$，$X_{1,3}=X_{2,3}=1$，因此空间热阻 $\dfrac{1}{A_1X_{1,2}}=\infty$。又表面 1 为黑体，则 $E_{b1}=J_1$。由表面 3 绝热可知，$E_{b3}=J_3$。于是该辐射传热系统的等效网络图可简化为图 9-24 所示的形式。

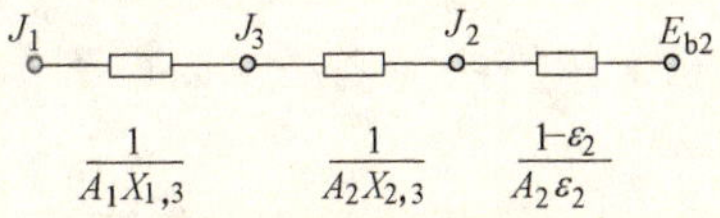

图 9-24 简化后的等效网络图

则辐射传热量为

$$\varPhi_{1,2}=\dfrac{J_1-E_{b2}}{\dfrac{1}{A_1X_{1,3}}+\dfrac{1}{A_2X_{2,3}}+\dfrac{1-\varepsilon_2}{\varepsilon_2 A_2}}$$

将 $J_1=E_{b1}=\sigma T_1^4$，$E_{b2}=\sigma T_2^4$，$A_1=A_2=\dfrac{\pi R^2}{2}$ 代入，可得

$$\varPhi_{1,2}=\dfrac{\sigma\pi\varepsilon_2 R^2(T_1^4-T_2^4)}{2+2\varepsilon_2}$$

9.3 气体辐射简介

在工业上常见的温度范围内，分子结构对称的双原子气体，如 H_2、O_2、N_2 等实际上并无发射和吸收辐射的能力，可以认为是辐射的透明体。但是一些不对称的双原子和多原子气体，如臭氧、二氧化碳、水蒸气、二氧化硫、甲烷、氯氟烃和含氢氯氟烃（两者俗称氟利昂）等却具有一定的吸收和辐射本领。在工业燃烧计算中，由于燃烧产物中通常包含一定浓度的二氧化碳和水蒸气，所以考虑气体的辐射是十分必要的。

气体辐射不同于固体和液体辐射，具有如下两个特点。

1) 气体辐射对波长有选择性。气体只在某些波长区段内有辐射能力，相应地也只在同样的波长区段内才具有吸收能力。通常把这种有辐射能力的波长区段称为光带，在光带以外，气体既不辐射也不吸收，对辐射表现为透明体的性质。例如，臭氧几乎能全部吸收波长小于 $0.3\mu m$ 的紫外线，对波长在 $0.3\sim 0.4\mu m$ 的射线有较强的吸收作用。因而大气层中的臭氧能保护人类不受紫外线的伤害。二氧化碳的主要光带有三段：$2.65\sim 2.80\mu m$、$4.15\sim 4.45\mu m$、$13.0\sim 17.0\mu m$。水蒸气的主要光带也有三段：$2.55\sim 2.84\mu m$、$5.6\sim 7.6\mu m$、$12\sim 30\mu m$。由于辐射对波长具有选择性的特点，故气体不是灰体。

2) 气体的辐射和吸收是在整个容积中进行的，这与固体和液体辐射在表面进行的特点不同。就吸收而言，投射到气体层界面上的辐射能在辐射行程中被吸收减弱；就辐射而言，气体层界面上所感受到的辐射为到达界面上的整个容积气体的辐射。这就说明气体的辐射和吸收是在整个容积中进行的，与气体的形状和容积有关。所以在确定气体的发射率和吸收率时，除了其他条件外，还必须说明气体所处容器的形状和容积的大小。

由于气体辐射传热的特点，对气体辐射的计算至今仍然是一种半经验的公式，有关计算方法，读者可以参考一些相关的文献。

9.4 辐射传热的控制

在工程实践中，经常会遇到需要强化或削弱两冷、热表面间辐射传热的问题。从计算辐射传热的网络法可以得到如下启示：通过控制表面辐射热阻 $\left(\dfrac{1-\varepsilon}{\varepsilon A}\right)$ 和空间辐射热阻 $\left(\dfrac{1}{A_i X_{i,j}}\right)$，可以控制辐射传热量。减小热阻可以增大辐射传热量，增大热阻可以减小辐射传热量。

工程实际中减小表面间辐射传热量的最有效的方法是采用高反射率的涂层来控制表面辐射热阻。另外，在辐射表面之间加设遮热板（辐射屏）也能有效地减少表面间的辐射传热量，在工程上有很多应用实例。

9.4.1 覆盖光谱选择性涂层改变表面发射率

根据表面辐射热阻的定义 $\left(\dfrac{1-\varepsilon}{\varepsilon A}\right)$，改变表面辐射热阻可以通过改变表面积 A 或改变发射率 ε 来实现。表面积 A 一般由其他条件决定，改变 A 往往受到限制，所以有效的方法是控制表面发射率 ε。

值得指出的是，采用改变表面发射率的方法来控制辐射传热量时，首先应当改变对传热量影响最大的那个表面的发射率。以图 9-25 所示两无限长同心圆柱表面组成的封闭系统为例，设 $\varepsilon_1 = \varepsilon_2 = 0.5$、$A_1 = \dfrac{1}{10}A_2$，则显然内圆柱表面 1 的表面辐射热阻 $\dfrac{1-\varepsilon_1}{\varepsilon_1 A_1}$ 远大于表面 2 的表面辐射热阻 $\dfrac{1-\varepsilon_2}{\varepsilon_2 A_2}$，两个表面辐射热阻是串联的，见式 (9-24a)，所以增加内圆柱表面发射率 ε_1 所产生的影响远大于增加 ε_2 的影响。这就说明要强化传热首先应减小各串联环节中最大的热阻项。

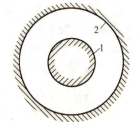

图 9-25 两同心圆柱表面间的辐射传热

当物体的辐射传热涉及温度较低的红外辐射与太阳辐射时，强化或削弱辐射传热需要同时从控制红外辐射的发射率与太阳辐射的吸收率入手。例如太阳能集热器，为了吸收尽可能多的太阳能，同时减少吸收板由于自身辐射引起的损失，吸收板对太阳能的吸收率要尽可能大，而自身的发射率则要尽量小。因为太阳辐射的主要能量集中在 $0.3 \sim 3\mu m$ 的波长范围之间，而常温下物体的红外辐射的主要能量在波长大于 $3\mu m$ 的范围，所以太阳能利用中吸热面材料的理想辐射特征应是：在 $0.3\sim3\mu m$ 的波长范围内吸收率接近于 1，而在大于 $3\mu m$ 的波长范围内的光谱吸收率接近于 0，即要求 α 尽可能大，而 ε 尽可能小。因此，α/ε 值是评价材料吸热性能的重要数据。用人工的方法改造表面，如对材料表面覆盖涂层是提高 α/ε 值的有效手段。这种涂层称为光谱选择性涂层，近年来这种涂层有了很大发展。需要说明，不仅人工研制的涂层表面对太阳能的吸收率不等于自身的发射率，而且一般材料也常是如此。

还有一些用减小发射率（吸收率）的方法来削弱传热的例子：保温瓶采用高反射率的涂层来减少辐射传热从而提高保温效果；人造卫星在迎阳面（直接受太阳光照射的表面）采用了对太阳能吸收率小的材料做表面涂层，是为了减少迎阳面与背面之间的温差；置于室外的发热设备，如变压器，为了防止夏天温升过高而用浅色油漆做涂层。

9.4.2 遮热板（辐射屏）削弱辐射传热

所谓遮热板是指插入两个辐射传热表面间的用以削弱辐射传热的薄板。

在辐射表面之间加设遮热板能有效地减少表面间的辐射传热量，如炼钢工人的遮热面罩、航天器的多层真空仓壁、低温技术中的多层隔热容器。

为了说明遮热板的工作原理，下面来分析在两块平行平板之间插入一块金属薄板所引起的辐射传热的变化。辐射表面和金属薄板的温度、吸收率如图 9-26 所示。为讨论方便，设平板和金属薄板都是灰体，并且 $\alpha_1=\alpha_2=\alpha_3=\varepsilon$。据式 (9-27) 可写出

$$q_{1,3}=\varepsilon_s(E_{b1}-E_{b3}) \quad (9-31)$$
$$q_{3,2}=\varepsilon_s(E_{b3}-E_{b2}) \quad (9-32)$$

式中，$q_{1,3}$ 和 $q_{3,2}$ 分别为表面 1 对遮热板 3 和遮热板 3 对表面 2 的辐射传热的热流密度。表面 1、3 及表面 3、2 两个系统的系统发射率相同，都是

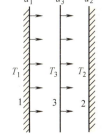

图 9-26 遮热板示意图

$$\varepsilon_s=\cfrac{1}{\cfrac{1}{\varepsilon}+\cfrac{1}{\varepsilon}-1}$$

在热稳态条件下，$q_{1,3}=q_{3,2}=q_{1,2}$。将式 (9-31) 和式 (9-32) 相加得

$$q_{1,2}=\frac{1}{2}\varepsilon_s(E_{b1}-E_{b2}) \quad (9-33)$$

与未加金属薄板时的辐射传热相比，其辐射传热量减小了一半。为使削弱传热的效果更为显著，实际上都采用发射率低的金属薄板作为遮热板。例如，在发射率为 0.8 时的两个平行表面之间插入一块发射率为 0.05 的遮热板，可使辐射传热量减小到原来的 1/27。当一块遮热板达不到削弱传热要求时，可以采用多层遮热板。

在低温技术中，储存液态气体的低温容器就是遮热板应用的一个典型实例。储存液氮、液氧的容器如图 9-27 所示，为了

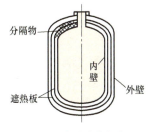

图 9-27 多层遮热板保温容器示意图

达到良好的保温效果，往往采用多层遮热板并抽真空的方法。遮热板用塑料膜制成，其上涂以反射率很大的金属箔层，箔层厚 0.01~0.05mm，箔间嵌以质轻且热导率小的材料作为分隔层，绝热层中抽成高度真空。据测定，当冷面（容器内壁）温度为 20~80K，热面（容器外壁）温度为 300K 时，在垂直于遮热板方向上的热导率可低至 $(5~10)×10^{-5}$ W/(m·K)。可见其当量导热阻力是常温下空气的几百倍，故有超级绝热材料之称。

小结

1) 角系数 $X_{1,2}$ 是指表面 1 发出的辐射能落到表面 2 上的百分数，具有相对性、完整性和可加性的特点。有效辐射 J 是指单位时间内离开表面单位面积的总辐射能，投入辐射 G 是指单位时间内投射到表面的单位面积上的总辐射能。

2) 表面辐射热阻 $\dfrac{1-\varepsilon}{\varepsilon A}$ 取决于表面辐射特性，空间辐射热阻 $\dfrac{1}{A_1 X_{1,2}}$ 取决于表面间的空间结构。应用等效网络法可以求解多表面封闭系统辐射传热问题：首先根据各参与辐射表面的几何关系，计算各表面间的角系数，从而确定表面间的空间辐射热阻，同时根据表面积和表面辐射特性（发射率 ε）计算表面辐射热阻，然后根据类似于电学中的基尔霍夫定律列出节点方程，求解节点方程，可以计算出有效辐射 J 和辐射传热量。

3) 重辐射表面是辐射传热系统中，表面的净辐射传热量为零的表面，或称绝热表面。遮热板是插入两个辐射传热表面间的用以削弱辐射传热的薄板。

思考题与习题

9-1 试解释下列名词术语：1) 有效辐射。2) 表面辐射热阻。3) 空间辐射热阻。4) 重辐射表面。5) 遮热板。

9-2 北方深秋季节的清晨，树叶叶面上常常结霜。试问树叶上、下表面的哪一面结霜？为什么？

9-3 对于一般物体，在什么条件下吸收率等于发射率？

9-4 说明灰体的定义以及引入灰体的简化对工程辐射传热计算的意义。

9-5 有一台放置于室外的冷库，从减小冷库冷量损失的角度出发，冷库外壳的颜色应涂成深色还是浅色？

9-6 什么是光谱吸收率？在不同光源的照射下，物体常呈现不同的颜色，如何解释？

9-7 在波长 $\lambda<2\mu m$ 的短波范围内，木板的光谱吸收率小于铝板，而在波长 $\lambda>2\mu m$ 的范围内则相反。当木板和铝板同时长时间放置于太阳光下时，哪个温度高？为什么？

9-8 窗玻璃对红外线几乎不透明，但为什么隔着玻璃晒太阳却使人感到暖和？

9-9 选择太阳能集热器的表面涂层时，该涂料表面光谱吸收率随波长的变化最佳曲线是什么？取暖器用的辐射采暖片也采用这种涂料合适吗？

9-10 要增强物体间的辐射传热，有人提出用发射率 ε 大的材料。而根据基尔霍夫定律，对漫灰表面有 $\varepsilon=\alpha$，即发射率大的物体同时其吸收率也大，故有人认为用增大发射率 ε

的方法无法增强辐射传热。请判断这种说法的正确性，并说明理由。

9-11 黑体表面与重辐射表面相比，均具有 $J=E_b$ 的性质。这是否意味着黑体表面与重辐射表面具有相同的性质？

9-12 在冬季的晴天，白天和晚上空气温度相同，但白天感觉暖和，晚上却感觉冷。请解释这种现象。

9-13 利用角系数的性质确定图 9-28 所示各形状的角系数 $X_{1,2}$。

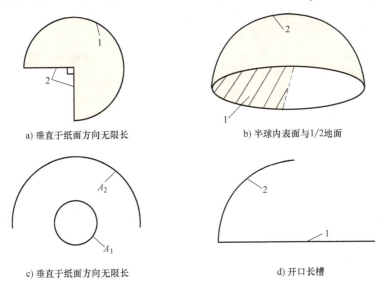

图 9-28 题 9-13 图

9-14 求图 9-29 所示几何结构的角系数 $X_{1,2}$。

9-15 如图 9-30 所示，一个直径 $D=75$mm、长 150mm 的圆筒形炉腔，其一端向温度为 27℃ 的很大的环境打开。用电热丝加热的侧壁和炉底可近似看作黑体，它们隔热良好，分别保持在 1350℃ 和 1650℃。求维持炉子的状态需要多大功率。

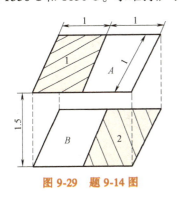

图 9-29 题 9-14 图

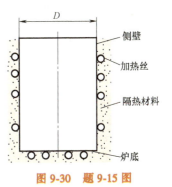

图 9-30 题 9-15 图

9-16 直径为 25m 的圆形溜冰场被直径为 35m 的半球形穹顶围住。如果冰和穹顶表面可近似为黑体，温度分别为 0℃ 和 15℃，由穹顶至冰场的净辐射传热速率是多少？

9-17 一根直径 $d=50$mm、长度 $L=8$m 的钢管，被置于横断面为 0.2m×0.2m 的砖槽道内。若钢管和砖槽道壁面温度分别为 250℃ 和 27℃，发射率分别为 0.79 和 0.93，试计算该钢管的辐射热损失。

9-18 烘干炉尺寸如图 9-31 所示，表面 1 为半球面，表面敷设电热丝，温度为 320℃，发射率为 0.8，被烘干物料均匀敷设在表面 2 上，物料温度为 110℃，发射率为 0.9，四周圆柱形侧面绝热良好，求电热丝的电功率以及侧面内表面温度。

9-19 一种低温流体流过直径为 20mm 的长管，管的外表面具有漫射灰表面性质，$\varepsilon_1 = 0.02$，$T_1 = 77$K。这根管子与一根直径为 50mm 的管同心，大管的内表面是 $\varepsilon_2 = 0.05$ 的漫射灰表面，$T_2 = 300$K。两个表面之间抽成真空，计算单位管长低温流体得到的热量。如果在内外表面之间插入一片直径为 35mm 和 $\varepsilon_3 = 0.02$（两侧相同）的防辐射屏，计算单位管长得到热量的变化（百分数）。

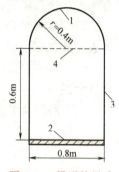

图 9-31 烘干炉尺寸

9-20 考虑两块表面都是漫射灰体的无限大平行平板，温度和发射率为 T_1，ε_1 和 T_2，ε_2。证明平板之间有发射率为 ε_s 的 N 片防辐射屏时的辐射传热速率与无防辐射屏（$N=0$）时的辐射传热速率之比为 $\dfrac{\Phi_{12,N}}{\Phi_{12,0}} = \dfrac{1/\varepsilon_1 + 1/\varepsilon_2 - 1}{1/\varepsilon_1 + 1/\varepsilon_2 - 1 + N(2/\varepsilon_s - 1)}$。

9-21 在一块漫射灰体材料上钻一个直径为 6mm、深为 24mm 的平底孔，材料的发射率为 0.8，处于 1000K 的均匀温度。试确定离开腔体小孔的辐射功率，如果增大孔的深度，离开腔体小孔的辐射功率怎么变化？

第 10 章

传热过程与热交换器

热交换器是工程上常用的冷热流体传热的热交换设备,其热量传递过程都是一些典型的传热过程。前面介绍的热传导、热对流和热辐射是热量传递的三种基本方式,在工程实际中,大量的热量传递过程常常不是以单一的热量传递方式出现,而是两种或三种同时起作用。在这些同时存在多种热量传递的过程中,必须对传热过程进行重点研究。因此,本章首先将介绍几种典型的传热过程,如通过平壁、圆筒壁和肋壁的传热过程;随后,将讨论常见热交换器的基本结构、工作原理及其传热计算的基本方法。

10.1 传热过程的分析与计算

前面已经介绍过,传热过程是特指热流体通过固体壁面把热量传给另一侧冷流体的过程。这个过程传递的热量常用传热公式进行计算,即

$$\Phi = kA(t_{f1} - t_{f2}) \tag{10-1}$$

式中,A 为参与传热的面积;k 为传热系数 $[W/(m^2 \cdot K)]$;$t_{f1} - t_{f2}$ 为冷热流体的温差。需要注意,由于热交换的进行,不同位置处冷热流体的温度是变化的,因此温差 $t_{f1} - t_{f2}$ 也是变化的。

在传热计算中,传热系数 k 及冷热流体平均温差 $t_{f1} - t_{f2}$ 的计算是关键。下面先讨论不同形状传热表面的传热系数的计算。

10.1.1 通过平壁的传热过程计算

通过平壁的传热过程在第 1 章已经讨论过,如图 10-1 所示。该过程包含相互串联的三个环节,即热流体通过对流传热的方式将热量传递给大平壁的左侧,然后经导热的方式向壁的右侧传递,最后右侧壁面再以对流传热的方式与冷流体进行热量交换。在稳态条件下,通过平壁的热流量计算式为

$$\Phi = kA(t_{f1} - t_{f2}) = \frac{A(t_{f1} - t_{f2})}{\dfrac{1}{h_1} + \dfrac{\delta}{\lambda} + \dfrac{1}{h_2}} \tag{10-2}$$

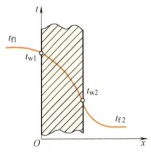

图 10-1 通过平壁的传热过程示意图

其传热系数的计算式为

$$k = \frac{1}{\frac{1}{h_1} + \frac{\delta}{\lambda} + \frac{1}{h_2}} \quad (10\text{-}3)$$

由于平壁两侧的面积是相等的,因此传热系数的数值不论对哪一侧壁面来说都是一样的。式中的表面传热系数 h_1 和 h_2,可以根据具体情况选用相应的公式来确定。

对于通过无内热源多层平壁的稳态传热过程,假设各层材料的热导率 λ_1、λ_2、$\cdots$、λ_n 为常数,厚度分别为 δ_1、δ_2、$\cdots$、δ_n,层与层之间接触良好,无接触热阻,则传热过程的计算公式可写成

$$\Phi = \frac{A(t_{f1} - t_{f2})}{\frac{1}{h_1} + \sum_{i=1}^{n} \frac{\delta_i}{\lambda_i} + \frac{1}{h_2}} = kA(t_{f1} - t_{f2}) \quad (10\text{-}4)$$

需要特别注意的是,流体与壁面间进行传热时,除了存在对流传热外,有时还有较强的辐射传热。人们把这种对流传热与辐射传热同时存在的传热过程称为复合传热。复合传热是一类十分复杂的传热问题,尤其是当周围环境物体的温度、流体温度以及壁面温度均不相同时,传热计算就更加复杂。工程上通常只处理周围环境温度等于流体温度的情况。为了计算方便,通常将辐射传热量折算成对流传热量,引入辐射表面传热系数 h_r,有

$$h_r = \frac{\phi_r}{A(t_w - t_f)} \quad (10\text{-}5)$$

式中,ϕ_r 为辐射传热量。

于是,复合表面传热系数可写成对流表面传热系数 h_c 与辐射表面传热系数 h_r 之和,即

$$h = h_c + h_r \quad (10\text{-}6)$$

因此,传热过程某侧壁面的总传热量可以写成

$$\Phi = \Phi_c + \Phi_r = (h_c + h_r)A(t_w - t_f) = hA(t_w - t_f) \quad (10\text{-}7)$$

10.1.2 通过圆筒壁的传热过程计算

对于通过圆筒壁的传热过程,由于圆筒的内外壁表面积不等,因此对内外壁表面的传热系数有不同的表示方法。首先考虑单层圆筒壁的传热过程,如图 10-2 所示,长度为 l、热导率 λ 为常数的圆筒壁内外半径分别为 r_1、r_2,两侧的流体温度分别为 t_{f1} 和 t_{f2}($t_{f1} > t_{f2}$),两侧对流表面传热系数分别为 h_1 和 h_2。在稳态条件下三个串联环节的传热量是不变的,故按照各环节传热量的计算方法,可以写出

$$\Phi = \frac{t_{f1} - t_{w1}}{\frac{1}{\pi d_1 l h_1}} = \frac{t_{w1} - t_{w2}}{\frac{1}{2\pi \lambda l} \ln \frac{d_2}{d_1}} = \frac{t_{w2} - t_{f2}}{\frac{1}{\pi d_2 l h_2}} \quad (10\text{-}8)$$

经整理可以得出

$$\Phi = \frac{t_{f1} - t_{f2}}{\frac{1}{\pi d_1 l h_1} + \frac{1}{2\pi \lambda l} \ln \frac{d_2}{d_1} + \frac{1}{\pi d_2 l h_2}} \quad (10\text{-}9)$$

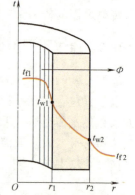

图 10-2 通过单层圆筒壁的传热过程

由式（10-9）可得出，通过单层圆筒壁传热过程的总热阻为

$$R = R_{h1} + R_\lambda + R_{h2} = \frac{1}{\pi d_1 l h_1} + \frac{1}{2\pi \lambda l}\ln\frac{d_2}{d_1} + \frac{1}{\pi d_2 l h_2} \tag{10-10}$$

式中，R_{h1}、R_λ 和 R_{h2} 分别为内壁的对流传热热阻、圆筒壁的导热热阻和外壁的对流传热热阻。

由于圆筒的内外壁表面积不同，故相应的传热系数 k 的表达式也有所不同。习惯上，工程计算常以管外壁面积为基准。如果选择圆筒外壁作为计算面积，则传热量计算式可写成：

$$\Phi = k_o A_2 (t_{f1} - t_{f2}) = k_o \pi d_2 l (t_{f1} - t_{f2})$$

对照式（10-9），可以得出基于圆筒外壁的总传热系数表达式，即

$$k_o = \frac{1}{\dfrac{d_2}{d_1 h_1} + \dfrac{d_2}{2\lambda}\ln\dfrac{d_2}{d_1} + \dfrac{1}{h_2}} \tag{10-11}$$

类似于多层平壁面，多层圆筒壁传热过程传热量的计算式可写为

$$\phi = \frac{t_{f1} - t_{f2}}{\dfrac{1}{\pi d_1 l h_1} + \sum_{i=1}^{n}\dfrac{1}{2\pi \lambda_i l}\ln\dfrac{d_{i+1}}{d_i} + \dfrac{1}{\pi d_{n+1} l h_2}}$$

工程上，有时需要在圆管外侧敷设一层或多层保温材料，以减少管道内部流体的散热损失。然而，在管道外覆盖绝热保温层并不是在任何情况下都能减少散热损失，若保温材料选择不当，增加保温层后却可能导致总散热量增加。怎样正确地选择绝热保温材料，需要进一步分析覆盖绝热保温材料后管道总热阻的变化。

如图 10-3 所示，对于加设一保温层后的双层圆筒壁稳态传热过程，假设管道壁的热导率为 λ_1，保温层的热导率为 λ_{ins}，则单位管长的总传热热阻计算式为

$$R_l = \frac{1}{h_1 \pi d_1} + \frac{1}{2\pi \lambda_1}\ln\frac{d_2}{d_1} + \frac{1}{2\pi \lambda_{\text{ins}}}\ln\frac{d_x}{d_2} + \frac{1}{h_2 \pi d_x} \tag{10-12}$$

从式（10-12）可以看出，R_l 表达式中前两项的数值已定，在选定了保温材料以后，R_l 表达式中后两项的数值随着绝热层的外径 d_x 而变化。当 d_x 增加时，$\dfrac{1}{2\pi \lambda_{\text{ins}}}\ln\dfrac{d_x}{d_2}$ 随之增加，而 $\dfrac{1}{h_2 \pi d_x}$ 则随之减小。

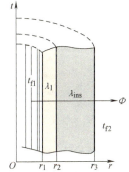

图 10-3　具有保温层的双层圆筒壁稳态传热过程

图 10-4 为总热阻及各项热阻随绝热层外径 d_x 的变化示意图。不难看出，总热阻 R_l 随着 d_x 的增加，先是逐渐减小，然后是逐渐增大，并在某个位置出现一个最小值。对应这一变化，传热过程的传热量 ϕ_l 随着 d_x 的增加，先是逐渐增大，然后是逐渐减小，在某处出现一个最大值。对应总热阻 R_l 为极小值的绝热层外径被称为临界绝缘直径 d_c，只要令 R_l 对 d_x 的一阶导数等于零就可以求出该直径的数值，即

$$\frac{dR_l}{dd_x} = \frac{1}{\pi d_x}\left(\frac{1}{2\lambda_{\text{ins}}} - \frac{1}{h_2 d_x}\right) = 0 \tag{10-13}$$

从而得出，临界绝缘直径的计算式为

$$d_c = \frac{2\lambda_{ins}}{h_2} \quad (10\text{-}14)$$

可见，临界绝缘直径只与保温材料的热导率 λ_{ins} 以及周围介质的表面传热系数 h_2 有关。因此，在管道外侧覆盖保温材料时，若保温层的临界绝缘直径小于管道外径，且保温层不够厚时，管道的传热量反而比没有保温材料时更大。但是在工程上，绝大多数需要加保温层的管道外径都大于临界绝缘直径，所以一般情况下敷设保温材料能达到绝热的目的。只有当直径很小，保温材料的热导率又较大时，才会考虑临界绝缘直径的问题。例如电缆线，在其外包上一层绝缘层后，不仅能起到电绝缘的作用，还可以增加散热。所以有效地利用临界绝缘直径这一概念，可以更好地满足一些特殊要求。

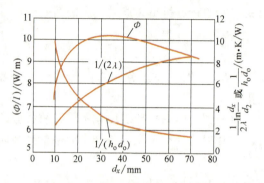

图 10-4　总热阻及各项热阻随绝热层外径 d_x 的变化示意图

例 10-1　蒸汽管道外径 $d_2 = 80$mm，壁厚 $\delta = 3$mm，钢材热导率 $\lambda = 53.7$W/(m·K)，管内蒸汽温度 $t_{f1} = 150$℃，周围空气温度 $t_{f2} = 20$℃，蒸汽对管内壁的表面传热系数 $h_1 = 116$W/(m²·K)，外表面对空气的表面传热系数 $h_2 = 7.6$W/(m²·K)，求管道的散热损失。

解　利用式（10-9）进行计算

$$\Phi = \frac{t_{f1} - t_{f2}}{\dfrac{1}{\pi d_1 l h_1} + \dfrac{1}{2\pi \lambda l}\ln\dfrac{d_2}{d_1} + \dfrac{1}{\pi d_2 l h_2}}$$

$$= \frac{150 - 20}{\dfrac{1}{116 \times \pi \times 0.074 \times 1} + \dfrac{1}{2\pi \times 53.7 \times 1}\ln\dfrac{0.080}{0.074} + \dfrac{1}{7.6 \times \pi \times 0.080 \times 1}}\text{W}$$

$$= 231.71\text{W}$$

例 10-2　有一外径 $d = 15$mm 的蒸汽输送管道需要进行保温处理，试问采用石棉这种常见材料是否合适？已知石棉的热导率 $\lambda = 0.12$W/(m·K)，保温层外表面与空气之间的对流传热系数 $h = 12$W/(m²·K)。

解　对于石棉 $d_{c,sm} = \dfrac{2\lambda_{ins,sm}}{h_2} = \dfrac{2 \times 0.12}{12}$m $= 0.02$m

$$d_{c,sm} > d$$

所以选石棉作为保温材料不合适。

10.1.3　通过肋壁的传热过程计算

在工程上经常遇到两侧表面传热系数相差较大的传热过程，如管内的介质为水，管外的介质为空气。此时在表面传热系数较小的一侧壁面加装金属肋片是行之有效的强化传热方法。前面已经分析了肋片的传热原理以及计算方法，下面以一侧装有肋片的无限大平壁传热过程为例进行传热计算的分析。

如图 10-5 所示，一无限大平壁的右侧装置了肋片，其中无肋一侧的表面积为 A_i，有肋侧的总表面积为 A_o，它包括肋面突出部分的面积 A_2 和肋间平壁的面积 A_1 两部分（即 $A_o = A_1 + A_2$）。对于传热过程的三个环节，可分别列出以下方程式：

热流体与左侧光壁的对流传热量

$$\Phi = h_i A_i (t_{fi} - t_{wi}) \qquad (10\text{-}15)$$

壁左侧到壁右侧的导热量

$$\Phi = \frac{\lambda}{\delta} A_i (t_{wi} - t_{wo}) \qquad (10\text{-}16)$$

肋壁与冷流体的对流传热量

$$\Phi = h_o A_1 (t_{wo} - t_{fo}) + h_o \eta_f A_2 (t_{wo} - t_{fo}) \qquad (10\text{-}17)$$

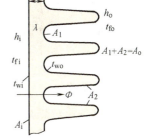

图 10-5 通过肋壁的传热过程

式中，$h_o A_1 (t_{wo} - t_{fo})$ 为肋间壁面与流体的传热量；$h_o \eta_f A_2 (t_{wo} - t_{fo})$ 为肋面本身与流体的传热量，其中 η_f 为肋效率。

引入肋片表面总效率 $\eta_o = \dfrac{A_1 + \eta_f A_2}{A_o}$ 后，式（10-17）可改写为

$$\Phi = h_o \eta_o A_o (t_{wo} - t_{fo}) \qquad (10\text{-}18)$$

在稳态条件下，通过传热过程各环节的热流量是相等的，于是可以得出通过肋壁的传热方程式：

$$\Phi = \frac{t_{fi} - t_{fo}}{\dfrac{1}{h_i A_i} + \dfrac{\delta}{\lambda A_i} + \dfrac{1}{h_o \eta_o A_o}} \qquad (10\text{-}19a)$$

定义肋化系数 $\beta = \dfrac{A_o}{A_i}$，则可进一步改写为

$$\Phi = \frac{A_i (t_{fi} - t_{fo})}{\dfrac{1}{h_i} + \dfrac{\delta}{\lambda} + \dfrac{1}{h_o \eta_o \beta}} = k A_i (t_{fi} - t_{fo}) \qquad (10\text{-}19b)$$

于是以光壁表面积 A_i 为基准的肋壁传热系数的表达式可写为

$$k = \frac{1}{\dfrac{1}{h_i} + \dfrac{\delta}{\lambda} + \dfrac{1}{h_o \eta_o \beta}} \qquad (10\text{-}20)$$

从式（10-20）可以看出，冷侧加装肋片后，传热热阻从 $1/h_o$ 降低到 $1/(h_o \eta_o \beta)$。由于 $\eta_o \beta$ 总是远大于 1 的，故可以有效地降低冷侧的对流传热热阻，从而起到了增强传热的作用。$\eta_o \beta$ 的大小取决于肋高与肋间距，增加肋高可以加大 β，但同时也会使肋效率 η_f 降低，从而降低了肋片总效率 η_o。当减小肋间距时，肋片的加密也可以加大 β，但肋间距过小会增大流体的流动阻力，使肋间流体温度升高，降低了传热温差，不利于热量的传递。因此，应该合理地选择肋高和肋间距，使总传热系数达到最佳值。此外，由于肋化侧的几何结构一般

比较复杂，其表面传热系数的确定往往是比较困难的，多为实验研究的结果。

10.2 热交换器的类型

在工程上，用来将高温流体的热量传递给低温流体的装置称为热交换器。在化工、石油、动力、制冷、食品、航空等领域，经常可以看到各种结构类型的热交换器，作为一类通用设备，它们占有十分重要的地位。随着我国工业技术的日益发展，对能源开发利用的程度不断提高，因而对热交换器的设计制造也提出了更为苛刻的要求。既要满足工艺过程的基本要求，在工作压力下需具有足够的强度、结构紧凑、便于安装和维修，还要保证较低的流动阻力以减少动力消耗。

虽然各行各业对热交换器的要求不尽相同，但仍可以按照它们的共性加以区分。这其中的分类方法很多，如设备用途、制造材质、温度状况、流体流动方向、工作原理等。这里仅对最为常用的工作原理分类方法进行介绍。根据该种方法，通常可将所有的热交换器分为三类：间壁式、回热式和混合式。

1. 间壁式热交换器

间壁式热交换器又称表面式热交换器，在该类热交换器中，冷、热两种流体由某种固体壁面隔开，彼此不直接接触，热量的传递行为是通过壁面进行的典型传热过程。间壁式热交换器是应用最为广泛、使用数量最多的一类热交换器，锅炉中的过热器、省煤器以及制冷系统中的冷凝器、蒸发器均属于此类。

根据换热面的几何结构形状，间壁式热交换器又可分为若干种子类型，主要包括套管式、管壳式、板式、板翅式、管翅式以及热管式等。

套管式热交换器（图10-6）是一种结构最为简单的热交换器，它由一根管子套上一根直径较大的管子组成，冷、热流体则分别在内管和套管环状间隙中流动。两种流体的流动方式设计为顺流或逆流，一般适用于传热面积较小的场合。

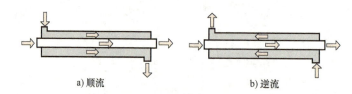

a) 顺流　　　　　　　　　　b) 逆流

图 10-6　套管式热交换器示意图

管壳式热交换器（图10-7）是一种最为常见的热交换器，也称为列管式热交换器，主要用于化工行业。该种热交换器的热交换面由管束构成，并由管板和折流挡板固定在外壳之中。两种流体分别在管内、外流动，可设计成单流程、双流程或多流程形式。

板翅式热交换器是一种具有较高热交换性能的热交换设备，它的应用场合很广。通过在相邻的两个隔板之间放置翅片及封条组成的夹层，从而形成所谓的流道。冷、热流体在相邻的通道中进行流动，并通过翅片以及隔板进行热量交换。

此外，板式、螺旋板式热交换器也是热交换性能比较高的热交换设备，这些热交换器体积小、结构紧凑、制造简单、成本低，因此也被称为紧凑式热交换器，且均有广泛的应用场合。板式热交换器（图10-8）是由很多波纹形或者其他形状突出物的传热板片，按照一定间隔，通过垫片压紧而成。按照加工工艺的不同，又分为可拆卸式和全焊式两种。螺旋板式热交换器（图10-9）由两块金属板卷制而成，具有等距离的螺旋通道，冷、热流体在各自的通道内进行流动，并完成热交换。

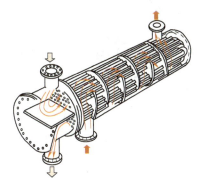

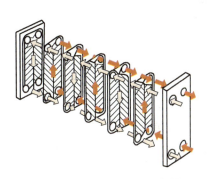

图 10-7　管壳式热交换器示意图　　　　　图 10-8　板式热交换器示意图

管翅式热交换器又称为肋片管式热交换器（图 10-10），它的结构型式较多，凡是由管子和翅片组成的热交换器均可归到这类中去。热交换器的翅片可以采用焊接、胀接、绕制的方式与基管结合，甚至可以直接在基管上采用机械加工的方法获得翅片的形状。基管以圆管最为常见，也可以采用方管或是椭圆管等异形管。椭圆肋管或异形肋管外侧的流动阻力比圆管小，并且在热交换器中的布置更加紧凑，适用于管内液体和管外气体之间的热交换，如汽车发动机散热器、空调系统的蒸发器等。

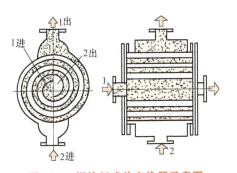

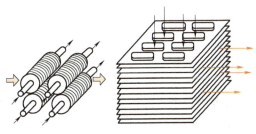

图 10-9　螺旋板式热交换器示意图　　　　图 10-10　肋片管式热交换器示意图

热管是一种具有高热传导能力的器件，其基本结构如图10-11所示。热管是一个封闭的装有某种工作流体的金属壳体。当蒸发段受热时，芯网中的液体蒸发成气体。蒸汽在管内中空部分流到管子另一端，将热量传递给冷凝段。蒸汽在冷凝段中被冷却，重新变为液体，渗透到芯网中，然后由于毛细作用从芯网中流回蒸发段，完成工作流体的循环。可见，单根或多根热管组成的热管

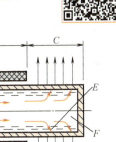

图 10-11　热管原理示意图

A—蒸发段　B—传输段　C—冷凝段　D—热绝缘材料
E—吸液芯网　F—蒸汽流动空间

181

热交换器可将热流体的热量传给冷流体。一根工作温度为1000K的钠热管,从蒸发段传输热量到冷凝段的相当热导率可达 $10^6 \text{W}/(\text{m} \cdot \text{K})$,比导热性能良好的金属的热导率高 $10^3 \sim 10^4$ 倍。但热管的导热能力受到工作流体、工作温度以及热管外侧传热情况的限制。目前,热管热交换器已经在工业上广为应用。

2. 回热式热交换器

回热式热交换器又称为蓄热式或者再生式热交换器,它借助由固体填充物组成的蓄热体作为中间载体,冷、热两种流体依次交替地流过相同蓄热体组成的流道,由热流体先对其进行加热,使得蓄热体温度升高,并把热量存储于蓄热体内。随后,冷流体通过同一流道,吸收蓄热体通道壁面释放出的热量。如此通过蓄热体周期性的吸热、放热过程实现冷、热流体间的热量交换。因此,这种传热过程是非稳态的。炼铁系统中的热风炉、电厂锅炉中的回转式空气预热器便是两种最为典型的回热式热交换器。

3. 混合式热交换器

混合式热交换器又称为直接接触式热交换器,该类热交换设备的冷、热两种流体可通过直接接触、互相混合实现热量交换。在传递热量后再各自全部或者部分分开,因而传热效率比较高。电站系统中的冷却塔、热力除氧器、化工厂中的洗涤塔等均属于此类。但是在工程实际中,其应用往往受到冷、热流体不能相互混合或难以分离的限制。

10.3 热交换器的热力计算

在设计一个热交换器时,从收集原始资料开始,到图样形成并检验完毕,期间需要进行一系列反反复复的设计工作,主要包括热力计算、结构计算、流动阻力计算和强度计算等。对于高速流动的大型热交换器,可能还将面临管束振动的问题,这不仅会产生很高的噪声,而且甚至会致使管子发生泄漏和断裂。因此,对于这类热交换器还需要进行振动情况预估和校核。

热力计算是热交换器设计的基础,它是热交换器设计全过程中首先需要解决的问题。根据目的不同,热交换器的热力计算分为两种类型:设计计算与校核计算。所谓设计计算就是根据生产任务给定的热交换条件和要求,设计一台新的热交换器,为此需要确定热交换器的型式、结构及热交换面积。而校核计算是对已有的热交换器进行核算,看其能否满足一定的热交换要求,一般需要计算流体的出口温度、传热量以及流动阻力等。无论是设计计算还是校核计算,其主要的工作都是要得出传热量和流体的进出口温度、流量、传热系数、传热面积等相关量之间的关系,所采用的基本计算关系式都是传热方程式和热平衡方程式。

10.3.1 传热计算的基本方程式

1. 传热方程式

热交换器中进行的是典型的传热过程,其传热量计算公式的一般形式为

$$\Phi = \int_0^A k\Delta t \, dA \tag{10-21}$$

式中,k 和 Δt 均为位置的函数,由于在热交换器中,冷、热流体的温度沿流向不断变化,故不同位置处冷、热流体间的温差以及传热系数均将发生变化。这使得计算过程变得十分复

杂，作为工程计算可采用如下的简化公式：

$$\Phi = kA\Delta t_m \tag{10-22}$$

式（10-22）通常称为热交换器的传热方程式，其中 Δt_m 称为热交换器传热面的平均温差（也称为传热温压），其定义和计算方法将在10.3.2节中给出。由式（10-22）可知，在进行设计计算时，为求得传热面积 A，就得知道传热量 Φ、总传热系数 k 以及冷热流体间的平均温差 Δt_m，因此这些物理量的确定就成了热交换器热力计算的主要内容。

2. 热平衡方程式

当忽略热交换器与环境的散热损失时，冷流体吸收的热量与热流体放出的热量应该相等。假设热交换器的热流体进、出口温度分别为 t_1'、t_1''，冷流体进、出口温度分别为 t_2'、t_2''，热流体的质量流量为 q_{m1}，比定压热容为 c_{p1}，而冷流体的质量流量为 q_{m2}，比定压热容为 c_{p2}。根据假设条件，如果不考虑热交换器向外界的散热，那么按照热交换器中冷、热流体的能量守恒，其传热量也可以表示为

$$\Phi = q_{m1}c_{p1}(t_1'-t_1'') = q_{m2}c_{p2}(t_2''-t_2') \tag{10-23}$$

式（10-23）常称为热交换器的热平衡方程式，它也可以改写成如下形式：

$$\Phi = C_1(t_1'-t_1'') = C_2(t_2''-t_2') \tag{10-24}$$

式中，$C_1 = q_{m1}c_{p1}$，$C_2 = q_{m2}c_{p2}$，分别称为热、冷流体的热容量。

传热方程式和热平衡方程式统称为热交换器传热计算的基本方程式。

10.3.2 对数平均温差法

热交换器不同截面处，冷热流体的温差数值并非常数，这不仅与位置有关，还与热交换器中流体进行的吸放热过程有着密切的关联。平均温差，顾名思义，即整个热交换器各处温差的平均值。一般情况下，计算过程中采用的都是对数平均温差。

1. 对数平均温差

冷热流体采用不同流动方式时，对数平均温差的计算表达式将有所不同。这里，将以图 10-12 所示的套管式热交换器顺流流动为例来推导该工况下的平均温差 Δt_m。在推导之前，对热交换器内部的工作过程做出以下假设：

1) 整个热交换器的传热系数 k 为一常数。
2) 冷热流体的流动均是稳定的。
3) 冷热流体的比热容和密度均为定值。
4) 没有沸腾和凝结现象。
5) 忽略热交换器对环境的损失。

热交换器中某位置处热、冷流体的温度分别用 t_1 和 t_2 来表示。取微元传热面 dA，两种流体通过微元传热面后，热流体的温度降低了 dt_1，冷流体的温度升高了 dt_2。由热平衡方程式，可得

$$\Phi = -q_{m1}c_{p1}dt_1 = q_{m2}c_{p2}dt_2 \tag{10-25}$$

通过变形，可得

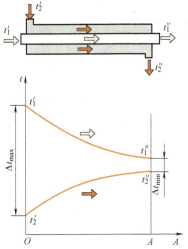

图 10-12 套管式热交换器顺流流动时的流体温度分布

$$\mathrm{d}t_1 - \mathrm{d}t_2 = \mathrm{d}(t_1 - t_2) = \mathrm{d}(\Delta t) = -\mathrm{d}\Phi\left(\frac{1}{q_{m1}c_{p1}} + \frac{1}{q_{m2}c_{p2}}\right) = -\mu \mathrm{d}\Phi \tag{10-26}$$

式中，$\mu = \left(\dfrac{1}{q_{m1}c_{p1}} + \dfrac{1}{q_{m2}c_{p2}}\right)$。

根据传热方程式 $\mathrm{d}\Phi = k\mathrm{d}A\Delta t$，可得

$$\frac{\mathrm{d}(t_1 - t_2)}{t_1 - t_2} = -\mu k \mathrm{d}A \tag{10-27}$$

在整个传热面上积分后，式（10-27）可以进一步写成

$$\ln\frac{\Delta t_2}{\Delta t_1} = -\mu k A \tag{10-28}$$

式中，$\Delta t_1 = t_1' - t_2'$，$\Delta t_2 = t_1'' - t_2''$。

从方程式（10-26）中，可以得出

$$\mu = \left(\frac{1}{q_{m1}c_{p1}} + \frac{1}{q_{m2}c_{p2}}\right) = \frac{\Delta t_1 - \Delta t_2}{\Phi} \tag{10-29}$$

将式（10-29）代入式（10-28）中，有

$$\Phi = kA\frac{\Delta t_1 - \Delta t_2}{\ln\dfrac{\Delta t_1}{\Delta t_2}} \tag{10-30}$$

最终可得出，顺流工况下热交换器的平均温差为

$$\Delta t_m = \frac{\Delta t_1 - \Delta t_2}{\ln\dfrac{\Delta t_1}{\Delta t_2}} \tag{10-31}$$

套管式热交换器逆流流动时的流体温度分布如图 10-13 所示，其推导过程与顺流完全相同，只是进、出口端部的温差不同，即 $\Delta t_1 = t_1' - t_2''$，$\Delta t_2 = t_1'' - t_2'$。

因此，不论是顺流还是逆流，平均温差可统一用下式进行表示：

$$\Delta t_m = \frac{\Delta t_{\max} - \Delta t_{\min}}{\ln\dfrac{\Delta t_{\max}}{\Delta t_{\min}}} \tag{10-32}$$

式中，$\Delta t_{\max}$ 和 $\Delta t_{\min}$ 分别代表两个进出口端部温差 $\Delta t'$ 和 $\Delta t''$ 中的大者和小者。

由于计算式中出现了对数，故而常把 Δt_m 称为对数平均温差。由上述推导可见，对数平均温差实际上是冷热流体温差在整个热交换器面积上的积分平均值。而算术平均温差可表示成 $(\Delta t_{\max} + \Delta t_{\min})/2$，相当于假定冷热流体的温度都是按照线性变化时的平均温差。

对于交叉流或者由顺流、逆流和交叉流组合起来的其他流动工况，理论上也可以在附加一些假设条件后，用解析的方法得出，但计算过程及结果均较为复

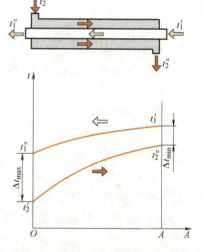

图 10-13 套管式热交换器逆流流动时的流体温度分布

杂。工程上，一般先按逆流方式计算出相应的对数平均温差 Δt_c，然后乘以一温差修正系数 ψ，即

$$\Delta t_m = \psi \Delta t_c \tag{10-33}$$

温差修正系数的值总是小于或者等于1的，其大小与流体温度及流动方式有关。根据温差修正系数值的大小，可以获得该种流动方式在给定工况下接近逆流的程度。温差修正系数的值一般可以通过两个量纲一的数 P 和 R 在修正图（图10-14~图10-17）中查出，其中两个量纲一的数的定义式如下：

$$P = \frac{t_2'' - t_2'}{t_1' - t_2'} \tag{10-34}$$

$$R = \frac{t_1' - t_1''}{t_2'' - t_2'} \tag{10-35}$$

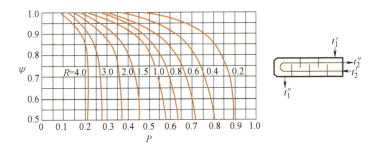

图10-14　单壳程，2、4、6、8、…管程的 ψ 值

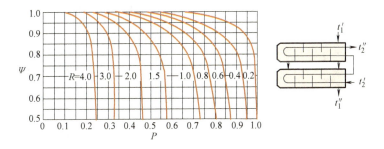

图10-15　双壳程，4、8、12、16、…管程的 ψ 值

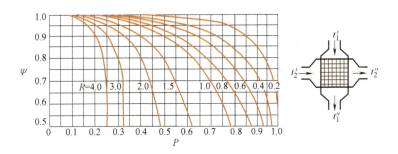

图10-16　一次交叉流，两种流体各自都不混合时的 ψ 值

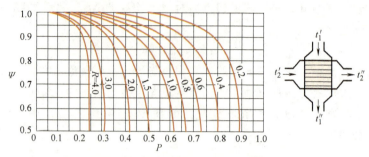

图 10-17 一次交叉流，一种流体混合、另一种流体不混合时的 ψ 值

2. 平均温差法热计算

从热交换器的传热方程式 $\Phi = kA\Delta t_m$ 和热平衡方程式 $\Phi = q_{m1}c_{p1}(t_1' - t_1'') = q_{m2}c_{p2}(t_2'' - t_2')$ 可知，三个方程中共有 8 个独立变量，即 kA、$q_{m1}c_{p1}$、$q_{m2}c_{p2}$、t_1'、t_1''、t_2'、t_2'' 和 Φ。因此，热交换器的热计算应该是给出其中的 5 个变量，来求得其余 3 个变量的计算过程。

（1）设计计算步骤　对于一款新的热交换器，其设计计算的目的在于选定热交换器型式后，给定流体的热容量 $q_{m1}c_{p1}$、$q_{m2}c_{p2}$ 和 4 个进、出口温度中的 3 个，计算另一个温度、传热量 Φ 和传热性能物理量 kA。当采用对数平均温差法进行设计计算时，其基本步骤如下：

1）根据已知的 3 个温度，利用热交换器热平衡方程式计算出另一个待定温度，并计算出传热量 Φ。

2）确定热交换器的结构及流动形式，由冷、热流体的 4 个进出口温度及流动形式确定 Δt_m。

3）初步布置热交换面，并计算相应的传热系数 k。

4）由传热方程式计算热交换面积 A，并计算热交换器冷热两侧的流动阻力。

5）如果流动阻力过大或者热交换面积过大，造成设计不合理，增加了系统设备的投资和运行费用，则应改变设计方案重新计算。

（2）校核计算步骤　对已有或设计好的热交换器进行校核计算时，典型的情况是已知热交换器的热容量 $q_{m1}c_{p1}$、$q_{m2}c_{p2}$、传热性能物理量 kA 以及冷、热流体的进口温度 t_1'、t_2' 这 5 个参数，计算出传热量 Φ 和冷、热流体的出口温度 t_1''、t_2''。由于冷、热流体的出口温度未知，无法计算传热平均温差和通过热交换面的总传热系数。在这种情况下，通常采用试算法，其基本计算步骤如下：

1）首先假定一个流体的出口温度，按热平衡方程式求出另一个出口温度。

2）由冷、热流体的 4 个进出口温度及流动形式确定 Δt_m。

3）根据热交换器的结构计算出传热系数 k。

4）由传热方程式求出传热量 Φ（假设出口温度下的计算值）。

5）通过热交换器热平衡方程式，计算出冷、热流体的出口温度值。

6）以最新计算出的出口温度作为假设温度值，重复步骤 2）~5），直至前后两次计算值的误差小于给定数值为止，一般相对误差应控制在 1% 以下。

实际试算过程通常采用迭代法，这种逐次逼近的试算一般比较费时。一方面，可以利用计算机编程进行运算；另一方面，对于手工进行的校核性计算，人们往往采用另外一种方法，称之为效能-传热单元数法。

例 10-3 某冷油器采用 1-2 型管壳式结构，流量为 $39\text{m}^3/\text{h}$ 的 30 号汽轮机油从 $t_1' = 56.9℃$ 被冷却到 $t_1'' = 45℃$，冷却水的进口温度 $t_2' = 33℃$，质量流量 $q_{m2} = 12.25\text{kg/s}$，水在管侧流过，油在壳侧。热交换器中的总传热系数为 $k = 312\text{W}/(\text{m}^2 \cdot \text{K})$，已知 30 号汽轮机油在运行温度下的 $\rho_1 = 879\text{kg/m}^3$、$c_{p1} = 1.95\text{kJ}/(\text{kg}\cdot\text{K})$。试计算热交换器所需的传热面积。

解 此题为设计计算，首先汽轮机油的放热量为

$$\Phi = q_{m1}c_{p1}(t_1'-t_1'') = \frac{39\times 879\times 1.95\times 10^3 \times(56.9-45)}{3600}\text{W} = 2.21\times 10^5 \text{W}$$

冷却水的出口温度为

$$t_2'' = t_2' + \frac{\Phi}{q_{m2}c_{p2}} = \left(33 + \frac{2.21\times 10^5}{12.25\times 4.19\times 10^3}\right)℃ = 37℃$$

按逆流方式布置时的对数平均温差为

$$\Delta t_c = \frac{\Delta t_{\max}-\Delta t_{\min}}{\ln\frac{\Delta t_{\max}}{\Delta t_{\min}}} = \frac{(56.9-37)-(45-33)}{\ln\frac{56.9-37}{45-33}}℃ = 15.62℃$$

根据式（10-34）和式（10-35）计算出参数 P 和 R 为

$$P = \frac{t_2''-t_2'}{t_1'-t_2'} = \frac{37-33}{56.9-33} = 0.17$$

$$R = \frac{t_1'-t_1''}{t_2''-t_2'} = \frac{56.9-45}{37-33} = 2.975$$

查图 10-14 得温度修正系数 $\psi = 0.97$，故热交换器实际的对数平均温差为

$$\Delta t_m = \psi\Delta t_c = 0.97\times 15.62℃ = 15.1℃$$

根据传热方程式，可得冷油器的计算面积为

$$A = \frac{\Phi}{k\Delta t_m} = \frac{2.21\times 10^5}{312\times 15.1}\text{m}^2 = 46.9\text{m}^2$$

10.3.3 效能-传热单元数法

1. 效能-传热单元数

为了方便热交换器的传热计算，通常将热交换器实际传热量与最大可能传热量的比值定义为热交换器的效能 ε，即

$$\varepsilon = \frac{\Phi}{\Phi_{\max}} \tag{10-36}$$

根据热平衡方程式 $\Phi = q_{m1}c_{p1}(t_1'-t_1'') = q_{m2}c_{p2}(t_2''-t_2')$，在热交换器中，冷热流体的温度变化与热容量成反比。而在冷热流体进口温度和流量一定时，增加 kA，冷热流体的出口温度将发生变化，传热量 Φ 也将随之增加。在极限情况下，kA 为无限大时，热交换器的传热热阻为零。若是顺流，冷热流体的出口温度将相等，即 $t_2'' = t_1''$。但当热交换器中采用的是逆流

方式，且热流体的 $q_{m1}c_{p1}$ 大于冷流体的 $q_{m2}c_{p2}$ 时，可以把冷流体加热到接近于热流体的进口温度（$t_2''=t_1'$），此时冷流体的进出口温差达到最大值 $t_1'-t_2'$；而当热流体的热容量小于冷流体的热容量时，则可将热流体冷却到接近于冷流体的进口温度（$t_1''=t_2'$），同样热流体的进出口温差将达到最大值 $t_1'-t_2'$。显而易见，热交换器具有最大可能的传热量对应着最大温差。考虑到对于冷热流体，只有热容量比较小的那种才有可能达到上述的最大温差，因此可将最大可能传热量写成

$$\Phi_{\max} = C_{\min}(t_1'-t_2') \tag{10-37}$$

同时，可以将效能的定义式改写成

$$\varepsilon = \frac{\Phi}{\Phi_{\max}} = \frac{C_1(t_1'-t_1'')}{C_{\min}(t_1'-t_2')} = \frac{C_2(t_2''-t_2')}{C_{\min}(t_1'-t_2')} \tag{10-38}$$

很明显，当热流体的热容量较小时，$\varepsilon = \dfrac{t_1'-t_1''}{t_1'-t_2'}$；反之，$\varepsilon = \dfrac{t_2''-t_2'}{t_1'-t_2'}$。

据此，可以将效能表达式统一写成

$$\varepsilon = \frac{\Phi}{\Phi_{\max}} = \frac{\Delta t_{\min}}{t_1'-t_2'} \tag{10-39}$$

式中，$\Delta t_{\min}$ 为实际热交换器冷热流体进出口温差中较小的一个值。

当获得热交换器的效能后，热交换器的传热量可用下式进行计算，即

$$\Phi = \varepsilon \Phi_{\max} = \varepsilon C_{\min}(t_1'-t_2') \tag{10-40}$$

现在以单流程逆流热交换器为例，讨论热交换器效能的计算。假设冷流体的热容量 $q_{m2}c_{p2}$ 为 $C_{\min}$，则传热量为

$$\Phi = C_2(t_2''-t_2') = kA \frac{(t_1'-t_2'')-(t_1''-t_2')}{\ln \dfrac{t_1'-t_2''}{t_1''-t_2'}} \tag{10-41}$$

将式（10-40）改写成

$$t_1' = t_2' + \frac{\Phi}{\varepsilon C_{\min}} = t_2' + \frac{t_2''-t_2'}{\varepsilon} \tag{10-42}$$

进一步地，有

$$t_1'-t_2'' = t_2'-t_2'' + \frac{t_2''-t_2'}{\varepsilon} = \left(\frac{1}{\varepsilon}-1\right)(t_2''-t_2') \tag{10-43}$$

根据式（10-24），可求出 t_1'' 为

$$t_1'' = t_1' - \frac{C_2}{C_1}(t_2''-t_2') \tag{10-44}$$

将式（10-42）代入式（10-44），可得

$$t_1''-t_2' = \frac{t_2''-t_2'}{\varepsilon} - \frac{C_2}{C_1}(t_2''-t_2') = \left(\frac{1}{\varepsilon}-\frac{C_2}{C_1}\right)(t_2''-t_2') \tag{10-45}$$

将式（10-45）和式（10-43）代入式（10-40），有

$$\ln\frac{\left(\dfrac{1}{\varepsilon}-1\right)}{\left(\dfrac{1}{\varepsilon}-\dfrac{C_2}{C_1}\right)}=\frac{kA}{C_2}\left(\frac{C_2}{C_1}-1\right) \qquad (10\text{-}46)$$

将式（10-46）进行变形，便可得到效能的计算式为

$$\varepsilon=\frac{1-\exp\left[\dfrac{kA}{C_2}\left(\dfrac{C_2}{C_1}-1\right)\right]}{1-\dfrac{C_2}{C_1}\exp\left[\dfrac{kA}{C_2}\left(\dfrac{C_2}{C_1}-1\right)\right]} \qquad (10\text{-}47)$$

式（10-47）是在假定冷流体的热容量 $q_{m2}c_{p2}$ 为 $C_{\min}$ 的基础上推导的。如果 $C_{\min}$ 为热流体的热容量也可推导出上式，故将式（10-47）写成

$$\varepsilon=\frac{1-\exp\left[\dfrac{kA}{C_{\min}}\left(\dfrac{C_{\min}}{C_{\max}}-1\right)\right]}{1-\dfrac{C_{\min}}{C_{\max}}\exp\left[\dfrac{kA}{C_{\min}}\left(\dfrac{C_{\min}}{C_{\max}}-1\right)\right]} \qquad (10\text{-}48)$$

令

$$\text{NTU}=\frac{kA}{C_{\min}} \qquad (10\text{-}49)$$

可以得到单流程逆流热交换器的效能为

$$\varepsilon=\frac{1-\exp\left[\text{NTU}\left(\dfrac{C_{\min}}{C_{\max}}-1\right)\right]}{1-\dfrac{C_{\min}}{C_{\max}}\exp\left[\text{NTU}\left(\dfrac{C_{\min}}{C_{\max}}-1\right)\right]} \qquad (10\text{-}50)$$

同理，可求得单流程顺流热交换器的效能为

$$\varepsilon=\frac{1-\exp\left[-\text{NTU}\left(1+\dfrac{C_{\min}}{C_{\max}}\right)\right]}{1+\dfrac{C_{\min}}{C_{\max}}} \qquad (10\text{-}51)$$

上述推导中，NTU 称为传热单元数，表征了热交换器的传热性能与其热传送（对流）性能的对比关系，其值越大热交换器的传热效能越好，但这会导致热交换器的投资成本和操作费用增大，从而使热交换器的经济性能变坏。因此，必须进行热交换器的综合性能分析以确定热交换器的传热单元数。

当冷、热流体之一发生相变时，即出现凝结或沸腾热交换过程，就会有 $C_{\min}$ 趋于无穷大，式（10-50）和式（10-51）可以简化为

$$\varepsilon=1-\exp(-\text{NTU}) \qquad (10\text{-}52)$$

而当冷、热流体的热容量相等时，式（10-50）和式（10-51）可以简化为
对于顺流

$$\varepsilon=\frac{1-\exp(-2\text{NTU})}{2} \qquad (10\text{-}53)$$

对于逆流

$$\varepsilon = \frac{NTU}{1+NTU} \tag{10-54}$$

为了便于工程计算,已经将常用的热交换器效能的计算公式绘制成相应的线算图,这里给出了几种典型流动形式的 ε-NTU 关系图,如图 10-18~图 10-23 所示。

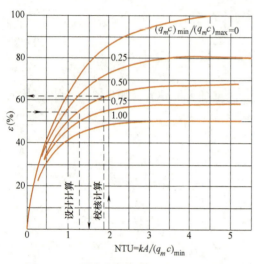

图 10-18 顺流热交换器的 ε-NTU 关系图

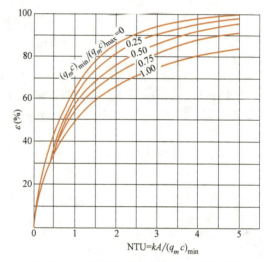

图 10-19 逆流热交换器的 ε-NTU 关系图

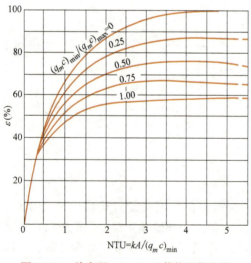

图 10-20 单壳程,2、4、6 等管程热交换器的 ε-NTU 关系图

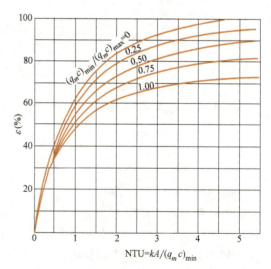

图 10-21 双壳程,4、6、12 等管程热交换器的 ε-NTU 关系图

2. 效能-传热单元数法热交换器热计算

热交换器效能-传热单元数法,即 ε-NTU 法,同样可以进行热交换器的设计和校核计算。

(1) 设计计算步骤　若是进行热交换器的设计计算,用效能-传热单元数法时的主要步骤如下:

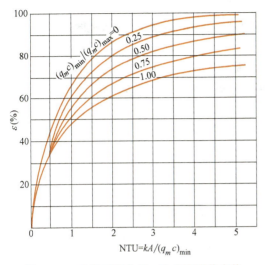

图 10-22　流体不混合的一次交叉流热交换器的 ε-NTU 关系图

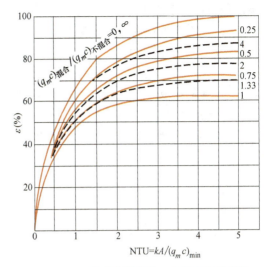

图 10-23　一种流体混合的一次交叉流热交换器的 ε-NTU 关系图

1）由热交换器热平衡方程式和传热方程式求出待求的温度值以及传热量 Φ，计算 $C_{\min}/C_{\max}$ 的比值。

2）由式（10-39）计算出热交换器效能 ε。

3）根据选定的流动方式，从线算图中查出传热单元数 NTU。

4）确定热交换面的布置，计算传热系数 k。

5）由 NTU 的定义式（10-49）确定热交换面积 A，同时计算流动阻力。

6）如果流动阻力过大或者热交换面积过大，造成设计不合理，则应改变设计方案重新计算。

（2）校核计算步骤　校核计算的主要步骤如下：

1）根据热交换器的结构，计算热交换器的传热系数 k。

2）计算热交换器的传热单元数 NTU 以及 $C_{\min}/C_{\max}$ 的比值。

3）按照热交换器的流体流动方式，在相应的 ε-NTU 图中查出热交换器效能的数值 ε。

4）根据冷热流体的进口温度及最小热容量，按照式（10-40）求出传热量 Φ。

5）利用热交换器热平衡方程式计算冷热流体的出口温度 t_1'' 和 t_2''。

10.4　热交换器传热过程的强化和削弱

传热过程广泛存在于电力、冶金、动力机械、石油、化工、低温、建筑以及航空航天等许多领域。这些传热问题除需要计算传热量外，很多情况下还涉及如何增强和削弱传热的问题。所以，根据目的不同，热量传递过程的控制形成了两个方向截然相反的技术：强化传热技术与削弱传热技术。

10.4.1　传热过程的强化

热交换器传热过程的强化，就是力求在单位时间内、单位热交换面积传递尽可能多的热量。所获得的效果表现为以下三个方面：

1）在设备投资以及输送功耗一定的条件下，获得较大的传热量，从而增加热交换器容量，提高热交换器效率。

2）保持热交换器容量不变，使设备结构紧凑，体积减小，材料耗量减少，成本降低。

3）降低高温部件的温度，如各类发动机、核反应堆、电力电子设备中元器件的冷却，保证设备安全运行。

计算热交换器传热过程的基本计算公式为

$$\phi = kA\Delta t_m \tag{10-55}$$

由此可见，传热量由三个因素决定，即传热温差、传热面积和传热系数。所以，强化热交换器传热的途径也从增加 k、A 和 Δt_m 来考虑。

增加传热系数 k，就是要减小传热热阻。以两流体通过圆管管壁进行传热为例，基于圆管外壁面的传热系数表达式为

$$k = \cfrac{1}{\cfrac{d_2}{d_1 h_1} + R_1 + \cfrac{d_2}{2\lambda}\ln\cfrac{d_2}{d_1} + R_2 + \cfrac{1}{h_2}} \tag{10-56}$$

式中，d_1、d_2 分别为管内径和外径；h_1 和 h_2 分别为管内外流体的对流表面传热系数；λ 为管壁的热导率；R_1 和 R_2 分别为管内外壁的污垢热阻（$m^2 \cdot K/W$），通常由实验确定。由于热交换器是长时期运行的热设备，因此在运行一段时间后，常常在传热面上集结水垢、淤泥、油污和灰尘之类的污垢。这些污垢在传热过程中都表现为附加热阻，导致传热系数减小，传热性能下降。

从式（10-56）可以看出，提高 h_1 和 h_2，选用导热性能良好的材料作为传热间壁，尽可能减小壁厚，减轻污垢聚集，均能使传热系数 k 增大。但并不是各项措施对增加 k 都有效。增加传热系数时，要注意应当减小最大的局部热阻。一个传热过程由几个热阻串联而成，减小最大的热阻，才能使传热得到明显强化。这是强化传热的一个基本原则。

如何提高表面传热系数 h_1 和 h_2 以改善传热呢？由于对流传热过程受流体物性、流动状态、温度和传热面几何特性等多种因素影响，因此强化传热的方法很多。

（1）增大流体流速　一般来说，增大流速和增强扰动以减薄和破坏边界层，是减小对流传热热阻的主要方法。提高流体流速，可减小层流底层的热阻。但是采用增大流速的方法来增强传热时，由于流速增加会使流体流动阻力增加，故必须兼顾热流量和流动阻力选择最佳流速。利用入口段传热强的特点，采用短管，可减小边界层厚度。人为设置扰动源也是破坏边界层的有效方法。例如，采用螺旋管、波纹管、螺纹管，增装扰流子和涡流发生器，以及正确布置传热面，如叉排布置等方法，都可以有效地增强扰动，破坏边界层。

（2）增加对数平均温差 Δt_m　在冷热流体进出口温度一定时，改变流型的布置可以提高平均温差。在对热交换器进行分析时已指出，逆流流型的平均温差最大，顺流的平均温差最小，因此从强化传热的角度出发，热交换器应当尽量布置成逆流。另一种方法是提高热流体温度或降低冷流体温度，增加冷热流体之间的温差，使平均温差增大。但是大多数情况下，传热温差往往被客观条件所限定，不能随意改动。所以通过加大传热温差来强化传热的途径没有太多考虑的余地。

（3）扩大传热面积　增大传热面积是最有效的强化传热的途径。增加总传热面积 A，即

多布置一些传热面，可以降低总传热热阻 R_k，加大传热量。改善传热面的结构，不仅能增加传热面，还能使流体的流动和传热特性得到改善。肋化面、异形表面、多孔物质涂敷在传热表面等均能扩展传热表面。肋片应用于表面传热系数小的场合特别有效。异形表面则是利用轧制或冲压等方法将传热表面制成波纹形、椭圆形以及各种凹凸形状，它们不但增加了传热面积，而且能改变流动状态，减小边界层厚度和增大扰动，从而使传热增强。将细小的金属颗粒烧结或涂敷于传热表面，也可以扩大传热面积，强化传热。

有关强化传热的详细资料，请读者参阅相关文献。

10.4.2 传热过程的削弱

与增强传热相反的是削弱传热。根据传热方程式可知，可通过减小传热温差、减小传热面积和传热系数的方法来削弱传热。工程上使用最广泛的方法是在管道和设备上覆盖保温隔热材料，使其导热热阻增加，进而使总热阻增加，以削弱传热。这就是工程上常见的管道和设备的保温隔热。

一般要求保温材料满足下述要求：①热导率小。热导率越小，同样厚度的保温隔热材料的保温隔热效果越好。一些新型材料，如玻璃棉、矿渣棉、岩棉、硅酸铝纤维、氧化铝纤维、微孔硅酸钙、聚苯乙烯发泡塑料等，它们的热导率比传统的保温隔热材料小得多。②温度稳定性好。在一定温度范围内保温隔热材料的物性值变化不大。③有一定的机械强度。机械强度低，易受破坏，而使散热增加。④吸水、吸湿性小。水分会使材料的热导率大大增加。

在设计隔热保温层时，对保温层厚度的计算可采用前面介绍的传热计算公式。隔热保温层越厚，散热损失就越小，但费用也随之增加。为了统筹兼顾，一般按全年热损失费用和隔热保温层折旧费用总和为最低时的厚度来设计，这一厚度称为最佳厚度或经济厚度。至于隔热层结构，除了主要的保温隔热层以外，根据使用条件还有防腐层、隔气层、防水层、保护层、装饰层等。例如，在制冷工业中，隔气层和防水层必不可少，因为保温层的受潮、结露、霜冻等都会影响保温层性能。不同保温层的施工工艺也不同，可参阅相关参考文献。

小结

本章首先详细探讨了传热过程这一特殊传热现象的基本特征，分别给出了通过平壁、圆筒壁和肋壁的传热过程计算，并分析了临界绝缘直径、肋片表面总效率等重要参数的定义方式和意义。随后，对比了三类热交换器的工作原理，重点分析了多种间壁式热交换器的结构和流动传热过程。接着，介绍了热交换器热设计过程中的两类计算的目的、采用的基本方程，以及两种典型的计算方法。最后，给出了削弱或强化传热过程的几种常见方法。

本章的相关内容为热交换器原理及设计等课程的学习奠定了基础。

思考题与习题

10-1 在热交换器的流体温度分布图中，冷、热流体中热容量小的流体其温度变化大还是热容量大的流体变化大？为什么？

10-2 对管壳式热交换器来说，两种流体在下列情况下，何种走管内，何种走管外？
1）清洁与不清洁的。2）腐蚀性大与小的。3）温度高与低的。4）压力大与小的。
5）流量大与小的。6）黏度大与小的。

10-3 为了增强一台油冷器的传热，用提高冷却水流速的方法效果并不显著，为什么？

10-4 圆筒壁包上保温材料，有时反而使热流量增加。平壁外包保温材料会有这种现象吗？为什么？

10-5 对于 $q_{m1}c_{p1}>q_{m2}c_{p2}$、$q_{m1}c_{p1}<q_{m2}c_{p2}$、$q_{m1}c_{p1}=q_{m2}c_{p2}$ 三种情形，分别画出顺流和逆流时冷、热流体温度沿流动方向的变化曲线，注意曲线的凹凸与 $q_m c$ 相对大小的关系。

10-6 什么是热交换器的设计计算？什么是热交换器的校核计算？这两种计算的步骤各自有哪些？

10-7 热水在两根相同的管内以相同的速度流动，管外分别采用空气和水进行冷却。经过一段时间后，两管内产生相同厚度的水垢。试问水垢的产生对传热系数的影响，是空冷的管道较大还是水冷的管道较大？为什么？

10-8 有一台钢管热交换器，热水在管束内流动，冷空气在管外多次折流横向冲刷管束以冷却管内热水。有人提出，为了提高冷却效果，采用管外加装肋片并将钢管换成铜管。请评价这一方案的合理性。

10-9 热流体 A 流入一热交换器中加热石油，其进口温度为 300℃，出口温度为 200℃。石油从 25℃ 被加热后温度升至 175℃。试求两流体顺流和逆流时的对数平均温差。

10-10 压力为 6.18×10^5Pa 的干饱和蒸汽在热交换器中冷凝，冷却水在管内流过，温度从 20℃ 上升至 70℃。试求对数平均温差。

10-11 在空气加热器中，空气从 20℃ 被加热到 230℃，烟气从 430℃ 被冷却到 250℃。试求流体顺流、逆流和交叉流时的传热平均温差。两种流体交叉流动时烟气混合，空气不混合。

10-12 在某气-气套管式热交换器中，中心圆管的内外表面都设置了肋片，试用表 10-1 所列符号导出管内流体与环形夹层中流体之间总传热系数的表达式。基管的热导率为 λ。

表 10-1 题 10-12 表

名称	内表面	外表面	名称	内表面	外表面
流体温度	$t_{f,i}$	$t_{f,0}$	总传热面积	$A_{t,i}$	$A_{t,0}$
表面传热系数	h_i	h_0	肋效率	η_i	η_0
肋片部分面积	$A_{f,i}$	$A_{f,0}$	基管半径	r_i	r_0
基管面积	$A_{r,i}$	$A_{r,0}$			

10-13 一卧式冷凝器采用外径为 25mm、壁厚为 1.5mm 的黄铜管热交换表面。已知管外冷凝侧平均表面传热系数 $h_0=5700$W/(m²·K)，管内水侧平均表面传热系数 $h_i=4300$W/(m²·K)。试计算下列两种情况下冷凝器按管子外表面积计算的总传热系数：
1）管子内外表面均是洁净的。
2）管内为海水，流速大于 1m/s，结水垢，平均温度小于 50℃，蒸汽侧有油。

10-14 某厂由于生产需要，将冷却水以 $20\times10^3 \sim 25\times10^3$kg/h 的质量流量向距离 3km 的

车间供应，供水管道外直径为 160mm。为防止冬天水在管道内结冰，在管道外包裹热导率 $\lambda = 0.12\text{W}/(\text{m}\cdot\text{K})$ 的沥青蛭石管壳。保温层外表面的复合传热表面传热系数 $h_0 = 35\text{W}/(\text{m}^2\cdot\text{K})$。该厂室外空气温度达 -15℃，此时水泵的出口水的温度为 4℃。试确定为使冷却水不结冰的最小保温层厚度。忽略管壁热阻及管内水的对流传热热阻。

10-15 一种工业流体在顺流热交换器中被油从 300℃ 冷却到 140℃，而此时油的进、出口温度分别为 44℃ 和 124℃。试确定：

1）在传热面积足够大的情况下，该流体在顺流热交换器中所能冷却到的最低温度。

2）在传热面积足够大的情况下，该流体在逆流热交换器中所能冷却到的最低温度。

3）在相同的流体进口、出口温度下顺流和逆流热交换器传热面积之比。假定两种情形的传热系数和传热量均相同。

10-16 有一台 1-2 型管壳式热交换器用来冷却 11 号润滑油。冷却水在管内流动，$t_2' = 20\text{℃}$，$t_2'' = 50\text{℃}$，质量流量为 3kg/s；热油的进、出口温度 $t_1' = 100\text{℃}$、$t_1'' = 60\text{℃}$，传热系数 $k = 350\text{W}/(\text{m}^2\cdot\text{K})$。试计算：1）油的流量。2）所传递的热量。3）所需的传热面积。

10-17 在一台逆流水-水热交换器中，$t_1' = 87.5\text{℃}$，$t_2' = 32\text{℃}$，$q_{m1} = 9000\text{kg/h}$，$q_{m2} = 13500\text{kg/h}$，$k = 1740\text{W}/(\text{m}^2\cdot\text{K})$，$A = 3.75\text{m}^2$。试确定热水的出口温度。

10-18 欲采用套管式热交换器使热水与冷水进行热交换，并给出 $t_1' = 200\text{℃}$，$q_{m1} = 0.0144\text{kg/s}$，$t_2' = 35\text{℃}$，$q_{m2} = 0.0233\text{kg/s}$。取总传热系数 $k = 980\text{W}/(\text{m}^2\cdot\text{K})$，$A = 0.25\text{m}^2$，试确定采用顺流与逆流两种布置时热交换器所交换的热量、冷却水出口温度及热交换器的效能。

第 11 章

传热问题的数值方法

在前面描述热量传递的微分方程中，只介绍了微分方程的分析解法。分析解法的主要优点是求解过程中物理概念和逻辑推理比较清晰，数学分析比较严谨，求解结果以函数的形式表示，能清楚地显示出各种因素对温度分布的影响。但是，分析解只能对少量的简单情形得出，对于大量具有工程实际意义的流动与传热问题，难以得到其分析解，此时数值计算的方法得到了广泛的应用。

随着计算机技术的迅速发展，对传热问题进行离散求解的数值方法发展得十分迅速，已成为传热学的重要分支——计算传热学（数值传热学）。计算传热学（Computational Heat Transfer，CHT），是指对描写流动与传热问题的控制方程采用数值方法，通过计算机予以求解的一门传热学与数值方法相结合的交叉学科。原则上数值解法能求解一切传热问题，特别是分析解方法无法解决的问题。

本章介绍传热学中用到的数值方法，对热量传递三种基本方式的数值求解过程进行了简单的分析。通过学习，可以帮助读者对计算传热学有一个初步的认识，为分析和解决工程实际中的复杂传热问题打下一定的基础。

11.1 数值方法的基本思想

数值传热学求解问题的基本思路（图 11-1）是：把原来在空间与时间坐标中连续的物理量的场（如速度场、温度场、浓度场等），用一系列有限个离散点（称为节点，node）上的值的集合来代替，通过一定的原则建立起这些离散点上变量值之间关系的代数方程（称为离散方程，discretization equation），求解所建立起来的代数方程以获得所求解变量的近似值。因此，求解域的离散化、节点物理量代数方程组的建立与求解是数值解法的主要内容。

在过去的几十年内已经发展出了多种数值解法，其主要区别在于求解域的网格划分、微分方程

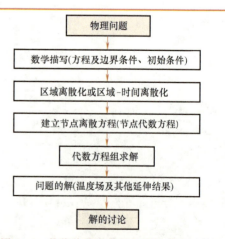

图 11-1 数值传热学求解问题的基本思路

的离散方式及代数方程的迭代求解这三个环节上。求解域的网格划分，也就是区域离散化，通常用网格线将问题区域划分（或离散）成许多微小的子区域（或单元）。对求解域进行网格划分后，需要选用合适的离散方法，将控制方程在网格上进行离散，得到离散代数方程组。在流动与传热计算中应用较广泛的离散方法，包括有限差分法（Finite Difference Method, FDM）、有限元法（Finite Element Method, FEM）和有限容积法（Finite Volume Method, FVM）等。

11.2 区域离散化

离散求解方程，先要离散方程定义的区域，即把计算区域用网格线分割成许多小的互不重叠的子区域，确定计算域中有限个离散点的位置，以及每个离散点所代表的能够应用控制方程的小几何单元（称为控制容积）。控制容积与子区域并不总是重合的。求解域离散完成后，得到四种几何要素：节点、控制容积、界面以及网格线。

根据节点在子区域中位置的不同，可以把区域离散化方法分成两大类：外节点法与内节点法。

（1）外节点法　节点位于子区域的角顶上，划分子区域的曲线簇就是网格线，但子区域不是控制容积。为了确定各节点的控制容积，需要在相邻两节点的中间位置上作界面线，由这些界面线构成各节点的控制容积。从计算过程的先后来看，应先确定节点的坐标，再计算相应的界面，因而也可称为先节点后界面的方法。

（2）内节点法　节点位于子区域的中心，这时子区域就是控制容积，划分子区域的曲线簇就是控制体的界面线。就实施过程而言，应先规定界面位置而后确定节点，因而也可称为先界面后节点的方法。

图 11-2 所示为三种坐标系中的两种区域离散化方法，实线表示网格线，虚线表示界面线，黑点表示节点。

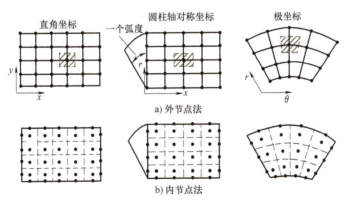

图 11-2　三种坐标系中的两种区域离散化方法

没有统一的网格生成法，这通常取决于研究者的偏好。这个过程往往是先选择一个坐标系，即笛卡儿坐标系、圆柱坐标系或球坐标系。为了简便，许多研究人员喜欢对任何问题都用均匀的笛卡儿网格，该方法不需要事先了解问题的物理现象。但在某些情况下，几何区域可能使用圆柱坐标系或球坐标系更合适。

坐标种类的选择和网格分辨率的选择也有一定的指导原则。就网格分辨率来说，在物理量梯度陡峭的地方，有足够的节点密度或区域分辨率是非常重要的。例如，在近壁区、进出口、混合层或剪切层附近速度、温度和压力具有很大的梯度，往往需要划分更细密的网格。

11.3 微分方程的离散

11.3.1 有限差分法

有限差分法是应用最早、最经典的数值方法，在有限时、空步长下离散求解区域，在离散节点用差分或差商来逼近微分或微商，将连续的偏微分方程和定解条件转化为在离散点上定义的代数方程。求解所有节点代数方程构成的方程组，得到微分方程定解问题的数值近似解。

如图 11-3a 所示，利用有限差分法求解 Ω 区域的偏微分方程时（其中 t 是 x 和 y 的函数），先要将问题区域离散成许多小的子区域，在 Ω 区域内建立一个个网格节点。实心圆表示的节点在单元内，空心圆表示的节点在单元外。网格间距为 Δx、Δy，用 $t(i\Delta x, j\Delta y)$ 代替 $t(x, y)$。根据 i 和 j 的值确定点的位置，差分方程通常写为点 $P(i, j)$ 及其邻近点的函数关系式。

设图 11-3a 中节点 P 处的值为 $t(i, j)$，四个邻近点的值可表示为

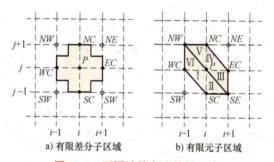

a) 有限差分子区域　　b) 有限元子区域

图 11-3　不同计算方法的子区域

$$t_{EC} = t_{i+1,j} = t(x_0 + \Delta x, y_0)$$
$$t_{WC} = t_{i-1,j} = t(x_0 - \Delta x, y_0)$$
$$t_{NC} = t_{i,j+1} = t(x_0, y_0 + \Delta y)$$
$$t_{SC} = t_{i,j-1} = t(x_0, y_0 - \Delta y)$$

在 $x = x_0$ 和 $y = y_0$ 处 t 对 x 的偏微分为

$$\frac{\partial t}{\partial x} = \lim_{\Delta x \to 0} \left[\frac{t(x_0 + \Delta x, y_0) - t(x_0, y_0)}{\Delta x} \right] = \lim_{\Delta x \to 0} \left[\frac{t_{EC} - t_P}{\Delta x} \right]$$

如果 t 在 (x_0, y_0) 附近连续并且可微，那么，当 Δx 足够小时，$\frac{\partial t}{\partial x}$ 的近似值为

$$\frac{t(x_0 + \Delta x, y_0) - t(x_0, y_0)}{\Delta x}$$

如果应用带有余数的泰勒公式，将 $t(x_0 + \Delta x, y_0)$ 在点 $P(x_0, y_0)$ 附近 ($x_0 \leq \zeta \leq x_0 + \Delta x$) 用泰勒级数展开为

$$t(x_0 + \Delta x, y_0) = t(x_0, y_0) + \frac{\partial t}{\partial x}\bigg|_P \Delta x + \frac{\partial^2 t}{\partial x^2}\bigg|_P \frac{\Delta x^2}{2} + \cdots + \frac{\partial^{n-1} t}{\partial x^{n-1}}\bigg|_P \frac{\Delta x^{n-1}}{(n-1)!} + \frac{\partial^n t}{\partial x^n}\bigg|_\zeta \frac{\Delta x^n}{(n)!} \quad (11-1)$$

式中等号右边第二项后面部分可以看成余数，故可以得到一阶导数的前差形式，即

$$\left.\frac{\partial t}{\partial x}\right|_P = \frac{t(x_0+\Delta x,y_0)-t(x_0,y_0)}{\Delta x} - \left.\frac{\partial^2 t}{\partial x^2}\right|_P \frac{\Delta x^2}{2} - \cdots \tag{11-2}$$

采用符号 i 和 j，式（11-2）可简化为

$$\left.\frac{\partial t}{\partial x}\right|_{i,j} = \frac{t_{i+1,j}-t_{i,j}}{\Delta x} + \text{截断误差} \tag{11-3}$$

式中，$\frac{t_{i+1,j}-t_{i,j}}{\Delta x}$ 就是 $\left.\frac{\partial t}{\partial x}\right|_{i,j}$ 的有限差分表达式；截断误差（Truncation Error，TE）是偏导数与其有限差分表达式之差。截断误差的极限特性由符号（O）的阶确定：

$$\left.\frac{\partial t}{\partial x}\right|_{i,j} = \frac{t_{i+1,j}-t_{i,j}}{\Delta x} + O(\Delta x) = \frac{t_{EC}-t_P}{\Delta x} + O(\Delta x) \tag{11-4}$$

截断误差为 $O(\Delta x)$，即当 $\Delta x \to 0$（Δx 足够小）时，$|\text{TE}| \leq K|\Delta x|$，$K$ 为某一正的实常数。在这种情况下，截断误差的阶是指在所有截断误差项中，Δx 的最高次幂。$\left.\frac{\partial t}{\partial x}\right|_{i,j}$ 可以有不同的构造方法。举例来说，利用泰勒公式向后展开得

$$t(x_0-\Delta x,y_0) = t(x_0,y_0) - \left.\frac{\partial t}{\partial x}\right|_P \Delta x + \left.\frac{\partial^2 t}{\partial x^2}\right|_P \frac{\Delta x^2}{2} - \left.\frac{\partial^3 t}{\partial x^3}\right|_P \frac{\Delta x^3}{6} + \cdots \tag{11-5}$$

由此得到后差差分格式

$$\left.\frac{\partial t}{\partial x}\right|_{i,j} = \frac{t_{i-1,j}-t_{i,j}}{\Delta x} + O(\Delta x) \tag{11-6}$$

式（11-1）减去式（11-5），得到中心差分格式

$$\left.\frac{\partial t}{\partial x}\right|_{i,j} = \frac{t_{i+1,j}-t_{i-1,j}}{2\Delta x} + O[(\Delta x)^2] \tag{11-7}$$

此外，式（11-1）和式（11-5）相加，可得到 t 关于 x 的二阶导数的差分格式

$$\left.\frac{\partial^2 t}{\partial x^2}\right|_{i,j} = \frac{t_{i+1,j}-2t_{i,j}+t_{i-1,j}}{(\Delta x)^2} + O[(\Delta x)^2] \tag{11-8}$$

流体力学与传热中涉及的大部分偏微分方程仅仅是一阶和二阶偏导数。在大多数情况下，这些导数仅用两个或三个网格点的因变量值近似即可。

11.3.2 有限元法

有限元法是 20 世纪 80 年代开始应用的一种数值解法，它是以变分法或加权余量法为基础，吸收有限差分的离散化思想，采用分块逼近技术而形成的一种数值计算方法。在有限元法的基础上，勃莱皮埃（Brebbia）提出了边界元法和混合元法等方法。

有限元法的基本思想可归纳为以下几点：

（1）解域分块离散化　将求解区域剖分为若干个互相连接而不重叠、有一定几何形状的子区域，这些子区域称为单元或者元素，如图 11-3b 所示。

（2）基函数规则化　基函数是在单元上选取并按一定规则构造，总体基函数可以看作

由单元基函数组成。求解区域有多少节点,就在每个节点选择一个(也可为两个或多个)基函数。基函数在节点上的值取为 1,而在其他节点以及与这个节点不相邻的单元中全部为 0。单元中的近似解由求解函数在单元节点上的值或其导数值通过基函数线性插值构成,因此单元基函数又称为单元插值函数或形状函数。很明显,除了边界节点相应的基函数外,其余所有基函数,都满足齐次本质边界条件,而本质边界条件所对应的边界上节点的基函数,可以构造特解。

(3) 单元有限元方程规范化 每个单元的近似解由规则化的基函数作为插值函数、由节点待求函数值或导数值作为系数的线性组合所构成,代入单元 Galerkin 法或 Ritz 法积分表达式中,在几何形状简单规则的单元上,积分比较容易,并对同类型单元形成相同的规范化单元有限元方程,解决了 Galerkin 法或 Ritz 法在复杂区域上计算积分的困难。

(4) 总体合成条理化 得到规范化的单元有限元方程后,按照一定规则对其累加,进行边界条件处理,形成总体求解的有限元方程。

11.3.3 有限体积法

有限体积法(又称有限容积法)是将计算区域划分为一系列控制体积,在离散节点所代表的控制容积区域上对守恒型控制方程进行积分,或者在控制容积区域上直接利用物质运动的守恒定律建立物理量的平衡关系,在一定近似假设下,推演得到离散代数方程。由积分得到离散方程称为控制容积积分法,由物理量平衡关系得到离散方程称为控制容积平衡法。它的关键是在导出离散方程的过程中,需要对界面上的被求函数本身及其导数的分布做出某种形式的假定。

节点选定后,要对节点及其相应的界面做标识。一种为 i-j-k-n 表示法,即空间节点位置记作 (i, j, k),时间或类时间坐标离散节点记为 n,两相邻节点间的界面分别对应 $i±1/2$、$j±1/2$、$k±1/2$、$n±1/2$。另一种标识方法是使用大写字母 P 表示所研究的节点,E、W、N、S、T、B 分别表示节点 P 在周围三个坐标方向上相邻的六个节点,用小写字母 e、w、n、s、t、b 分别表示节点 P 与六个相邻节点间的界面。相邻节点之间和相邻界面之间的距离,以 x 方向为例,分别用 δx 和 Δx 表示。相邻节点间的距离称为网格间距。对于均分网格系统,即等距网格系统,$\delta x = \Delta x$。一维情况下的两种标识方法如图 11-4 所示。

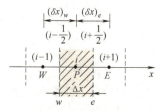

图 11-4 一维情况下的网格系统标识方法

(1) 控制容积积分法

1) 将守恒型控制微分方程在选定的控制容积及其时间间隔内做空间和时间积分。

2) 根据离散精度要求,选择未知函数及其导数对时间、空间的分布曲线(型线),或者说,对求解函数及其导数的局部分布形式做出假定。

3) 按照选择的型线对积分式各项做定积分,并整理成关于节点上待求解变量值的离散代数方程。

实施控制容积积分,型线决定离散格式的基本特性。离散精度在二阶范围内,采用两种型线,即阶梯形分布和分段线性分布。高于二阶精度,则需选择不同幂次的分段抛物线分布。函数 Φ 随空间坐标 x 和时间坐标 τ 变化的两种型线如图 11-5 所示。

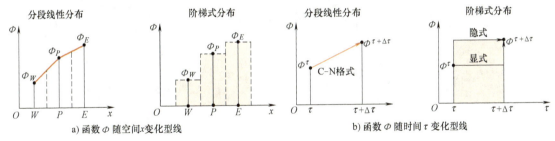

图 11-5 有限容积法的型线选择

以一维热物理问题为例，其通用形式的守恒型微分方程可表示为

$$\frac{\partial(\rho\Phi)}{\partial\tau}+\frac{\partial(\rho u\Phi)}{\partial x}=\frac{\partial}{\partial x}\left(\Gamma_\Phi\frac{\partial\Phi}{\partial x}\right)+S \tag{11-9}$$

将式（11-9）对图 11-4 中所示的节点 P 相应的控制容积区域 $w\to e$，在 $\Delta\tau$ 时间间隔内做积分，有

$$\int_\tau^{\tau+\Delta\tau}\int_w^e\frac{\partial(\rho\Phi)}{\partial\tau}\mathrm{d}x\mathrm{d}\tau+\int_\tau^{\tau+\Delta\tau}\int_w^e\frac{\partial(\rho u\Phi)}{\partial x}\mathrm{d}x\mathrm{d}\tau=\int_\tau^{\tau+\Delta\tau}\int_w^e\frac{\partial}{\partial x}\left(\Gamma_\Phi\frac{\partial\Phi}{\partial x}\right)\mathrm{d}x\mathrm{d}\tau+\int_\tau^{\tau+\Delta\tau}\int_w^e S\mathrm{d}x\mathrm{d}\tau \tag{11-10}$$

对式（11-10）中各项积分函数及其导数的型线做出选择，从而导致积分计算和整个求解的近似处理。

1) 非稳态项。取 Φ 随 x 做阶梯变化，即同一控制体内函数值相同，有

$$\int_w^e\left[(\rho\Phi)^{\tau+\Delta\tau}-(\rho\Phi)^\tau\right]\mathrm{d}x=\left[(\rho\Phi)_P^{\tau+\Delta\tau}-(\rho\Phi)_P^\tau\right](\Delta x)_P \tag{11-11}$$

2) 对流项。

① 若取 $\rho u\Phi$ 随 τ 做阶梯显式变化，即在积分时间间隔 $\Delta\tau$ 内，用积分函数下限值替代积分函数值，有

$$\int_\tau^{\tau+\Delta\tau}\left[(\rho u\Phi)_e-(\rho u\Phi)_w\right]\mathrm{d}\tau=\left[(\rho u\Phi)_e^\tau-(\rho u\Phi)_w^\tau\right](\Delta\tau) \tag{11-12}$$

② 若取 $\rho u\Phi$ 随 τ 做阶梯全隐式变化，即在积分时间间隔 $\Delta\tau$ 内，用积分函数上限值替代积分函数值，有

$$\int_\tau^{\tau+\Delta\tau}\left[(\rho u\Phi)_e-(\rho u\Phi)_w\right]\mathrm{d}\tau=\left[(\rho u\Phi)_e^{\tau+\Delta\tau}-(\rho u\Phi)_w^{\tau+\Delta\tau}\right]\Delta\tau \tag{11-13}$$

③ 若取 $\rho u\Phi$ 随 τ 做分段线性变化，即在积分时间间隔 $\Delta\tau$ 内，用积分函数上限值与下限值的平均值替代积分函数值，则算术平均格式（Crank-Nicolson 格式）为

$$\int_\tau^{\tau+\Delta\tau}\left[(\rho u\Phi)_e-(\rho u\Phi)_w\right]\mathrm{d}\tau=\frac{1}{2}\left[(\rho u\Phi)_e^{\tau+\Delta\tau}-(\rho u\Phi)_w^{\tau+\Delta\tau}+(\rho u\Phi)_e^\tau-(\rho u\Phi)_w^\tau\right]\Delta\tau \tag{11-14}$$

3) 扩散项。须对函数 Φ 对空间的导数在时间间隔 $\Delta\tau$ 内的分布做选择。

① 阶梯显式

$$\int_\tau^{\tau+\Delta\tau}\left[\left(\Gamma_\Phi\frac{\partial\Phi}{\partial x}\right)_e-\left(\Gamma_\Phi\frac{\partial\Phi}{\partial x}\right)_w\right]\mathrm{d}\tau=\left[\left(\Gamma_\Phi\frac{\partial\Phi}{\partial x}\right)_e^\tau-\left(\Gamma_\Phi\frac{\partial\Phi}{\partial x}\right)_w^\tau\right]\Delta\tau \tag{11-15}$$

② 阶梯全隐式

$$\int_{\tau}^{\tau+\Delta\tau}\left[\left(\Gamma_\Phi\frac{\partial\Phi}{\partial x}\right)_e-\left(\Gamma_\Phi\frac{\partial\Phi}{\partial x}\right)_w\right]\mathrm{d}\tau=\left[\left(\Gamma_\Phi\frac{\partial\Phi}{\partial x}\right)_e^{\tau+\Delta\tau}-\left(\Gamma_\Phi\frac{\partial\Phi}{\partial x}\right)_w^{\tau+\Delta\tau}\right]\Delta\tau \tag{11-16}$$

③ C-N 格式

$$\int_{\tau}^{\tau+\Delta\tau}\left[\left(\Gamma_\Phi\frac{\partial\Phi}{\partial x}\right)_e-\left(\Gamma_\Phi\frac{\partial\Phi}{\partial x}\right)_w\right]\mathrm{d}\tau=\frac{1}{2}\left[\left(\Gamma_\Phi\frac{\partial\Phi}{\partial x}\right)_e^{\tau+\Delta\tau}-\left(\Gamma_\Phi\frac{\partial\Phi}{\partial x}\right)_w^{\tau+\Delta\tau}\right]\Delta\tau+$$

$$\frac{1}{2}\left[\left(\Gamma_\Phi\frac{\partial\Phi}{\partial x}\right)_e^{\tau}-\left(\Gamma_\Phi\frac{\partial\Phi}{\partial x}\right)_w^{\tau}\right]\Delta\tau \tag{11-17}$$

4) 源项。选 S 随 x 做阶梯变化，随 τ 做阶梯或分段线性变化。

① 阶梯显式

$$\int_{\tau}^{\tau+\Delta\tau}\int_{w}^{e}S\mathrm{d}x\mathrm{d}\tau=\overline{S}^{\tau}(\Delta x)_P\Delta\tau \tag{11-18}$$

② 阶梯全隐式

$$\int_{\tau}^{\tau+\Delta\tau}\int_{w}^{e}S\mathrm{d}x\mathrm{d}\tau=\overline{S}^{\tau+\Delta\tau}(\Delta x)_P\Delta\tau \tag{11-19}$$

③ C-N 格式

$$\int_{\tau}^{\tau+\Delta\tau}\int_{w}^{e}S\mathrm{d}x\mathrm{d}\tau=\frac{\overline{S}^{\tau+\Delta\tau}+\overline{S}^{\tau}}{2}(\Delta x)_P\Delta\tau \tag{11-20}$$

这里 $\overline{S}^{\tau+\Delta\tau}$ 和 $\overline{S}^{\tau}$ 分别表示 $\tau+\Delta\tau$ 和 τ 时刻源项在积分控制体内的平均值。

将以上各项积分表达式按对应的三种不同格式分别组合，去掉时间积分上限标志 $\tau+\Delta\tau$，把积分下限 τ 记为 0，可得到方程离散形式：

① 阶梯显式

$$\frac{(\rho\Phi)_P-(\rho\Phi)_P^0}{\Delta t}+\frac{(\rho u)_e^0(\Phi_P^0+\Phi_E^0)-(\rho u)_w^0(\Phi_W^0+\Phi_P^0)}{2(\Delta x)_P}=\frac{(\Gamma_\Phi)_e^0(\Phi_E^0-\Phi_P^0)}{(\Delta x)_P(\delta x)_e}-\frac{(\Gamma_\Phi)_w^0(\Phi_P^0-\Phi_W^0)}{(\Delta x)_P(\delta x)_w}+\overline{S}^0$$

$$\tag{11-21}$$

② 阶梯全隐式

$$\frac{(\rho\Phi)_P-(\rho\Phi)_P^0}{\Delta t}+\frac{(\rho u)_e(\Phi_P+\Phi_E)-(\rho u)_w(\Phi_W+\Phi_P)}{2(\Delta x)_P}=\frac{(\Gamma_\Phi)_e(\Phi_E-\Phi_P)}{(\Delta x)_P(\delta x)_e}-\frac{(\Gamma_\Phi)_w(\Phi_P-\Phi_W)}{(\Delta x)_P(\delta x)_w}+\overline{S}$$

$$\tag{11-22}$$

③ C-N 格式

$$\frac{(\rho\Phi)_P-(\rho\Phi)_P^0}{\Delta t}+\frac{(\rho u)_e(\Phi_P+\Phi_E)-(\rho u)_w(\Phi_W+\Phi_P)}{4(\Delta x)_P}+\frac{(\rho u)_e^0(\Phi_P^0+\Phi_E^0)-(\rho u)_w^0(\Phi_W^0+\Phi_P^0)}{4(\Delta x)_P}$$

$$=\frac{(\Gamma_\Phi)_e(\Phi_E-\Phi_P)+(\Gamma_\Phi)_e^0(\Phi_E^0-\Phi_P^0)}{2(\Delta x)_P(\delta x)_e}-\frac{(\Gamma_\Phi)_w(\Phi_P-\Phi_W)+(\Gamma_\Phi)_w^0(\Phi_P^0-\Phi_W^0)}{2(\Delta x)_P(\delta x)_w}+\frac{\overline{S}+\overline{S}^0}{2}$$

$$\tag{11-23}$$

对均分网格，$(\Delta x)_P=(\delta x)_e=(\delta x)_w=\Delta x$，假设 $\rho=\mathrm{const}$，$\Gamma_\Phi=\mathrm{const}$，$(u\Phi)_e=\dfrac{(u\Phi)_P+(u\Phi)_E}{2}$，$(u\Phi)_w=\dfrac{(u\Phi)_W+(u\Phi)_P}{2}$。上述三种离散形式可简化为

$$\rho \frac{\Phi_P - \Phi_P^0}{\Delta t} + \rho \frac{(u\Phi)_E^0 - (u\Phi)_W^0}{2\Delta x} = \Gamma_\Phi \frac{(\Phi_E^0 - 2\Phi_P^0 + \Phi_W^0)}{(\Delta x)^2} + \bar{S}^0 \quad (11\text{-}24)$$

$$\rho \frac{\Phi_P - \Phi_P^0}{\Delta t} + \rho \frac{(u\Phi)_E - (u\Phi)_W}{2\Delta x} = \Gamma_\Phi \frac{(\Phi_E - 2\Phi_P + \Phi_W)}{(\Delta x)^2} + \bar{S} \quad (11\text{-}25)$$

$$\rho \frac{\Phi_P - \Phi_P^0}{\Delta t} + \rho \frac{(u\Phi)_E - (u\Phi)_W + (u\Phi)_E^0 - (u\Phi)_W^0}{4\Delta x} = \Gamma_\Phi \frac{(\Phi_E - 2\Phi_P + \Phi_W) + (\Phi_E^0 - 2\Phi_P^0 + \Phi_W^0)}{2(\Delta x)^2} + \frac{\bar{S} + \bar{S}^0}{2}$$
$$(11\text{-}26)$$

（2）控制容积平衡法　节点代表控制容积，可在控制容积中利用能量守恒建立物理量间的平衡关系，由此导出的未知量间的代数关系式就是节点上的离散方程。如一个有源的一维对流扩散问题，如图 11-4 所示，对任意节点 P 对应的控制容积空间区域 $w \to e$（P 控制体），在 $\Delta\tau$ 时间间隔内函数 Φ 值的增加或减少，应等于同一时间间隔内由对流和扩散作用进入或流出该控制体的净值以及源项所生成或消失之值的总和。在流体不可压缩（常密度 ρ）及扩散系数 Γ_Φ 也为常值的简化条件下，可表示为

$$\rho(\Phi_P^{\tau+\Delta\tau} - \Phi_P^\tau)\Delta x_P = \rho[(u\Phi)_w - (u\Phi)_e]\Delta\tau + \Gamma_\Phi\left[\left(\frac{\partial\Phi}{\partial x}\right)_e - \left(\frac{\partial\Phi}{\partial x}\right)_w\right]\Delta\tau + \bar{S}\Delta x_P\Delta\tau \quad (11\text{-}27)$$

与控制容积积分法一样，需要选择函数的分布形式。

11.4　节点温度差分方程组的迭代求解

运用不同的离散方法可以建立物体所有内部节点和边界节点温度的差分方程。有 n 个未知的节点温度，就可以建立 n 个节点温度差分方程，构成一个线性代数方程组，求解该方程组，就可以得到节点温度的数值解。

有关线性代数方程组的求解方法（如消元法、矩阵求逆法、迭代法等）在《线性代数》《计算方法》等书中已有详细论述，不属于本书的基本内容，这里仅简单介绍在导热问题的数值计算中常用的迭代法。

1. 简单迭代法

设节点温度差分方程的形式为

$$\begin{cases} a_{11}t_1 + a_{12}t_2 + \cdots + a_{1j}t_j + \cdots + a_{1n}t_n = b_1 \\ a_{21}t_1 + a_{22}t_2 + \cdots + a_{2j}t_j + \cdots + t_{2n}t_n = b_2 \\ \vdots \\ a_{n1}t_1 + a_{n2}t_2 + \cdots + a_{nj}t_j + \cdots + a_{nn}t_n = b_n \end{cases} \quad (11\text{-}28)$$

其中 $a_{ij}(i, j = 1, 2, \cdots, n)$、$b_i$ 为常数，且 $a_{ii} \neq 0$。

将该方程组改写为 t_1，t_2，$\cdots t_n$ 的显函数的形式：

$$\begin{cases} t_1 = \dfrac{1}{a_{11}}(b_1 - a_{12}t_2 - \cdots - a_{1j}t_j - \cdots - a_{1n}t_n) \\ t_2 = \dfrac{1}{a_{22}}(b_2 - a_{21}t_1 - \cdots - a_{2j}t_j - \cdots - t_{2n}t_n) \\ \vdots \\ t_n = \dfrac{1}{a_{nn}}(b_n - a_{n1}t_1 - \cdots - a_{nj}t_j - \cdots - a_{n(n-1)}t_{n-1}) \end{cases} \quad (11\text{-}29)$$

先合理地假设一组节点温度的初始值 $t_1^0, t_2^0, \cdots, t_n^0$，代入式（11-29），求得一组节点温度值 $t_1^1, t_2^1, \cdots, t_n^1$；再将 $t_1^1, t_2^1, \cdots, t_n^1$ 代入式（11-29），又求得一组新的节点温度值 $t_1^2, t_2^2, \cdots, t_n^2$；以此类推，每次都将新求得的节点温度值代回方程组，求得一组更新的节点温度值。其中节点温度的上角标表示迭代次数，如经 k 次迭代得到的节点 i 的温度表示为 t_i^k。将这种迭代运算反复进行，直至前后相邻两组对应节点温度值间的最大偏差小于预先规定的允许偏差 ε 为止，即

$$\max|t_i^k - t_i^{k-1}| < \varepsilon \text{ 或 } \max\left|\frac{t_i^k - t_i^{k-1}}{t_i^k}\right| < \varepsilon \tag{11-30}$$

这时认为迭代运算已经收敛。

2. 高斯-塞德尔迭代法

高斯-塞德尔迭代法是在简单迭代法的基础上加以改进的迭代运算方法。它与简单迭代法的主要区别是在迭代运算过程中总使用最新算出的数据。例如，在假设一组节点温度的初始值 $t_1^0, t_2^0, \cdots, t_n^0$ 后，代入方程组进行第一次迭代运算时，由第一个方程求出了节点温度 t_1^1，于是，在用第二个方程计算节点温度 t_2^1 时，直接将 t_1^1（而不是 t_1^0）代入方程；在用第三个方程计算节点温度 t_3^1 时，直接利用 t_1^1、t_2^1；依此类推，如式（11-31）：

$$\begin{cases} t_1^1 = \dfrac{1}{a_{11}}(b_1 - a_{12}t_2^0 - \cdots - a_{1j}t_j^0 - \cdots - a_{1n}t_n^0) \\ t_2^1 = \dfrac{1}{a_{22}}(b_2 - a_{21}t_1^1 - \cdots - a_{2j}t_j^0 - \cdots - t_{2n}t_n^0) \\ \vdots \\ t_n^1 = \dfrac{1}{a_{nn}}(b_n - a_{n1}t_1^1 - \cdots - a_{nj}t_j^1 - \cdots - a_{n(n-1)}t_{n-1}^1) \end{cases} \tag{11-31}$$

高斯-塞德尔迭代法要比简单迭代法收敛速度快。但并不是所有的迭代公式都能获得收敛的解。对于常物性导热问题所组成的差分方程组，迭代公式的选择应使每一个迭代变量的系数总是大于或等于该式中其他变量系数绝对值之和，此时用迭代法求解代数方程组一定收敛，这一条件在数学上称为主对角线占优。对于式（11-31）而言，这一条件可表示为

$$\frac{|a_{12}| + |a_{13}| + |a_{14}| + \cdots + |a_{1j}| + \cdots + |a_{1n}|}{|a_{11}|} \leq 1$$

$$\frac{|a_{21}| + |a_{23}| + |a_{24}| + \cdots + |a_{2j}| + \cdots + |a_{2n}|}{|a_{22}|} \leq 1$$

$$\frac{|a_{31}| + |a_{32}| + |a_{34}| + \cdots + |a_{3j}| + \cdots + |a_{3n}|}{|a_{33}|} \leq 1$$

$$\vdots$$

值得指出的是，在用热平衡法导出差分方程时，若每一个方程都选用导出该方程的中心节点的温度作为迭代变量，则上述条件必满足，迭代一定收敛。

11.5 稳态热传导问题的数值求解

以二维稳态导热问题为例,导热微分方程为

$$\frac{\partial^2 t}{\partial x^2}+\frac{\partial^2 t}{\partial y^2}=0 \qquad (11\text{-}32)$$

11.5.1 求解域的离散化

1. 网格划分

根据导热物体的几何形状选择坐标系,利用一组与坐标轴平行的网格线将物体划分成若干个小区域,如图 11-6 所示。网格的宽度 Δx、Δy 称为空间步长。步长大小(即网格疏密)的选择根据问题的需要而定,虽然步长越小,网格越密,节点越多,节点温度分布越接近于连续的温度分布,但也并非网格越密越好,过多的节点会带来对工程问题而言不必要的计算工作量。网格的划分可以采用均匀网格,也可以根据问题特点采用非均匀网格,如在温度变化较大处采用密集网格,在温度变化较小处采用稀疏网格。

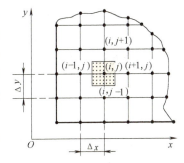

图 11-6 求解域的离散示意图

对于非稳态导热问题,还要对时间域进行离散。时间和空间步长的选择要满足解的稳定性条件。

2. 节点的选择

可以选择网格线交点以及网格线与物体边界线的交点作为节点。每个节点代表以它为中心的子区域(或称为控制容积),如图 11-6 中 (i,j) 节点就代表涂阴影的子区域,节点的温度就是子区域的温度。如果物体内部有物性突变,例如不同材料组成的多层平壁的交接面处,节点位置的选择应该使控制容积内只含有同一种材料,没有物性的突变。节点的位置确定之后,应标明所有节点的编号,如 $(i-1, j)$、(i, j)、$(i+1, j)$ 等。

11.5.2 节点温度差分方程的建立

1. 有限差分法

在 11.3.1 节已推导出二阶偏导数的二阶中心差分格式,即式(11-8),这里直接应用,有

$$\left.\frac{\partial^2 t}{\partial x^2}\right|_{i,j}=\frac{t_{i+1,j}-2t_{i,j}+t_{i-1,j}}{(\Delta x)^2}+O[(\Delta x)^2] \qquad (11\text{-}33)$$

这是用三个离散点上的值计算二阶导数 $\left.\frac{\partial^2 t}{\partial x^2}\right|_{i,j}$ 的表达式,其中符号 $[O(\Delta x)^2]$ 表示未明确写出的级数余项中 Δx 的最低阶数为 2。略去式(11-33)中的余项后,得

$$\left.\frac{\partial^2 t}{\partial x^2}\right|_{i,j}=\frac{t_{i+1,j}-2t_{i,j}+t_{i-1,j}}{(\Delta x)^2} \qquad (11\text{-}34)$$

同理有

$$\left.\frac{\partial^2 t}{\partial y^2}\right|_{i,j} = \frac{t_{i,j+1} - 2t_{i,j} + t_{i,j-1}}{(\Delta y)^2} \tag{11-35}$$

将式（11-34）、式（11-35）代入式（11-32），得节点（i，j）离散代数方程，即

$$\frac{t_{i+1,j} - 2t_{i,j} + t_{i-1,j}}{(\Delta x)^2} + \frac{t_{i,j+1} - 2t_{i,j} + t_{i,j-1}}{(\Delta y)^2} = 0 \tag{11-36}$$

如果 $\Delta x = \Delta y$，则式（11-36）即变为

$$t_{i-1,j} + t_{i+1,j} + t_{i,j-1} + t_{i,j+1} - 4t_{i,j} = 0 \tag{11-37}$$

由式（11-37）可见，在这种情况下，物体内每一个节点温度都等于周围相邻 4 个节点温度的算术平均值。式（11-37）为二维稳态导热均匀步长情况下的节点温度差分方程。

2. 控制容积热平衡法

（1）内部节点温度差分方程　控制容积热平衡法的基本思路就是根据节点所代表的控制容积在导热过程中的能量守恒，建立节点温度差分方程。如图 11-7 所示，由于没有内热源，内部节点（i，j）所代表的控制容积在导热过程中的热平衡可表述为：从周围相邻控制容积导入的热流量之和等于零，即

$$\Phi_w + \Phi_e + \Phi_s + \Phi_n = 0 \tag{11-38}$$

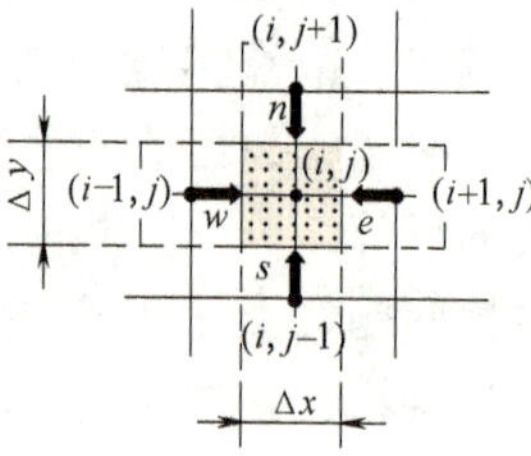

因为每个节点的温度就是它所代表的控制容积的温度，根据傅里叶定律，对于垂直于纸面方向单位宽度而言，式（11-38）可表示为

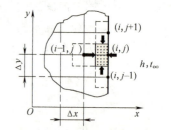

图 11-7　热平衡法示意图

$$\lambda \Delta y \frac{t_{i-1,j} - t_{i,j}}{\Delta x} + \lambda \Delta y \frac{t_{i+1,j} - t_{i,j}}{\Delta x} + \lambda \Delta x \frac{t_{i,j-1} - t_{i,j}}{\Delta y} + \lambda \Delta x \frac{t_{i,j+1} - t_{i,j}}{\Delta y} = 0 \tag{11-39}$$

如果选择步长 $\Delta x = \Delta y$，则由式（11-39）得到的结果与式（11-37）相同。

（2）边界节点温度差分方程　如果是第一类边界条件，边界节点温度已知；如果是第二、第三类边界条件，根据边界节点所代表的控制容积的热平衡，同样可以建立边界节点温度差分方程。

例如图 11-8 所示的具有第三类边界条件的边界节点（i，j），它代表图中阴影所示的控制容积，根据其热平衡，从四周向它传递的热量之和等于 0，由傅里叶定律和牛顿冷却公式，可表示为

图 11-8　边界节点方程的建立

$$\lambda \Delta y \frac{t_{i-1,j} - t_{i,j}}{\Delta x} + h \Delta y (t_\infty - t_{i,j}) + \lambda \frac{\Delta x}{2} \frac{t_{i,j-1} - t_{i,j}}{\Delta y} + \lambda \frac{\Delta x}{2} \frac{t_{i,j+1} - t_{i,j}}{\Delta y} = 0 \tag{11-40}$$

如果选择步长 $\Delta x = \Delta y$，则式（11-40）可整理为

$$t_{i-1,j} - t_{i,j} + \frac{h \Delta y}{\lambda}(t_\infty - t_{i,j}) + \frac{1}{2}(t_{i,j-1} - t_{i,j}) + \frac{1}{2}(t_{i,j+1} - t_{i,j}) = 0 \tag{11-41}$$

令 $Bi_\Delta = \frac{h \Delta x}{\lambda}$，$Bi_\Delta$ 称为网格毕渥数。于是式（11-41）可整理成

$$2t_{i-1,j} + t_{i,j-1} + t_{i,j+1} - (2Bi_\Delta + 4)t_{i,j} + 2Bi_\Delta t_\infty = 0 \tag{11-42}$$

式（11-42）为具有第三类边界条件的边界节点温度差分方程式。

表 11-1 中列举了常物性、无内热源的二维稳态导热问题的几种边界节点温度差分方程。

表 11-1　一些情况下的边界节点温度差分方程

节点位置	节点温度差分方程($\Delta x = \Delta y$)
外拐角（h, t_∞；$(i-1,j)$，(i,j)，$(i,j-1)$，$\Delta y, \Delta x$）	第三类边界条件下的外拐角边界节点： $(t_{i-1,j}+t_{i,j-1})-(2Bi_\Delta+2)t_{i,j}+2Bi_\Delta \cdot t_\infty = 0$
内拐角（$(i,j+1)$，$(i-1,j)$，(i,j)，$(i+1,j)$，$(i,j-1)$，h, t_∞）	第三类边界条件下的内拐角边界节点： $(t_{i,j-1}+t_{i+1,j})+2(t_{i-1,j}+t_{i,j+1})-(2Bi_\Delta+6)t_{i,j}+2Bi_\Delta \cdot t_\infty = 0$
绝热边界（$(i,j+1)$，$(i-1,j)$，(i,j)，$(i,j-1)$）	绝热边界节点： $t_{i,j-1}+t_{i,j+1}+2t_{i-1,j}-4t_{i,j}=0$

例 11-1　在图 11-9 所示的有内热源的二维导热区域中，一个界面绝热，一个界面等温（包括节点 4），其余两个界面与温度为 t_f 的流体对流传热，h 均匀，内热源强度为 $\dot{\Phi}$，试列出节点 1、2、5、6、9、10 的差分方程。

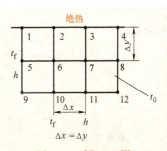

图 11-9　例 11-1 图

解　节点 1　$\lambda \dfrac{t_5-t_1}{\Delta y}\left(\dfrac{\Delta x}{2}\right)+\lambda \dfrac{t_2-t_1}{\Delta x}\left(\dfrac{\Delta y}{2}\right)+\dfrac{1}{4}\Delta x \Delta y \dot{\Phi}-\dfrac{1}{2}h\Delta y(t_1-t_f)=0$

节点 2　$\lambda \dfrac{t_1-t_2}{\Delta x}\left(\dfrac{\Delta y}{2}\right)+\lambda \dfrac{t_3-t_2}{\Delta x}\left(\dfrac{\Delta y}{2}\right)+\lambda \dfrac{t_6-t_2}{\Delta y}(\Delta x)+\dfrac{1}{2}\Delta x \Delta y \dot{\Phi}=0$

节点 5　$\lambda \dfrac{t_1-t_5}{\Delta y}\left(\dfrac{\Delta x}{2}\right)+\lambda \dfrac{t_9-t_5}{\Delta y}\left(\dfrac{\Delta x}{2}\right)+\lambda \dfrac{t_6-t_5}{\Delta x}(\Delta y)+\dfrac{1}{2}\Delta x \Delta y \dot{\Phi}-h\Delta y(t_5-t_f)=0$

节点 6　$\lambda \dfrac{t_2-t_6}{\Delta y}(\Delta x)+\lambda \dfrac{t_7-t_6}{\Delta x}(\Delta y)+\lambda \dfrac{t_{10}-t_6}{\Delta y}(\Delta x)+\lambda \dfrac{t_5-t_6}{\Delta x}(\Delta y)+\Delta x \Delta y \dot{\Phi}=0$

节点 9　$\lambda \dfrac{t_5-t_9}{\Delta y}\left(\dfrac{\Delta x}{2}\right)+\lambda \dfrac{t_{10}-t_9}{\Delta x}\left(\dfrac{\Delta y}{2}\right)+\dfrac{1}{4}\Delta x \Delta y \dot{\Phi}-\left(\dfrac{\Delta x}{2}+\dfrac{\Delta y}{2}\right)h(t_9-t_f)=0$

节点 10　$\lambda \dfrac{t_9-t_{10}}{\Delta x}\left(\dfrac{\Delta y}{2}\right)+\lambda \dfrac{t_{11}-t_{10}}{\Delta x}\left(\dfrac{\Delta y}{2}\right)+\lambda \dfrac{t_6-t_{10}}{\Delta y}(\Delta x)+\dfrac{1}{2}\Delta x \Delta y \dot{\Phi}-\Delta x h(t_{10}-t_f)=0$

例 11-2 试对图 11-10 所示的等截面直肋的稳态导热问题，用数值方法求解 2、3 点的温度。图中 $t_0 = 85℃$，$t_f = 25℃$，$h = 30\text{W}/(\text{m}^2 \cdot \text{K})$。肋高 $H = 4\text{cm}$，纵剖面面积为 4cm^2，热导率 $\lambda = 20\text{W}/(\text{m} \cdot \text{K})$。

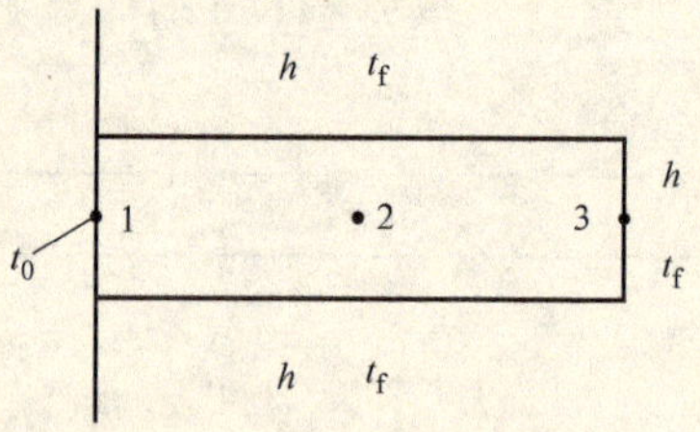

图 11-10 例 11-2 图

解 肋厚记为 δ，则 $\delta = \dfrac{4}{4}\text{cm} = 1\text{cm}$。

对于点 2、3 可以列出：

节点 2 $\lambda\delta\dfrac{t_1-t_2}{\Delta x} + \lambda\delta\dfrac{t_3-t_2}{\Delta x} + 2h\Delta x(t_f - t_2) = 0$

节点 3 $\lambda\delta\dfrac{t_2-t_3}{\Delta x} + \delta \cdot 1 \cdot h(t_f - t_3) + 2h\dfrac{\Delta x}{2}(t_f - t_3) = 0$

由此得

$$t_1 - t_2 + t_3 - t_2 + \dfrac{2h(\Delta x)^2}{\lambda\delta}(t_f - t_2) = 0$$

$$t_2 - t_3 + \dfrac{\delta h \Delta x}{\lambda\delta}(t_f - t_3) + h\dfrac{(\Delta x)^2}{\lambda\delta}(t_f - t_3) = 0$$

$$t_2 = \left[t_1 + t_3 + \dfrac{2h(\Delta x)^2}{\lambda\delta}t_f\right] \bigg/ \left[2 + \dfrac{2h(\Delta x)^2}{\lambda\delta}\right]$$

$$t_3 = \left[t_2 + \dfrac{h}{\lambda}t_f\Delta x + h\dfrac{(\Delta x)^2}{\lambda\delta}t_f\right] \bigg/ \left[1 + \dfrac{h}{\lambda}\Delta x + h\dfrac{(\Delta x)^2}{\lambda\delta}\right]$$

因为 $h\dfrac{\Delta x^2}{\lambda\delta} = \dfrac{30 \times 0.02^2}{20 \times 0.01} = 0.06$

所以 $t_2 = \dfrac{1}{2.12}(t_1 + t_3 + 0.12 t_f)$

$t_3 = \left(t_2 + \dfrac{30}{20}t_f \times 0.02 + 0.06 \times t_f\right) \bigg/ \left(1 + \dfrac{30}{20} \times 0.02 + 0.06\right)$

$= \dfrac{1}{1.09}(t_2 + 0.09 t_f)$

联立解得 $t_2 = 74.89℃$，$t_3 = 70.77℃$。

例 11-3 用高斯-赛德尔迭代法求解方程组

$$\begin{cases} 8t_1 + 2t_2 + t_3 = 29 \\ t_1 + 5t_2 + 2t_3 = 32 \\ 2t_1 + t_2 + 4t_3 = 28 \end{cases}$$

解 先将上式改写成以下迭代形式，即

$$\begin{cases} t_1 = \dfrac{1}{8}(29 - 2t_2 - t_3) \\ t_2 = \dfrac{1}{5}(32 - t_1 - 2t_3) \\ t_3 = \dfrac{1}{4}(28 - 2t_1 - t_2) \end{cases}$$

对上述改写后的方程组，迭代收敛的条件是满足的。假设一组初值，例如取 $t_1^0 = t_2^0 = t_3^0 = 0$，

利用高斯-赛德尔迭代法，经过数次迭代后就可获得所需的解。迭代过程的中间值见表 11-2，经过 7 次迭代后，在 4 位有效数字内得到了与精确解一致的结果。

表 11-2 迭代过程的中间值（一）

迭代次数	t_1	t_2	t_3
0	0	0	0
1	3.625	5.675	3.769
2	1.735	4.545	4.996
3	1.864	4.038	5.058
4	1.983	3.980	5.013
5	2.003	3.994	5.000
6	2.002	4.000	5.000
7	2.000	4.000	5.000

讨论 如果按下列方式来构造方程组的迭代方程，即

$$\begin{cases} t_1 = 32 - 5t_2 - 2t_3 \\ t_2 = 28 - 2t_1 - 4t_3 \\ t_3 = 29 - 8t_1 - 2t_2 \end{cases}$$

对代数方程来说，其与上面两种形式是完全等价的，但对迭代方程而言，却有天壤之别。仍以零场作为迭代初场，迭代 4 次的计算结果见表 11-3。

表 11-3 迭代过程的中间值（二）

迭代次数	t_1	t_2	t_3
0	0	0	0
1	32	-36	-155
2	522	-396	-3355
3	8722	-3996	-61755
4	143522	-3996	-1068075

显然，按这种方式迭代得不到收敛的解，称为迭代过程发射。这一例子说明，同一个代数方程组，如果选用的迭代方式不合适，可能导致迭代过程发散。

11.6 非稳态热传导问题的有限差分法

讨论常物性、无内热源、初始温度为定值的一维非稳态导热过程，导热微分方程为

$$\frac{\partial t}{\partial \tau} = a \frac{\partial^2 t}{\partial x^2} \tag{11-43}$$

利用中心差分格式可将式（11-43）中的二阶偏导数表示成

$$\left(\frac{\partial^2 t}{\partial x^2}\right)_{i,n} = \frac{t_{i+1}^n - 2t_i^n + t_{i-1}^n}{(\Delta x)^2} \tag{11-44}$$

用向前差分格式将式（11-43）中对时间的一阶偏导数表示成

$$\left(\frac{\partial t}{\partial \tau}\right)_{i,n} = \frac{t_i^{n+1} - t_i^n}{\Delta \tau} \tag{11-45}$$

式（11-44）、式（11-45）中，用 i 表示 x 坐标方向的节点编号，用 n 表示时间间隔为 $\Delta \tau$ 的

顺序编号。将式（11-44）、式（11-45）代入式（11-43）整理得

$$t_i^{n+1} = \frac{a\Delta\tau}{(\Delta x)^2}(t_{i+1}^n + t_{i-1}^n) + \left[1 - 2\frac{a\Delta\tau}{(\Delta x)^2}\right]t_i^n \tag{11-46}$$

将 $Fo = \frac{a\Delta\tau}{(\Delta x)^2}$ 代入式（11-46）得

$$t_i^{n+1} = Fo(t_{i+1}^n + t_{i-1}^n) + (1 - 2Fo)t_i^n \tag{11-47}$$

式（11-47）即为导热微分方程的差分表达式，它称为显式格式。当已知 $n\Delta\tau$ 时刻各节点的温度时，由式（11-47）可算出 $(n+1)\Delta\tau$ 时刻各节点的温度。

当式（11-47）右边第二项因 Fo 较大时，会出现负值，导致温度计算值出现波动而不稳定，为此在选择 Δx 与 $\Delta\tau$ 时，必须满足以下差分解的稳定条件

$$\frac{a\Delta\tau}{(\Delta x)^2} \leqslant \frac{1}{2} \tag{11-48}$$

当时间取向后差分格式时，式（11-47）便变为

$$\left[1 + \frac{2a\Delta\tau}{(\Delta x)^2}\right]t_i^{n+1} = \frac{a\Delta\tau}{(\Delta x)^2}(t_{i+1}^{n+1} + t_{i-1}^{n+1}) + t_i^n \tag{11-49a}$$

或

$$(1 + 2Fo)t_i^{n+1} = Fo(t_{i+1}^{n+1} + t_{i-1}^{n+1}) + t_i^n \tag{11-49b}$$

由式（11-49）不能直接计算 $(n+1)\Delta\tau$ 时刻的温度，必须对各节点的 $(n+1)\Delta\tau$ 时刻的温度方程联立求解，故称为隐式差分格式，但其解总是稳定的。

以下介绍边界条件的有限差分表示式，第一类边界条件的边界温度可直接用于计算。第二类及第三类边界条件需由热平衡关系确定其表示式，以第三类边界条件为例，如图 11-11 所示平板的边界，已知表面传热系数 h_∞ 及流体温度 t_∞（$t_\infty > t_1$），则边界节点 1 的热平衡关系式为

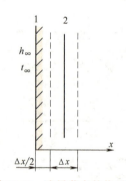

图 11-11 边界节点的热平衡

$$h_\infty(t_\infty - t_1^n) = k\frac{t_1^n - t_2^n}{\Delta x} + \frac{\Delta x}{2}\rho c \frac{t_1^{n+1} - t_1^n}{\Delta\tau} \tag{11-50}$$

经整理得

$$t_1^{n+1} = \frac{2h_\infty\Delta\tau}{(\Delta x)^2}\left(t_2^n + \frac{h_\infty\Delta x}{k}t_\infty\right) + \left[1 - 2\frac{h_\infty\Delta x}{k}\frac{a\Delta\tau}{(\Delta x)^2} - \frac{2a\Delta\tau}{(\Delta x)^2}\right]t_1^n \tag{11-51}$$

即

$$t_1^{n+1} = 2Fo(t_2^n + Bit_\infty) + (1 - 2Bi\,Fo - 2Fo)t_1^n \tag{11-52}$$

与内节点温度方程有稳定性的要求相似，式（11-52）计算值稳定的条件为

$$1 - 2Bi \cdot Fo - 2Fo \geqslant 0 \tag{11-53}$$

或

$$Fo \leqslant \frac{1}{2Bi + 2} \tag{11-54}$$

用同样方法可以得到第二类边界条件的差分表达式

$$t_1^{n+1} = 2m + 2Fot_2^n + (1 - 2Fo)t_1^n \tag{11-55}$$

式中
$$m = \frac{q\Delta\tau}{c\rho\Delta x} \qquad (11\text{-}56)$$

q 为第二类边界条件给定的热流密度。当边界绝热时，$q=0$，$m=0$。

例 11-4 一块厚度 $\delta = 0.25\text{m}$ 的镁板，初始温度 $T_0 = 320\text{K}$。如图 11-12 所示，镁板平放，其底部绝热，顶部表面突然暴露于温度为 250K 的介质中，表面传热系数 $h = 200\text{W}/(\text{m}^2\cdot\text{K})$，求 240s 时平板中的温度分布。镁的热物性值为 $\lambda = 171\text{W}/(\text{m}\cdot\text{K})$，$\rho = 1746\text{kg}/\text{m}^3$，$c_p = 971\text{J}/(\text{kg}\cdot\text{K})$。

解 此题为第二、第三类边界条件下的非稳态导热。首先将镁板区域离散，划分节点网格，如图 11-12 所示，节点 2~5 为内部节点，节点 1 对应第三类边界条件，节点 6 对应第二类边界条件。根据式（11-47）、式（11-52）、式（11-55），列出各节点的显式差分方程为

$$T_1^{n+1} = 2Fo(T_2^n + BiT_\infty) + (1 - 2Bi\,Fo - 2Fo)T_1^n$$

$$T_i^{n+1} = Fo(T_{i-1}^n + T_{i+1}^n) + (1 - 2Fo)T_i^n, \quad i = 2\sim 5$$

$$T_6^{n+1} = 2FoT_5^n + (1 - 2Fo)T_6^n$$

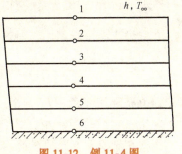

图 11-12 例 11-4 图

取时间步长 $\Delta\tau = 10\text{s}$，依次计算 $\Delta\tau$，$2\Delta\tau$，…时刻各节点的温度。

计算程序框图如图 11-13 所示，首先输入已知量（板厚 δ、单元体数、时间步长 $\Delta\tau$、最大计算时间 $\tau_{\max}$、密度 ρ、热导率 λ、比热容 c、流体温度 T_∞、表面传热系数 h、初始温度 T_0）；输入数据后，计算网格步长 Δx、热扩散率 a、傅里叶数 Fo、毕渥数 Bi，判断是否符合稳定性条件；若不符合就停止计算，需要调整网格步长或时间步长，若符合再赋初值 T_0，按节点编号选用适当的节点方程进行运算，直至规定的时刻 $\tau_{\max}$ 为止。为不使打印过多，程序可选定计算一定次数（如 4 次）打印一次，也就是每隔 40s 输出一次，打印结果见表 11-4。

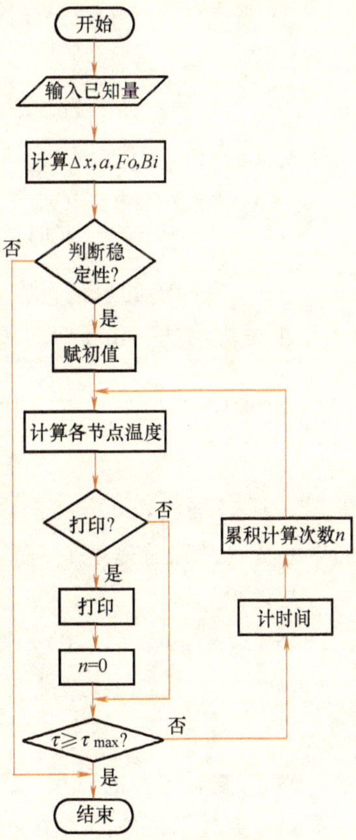

表 11-4 迭代过程的中间值

τ/s	T_1	T_2	T_3	T_4	T_5	T_6
0	320	320	320	320	320	320
40	314.5	317.4	319.2	319.8	320	320
80	312.4	315.5	317.6	318.9	319.5	319.7
120	310.8	314	316.3	317.8	318.7	319
160	309.6	312.7	315.1	316.7	317.7	318
200	308.5	311.5	313.9	315.6	316.6	317
240	307.4	310.4	312.8	314.5	315.5	315.9

图 11-13 计算程序框图

11.7 对流传热问题的数值求解

以二维直角坐标系中的对流-扩散方程为例,给出其控制容积积分的离散化过程。

11.7.1 直角坐标系中的对流-扩散方程

在二维直角坐标系中,对流-扩散方程的通用形式为

$$\frac{\partial(\rho\Phi)}{\partial\tau}+\frac{\partial}{\partial x}(\rho u\Phi)+\frac{\partial}{\partial y}(\rho v\Phi)=\frac{\partial}{\partial x}\left(\Gamma_\Phi\frac{\partial\Phi}{\partial x}\right)+\frac{\partial}{\partial y}\left(\Gamma_\Phi\frac{\partial\Phi}{\partial y}\right)+S_\Phi \tag{11-57}$$

式中,Φ 是通用变量,Γ_Φ、S_Φ 是与 Φ 相对应的广义扩散系数及广义源项。为书写简便,以下将略去它们的下标 Φ。对于 N-S 方程,把压力梯度项暂且放到源项 S 中去。

引入在 x 及 y 方向的对流-扩散总通量密度,式(11-57)可改写成为

$$\frac{\partial(\rho\Phi)}{\partial\tau}+\frac{\partial}{\partial x}\left(\rho u\Phi-\Gamma\frac{\partial\Phi}{\partial x}\right)+\frac{\partial}{\partial y}\left(\rho v\Phi-\Gamma\frac{\partial\Phi}{\partial y}\right)=S \tag{11-58}$$

$$J_x=\rho u\Phi-\Gamma\frac{\partial\Phi}{\partial x},\quad J_y=\rho v\Phi-\Gamma\frac{\partial\Phi}{\partial y}$$

即

$$\frac{\partial(\rho\Phi)}{\partial\tau}+\frac{\partial J_x}{\partial x}+\frac{\partial J_y}{\partial y}=S \tag{11-59}$$

11.7.2 用控制容积积分法进行离散

将式(11-59)对如图 11-14 所示的 P 控制容积做时间与空间的积分,并假设:

1) 以 $\dfrac{(\rho\Phi)_P-(\rho\Phi)_P^0}{\Delta\tau}$ 近似地代替 $\dfrac{\partial(\rho\Phi)}{\partial\tau}$。

2) x、y 方向上的总通量密度 J_x、J_y 在各自的界面 e、w 及 n、s 上是均匀的,于是有

$$\int_s^n\int_w^e\frac{\partial J_x}{\partial x}\mathrm{d}x\mathrm{d}y=\int_s^n(J_x^e-J_x^w)\mathrm{d}y\cong(J_x^e-J_x^w)\Delta y=J_e-J_w \tag{11-60}$$

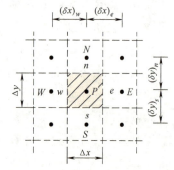

图 11-14 直角坐标的网格系统

其中 J_x^e、J_x^w 分别代表 x 方向上在 e 界面及 w 界面处单位面积上的转移量(总通量密度),而 J_e、J_w 则是总面积 Δy 上的转移量(总通量)。

3) $S=S_C+S_P\Phi_P(S_P\leq 0)$,则可得

$$\frac{(\rho\Phi)_P-(\rho\Phi)_P^0}{\Delta\tau}\Delta V+(J_e-J_w)+(J_n-J_s)=(S_C+S_P\Phi_P)\Delta V \tag{11-61}$$

式中,ΔV 为控制容积的体积,$\Delta V=\Delta x\Delta y$。

至此,除时间项外尚未引入离散格式。为使式(11-61)最终化为相邻节点上未知值间的代数方程,需要对界面上的总通量 J 建立起其节点值的表达式,这就要涉及离散格式。界

面上的总通量可以表示成对流与扩散部分之和。依界面上导数离散方式及函数插值方式的不同就形成了多种格式。除了指数及乘方格式外，界面上扩散项的导数大都采用分段线性的型线来构造，因而主要的区别在于界面函数的插值方法。在这里采用延迟修正的方式处理QUICK等高阶格式，即将界面插值表示成式（11-61）的形式，其中低阶格式取为一阶迎风。可以先导出采用5种三点格式离散时的通用控制方程，然后再加上高阶格式的修正部分。

对 J_e，有

$$J_e = J_e^* D_e$$
$$= [B(P_{\Delta e})\Phi_P - A(P_{\Delta e})\Phi_E] D_e$$
$$= \{[A(P_{\Delta e}) + P_{\Delta e}]\Phi_P - A(P_{\Delta e})\Phi_E\} D_e$$
$$= [D_e A(P_{\Delta e})]\Phi_P + (D_e P_{\Delta e})\Phi_P - [D_e A(P_{\Delta e})]\Phi_E$$

令

$$a_E = D_e A(P_{\Delta e}), \quad F_e = D_e P_{\Delta e}$$

即

$$J_e = (a_E + F_e)\Phi_P - a_E \Phi_E \tag{11-62a}$$

类似地可得

$$J_n = (a_N + F_n)\Phi_P - a_N \Phi_N \tag{11-62b}$$

对 J_w，有

$$J_w = J_w^* D_w$$
$$= [B(P_{\Delta w})\Phi_W - A(P_{\Delta w})\Phi_P] D_w$$
$$= \{B(P_{\Delta w})\Phi_W - [B(P_{\Delta w}) - P_{\Delta w}]\Phi_P\} D_w$$
$$= D_w B(P_{\Delta w})\Phi_W - D_w B(P_{\Delta e})\Phi_P + (D_w P_{\Delta w})\Phi_P$$

令

$$a_W = D_w B(P_{\Delta w}), \quad F_w = D_w P_{\Delta w}$$

即

$$J_w = a_W \Phi_W - (a_W - F_w)\Phi_P \tag{11-62c}$$

类似地可得

$$J_s = a_S \Phi_S - (a_S - F_s)\Phi_P \tag{11-62d}$$

11.7.3 五点格式的通用离散方程

把 J_e、J_w、J_n、J_s 的表达式代入式（11-61），归并同类项，得

$$a_P \Phi_P = a_E \Phi_E + a_W \Phi_W + a_N \Phi_N + a_S \Phi_S + b \tag{11-63}$$

其中

$$a_E = D_e A(P_{\Delta e}) = D_e A(|P_{\Delta e}|) + [|-F_e, 0|] \tag{11-64a}$$

$$a_W = D_w B(P_{\Delta w}) = D_w A(|P_{\Delta w}|) + [|F_w, 0|] \tag{11-64b}$$

$$a_N = D_n A(P_{\Delta n}) = D_n A(|P_{\Delta n}|) + [|-F_n, 0|] \tag{11-64c}$$

$$a_S = D_s B(P_{\Delta s}) = D_s A(|P_{\Delta s}|) + [|F_s, 0|] \tag{11-64d}$$

$$b = S_C \Delta V + a_P^0 \Phi_P^0 \tag{11-64e}$$

$$a_P = a_E + a_W + a_N + a_S + a_P^0 - S_P \Delta V \tag{11-64f}$$

$$a_P^0 = \frac{\rho_P \Delta V}{\Delta \tau} \tag{11-64g}$$

容易证明，形如式（11-63）、式（11-64）的各个表达式对圆柱轴对称坐标系及极坐标系中的对流-扩散方程也是适用的，所不同的仅是界面流量 F、控制容积的体积 ΔV 及源项 S_C、S_P 表达形式有所不同。

11.8 辐射传热问题的数值解法

11.8.1 热辐射数值计算的特点

热辐射的产生与传递机理，与导热、对流传热有根本的不同，导致描述它们的控制方程有很大的差异。在导热、对流传热数值计算中发展起来的一系列行之有效的方法，大部分都不适用于辐射传热的数值计算。辐射传热的数值计算与导热、对流传热的主要不同点如下：

1) 辐射传热中有两种形式的能量——辐射能与热能。在辐射传热计算中，除和导热、对流传热一样有温度或热量的未知量外，还多一个要求的量——辐射强度。有关能量的方程有两个，一个是能量平衡方程，另一个是能量传递方程，即辐射传递方程。导热、对流传热中这两者是统一的，能量方程既是平衡方程，也是传递方程。而在辐射传热中这两者是分开的，需要分别描述。

2) 辐射能量是靠电磁波传递的，只要介质是部分吸收性的，电磁波就会穿透或散射，其传递是衰减型的。局部地区的辐射能量不仅取决于当地的物性与温度，还与远处的物性、温度、能量有关。当考虑远处及沿射线行程物性、温度的影响时，传递方程就会出现带指数衰减型的积分项。导热、对流传热是靠分子、原子微观运动或对流宏观运动传递的，所以它们的控制方程中有扩散项或对流项，而辐射传递方程中就没有。

3) 由于辐射的容积性、选择性和方向性，因此辐射的能量平衡方程与传递方程要对容积、波长、方向积分，它常是积分方程或积分-微分方程。

除以上特点外，不少热辐射数值计算还涉及光学、电磁理论等内容。迄今为止，流行的分类法将辐射传热的数值计算看作是数值传热学（计算传热学）的一部分，但实际上，目前已出版的有关数值传热学教材和专著中，一般不包括或仅包括少量的热辐射数值计算内容。最近十几年，随着对辐射传热的研究不断取得进展，其数值计算内容有了很大的发展。在能源领域内，如炉膛传热数值计算、太阳能利用等；在航天技术中，如航天飞行器热分析、卫星光学遥感器的杂光分析等；在信息技术中，如军事目标红外理论建模、红外信息的传输、用辐射反问题方法识别目标的几何形状和温度场等；在材料工程中，如玻璃熔炉、半导体单晶炉、红外加热过程中的复合传热，纤维材料、多孔材料、微粒涂层内的复合传热及用辐射反问题方法求它们的物性等。热辐射数值计算在以上诸方面都有广泛的用途，并发展了多种独特的方法。从内容、方法、理论到应用等方面已逐渐成熟，可以说已形成一门独立学科，可称之为数值热辐射学（计算热辐射学）。

11.8.2 热辐射数值计算的分类

热辐射数值计算可以从不同的角度进行分类：按控制方程的数学特点分类、按选择性处理方法分类、按数学计算原理及空间离散方法分类。

（1）按控制方程的数学特点分类 有三种方法。

1) 控制方程为代数方程。如被透明介质隔开的、有效辐射均匀的表面辐射传热等。

2) 控制方程为积分方程。如非均匀面的漫表面辐射传热，非漫射、均匀面间的表面辐射传热、已知温度分布的介质辐射传热等。

3）控制方程为积分-微分方程。如未知温度场的介质辐射传热、耦合的复合传热等。

除第一类问题外，控制方程的求解都比较困难，只有在个别简单情况下才能得到精确解或近似分析解。

（2）按选择性处理方法分类　有三种方法。

1）表面与介质的物性按灰体或黑体处理。这是最简单的办法。

2）平均当量参数法。用平均的当量参数代替对波长有选择性的辐射物性参数。

3）谱带近似法。根据辐射系统内各表面光谱发射率随波长变化的规律，选择若干谱带，在每个谱带范围内，各面的光谱发射率变化不大，可视为常数，即在此谱带范围内可将所有表面当作灰体。这样，就可以用灰体表面辐射传热的计算公式算出各谱带的辐射传热量。各谱带的辐射传热量之和即总传热量。

（3）按数学计算原理及空间离散方法分类　有多种方法，如射线踪迹法、净热量法、热流法（通量法）、球谐函数法、离散传递法、离散强度法、离散坐标法、区域法、有限元法、有限体积法、蒙特卡洛法、混合方法等。

11.8.3　辐射传热积分方程近似解法

积分方程一般含有形如 $\int_{A_j} f(r_j) X_{ij} \mathrm{d}A_j$ 的项，$f(r_j)$ 表示任一未知的因变量。逐次迭代法是数值法中常用的方法之一，例如，对于式

$$B_i = \varepsilon_i \sigma T_i^4 + (1-\varepsilon_i) \sum_{j=1}^n \int_{A_j} B_j X_{ij} \mathrm{d}A_j \qquad (1 \leq i \leq n) \tag{11-65}$$

$$X_{ij} = \frac{\mathrm{d}X_{\mathrm{d}A_i,\mathrm{d}A_j}}{\mathrm{d}A_j}$$

式中，X_{ij} 表示由表面 i 投射到表面 j 上的能量占表面 i 总投射能量的百分数，即所谓表面 i 对表面 j 的角系数；微元表面 $\mathrm{d}A_i$ 对微元表面 $\mathrm{d}A_j$ 的角系数 $\mathrm{d}X_{\mathrm{d}A_i,\mathrm{d}A_j}$ 是离开 $\mathrm{d}A_i$ 漫辐射能中达到 $\mathrm{d}A_j$ 的百分数。

可先假定一 B_j 之值，完成积分，算出相应的 B_i 值。连续使用此法，就可得出整个表面上的有效辐射，然后再将这样算出的值，代回积分号后的项内，重复进行计算，直到连续两次算出的有效辐射彼此间的偏差在某一要求范围内为止。实践表明，若基本积分方程是线性的，则这种迭代必然收敛。也可以将线性积分方程化为一组线性代数方程组来求解。实际上，如用梯形法逼近所得的代数方程组的形式与对有限表面导出的辐射热流量的平衡方程没有什么差别，唯一的差别是在"量"的方面，即为了保证一定的精度，需要把网格分得细一点。如不用梯形近似，也可采用 Simpson 法，甚至更高阶的有限差分近似法，所得的代数方程都是线性的，而这种线性化的代数方程组用计算机求解时不会碰到什么困难。

采用迭代法求解非线性方程有时也会遇到发散的情形，此时可通过加权处理来解决。即用前面的输入加权一个给定的输出，再用这个加权后的输出作为后一次迭代过程的输入，如此逐步进行。

在组成封闭腔的等温表面数目较多的情况下，即使采用热网络法也不会使计算变得简单，因为参与辐射的表面越多，应列出的节点方程式就越多。在这种情况下，采用计算机进

行数值求解是比较方便的。

若 N 个表面构成的封闭腔中有 M 个表面的温度已经给定，其余 $(N-M)$ 个表面的热流量为已知，则可用下列关系式求解全部表面的有效辐射。

$$J_k = \varepsilon_k \sigma T_k^4 + (1-\varepsilon_k)\sum_{i=1}^{N} J_i X_{k,i}, \quad 1 \leq k \leq M \tag{11-66}$$

$$Q_k = \frac{A_k \varepsilon_k}{1-\varepsilon_k}(\sigma T_k^4 - J_k), \quad 1 \leq k \leq M \tag{11-67}$$

对于剩余的 $(N-M)$ 个表面关系式可写为

$$Q_k = A_k \left(J_k - \sum_{i=1}^{N} J_i X_{k,i} \right), \quad M+1 \leq k \leq N$$

或

$$J_k = \frac{Q_k}{A_k} + \sum_{i=1}^{N} J_i X_{k,i}, \quad M+1 \leq k \leq N \tag{11-68}$$

可以将上述关系式改写为

$$J_k - (1-\varepsilon_k)\sum_{i=1}^{N} J_i X_{k,i} = \varepsilon_k \sigma T_k^4, \quad 1 \leq k \leq M \tag{11-69}$$

$$J_k - \sum_{i=1}^{N} J_i X_{k,i} = \frac{Q_k}{A_k}, \quad M+1 \leq k \leq N \tag{11-70}$$

引入算符 δ_{ki}，其性质为

$$\delta_{ki} = \begin{cases} 1 & k=i \\ 0 & k \neq i \end{cases}$$

则上面两式可以改写为

$$\sum_{i=1}^{N} [\delta_{ki} - (1-\varepsilon_k)X_{k,i}]J_i = \varepsilon_k \sigma T_k^4, \quad 1 \leq k \leq M \tag{11-71}$$

$$\sum_{i=1}^{N} (\delta_{ki} - X_{k,i})J_i = \frac{Q_k}{A_k}, \quad M+1 \leq k \leq N \tag{11-72}$$

以上两式中方程左端包含待求的有效辐射，方程右端皆为已知数值。利用此两式可以写出 N 个线性代数方程式。若将它们用一般形式表示出来，则得到线性代数方程组，即

$$\begin{cases} a_{11}J_1 + a_{12}J_2 + \cdots + a_{1N}J_N = b_1 \\ a_{21}J_1 + a_{22}J_2 + \cdots + a_{2N}J_N = b_2 \\ \vdots \\ a_{k1}J_1 + a_{k2}J_2 + \cdots + a_{kN}J_N = b_k \\ \vdots \\ a_{N1}J_1 + a_{N2}J_2 + \cdots + a_{NN}J_N = b_N \end{cases} \tag{11-73}$$

如果用矩阵形式表示，则为

$$\boldsymbol{AJ} = \boldsymbol{B} \tag{11-74}$$

式中，$\boldsymbol{A}$ 代表方程组左端的系数矩阵；$\boldsymbol{B}$ 代表方程组右端自由项的列矩阵；$\boldsymbol{J}$ 为待求的解向量。

$$A = \begin{bmatrix} a_{11} & a_{12} & \cdots & a_{1N} \\ a_{21} & a_{22} & \cdots & a_{2N} \\ \vdots & \vdots & \vdots & \vdots \\ a_{N1} & a_{N2} & \cdots & a_{NN} \end{bmatrix}, \quad B = \begin{bmatrix} b_1 \\ b_2 \\ \vdots \\ b_N \end{bmatrix}, \quad J = \begin{bmatrix} J_1 \\ J_2 \\ \vdots \\ J_N \end{bmatrix}$$

式（11-74）的解可以表示成

$$J = A^{-1} B \tag{11-75}$$

式中，A^{-1} 为矩阵 A 的逆矩阵。可见，只要求出系数矩阵 A 的逆矩阵，也就得到了方程组的解。下面通过一个极简单的例题来说明 Gauss-Jordan 消去法（也是一种求逆矩阵的方法）的应用。

例 11-5 有两个面积为 $1m^2$ 的正方形表面，间距为 $1m$，表面温度分别为 $T_1 = 1000K$，$T_2 = 400K$，辐射率分别为 $\varepsilon_1 = 0.8$，$\varepsilon_2 = 0.8$。将这两个表面用完全绝热的表面 3 连接起来，问表面 1、2 之间的辐射传热量是多少？

解 依题意，已知 $A_1 = A_2 = 1m^2$，$A_3 = 4m^2$

$$E_{b1} = \sigma T_1^4 = (5.67 \times 10^{-8}) \times 1000^4 \, W/m^2 = 56.7 \, kW/m^2$$

$$E_{b2} = \sigma T_2^4 = (5.67 \times 10^{-8}) \times 400^4 \, W/m^2 = 1.451 \, kW/m^2$$

由角系数计算公式可得角系数，有

$$X_{1,2} = 0.2, \quad X_{2,1} = 0.2$$

$$X_{1,3} = 0.8, \quad X_{2,3} = 0.8$$

由相对性关系可得

$$X_{3,1} = \frac{A_1}{A_3} X_{1,3} = \frac{1.0}{4} \times 0.8 = 0.2$$

$$X_{3,2} = \frac{A_1}{A_3} X_{2,3} = \frac{1.0}{4} \times 0.8 = 0.2$$

因为 $X_{3,1} + X_{3,2} + X_{3,3} = 1$，所以

$$X_{3,3} = 0.6$$

写出各表面有效辐射的方程式为

$$\begin{cases} J_1 - (1-\varepsilon_1)(X_{1,1} J_1 + X_{1,2} J_2 + X_{1,3} J_3) = \varepsilon_1 E_{b1} \\ J_2 - (1-\varepsilon_2)(X_{2,1} J_1 + X_{2,2} J_2 + X_{2,3} J_3) = \varepsilon_2 E_{b2} \\ J_3 - (1-\varepsilon_3)(X_{3,1} J_1 + X_{3,2} J_2 + X_{3,3} J_3) = \varepsilon_3 E_{b3} \end{cases}$$

将已知的有关数值代入上式中，又因 $E_{b3} = J_3$，于是有

$$\begin{cases} J_1 - (1-0.8)(0 \times J_1 + 0.2 \times J_2 + 0.8 \times J_3) = 0.8 \times 56.69 \\ J_2 - (1-0.5)(0.2 \times J_1 + 0 \times J_2 + 0.8 \times J_3) = 0.5 \times 1.451 \\ J_3 - (1-\varepsilon_3)(0.2 \times J_1 + 0.2 \times J_2 + 0.6 \times J_3) = \varepsilon_3 J_3 \end{cases}$$

将方程组中第三个方程消去 $(1-\varepsilon_3)$ 后，得到最终形式的三个方程式为

$$\begin{cases} J_1 - 0.04J_2 - 0.16J_3 = 45.352 \\ -0.1J_1 + J_2 - 0.4J_3 = 0.7255 \\ -0.2J_1 - 0.2J_2 + 0.4J_3 = 0 \end{cases}$$

应用 Gauss-Jordan 消去法解此方程组。求得三个表面的有效辐射，然后利用下面两式计算表面 1、2 的净辐射热量。

$$Q_1 = \frac{A_1 \varepsilon_1}{1-\varepsilon_1}(E_{b1} - J_1)$$

$$Q_2 = \frac{A_2 \varepsilon_2}{1-\varepsilon_2}(E_{b2} - J_2)$$

数值计算所得结果为

$$\begin{cases} J_1 = 51.9552 \text{kW/m}^2 \\ J_2 = 20.3901 \text{kW/m}^2 \\ J_3 = 36.1727 \text{kW/m}^2 \end{cases}$$

小结

对于大量具有工程实际意义的流动与传热问题，数值计算的方法得到了越来越广泛的应用，已形成了传热学的一个新兴的分支——计算传热学。计算传热学又称数值传热学 (Numerical Heat Transfer，NHT)，是指对描写流动与传热问题的控制方程采用数值方法，通过计算机予以求解的一门传热学与数值方法相结合的交叉学科。在流动与传热计算中应用较广泛的是有限差分法、有限元法和有限容积法等。

数值传热学求解问题的基本思想是：把原来在空间与时间坐标中连续的物理量的场（如速度场、温度场、浓度场等），用一系列有限个离散点（称为节点）上的值的集合来代替，通过一定的原则建立起这些离散点上变量值之间关系的代数方程（称为离散方程），求解所建立起来的代数方程以获得所求解变量的近似值。

求解域的离散化、节点温度代数方程组的建立与求解是数值解法的主要内容。数值解的精度主要取决于：

1) 节点编号和布置（网格生成法）。
2) 代数方程的推导（数值方法）。
3) 代数方程组的解（代数求解方法）。

思考题与习题

11-1 数值传热学求解热传导问题的基本思想是什么？

11-2 在流动与传热计算中应用较广泛的数值方法有哪些？各有哪些特点？

11-3 试述节点、控制容积、界面以及网格线的概念。

11-4 试述向前差分、向后差分、中心差分的概念。

11-5 代数方程组求解的数值方法有哪些？

11-6 热辐射数值计算区别于导热、对流传换的特点是什么？

11-7 试证绝热边界面上节点 (i, j) 的温度离散方程为
$$t_{i,j+1} + t_{i,j-1} + 2t_{i-1,j} - 4t_{i,j} = 0$$

11-8 试证对流传热边界条件，即已知 h 和 t_f 时，两壁面垂直相交外拐角点的离散方程为
$$(t_{i-1,j} + t_{i,j-1}) - 2\left(1 + \frac{h\Delta x}{\lambda}\right)t_{i,j} + 2\frac{h\Delta x}{\lambda}t_f = 0$$

11-9 一尺寸为 240×400mm² 的薄矩形板，已知各边界表面的条件如下：左侧边界面为绝热；右侧边界面为第三类边界条件：$h = 40\text{W}/(\text{m}^2 \cdot \text{K})$，$t_f = 25℃$；上侧边界面为第一类边界条件，已知温度为 200℃；下侧边界面为第二类边界条件，已知热流密度 $q = 1500 \text{W}/\text{m}^2$。已知薄板材料的热导率 $\lambda = 45\text{W}/(\text{m} \cdot \text{K})$，按 $\Delta x = \Delta y = 80\text{mm}$ 的步长划分网格，试计算该薄矩形板中的稳态温度分布。

11-10 如图 11-15 所示的二维物体的热导率为 $10\text{W}/(\text{m} \cdot \text{K})$，上表面温度为 500℃，左表面温度为 100℃，右表面和下表面与气体接触，$t_f = 100℃$，$h = 10\text{W}/(\text{m}^2 \cdot \text{K})$，试求节点 1~9 的温度。

11-11 烟道墙采用热导率 $\lambda = 1.2\text{W}/(\text{m} \cdot \text{K})$ 的材料砌成，如图 11-16 所示。墙内、外壁面温度分别为 650℃、150℃，试用差分法计算墙体的温度分布。

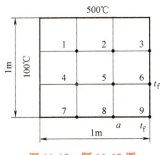

图 11-15 题 11-10 图

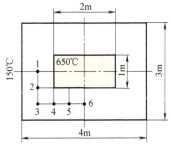

图 11-16 题 11-11 图

11-12 有一根长圆柱形金属棒，直径为 0.3m，初始温度均匀为 330℃，现将其放在空气及墙壁温度均为 30℃ 的房间内冷却。已知金属棒材料的物性参数如下：$\rho = 8110\text{kg}/\text{m}^3$，$\lambda = 16\text{W}/(\text{m} \cdot \text{K})$，$c = 460\text{J}/(\text{kg} \cdot \text{K})$，$a = 4.29 \times 10^{-6}\text{m}^2/\text{s}$，假设冷却过程中表面传热系数为 $10\text{W}/(\text{m}^2 \cdot \text{K})$。试利用显式差分格式确定 1h 后金属棒内的温度分布。

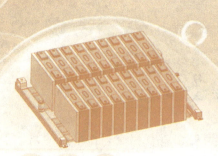

第 12 章

工程应用

传热学在科学技术的各个领域均有广泛应用，具体可归纳为传热强化、传热削弱和温度控制。本章在前面各章的基础上，重点扩展传热学的工程应用，并介绍部分前沿研究热点，供读者拓宽思路。

12.1 热管及其应用

热管是 20 世纪 60 年代发展起来的传热元件，具有结构简单、导热性能好的特点。热管的相当热导率可达 $10^5 \text{W}/(\text{m} \cdot \text{K})$ 的数量级，为一般金属材料的数百倍乃至上千倍，可将大量热量通过很小的截面积远距离传输而无须外加动力，具有巨大的实用价值。

12.1.1 热管的结构、工作原理和特性

如图 12-1 所示，常规热管由三部分组成：主体为一根封闭的金属管（管壳），内部空腔内有少量工作介质（工作液）和毛细结构（吸液芯），管内的空气及其他杂物必须排除在外。当热管的一端受热时，毛细吸液芯中的液体蒸发汽化，蒸汽在微小的压差下流向另一端，放出热量并凝结成液体，液体沿着多孔材料依靠毛细力的作用流回蒸发段。在该管道内，液体蒸发、蒸汽流动、蒸汽凝结和液体回流不间断进行，实现热量的传输。

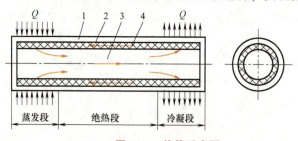

图 12-1 热管示意图

1—管壳 2—吸液芯 3—蒸汽腔 4—工作液

热管的管壳是受压部件，要求由高热导率、耐压、耐热应力的材料制造。在材料的选择上必须考虑到热管在长期运行中管壳无腐蚀，工质与管壳不发生化学反应，不产生气体。管

壳材料有多种，以不锈钢、铜、铝、镍等较多，也可用贵重金属铌、钽或玻璃、陶瓷等。管壳的作用是将热管的工作部分封闭起来，在热端和冷端接收和放出热量，并承受管内外压力不等时所产生的压力差。

热管的吸液芯是一种紧贴管壳内壁的毛细结构，通常用多层金属丝网或纤维、布等以衬里形式紧贴内壁以减小接触热阻，衬里也可由多孔陶瓷或烧结金属构成。图 12-2 所示为几种不同的吸液芯的剖面示意图。

图 12-2　几种不同的吸液芯的剖面示意图

热管的工作液要有较高的汽化热、热导率，合适的饱和压力及沸点，较低的黏度及良好的稳定性。工作液体还应有较大的表面张力和润湿毛细结构的能力，使毛细结构能对工作液作用并产生必需的毛细力。工作液还不能对毛细结构和管壁产生溶解作用，否则被溶解的物质将积累在蒸发段破坏毛细结构。

12.1.2　热管的传热极限

热管虽然是一种传热性能极好的元件，但也不可能无限加大热负荷，其传热能力的上限值会受到一种或几种因素的限制，如毛细力、声速、携带、冷冻起动、连续蒸汽、蒸汽压力及冷凝等，因而构成热管的传热极限（或称工作极限），如图 12-3 所示。这些传热极限与热管尺寸、形状、工作介质、吸液芯结构和工作温度等有关，限制热管传热量的极限类型是由该热管在某种温度下各传热极限的最小值所决定的。

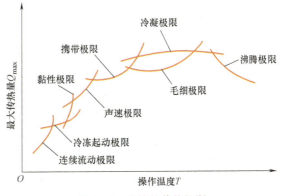

图 12-3　热管的传热极限

具体来讲，这些极限主要有：

（1）连续流动极限　对于一些微型热管以及工作温度很低的热管，热管内的蒸汽流动可能处于自由分子状态或稀薄、真空状态。由于不能获得连续的蒸汽流，传热能力将受到限制。

（2）冷冻起动极限　在从冷冻状态起动过程中，来自蒸发端的蒸汽可能在绝热段或冷凝段再次冷冻，这将耗尽蒸发段来的工作介质，导致蒸发段干涸，热管无法正常起动工作。

（3）黏性极限　在蒸汽温度低时，工作流体的蒸汽在热管内的流动受黏性力支配，即热管中蒸汽流动的黏滞阻力限制了热管的最大传热能力。黏性极限只与工质物性、热管长度和蒸汽通道直径有关，而与吸液芯的几何形状和结构型式无关。

（4）声速极限　热管中的蒸汽流动类似于拉伐尔喷管中的气体流动。当蒸发段温度一定时，降低冷凝段温度可使蒸汽流速加大，传热量因而加大。但当蒸发段出口处汽速达到声速时,进一步降低冷凝段温度也不能再使蒸发段出口处汽速超过声速,因而传热量也不再增加,这时热管的工作达到了声速极限。

(5) 携带极限　热管中蒸汽与液体的流动方向相反,在交界面上两者相互作用,阻止对方流动。液体表面由于受逆向蒸汽流的作用产生波动,当蒸汽速度高到能把液面上的液体剪切成细滴并把它带到冷凝段时,液体被大量携带走,使应通过吸液芯返回蒸发段去的液体不足甚至中断,从而造成蒸发段吸液芯干涸,使热管停止工作,达到了热管的携带传热极限。

(6) 毛细极限　在热管运行中,当热管中的气体、液体的循环压力降与所能提供的最大毛细压头达到平衡时,该热管的传热量也就达到了最大值。如果此时加大蒸发量和冷凝量,则会因毛细压差不足使抽回到蒸发段的液体不能满足蒸发所需要的量,以致会发生蒸发段吸液芯的干涸和过热。导致壳壁温度剧烈升高,甚至烧毁。

(7) 冷凝极限　冷凝极限指通过冷凝段气-液交界面所能传递的最大热量。热管最大传热能力可能受到冷凝段冷却能力的限制,而不凝性气体的存在降低了冷凝段的冷却效率。

(8) 沸腾极限　热管工作中,当其蒸发段径向热流密度很大时,将会使管芯内工作液体沸腾。当径向热流密度达到某一临界值时,对于有吸液芯的热管,由于产生的大量气泡堵塞了毛孔,减弱或破坏了毛细抽吸作用,致使凝结液回流量不能满足蒸发要求。

上述这些传热极限的存在,是多因素综合作用的结果。随着科学技术的进步,还存在很大的空间供人类探索。

12.1.3　热管的分类、特点和用途

1. 热管的分类

由于热管的用途、种类和型式较多,再加上热管在结构、材质和工作液体等方面各有不同之处,故而对热管的分类也有很多方法,常用的分类方法有以下几种:

1) 按照工作液体回流动力区分有芯热管、两相闭式热虹吸管(又称重力热管)、重力辅助热管、旋转热管、电流体动力热管、磁流体动力热管和渗透热管等。

2) 按照热管管内工作温度区分有低温热管、常温热管、中温热管和高温热管等。

3) 按照管壳与工作液体的组合区分有铜-水热管、碳钢-水热管、铝-丙酮热管、碳钢-萘热管、不锈钢-钠热管等。

4) 按照结构型式区分有普通热管、分离式热管、毛细泵回路热管、微型热管、平板热管、径向热管等。

5) 按照热管的功用区分有传输热量的热管、热二极管、热开关、热控制用热管、仿真热管、制冷热管等。

2. 热管的特点

与常规热交换技术相比,热管技术具有如下的重要特点:

1) 热管热交换设备较常规设备更安全、可靠,可长期连续运行。常规热交换设备一般都是间壁热交换,冷热流体分别在器壁的两侧流过,若管壁或器壁有泄漏,则将造成停产损失。由热管组成的热交换设备,则是二次间壁热交换,即热流要通过热管的蒸发段管壁和冷凝段管壁才能传到冷流体,而热管一般不可能在蒸发段和冷凝段同时破坏,所以大大提高了设备运行的可靠性。这一特点对连续性生产的工程,如化工、冶金、动力等工业具有特别重

要的意义。

2）热管管壁的温度可调。热管管壁的温度可以调节，在低温余热回收或热交换中尤其重要。通过适当的热流变换把热管管壁温度调整在低温流体的露点以上，从而防止了露点腐蚀，保证设备长期安全运行。例如，在电站锅炉尾部的热管空气预热器，由于能调整管壁温度，不仅能防止烟气结露，还能避免烟灰在管壁上的黏结，保证锅炉长期运行，同时提高了锅炉效率。

3）冷、热段结构和位置布置灵活。由热管组成的热交换设备的受热部分和放热部分结构设计和位置布置非常灵活，可适应于各种复杂的场合。由于结构紧凑、占地空间小，因此特别适合于工程改造及地面空间狭小和设备拥挤的场合，且维修工作量小。

4）热管热交换设备效率高，节能效果显著。正因为如此，热管技术在工程界受到广泛欢迎，被公认是一种很有价值的传热新技术。

3. 热管的用途

热管技术在空间技术、电器工业、核电工业、化学工业、食品工业、动力机械和工业余热回收等很多方面都得到了广泛应用。

（1）化工及石化领域　热管及热管热交换器近年来在石油化工领域中的应用已越来越受到人们的重视，它具有体积紧凑、压降小、可控制露点腐蚀、一段破坏不会引起两相流互混等优点，能提高设备的运行效率和可靠性。以热管技术在合成氨工业中的应用为例，回收低温余热助燃空气，生产低压蒸汽作为原料；回收高温余热产生中压蒸汽作为原料蒸汽的补充，或生产高压蒸汽作为生产的动力源；控制固定床催化反应器的化学反应温度，使其向最佳反应温度曲线无限逼近，从而提高合成氨的效率。

（2）建材及轻纺织工业领域　建材行业如水泥、陶瓷等工业都要消耗大量的能量。以陶瓷业为例，据统计，能源费占生产总成本的40%以上。开发新型高效节能设备将极大地促进此行业的发展。20世纪80年代，国内的许多单位应用热管热交换技术回收陶瓷、水泥生产中排放的余热，取得了良好的节能效果，20世纪90年代，高温热管技术的工业开发应用获得成功，这些都为热管技术的工业推广打下了良好的基础。例如，高岭土喷雾干燥热风炉及玻璃窑炉的余热回收、水泥生产工业中的回转窑冷却机的余热利用、废气尾气余热利用等。

（3）冶金工业　以钢铁企业为例，焦炉、高炉及炼钢工序均有相当数量的余热未能回收利用。余热的温度最高可达1600℃，热能的形态有固体、气体、液体，其中多为间隙排放，这些给余热回收带来一定的难度。由于热管的众多特点，故其特别适用于上述场合的余热回收利用。国内冶金界已经开展了诸多合作开发，并取得了良好的效果。例如，目前在烧结排气显热和热风炉燃烧废气的余热回收方面，已达到定性设计、系列化和标准化的程度。此外，高温热管及高温热管空气预热器、高温热管空气蒸发器的成功开发运行，给高能耗的冶金业带来了新的希望。

（4）电力电子领域　电子器件的高频、高速以及集成电路的密集和小型化，使得单位容积电子器件的发热量快速提高，电子器件的散热成为其发展的一个瓶颈，电子技术的发展急需有良好的散热手段来保证。其应用场景的空间限制、大热流输运等特点十分适合使用热管技术。

（5）核电领域　随着热管技术的成熟和核能技术的迅速发展，热管技术在核电工程中的应用显得越来越重要。从最早的应用在空间核电源中,已逐渐发展到地面核反应堆及核废料的散热及事故预防等方面。在该领域的具体应用有:空间核电源中的应用、核废料的冷却、事故情况下的安全壳体保护、热管蒸汽发生器等。

12.2 新型空冷传热技术

空气冷却器是利用空气作为冷却介质将工艺介质冷却至所需温度的设备,早在 20 世纪 30 年代便已出现。在工业领域,回收温度低于 120℃的介质的热量代价较为昂贵,并且还受到热源分散、间歇来热的影响而难以综合利用。这些热量大多利用水冷器取走,或者利用空气冷却器排入大气。目前,空气冷却器被广泛用于石化、电力和冶金等行业。

12.2.1 空冷技术的原理及特点

空冷技术也称干式冷却技术,按大类可分为直接空冷和间接空冷,细分和组合后又可衍生出并行空冷、混合式空冷等一系列具体的技术形式。

以火电厂直接空冷凝汽系统工作原理为例说明空冷技术:将在蒸汽轮机内做功后的乏汽从汽轮机尾部引入大口径蒸汽管道,输送至汽轮机房外的空冷平台上,再经配汽管送至数量众多的翅片管换热管束内。空气流在大直径轴流风机的驱动下,穿过翅片管束的翅片间隙,将翅片管束内的蒸汽冷凝为凝结水,使其在重力作用下回流至凝结水箱,进入下一个做功循环。

空冷技术具有极其明显的技术优势,主要有:

(1)节水效果显著 空冷机组的运行实践证明空冷机组的节水效果非常明显。以大唐云冈热电有限责任公司的直接空冷系统为例,空冷热交换面积为 51 万 m^2,2004 年累计发电水耗为 0.47kg/(kW·h),比同类型湿冷机组发电水耗设计值 2kg/(kW·h) 低 1.53kg/(kW·h),节水 76.5%,年节水量为 477 万 t。

(2)系统自动化程度高,运行方式方便可靠 直接空冷系统分成若干个热交换单元,每个单元对应一台冷却风机,风机采用变频技术进行无级变速,可以实现对每一个散热单元进行独立调节。运行时可以通过降低风机转速和停运风机等方法,调节某一冷却单元的负荷,控制其凝结水的过冷度和汽轮机的背压。

(3)综合热交换效率提高,冬季运行经济性较好 蒸汽与空气直接热交换,省去中间介质和二次热交换,综合换热效率提高,运行更加经济。空冷机组在冬季运行过程中,空冷系统运行背压低,而使得汽轮机带负荷能力大大提高。因此,空冷机组可利用冬季多发电,为电厂带来额外收益。这一点对于地处我国北方区域的电厂尤为明显。

(4)取消了庞大的湿式冷却塔,减少空冷系统的占地面积 在水冷凝汽器系统中,循环冷却水塔和循环水泵房要占用一定的建设用地。采用直接空冷系统,通过优化设计可以省掉上述用地。利用空冷平台下布置电气设备等,使空冷凝汽器空间得到有效综合利用。

此外,以火电厂建设为例,该技术的应用使火电厂厂址选择更加灵活,可不必担心水资源的变迁、减量与水量加价,社会效益较好。同时,空冷系统消除了湿冷系统冷却水塔塔顶溢出的雾气团对周围环境的影响。

本书仅对直接空冷技术做详细说明,其余技术读者可自主拓展学习。

12.2.2 直接空冷系统的组成

直接空冷系统主要由换热管束、风机及驱动装置、排气管道和配汽管道、抽真空系统、疏放水和凝结水系统、仪表和控制系统、空冷平台和支撑结构等构成，如图12-4所示。

空冷凝汽器采用屋顶型结构（或者称为A型框架结构）。来自汽轮机的乏汽通过主排汽管道和配汽管道输送到翅片管热交换器的翅片管道内。冷却空气由位于换热管束下方的轴流风机驱动带走蒸汽携带的热量使蒸汽重新凝结成水。

热交换器通常采用顺流冷凝—逆流冷凝的布置方式，70%~85%的蒸汽在通过顺流冷凝热交换器时被冷凝成凝结水，凝结水流到底部的蒸汽/凝结水收集联箱中。其余的蒸汽在逆流管束中被冷凝，蒸汽是从蒸汽/凝结水收集联箱向上流动的，而凝结水则从冷凝的位置向下流到蒸汽/凝结水收集联箱中并被排出。这种顺流冷凝—逆流冷凝的布置方式确保在任何区域内蒸汽都与凝结水有直接的接触，因此将保持凝结水的水温与蒸汽温度相同，从而避免凝结水的过冷、溶氧和冻害。

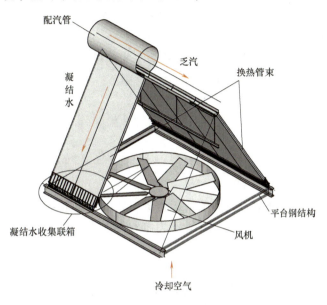

图 12-4 直接空冷系统结构示意图

从汽轮机到凝结水箱的整个系统都处在真空状态下，采用全焊接结构保证整个系统的气密性。由于汽轮机的法兰处不可避免地会有空气漏进冷凝系统中，为了保持系统的真空，在逆流管束的上端，未冷凝的蒸汽和空气的混合物将被抽出。通过在逆流管束上端部位的过冷冷却，尽量减少未冷凝蒸汽的含量，以避免抽出过多的蒸汽。在不同汽轮机负荷和环境温度条件下，通过调节流经换热管束的空气流量来控制汽轮机的排汽压力。

换热管束是空冷系统的核心部件，换热管束的技术含量直接影响空冷系统效率的高低。目前主流的空冷管束主要有单排管和多排管两种。

1. 单排管

如图12-5所示，单排管的主要的特点如下：

1）形状扁平，芯管材质为钢，翅片的材质为铝，因为两者的材质不同，所以需要用钎焊工艺将两者焊接在一起，翅片间无扰流片或定距爪。

2）蒸汽侧通流面积大，压损低。

3）适用于冬季高寒地区，可有效避免冰冻问题。

4）易于对管束进行表面清洗。

图 12-5 单排管空冷管束

2. 多排管

如图 12-6 所示，多排管的主要特点如下：

1）芯管材质为钢，翅片的材质为铝或钢，翅片与芯管之间的连接方式为：首先通过绕片或套片工艺将翅片与芯管连接在一起，然后再采用热浸镀锌的工艺将两者焊接在一起。

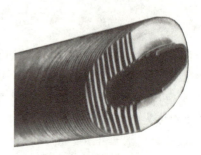

图 12-6 多排管空冷管束

2）翅片间距可变，翅片间有扰流片或定距爪。
3）对不同运行要求的适应性强。
4）抵御沙尘天气的能力很强。
5）使用高压清洗系统，清洗效果好。

12.3 电动汽车动力电池组的热管理

电池热管理相关研究工作的出现，已有近 40 年的历史。尤其是在最近的十几年间，随着电动汽车的快速发展，动力电池热安全问题日益突出，电池热管理逐渐成为制约电池发展的关键技术之一。

无论是传统的铅酸电池，还是性能先进的镍氢电池或锂离子电池，温度对电池的整体性能都有非常显著的影响。温度会影响到电池的如下性能：①电化学系统的运行；②充放电效率；③电池可充性；④容量和功率；⑤电池的可靠性和安全性；⑥电池的寿命和循环成本。因此，进行电池热管理十分必要。

电池组热管理系统是从使用者的角度出发，用来确保电池组工作在适宜温度范围内的整套系统，包括电池箱、风机、传热介质、测量设备等部件。电池组热管理系统有五项主要功能：①电池温度的准确测量和监控；②电池组温度过高时的有效散热和通风；③低温条件下的快速加热，使电池组能够正常工作；④有害气体产生时的有效通风；⑤保证电池组温度场的均匀分布。

设计性能良好的电池组热管理系统要采用系统化的设计方法。美国国家再生能源实验室（NREL）给出了电池热管理系统设计的一般过程：

1）确定热管理系统的目标和要求。确定在不同气候条件下热管理系统要达到的指标，如平均温度 T、温度变化范围 ΔT 等；根据整车集成的要求，确定电池组空间布置方案和尺寸。

2）测量或估计电池模块的发热量及热容量。在相应温度条件和充放电循环工况下，测量或估计电池组的发热量。

3）热管理系统初步设计。根据电池组的温度场分析，确定热管理系统所需要消耗的功率、热传递介质、流通路径、流量等参数，初步制订设计方案。

4）预测模块和电池组的热行为。测量或估计电池组各部件的热传导率，使用计算流体力学或实验得到电池单体或模块与热传递介质之间的热传递速度，计算不同热管理策略下的系统性能及其对电池组和整车性能的影响。

5）设计热管理系统并进行试验和优化。确定合适的部件（鼓风机、液压泵等）及系统的热管理策略，估计系统的成本，考虑维修、可靠性等其他因素，以确定最终设计方案。

下面将结合设计流程介绍电池热管理系统设计过程中的关键技术。对于不同种类的电池，虽然电化学原理不同，但各自热管理系统的设计思路与难点基本一致。

12.3.1 电池热模型

电池热模型描述电池生热、传热、散热的规律，能够实时计算电池的温度变化；基于电池热模型计算的电池温度场信息不仅能够为电池组热管理系统的设计与优化提供指导，还能为电池散热性能的优化提供量化依据。

在电动汽车上，处于工作状态的电池组本身是热源，其散热环境由电池组热管理系统提供，电池组内部生热速率受工作电流、内阻和电池荷电状态（State of Charge，SOC，也称剩余电量）等的影响。电动汽车电池组工作电流没有确定的变化规律，所以电动汽车电池组的生热散热过程是一个典型的有时变内热源的非稳态导热过程。各种动力电池的热模型都可以用式（12-1）所示非稳态传热的能量守恒方程描述，热模型的左侧表示单位时间内电池微元体热力学能的增量（非稳态项），右侧第一项表示通过界面的传热而使电池微元体在单位时间内增加的能量（扩散项），右侧第二项 $\dot{q}$ 为电池生热速率（源项）。

$$\rho_k c_k \frac{\partial T}{\partial t} = \nabla \cdot (\lambda_k \nabla T) + \dot{q} \tag{12-1}$$

式（12-1）中，ρ_k 为电池微元体的密度；c_k 为电池微元体的比热容；λ_k 为电池微元体的热导率。$\dot{q}$ 由不同生热因素引起的生热组合构成，即

$$\dot{q} = \sum_{j=1}^{n} \dot{q}_j \tag{12-2}$$

式（12-3）为直角坐标形式的热模型，常用于方形电池内部温度场的计算。

$$\rho c \frac{\partial T}{\partial t} = \frac{\partial}{\partial x}\left(\lambda \frac{\partial T}{\partial x}\right) + \frac{\partial}{\partial y}\left(\lambda \frac{\partial T}{\partial y}\right) + \frac{\partial}{\partial z}\left(\lambda \frac{\partial T}{\partial z}\right) + \dot{q} \tag{12-3}$$

为了降低电池温度场数值计算的复杂程度，通常对电池做如下假设：组成电池的各种材料介质均匀，密度一致，同一材料的比热容为同一数值，同一材料在同一方向各处的热导率相等；组成电池的各种材料的比热容和热导率不受温度和 SOC 变化的影响；电池充放电时，电池内核区域各处电流密度均匀，生热速率一致。基于上述假设得到式（12-4）所示简化的直角坐标系三维热模型。

$$\rho c \frac{\partial T}{\partial t} = \lambda_x \frac{\partial^2 T}{\partial x^2} + \lambda_y \frac{\partial^2 T}{\partial y^2} + \lambda_z \frac{\partial^2 T}{\partial z^2} + \dot{q} \tag{12-4}$$

通过上述分析可知，计算电池内部温度场的实质是求解式（12-4）所示的导热微分方程。求解导热微分方程需要解决三个关键问题：热物性参数 ρ、c、λ 的准确获取，生热速率 $\dot{q}$ 的准确表达，定解条件（初始条件和边界条件）的准确确定。热物性参数、生热速率和定解条件构成了电池热模型的三要素。

12.3.2 电池组最优工作温度范围

电池组热管理系统的主要功能之一就是在不同的气候条件、不同的车辆运行条件下，确保电池组在安全的温度范围内运行，并且尽量将电池组的工作温度保持在最优的工作温度范围之内。所以，设计电池组热管理系统的前提是要确定电池组最优的工作温度范围。

大量文献研究了温度对电池寿命的影响。一般来讲，铅酸电池的寿命随着温度增加线性减少，铅酸电池随着电池温度的降低充电接受能力下降，电池模块间的温度梯度会损害整个电池组的容量，铅酸电池的工作温度控制在 35～40℃ 为宜。镍氢电池的性能也与温度有关，当温度超过 50℃ 时，电池充电效率和电池寿命都会大大衰减，在低温状态下，电池的放电能力也比正常温度小得多。图 12-7 所示为不同温度下 80A·h 镍氢电池的放电效率，从图中可以看出，在温度高于 40℃ 和温度低于 0℃ 时，电池的放电效率显著降低。如果仅根据这一限制，电池的工作温度范围应在 0～40℃。对锂

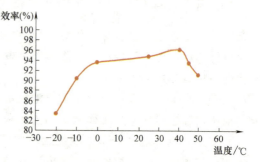

图 12-7　不同温度下 80A·h 镍氢电池的放电效率

离子电池的关注更多地集中在安全性和低温性能差上。锂离子电池比镍氢电池、阀控铅酸电池的体积功率更高，导致生热更多，所以散热也需要更加有效。

12.3.3　电池热场计算及温度预测

电池不是热的良导体，仅掌握电池表面温度分布不能充分说明电池内部的热状态，通过 12.3.1 节中介绍的电池热模型计算电池内部的温度场，预测电池的热行为，对于设计电池组热管理系统是不可或缺的环节。

1. 电池生热速率

在工程应用中准确获取电池单位体积生热速率 $\dot{q}$ 的表达式比较困难，所以 $\dot{q}$ 是求解电池温度场的难点所在。目前主要有理论计算和实验两种方法得到 $\dot{q}$。常用 Bernardi 生热速率模型来计算，即

$$\dot{q} = \frac{I}{V_b}\left[(E-E_0) + T\frac{dE_0}{dT}\right] \tag{12-5}$$

式中，I 为充放电电流；V_b 为电池单体体积；E 为电池单体电压；E_0 为电池开路电压；T 为温度；dE_0/dT 为温度系数；$E-E_0$ 和 $T(dE_0/dT)$ 分别表示焦耳热和可逆反应热。

2. 电池热物性参数的获取

应用电池热模型，必须测量电池的热物性参数，即电池比热容 c 和热导率 λ_x、λ_y、λ_z，计算过程中还要设定准确的边界条件。在工程应用中准确获得上述参数并非易事。

电池比热容可以按照物理学定义用量热计直接测量得到，也可以采用理论计算的方法得到。根据电池单体中每种材料的比热容，通过式（12-6）质量加权平均的办法可以计算出电池单体的比热容。

$$c = \frac{1}{m}\sum_i c_i m_i \tag{12-6}$$

式中，c 为电池单体的比热容；m 为电池单体的质量；m_i 为电池单体每种材料的质量；c_i 为电池单体每种材料的比热容。

电池是各向异性的，各个方向上平均热导率一般都不相等。此外，电池是由很多部件和电解液组成的，采用实验方法直接测量热导率有较大难度，通常采用的是理论估算方法和有

限元（FEA）方法。

根据电池壁面与环境温差及表面传热系数，可以确定热模型的边界条件。电池模块壁面和环境之间的表面传热系数可以通过计算流体力学（computational fluid dynamics，CFD）的方法或者实验得到。

12.3.4 传热介质的选择

传热介质要在设计热管理系统前确定，传热介质的选择对热管理系统的性能有很大影响。按照传热介质分类，热管理系统可分为空冷、液冷及相变材料冷却三种方式。空气冷却是最简单的方式，只需让空气流过电池表面。液体冷却分为直接接触和非直接接触两种方式。矿物油可作为直接接触传热介质，水或者防冻液可作为典型的非直接接触传热介质。液冷必须通过水套等热交换设施才能对电池进行冷却，这在一定程度上降低了热交换效率。电池壁面和流体介质之间的换热率与流体流动的形态、流速、流体密度和流体热传导率等因素相关。

风冷方式的主要优点有：结构简单，重量相对较轻；没有发生漏液的可能；有害气体产生时能有效通风；成本较低。缺点在于，其与电池壁面之间表面传热系数小，冷却、加热速度慢。

液冷方式的主要优点有：与电池壁面之间表面传热系数高，冷却、加热速度快；体积较小。主要缺点有：存在漏液的可能；重量相对较重；维修和保养复杂；需要水套、热交换器等部件，结构相对复杂。

并联式混合动力电动汽车的电池组作为辅助的功率部件，运行条件不是十分恶劣，采用风冷方式就可以达到使用要求。对于纯电动汽车和串联式混合动力电动汽车，电池组作为主要的功率部件，生热量很大，要想获得比较好的热管理效果，可以考虑采用液冷的方式。丰田汽车公司的混合动力电动汽车 Prius 和本田汽车公司的 Insight 都采用了空冷的方式。清华大学和多家单位共同研制的燃料电池城市客车采用的也是风冷方式。

12.3.5 热管理系统散热结构设计

电池箱内不同电池模块之间的温度差异会加剧电池内阻和容量的不一致性。如果长时间积累，会造成部分电池过充电和过放电，进而影响电池的寿命与性能，并造成安全隐患。电池箱内电池模块的温度差异与电池组布置有很大关系，中间位置的电池容易积累热量，边缘的电池散热条件要好些。所以，在进行电池组结构布置和散热设计时，要尽量保证电池组散热的均匀性。下面以风冷散热为例来介绍。

图 12-8 所示为串行通风示意图，在散热模式下，冷空气从左侧吹入、右侧吹出。空气在流动过程中不断地被加热，所以右侧的冷却效果要比左侧差。电池箱内电池组温度从左到右依次升高。第一代丰田 Prius 和本田 Insight 都采取了串行通风方式。

如图 12-9 所示，并行通风方式使得空气流量在电池模块间分布更均匀。并行通风方式需要对进排气通道、电池布置位置进行很好的设计。丰田 New Prius 采用的就是并行通风结构，其楔形的进排气通道使得不同模块间缝隙上下的压力差基本保持一致，确保了吹过不同电池模块的空气流量的一致性，从而保证了电池组温度场分布的一致性。

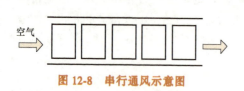
图 12-8 串行通风示意图
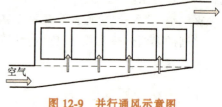
图 12-9 并行通风示意图

12.3.6 风机与测温点的选择

在设计电池热管理系统时，希望选择的风机种类与功率、温度传感器的数量与测温点位置都恰到好处。

以风冷散热方式为例，设计散热系统时，在保证一定散热效果的情况下，应该尽量减小流动阻力，降低风机噪声和功率消耗，提高整个系统的效率，可以用实验、理论计算和计算流体力学（CFD）的方法通过估计压降、流量来估计风机的功率消耗。当流动阻力小时，可以考虑选用轴流式风扇；当流动阻力大时，离心式风扇比较适合。当然也要考虑到风机占用空间的大小和成本的高低。寻找最优的风机控制策略也是热管理系统的功能之一。

电池箱内电池组的温度分布一般是不均匀的，因此需要知道不同条件下的电池组热场分布以确定危险的温度点。温度传感器数量多，有测温全面的优点，但会增加系统的成本。考虑到温度传感器有可能失效，整个系统中温度传感器的数量又不能过少。利用有限元分析和红外热成像的方法可以分析和测量电池组、电池模块和电池单体的热场分布，找到不同区域合适的测量点。一般的设计应该保证温度传感器不被冷却风吹到，以提高温度测量的准确性和稳定性。在设计电池时，要考虑到预留温度传感器空间，如可以在适当位置设计合适的孔穴。丰田汽车公司的混合动力电动汽车 New Prius 的电池组有 228 个电池单体，温度的监测由 5 个温度传感器完成。

12.3.7 加热系统

在电池加热方面，国内外的研究主要分为两个方面：内部加热和外部加热。内部加热又有两种实现形式，一是对电池施加电流，通过电源内阻发热实现电池加热；二是在电池内部嵌入特定的加热装置。第一种方式依靠外部电源进行加热，不消耗电池自身能量而且效率较高，但是会对电池循环寿命产生影响；第二种方式加热效率高且不会增加电池包的体积，但是需要改变原有的电池结构。

外部加热有多种实现形式，最便捷的方式是在冷却系统的基础上实现加热，如空气加热、液体加热、相变材料加热等，其中液体加热效率最高，但同时也最复杂。此外，还可以使用外部加热装置对电池进行加热，如帕尔贴元件、正温度系数（PTC）材料、聚酰亚胺（PI）加热膜、金属电阻膜（MRF）等。

12.4 太阳能的热利用

太阳能是一种没有污染、取之不尽、用之不竭的洁净能源。太阳能利用已经成为国际社会的重要主题和共同行动。随着太阳能热技术的日趋成熟，太阳能的开发和利用正在融入人们的生产、生活之中。由于占据得天独厚的地理位置，我国拥有丰富的太阳能资源。我国的年太阳能辐射能量估计可达到 $3340\sim8400MJ/m^2$。充分开发利用太阳能资源是节省和替代常规能源的有效措施，是实现能源可持续发展战略的必由之路。

12.4.1 太阳能的利用形式

太阳能利用主要包括光-热转换、光-电转换和光-化学转换三种方式。

1. 光-热转换

光-热转换就是通过太阳光加热水箱中的水以备利用，这是光-热转换最常见的、最基本的形式。太阳能热利用的本质在于将太阳辐射能转化为热能。太阳集热器主要包括平板集热器和聚光集热器，平板集热器是一种不聚光的集热器，它吸收太阳辐射的面积与采集太阳辐射的面积相等，主要用于太阳能热水、采暖和制冷等方面；平板集热器提供的温度一般来说比较低，这就限制了它的使用范围。为了在较高温度条件下利用太阳能，聚光集热器应运而生，它可将太阳光聚集在比较小的吸热面上，散热损失少，吸热效率高，可以达到较高的温度。它还有利用廉价反射器代替昂贵集热器以降低造价的优点。太阳能热水器、太阳能空调制冷技术等均是此类应用的典型代表。

2. 光-电转换

在光照条件下，半导体 PN 结的两端产生电位差的现象称为光生伏特效应。其过程是半导体吸收光子后，产生了附加的电子和空穴，这些自由载流子在半导体内的局部电场作用下，各自运动到界面层两侧积累起来，形成净空间电荷而产生电位差。光生伏特效应的实际应用导致太阳能电池的出现，太阳能电池的应用范围和规模近年来都得到了较大的发展。太阳能电池产生电力与火力、水力、风力、核能等的发电原理存在着本质的差别，其工作原理主要基于"光生伏特效应"，这种效应在固体、液体和气体中均可产生。半导体太阳能电池按材料分类可分为单晶硅太阳能电池、多晶硅太阳能电池、非晶硅太阳能电池、化合物半导体太阳能电池和有机半导体太阳能电池等。

3. 光-化学转换

光-化学转换尚处于研究开发阶段，这种转换技术包括半导体电极产生电而电解水产生氢，利用氢氧化钙或金属氢化物热分解储能等形式。只有太阳能制氢问题解决了，才能有真正意义上的氢能利用（包括燃料电池），这将引起时代的变革。

12.4.2 太阳能利用技术未来的发展趋势

随着可持续发展战略在世界范围内的实施，太阳能的开发利用将被推到新的高度。至 21 世纪中叶，世界范围内的能源问题、环境问题的最终解决将依靠可再生洁净能源特别是太阳能的开发利用。

1. 提高太阳能热利用效率

目前，世界范围内许多国家都在进行新型高效集热器的研制，一些特殊材料也开始应用于太阳能的储热，利用相变材料储存热能就是其中之一。相变储能就是利用太阳能或低峰谷电能加热相变物质，使其吸收能量发生相变（如从固态变为液态），把太阳能储存起来。在没有太阳的时间里，又从液态回复到固态，并释放出热能，相变储能是针对物质的潜热储存提出来的,对于温度波动小的采暖循环过程,相变储能非常高效。而开发更为高效的相变材料将会成为未来提高太阳能热利用效率研究的重要课题。

2. 太阳能建筑得到普及

太阳能建筑集成已成为国际新的技术领域,将有无限广阔的前景。太阳能建筑不仅要求有高性能的太阳能部件,同时要求高效的功能材料和专用部件。如隔热材料、透光材料、储能材料、智能窗(变色玻璃)、透明隔热材料等,这些都是未来技术开发的内容。

3. 开发新型太阳能电池技术

光伏技术的发展,近期将以高效晶体硅电池为主,然后逐步过渡到薄膜太阳能电池和各种新型太阳能光电池的发展。薄膜太阳能电池以及各种新型硅太阳能电池具有生产材料廉价、生产成本低等特点,随着研发投入的加大,必将促使其中两种获得突破,只要有新型电池取得突破,就会使光电池的局面得到极大的改善。

4. 太阳能光电制氢产业得到发展

随着光电化学及光伏技术和各种半导体电极试验的发展,太阳能制氢成为氢能产业的最佳选择。氢能具有重量轻、热值高、爆发力强、品质纯净、储存便捷等许多优点。随着太阳能制氢技术的发展,用氢能取代碳氢化合物能源将是21世纪的一个重要发展趋势。

5. 空间太阳能电站展现前景

随着人类航天技术以及微波输电技术的进一步发展,空间太阳能电站的设想可望得到实现。由于空间太阳能电站不受天气、气候条件的制约,其发展显示出美好的前景,是人类大规模利用太阳能的另一条有效途径。

12.5 新型导热和绝热材料

在传热的工程应用过程中,传热的控制始终和材料导热性能密不可分。本节介绍在新型导热和绝热(保温)材料方面的研究进展。

12.5.1 新型导热材料

随着科技日益发展需要,人们对导热材料提出了新的要求,希望材料具有优良的综合性能,如耐化学腐蚀、耐高温、优异的电绝缘性。传统的导热材料多为金属、金属氧化物以及非金属材料,其自身耐化学腐蚀性和电绝缘性差、加工成形成本高、力学性能不能满足实际需要等使其应用受到了限制。20世纪90年代发展起来的高分子材料,具有可被赋予优良的电绝缘性及良好的力学性能、耐化学腐蚀性和可靠的加工性能等特点,以高分子材料为基材制备新型导热材料成为研究的热点之一。

1. 导热高分子材料

由于大多数聚合物导热性能普遍较差,为了提高聚合物的热传导性能,可以制备具有结晶和高取向结构的聚合物材料,即合成本征型导热高分子材料;也可以向聚合物基体中添加导热填料来制备导热复合材料,即合成填充型导热高分子材料。制备结构型导热高分子材料加工工艺复杂,成本较高,且仅适用于少数聚合物,通常比较困难,但优点是可同时具备高导热性和其他优良性能;采用填充导热填料来制备导热高分子材料,制备工艺简单,投资成本低,缺点是要以牺牲力学及其他性能为代价,是目前制备导热高分子复合材料的主要方法。

2. 几种常用的导热高分子复合材料研究进展

(1) 环氧树脂（EP）导热复合材料　EP 具有优异的粘接性、电绝缘性、力学性能、化学稳定性，成型加工容易、应力传递性较好和成本低廉的优点，在电子电气和航空航天等许多领域得到广泛应用。目前通过结构改性制备导热 EP 难度较大，通常采用的方法是在 EP 中填充高导热性填料，借助其原子晶体和致密结构，以声子为载流子，提高 EP 的导热性能。主要有如下几种类型：金属氧化物填充型、金属粉末填充型、碳化物填充型、氮化物填充型、无机碳材料填充型和多元导热填料改性 EP 导热复合材料。

(2) 硅橡胶导热复合材料　硅橡胶材料导热性能的优劣主要取决于硅橡胶基体、加工工艺与填料三个因素。目前开发的导热硅橡胶材料普遍具有热导率低的缺点。因此使用新型导热填料、新型填料复合技术及探索结构型导热硅橡胶复合材料，大幅度提高材料的导热性、抗热疲劳性及使用稳定性是今后导热硅橡胶研究和开发的主要趋势。

(3) 聚乙烯（PE）导热复合材料　PE 综合性能好、价格低廉，是我国合成树脂中产能大、进口量多和应用广的塑料品种。近年来，一些对材料导热性有较高要求的领域也提出了用 PE 作为导热基材。线性低密度聚乙烯具有较好的导热性能、优良的耐环境应力开裂能力、较高的冲击强度及韧性、较高的撕裂强度及拉伸强度、很好的刚性及抗蠕变能力、优良的成膜性以及较好的热封性能，正在逐渐取代传统的 PE 品种。

3. 导热高分子复合材料的应用与发展前景

导热高分子复合材料从基础理论到产品开发等各方面到目前为止的研究还有很多问题有待解决，主要体现在：结构型导热材料范围太过狭窄，应用不够广泛；填充型导热塑料大部分采用物理填充，导热性能不高，力学性能下降严重；热导率预测理论局限于经验模拟，缺乏导热机理的理论支持等。对于结构型材料，通过完善结晶度和提高在热流方向上的取向度来提高材料的热导率是研究的重要方向。对于填充型材料，填料的表面处理、提高其与基体的相容性，使其在基体中能均匀分散；其次考虑多种填料混合填充的方式来提高材料热导率，并寻找出最合适的填料比例；最后采用一定的成型加工工艺，使得能够在较少填料量下，在提高材料热导率的同时保证其他性能的稳定，使高分子材料能更有效地替代传统导热材料，推动其他电子、科技行业的迅速发展。

12.5.2　新型绝热（保温）材料

绝热材料通常具有质轻、疏松、多孔、热导率小的特点。一般用来防止热力设备及管道热量散失，或者在冷冻（也称普冷）和低温（也称深冷）下使用。因而在我国绝热材料又称为保温或保冷材料。由于绝热材料的多孔或纤维状结构具有良好的吸声功能，故绝热材料也被广泛应用于建筑行业。新型保温材料均具有热导率低、密度小、柔韧性高、防火防水的特性。

1. 分类方法

绝热材料种类繁多，一般可按材质、使用温度、形态和结构来分类。按材质可分为有机绝热材料、无机绝热材料和金属绝热材料三类。热力设备及管道用的保温材料多为无机绝热材料。无机绝热材料具有不腐烂、不燃烧、耐高温等特点，如石棉、硅藻土、珍珠岩、玻璃纤维、泡沫玻璃混凝土、硅酸钙等。普冷下的保冷材料多用有机绝热材料，它具有极小的热导率、耐低温、易燃等特点，如聚苯乙烯泡沫塑料、聚氯乙烯泡沫塑料、氨酯泡沫塑料、软木等。按形态又可分为多孔状绝热材料、纤维状绝热材料、粉末状绝热材料和层状绝热材料四种。多孔状绝热材料又称泡沫绝热材料，具有重量轻、绝热性能好、弹性好、尺寸稳定、耐稳性差的特点，主要有泡沫塑料、泡沫玻璃、泡沫橡胶、硅酸钙、轻质耐火材料等。纤维状绝热材料按材质分为有机纤维、无机纤维、金属纤维和复合纤维等。在工业上用作绝热材料的主要是无机纤维，目前用得最广的纤维是石棉、岩棉、玻璃棉、硅酸铝陶瓷纤维、晶质氧化铝纤维等。粉末状绝热材料主要有硅藻土、膨胀珍珠岩及其制品，这些材料的原料来源丰富，价格便宜，是建筑和热工设备上应用较广的高效绝热材料。

2. 国内绝热（保温）材料的发展现状

国内绝热（保温）材料的生产企业较多，品类较全，适应温度范围为 -196 ~ 1000℃，技术、装备水平也有了整体提高。目前使用的绝热（保温）材料主要包括以下几种：

（1）泡沫型保温材料　泡沫型保温材料主要包括两大类：聚合物发泡型保温材料和泡沫石棉保温材料。聚合物发泡型保温材料具有吸水率小、保温效果稳定、热导率低、在施工中没有粉尘飞扬、易于施工等优点。泡沫石棉保温材料也具有密度小、保温性能好和施工方便等特点，应用效果也较好。但同时也存在一定的缺陷，如泡沫棉容易受潮、浸于水中易溶解、弹性恢复系数小、不能接触火焰和在穿墙管部位使用等。

（2）复合硅酸盐保温材料　复合硅酸盐保温材料具有可塑性强、热导率低、耐高温、浆料干燥收缩率小等特点。主要种类有硅酸镁、硅镁铝、稀土复合保温材料等。近年出现的海泡石保温隔热材料是复合硅酸盐保温材料中的佼佼者，具有良好的保温隔热性能和应用效果，在建筑界有广泛应用。海泡石保温隔热材料是以特种非金属矿物质海泡石为主要原料，辅以多种矿物原料及添加剂，采用新工艺经发泡复合而成的。该材料无毒、无味，为灰白色静电无机膏体，干燥成型后为灰白色封闭网状结构物，其显著特点是热导率小，温度使用范围广，抗老化、耐酸碱、质轻、隔声、阻燃、施工简便以及综合造价低等。主要用于常温下建筑屋面、墙面、室内顶棚的保温隔热，以及石油、化工、电力、冶炼、交通、轻工与国防工业等部门的热力设备，管道的保温隔热和烟囱内壁、炉窑外壳的保温（冷）工程。

（3）硅酸钙绝热制品保温材料　硅酸钙绝热制品保温材料具有密度小、耐热度高、热导率低、抗折、抗压强度较高以及收缩率小的特点。

（4）纤维质保温材料　纤维质保温材料具有优异的防火性能和保温性能，主要用于建筑墙体和屋面的保温。但由于投资大，生产厂家不多，限制了它的推广使用。

目前在建筑业广泛使用的新型保温材料主要有：

（1）YT 无机活性墙体保温隔热材料　银通 A 级不燃 YT 无机活性墙体隔热保温绿色节能系统属于无网隔热保温系统，银通 YT A 级不燃绿色节能产品直接用于各类基层墙体，不需加设网格布及锚栓（不会产生热桥），不需要做抗裂砂浆工序。在保温层上直接做涂料饰面和面砖饰面，就可达到黏结牢固、不开裂、不渗水的效果，其使用寿命与墙体相同。

（2）硅酸铝保温材料　硅酸铝保温材料又称为硅酸铝复合保温涂料，是一种新型的环保墙体保温材料，符合国家的建筑标准。硅酸铝保温材料的主要原料是天然纤维，然后添加了一定量的无机辅料，经过复合加工制成一种新型绿色无机单组分包装干粉保温涂料，施工干燥之后会形成一种微孔网状的保温绝热层。

（3）酚醛泡沫材料　酚醛泡沫材料是由热固性酚醛树脂发泡而成，具有质轻、无烟、防火、无毒的特点，使用的温度范围也广，在低温环境下不会脆化和收缩，是暖通制冷工程最理想的新型保温材料。由于酚醛泡沫闭孔率高，热导率也低，因此它的隔热性能很好，并且具有抗水性和水蒸气渗透性，是很好的保温节能材料。所散发出来的气体无毒无味，对人体和环境都没有危害，符合国家绿色环保的要求，是最理想的新型保温材料。

（4）膨胀玻化微珠材料　膨胀玻化微珠材料是一种用于建筑物内外墙粉刷的新型保温材料，利用轻骨料（无机类的轻质保温颗粒）和胶凝材料等其他填充料混合制成干粉砂浆，具有节能利废、防火防冻、耐老化、保温隔热的优异性能，价格低廉，市场需求广泛。

（5）胶粉聚苯颗粒材料　胶粉聚苯颗粒材料的热导率低，保温隔热性能好，抗压强度高，附着力强，施工工艺简单，是使用率比较高的一种新型保温材料。胶粉聚苯颗粒材料是以预混合型干拌砂浆为主的凝胶材料，其中加入适量的多种添加剂和抗裂纤维，并用聚苯乙烯为轻骨料，按照比例进行配置。

3. 绝热（保温）材料的发展趋势

憎水性是保温材料的重要发展方向，"憎水性"广义上是指制品抵抗环境中水分对其主要性能产生不良影响的能力。目前改性有机硅类憎水剂是保温材料较通用的一种高效憎水剂，它的憎水机理是利用有机硅化合物与无机硅酸盐材料之间较强的化学亲和力，来有效地改变硅酸盐材料的表面特性，使之达到憎水效果。

保温材料的发展趋势如下：

（1）向多功能复合化发展　各种材料各有特色，也有不足之处：如有机类保温材料保温性能好，但是耐温低，强度低，易老化，防火性能差；无机类保温材料虽耐高温、无热老化、强度高，但吸水率高或机械加工性能差。为了克服单一保温材料的不足，则要求使用多功能复合型的建筑保温材料。

（2）向轻质化和绿色化发展　同种材料密度越小其隔热性能越好，同时，轻质材料不会造成建筑结构的额外负担，减少了因结构变形造成渗漏的可能性。随着轻型房屋体系的发展，建筑保温材料也必然向着轻质化方向发展。建筑保温材料从原料来源、生产加工制造过程、使用过程和产品的使用功能失效、废弃后，对环境的影响及再生循环利用等方面满足绿色建材的要求是必然趋势。如有机质发泡保温制品不再采用氟利昂；开发以植物纤维为主要原料的纤维质保温材料；合理利用固体废弃物包括粉煤灰、矿渣和废旧泡沫塑料等。

（3）相变储能型墙体保温材料得到发展　为了保护宇航员和昂贵的电子设备免受太空温度急剧变化的影响，在20世纪80年代早期，美国宇航局开发了一种基于相变材料的新技术。此外，随着节能和环保的观念日益深入人心，到了20世纪90年代中期，相变材料在建筑领域的应用研究成为热点。

相变材料是在某一特定的温度下，能够从一种状态到另一种状态转变的物质，同时伴随着发生吸热或放热现象。在建筑节能领域，正是通过与相变材料的复合，增加建筑物的温度调节能力，达到节能、保温和舒适的目的。目前应用在建筑上的相变材料按照化学成分的不同，可以分成无机和有机两大类。无机类相变材料价格便宜，体积储热密度大，融解热大，但它存在过冷和相分离现象。有机类相变材料具有良好热行为，化学、物理特性稳定，受到人们的广泛关注,但其热导率较低。根据相变过程的形态不同,通常分为固气相变、液气相变、固液相变三种。除了这三种外,还有固固相变,这是现阶段重点研究的对象,在实际应用中也较为广泛。通过一定的技术将相变储能材料均匀分散在砂浆、混凝土或涂料中,使得其与建筑材料结合使用,从而提高建筑物的舒适度、降低能耗和改善对环境的负面影响。这将是未来建筑保温隔热材料的一个发展方向。

(4) 透明保温材料的应用　常用的透明保温材料有很多种,有机类的包括聚碳酸酯蜂窝塑料、聚丙烯酸泡沫塑料等,无机类包括玻璃纤维保温材料和气凝胶。将透明保温材料应用在窗户或预先涂黑的大面积墙体上,当日照充足时,该种保温材料从太阳的辐射中吸收热能,并传到建筑物的内墙,使内墙的温度升高;当日照不足时,透明保温材料又会最大限度地防止室内热量的散失,从而增加整座建筑的保温性,非常适合于温带和寒冷地区且有强烈太阳照射的区域。同时,透明保温层可以增加室内的舒适度,防止墙体水蒸气凝固,避免霉斑的产生。

(5) 憎水性保温绝热材料　材料的吸水率是在选用绝热材料时应该考虑的一个重要因素,常温下,水的热导率是空气的 23.1 倍。绝热材料吸水后不但会大大降低其绝热性能,而且会加速对金属的腐蚀,因此是十分有害的。利用有机硅化合物与无机硅酸盐材料之间较强的化学亲和力来有效提升表面憎水效果。提高保温材料的憎水性、降低吸水率是各类保温材料的主要发展方向之一。

(6) 纳米孔保温绝热材料　目前,超效绝热材料主要有真空绝热材料和纳米孔材料两种。处于静止状态的空气及大部分气体的热导率都很低,但是由于它们的对流性能,以及对红外辐射的透明性,决定了它们无法单独用作绝热材料。为了最大限度地降低固体材料的热传导,作为气体屏障的固体薄壁应尽量薄,同时设想将固体间空隙限定到纳米数量级,则气体的传导及对流将基本得到控制,这类绝热材料的热导率将低于静止的空气的热导率。

(7) 复合保温绝热材料　值得注意的是,有机合成类的轻质隔热泡沫材料的自然降解非常困难,特别是聚苯乙烯泡沫根本不能自然降解,会造成极大的环境污染。从国家日趋加强和重视环保的角度来看,这类轻质隔热泡沫材料退出市场只是时间问题。面对与国际接轨及国内外巨大的市场需求,建议使用轻质隔热材料应以无机矿物类材料为主要的发展方向。

小结

传热传质现象广泛存在于自然界和各个工程领域中,其表现形式多种多样。从自然界的天气现象到高寒地区道路的融沉冻胀问题,从电力、冶金行业的乏汽冷却到航天飞机重返大气层的热保护,从电动汽车电池组热管理到热交换器翅片形状的选取,都与流动传热过程密不可分。

在各种具体的工程应用场景中,围绕强化传热、削弱传热和温度控制等不同目的展开了大量研究并取得了良好的应用效果,产生大批新的高效能传热器件以及衍生出涉及导热新材料、新结构和结构设计等方面的交叉学科。例如,一些新型热管、集热器上的先进选择性吸收涂层、导热高分子材料和绝热材料等。

本章仅介绍了传热领域内部分工程应用和前沿热点,供读者扩宽思路。

思考题与习题

12-1　热管的工作极限受哪些因素限制？

12-2　简述空冷技术原理。

12-3　电动汽车电池组热管理系统包含哪些方面？

12-4　什么是光生伏特现象？其物理本质是什么？

12-5　太阳选择性吸收表面的原理是什么？

12-6　新型导热材料与传统导热材料相比，有什么新特性？

附　录

附录 A　常用单位换算表

序号	物理量名称	符号	定义式	我国法定计量单位	米制工程单位	备注
1	质量	m		kg	$kgf \cdot s^2/m$	
				1	0.1020	
				9.807	1	
2	温度	T 或 t		K $T=t+T_0$	℃ $t=T-T_0$	$T_0=273.15K$
3	力	F	$F=ma$	N	kgf	
				1	0.1020	
				9.807	1	
4	压力 （压强）	p	$p=\dfrac{F}{A}$	Pa	at 或 kgf/cm^2	1atm=1.033at $=1.013\times10^5 Pa$
				1	1.0197×10^{-5}	
				9.807×10^4	1	
5	密度	ρ	$\rho=\dfrac{m}{V}$	kg/m^3	$kgf \cdot s^2/m^4$	
				1	0.1020	
				9.807	1	
6	能量 功量 热量	W 或 Q	$W=Fr$ 或 $Q=\Phi\tau$	J	kcal	
				1×10^3	0.2388	
				4.187×10^3	1	
7	功率 热流量	P 或 Φ	$P=W/\tau$ 或 $\Phi=Q/\tau$	W	$kgf \cdot m/s$	kcal/h
				1	0.1020	0.8598
				9.807	1	8.434
				1.163	0.1186	1
8	比热容	c	$c=\dfrac{Q}{m\Delta t}$	$kJ/(kg \cdot K)$	$kcal/(kgf \cdot ℃)$	
				1	0.2388	
				4.187	1	

（续）

序号	物理量名称	符号	定义式	我国法定计量单位	米制工程单位	备注
9	动力黏度	η	$\eta = \rho\nu$	Pa·s 或 kg/(m·s)	kgf·s/m²	ν 为运动黏度，单位为 m²/s
				1	0.1020	
				9.807	1	
10	热导率	λ	$\lambda = \dfrac{\Phi \Delta l}{A \Delta t}$	W/(m·K)	kcal/(m·h·℃)	
				1	0.8598	
				1.163	1	
11	表面传热系数 传热系数	h k	$h = \dfrac{\Phi}{A \Delta t}$	W/(m²·K)	kcal/(m²·h·℃)	
				1	0.8598	
				1.163	1	
12	热流密度	q	$q = \dfrac{\Phi}{A}$	W/m²	kcal/(m²·h)	
				1	0.8598	
				1.163	1	

附录 B 金属材料的密度、比热容和热导率

材料名称	20℃ 密度 ρ/(kg/m³)	20℃ 比热容 c/[J/(kg·K)]	20℃ 热导率 λ/[W/(m·K)]	热导率 λ/[W/(m·K)] 温度/℃ -100	0	100	200	300	400	600	800	1000	1200
纯铝	2710	902	236	243	236	240	238	234	228	215			
杜拉铝（96Al-4Cu, 微量 Mg）	2790	881	169	124	160	188	188	193					
铝合金（92Al-8Mg）	2610	904	107	86	102	123	148						
铝合金（87Al-13Si）	2660	871	162	139	158	173	176	180					
铍	1850	1758	219	382	218	170	145	129	118				
纯铜	8930	386	398	421	401	393	389	384	379	366	352		
铝青铜（90Cu-10Al）	8360	420	56		49	57	66						
青铜（89Cu-11Sn）	8800	343	24.8		24	28.4	33.2						
黄铜（70Cu-30Zn）	8440	377	109	90	106	131	143	145	148				
铜合金（60Cu-40Ni）	8920	410	22.2	19	22.2	23.4							
黄金	19300	127	315	331	318	313	310	305	300	287			
纯铁	7870	455	81.1	96.7	83.5	72.1	63.5	56.5	50.3	39.4	29.6	29.4	31.6
阿姆口铁	7860	455	73.2	82.9	74.7	67.5	61.0	54.8	49.9	38.6	29.3	29.3	31.1
灰铸铁（$w_C \approx 3\%$）	7570	470	39.2		28.5	32.4	35.8	37.2	36.6	20.8	19.2		
碳钢（$w_C \approx 0.5\%$）	7840	465	49.8		50.5	47.5	44.8	42.0	39.4	34.0	29.0		
碳钢（$w_C \approx 1.0\%$）	7790	470	43.2		43.0	42.8	42.2	41.5	40.6	36.7	32.2		
碳钢（$w_C \approx 1.5\%$）	7750	470	36.7		36.8	36.6	36.2	35.7	34.7	31.7	27.8		
铬钢（$w_{Cr} \approx 5\%$）	7830	460	36.1		36.3	35.2	34.7	33.5	31.4	28.0	27.2	27.2	27.2
铬钢（$w_{Cr} \approx 13\%$）	7740	460	26.8		26.5	27.0	27.0	27.0	27.6	28.4	29.0	29.0	
铬钢（$w_{Cr} \approx 17\%$）	7710	460	22		22	22.2	22.6	22.6	23.3	24.0	24.8	25.5	
铬钢（$w_{Cr} \approx 26\%$）	7650	460	22.6		22.6	23.8	27.2	27.2	28.5	31.8	35.1	38	

附录 C 保温、建筑及其他材料的密度和热导率

材料名称	温度 t/℃	密度 ρ/(kg/m³)	热导率 λ/[W/(m·K)]
膨胀珍珠岩散料	25	60~300	0.021~0.062
沥青膨胀珍珠岩	31	232~282	0.069~0.076
磷酸盐膨胀珍珠岩制品	20	200~250	0.044~0.052
水玻璃膨胀珍珠岩制品	20	200~300	0.056~0.065
岩棉制品	20	80~150	0.035~0.038
膨胀蛭石	20	100~130	0.051~0.07
沥青蛭石板管	20	350~400	0.081~0.01
石棉粉	22	744~1400	0.099~0.19
石棉砖	21	384	0.099
石棉绳		590~730	0.10~0.21
石棉绒		35~230	0.055~0.077
石棉板	30	770~1045	0.10~0.14
碳酸镁石棉灰		240~490	0.077~0.086
硅藻土石棉灰		280~380	0.085~0.11
粉煤灰砖	27	458~589	0.12~0.22
矿渣棉	30	207	0.058
玻璃丝	35	120~492	0.058~0.07
玻璃棉毡	28	18.4~38.3	0.043
软木板	20	105~437	0.044~0.079
木丝纤维板	25	245	0.048
稻草浆板	20	325~365	0.068~0.084
麻秆板	25	108~147	0.056~0.11
甘蔗板	20	282	0.067~0.072
葵芯板	20	95.5	0.05
玉米梗板	22	25.2	0.065
棉花	20	117	0.049
丝	20	57.7	0.036
锯木屑	20	179	0.083
硬泡沫塑料	30	29.5~56.3	0.041~0.048
软泡沫塑料	30	41~162	0.043~0.056
铝锡间隔层(5层)	21		0.042
红砖(营造状态)	25	1860	0.87
红砖	35	1560	0.49
松木(垂直木纹)	15	496	0.15
松木(平行木纹)	21	527	0.35
水泥	30	1900	0.30
混凝土板	35	1930	0.79
耐酸混凝土板	30	2250	1.5~1.6
黄沙	30	1580~1700	0.28~0.34
泥土	20		0.83
瓷砖	37	2090	1.1
玻璃	45	2500	0.65~0.71
聚苯乙烯	30	24.7~37.8	0.04~0.043
花岗石		2643	1.73~3.98
大理石		2499~2707	2.70
云母		290	0.58
水垢	65		1.31~3.14
冰	0	913	2.22
黏土	27	1460	1.3

附录D 几种保温、耐火材料的热导率与温度的关系

材料名称	材料最高允许温度/℃	密度 ρ/(kg/m³)	热导率 λ/[W/(m·K)]
超细玻璃棉毡、管	400	18~20	$0.033+0.00023\{t\}_℃$
矿渣棉	550~600	350	$0.0674+0.000215\{t\}_℃$
水泥蛭石制品	800	400~450	$0.0103+0.000198\{t\}_℃$
水泥珍珠岩制品	600	300~400	$0.0651+0.000105\{t\}_℃$
粉煤灰泡沫砖	300	500	$0.099+0.0002\{t\}_℃$
岩棉玻璃布缝板	600	100	$0.0314+0.000198\{t\}_℃$
A级硅藻土制品	900	500	$0.0395+0.00019\{t\}_℃$
B级硅藻土制品	900	550	$0.0477+0.0002\{t\}_℃$
膨胀珍珠岩	1000	55	$0.0424+0.000137\{t\}_℃$
微孔硅酸钙制品	650	≤250	$0.041+0.0002\{t\}_℃$
耐火黏土砖	1350~1450	1800~2040	$(0.7~0.84)+0.00058\{t\}_℃$
轻质耐火黏土砖	1250~1300	800~1300	$(0.29~0.41)0.00026\{t\}_℃$
硅砖	1700	1900~1950	$0.93+0.0007\{t\}_℃$
镁砖	1600~1700	2300~2600	$2.1+0.00019\{t\}_℃$
铬砖	1600~1700	2600~2800	$4.7+0.00017\{t\}_℃$

注：$\{t\}_℃$ 表示以℃为单位的材料的平均温度的数值。

附录E 大气压力（$p=1.01325×10^5$ Pa）下干空气的热物理性质

t/℃	ρ/(kg/m³)	c_p/[kJ/(kg·K)]	$\lambda×10^2$/[W/(m·K)]	$a×10^6$/(m²/s)	$\eta×10^6$/Pa·s	$\nu×10^6$/(m²/s)	Pr
-50	1.584	1.013	2.04	12.7	14.6	9.23	0.728
-40	1.515	1.013	2.12	13.8	15.2	10.04	0.728
-30	1.453	1.013	2.20	14.9	15.7	10.80	0.723
-20	1.395	1.009	2.28	16.2	16.2	11.61	0.716
-10	1.342	1.009	2.36	17.4	16.7	12.43	0.712
0	1.293	1.005	2.44	18.8	17.0	13.28	0.707
10	1.247	1.005	2.51	20.0	17.6	14.16	0.705
20	1.205	1.005	2.59	21.4	18.1	15.06	0.703
30	1.165	1.005	2.67	22.9	18.6	16.00	0.701
40	1.128	1.005	2.76	24.3	19.1	16.96	0.699
50	1.093	1.005	2.83	25.7	19.6	17.95	0.698
60	1.060	1.005	2.90	27.2	20.1	18.97	0.696
70	1.029	1.009	2.96	28.6	20.6	20.02	0.694
80	1.000	1.009	3.05	30.2	21.1	21.09	0.692
90	0.972	1.009	3.13	31.9	21.5	22.10	0.690
100	0.946	1.009	3.21	33.6	21.9	23.13	0.688
120	0.898	1.009	3.34	36.8	22.8	25.45	0.686
140	0.854	1.013	3.49	40.3	23.7	27.80	0.684
160	0.815	1.017	3.64	43.9	24.5	30.09	0.682
180	0.779	1.022	3.78	47.5	25.3	32.49	0.681
200	0.746	1.026	3.93	51.4	26.0	34.85	0.680
250	0.674	1.038	4.27	61.0	27.4	40.61	0.677

(续)

$t/℃$	$\rho/(kg/m^3)$	$c_p/$ [kJ/(kg·K)]	$\lambda \times 10^2/$ [W/(m·K)]	$a \times 10^6/(m^2/s)$	$\eta \times 10^6/Pa \cdot s$	$\nu \times 10^6/(m^2/s)$	Pr
300	0.615	1.047	4.60	71.6	29.7	48.33	0.674
350	0.566	1.059	4.91	81.9	31.4	55.46	0.676
400	0.524	1.068	5.21	93.1	33.0	63.09	0.678
500	0.456	1.093	5.44	115.3	36.2	79.38	0.687
600	0.404	1.114	6.22	138.3	39.1	96.89	0.699
700	0.362	1.135	6.71	163.4	41.8	115.40	0.706
800	0.329	1.156	7.18	188.8	44.3	134.80	0.713
900	0.301	1.172	7.63	216.2	46.7	155.10	0.717
1000	0.277	1.185	8.07	245.9	49.0	177.10	0.719
1100	0.257	1.197	8.50	276.2	51.2	199.30	0.722
1200	0.239	1.210	9.15	316.5	53.5	233.70	0.724

附录 F 大气压力（$p = 1.01325 \times 10^5$ Pa）下标准烟气的热物理性质

（烟气中组成成分的质量分数：$w_{CO_2} = 0.13$；$w_{H_2O} = 0.11$；$w_{N_2} = 0.76$）

$t/℃$	$\rho/(kg/m^3)$	$c_p/$ [kJ/(kg·K)]	$\lambda \times 10^2/$ [W/(m·K)]	$a \times 10^6/(m^2/s)$	$\eta \times 10^6/Pa \cdot s$	$\nu \times 10^6/(m^2/s)$	Pr
0	1.295	1.042	2.28	16.9	15.8	12.20	0.72
100	0.950	1.068	3.13	30.8	20.4	21.54	0.69
200	0.748	1.097	4.01	48.9	24.5	32.80	0.67
300	0.617	1.122	4.84	69.9	28.2	45.81	0.65
400	0.525	1.151	5.70	94.3	31.7	60.38	0.64
500	0.457	1.185	6.56	121.1	34.8	76.30	0.63
600	0.405	1.214	7.42	150.9	37.9	93.61	0.62
700	0.363	1.239	8.27	183.8	40.7	112.1	0.61
800	0.330	1.264	9.15	219.7	43.4	131.8	0.60
900	0.301	1.290	10.00	258.0	45.9	152.5	0.59
1000	0.275	1.306	10.90	303.4	48.4	174.3	0.58
1100	0.257	1.323	11.75	345.5	50.7	197.1	0.57
1200	0.240	1.340	12.62	392.4	53.0	221.0	0.56

附录 G 大气压力（$p = 1.01325 \times 10^5$ Pa）下过热水蒸气的热物理性质

T/K	$\rho/(kg/m^3)$	$c_p/$ [kJ/(kg·K)]	$\eta \times 10^5/Pa \cdot s$	$\nu \times 10^5/(m^2/s)$	$\lambda/$ [W/(m·K)]	$a \times 10^5/(m^2/s)$	Pr
380	0.5863	2.060	1.271	2.16	0.0246	2.036	1.060
400	0.5542	2.014	1.344	2.42	0.0261	2.338	1.040
450	0.4902	1.980	1.525	3.11	0.0299	3.07	1.010
500	0.4405	1.985	1.704	3.86	0.0339	3.87	0.996
550	0.4005	1.997	1.884	4.70	0.0379	4.75	0.991
600	0.3852	2.026	2.067	5.66	0.0422	5.73	0.986
650	0.3380	2.056	2.247	6.64	0.0464	6.66	0.995
700	0.3140	2.085	2.426	7.72	0.0505	7.72	1.000
750	0.2931	2.119	2.604	8.88	0.0549	8.33	1..005
800	0.2730	2.152	2.786	10.20	0.0592	10.01	1.010
850	0.2579	2.186	2.969	11.52	0.0637	11.30	1.019

附录 H 饱和水的热物理性质

$t/℃$	$p×10^{-5}/$ Pa	$\rho/$ (kg/m³)	$h/$ (kJ/kg)	$c_p/$[kJ/ (kg·K)]	$\lambda×10^2/$[W/ (m·K)]	$a×10^8/$ (m²/s)	$\eta×10^6/$ Pa·s	$\nu×10^6/$ (m²/s)	$\alpha_V×10^4/$ K⁻¹	$\xi^{①}×10^4/$ (N/m)	Pr
0	0.00611	999.9	0	4.212	55.1	13.1	1788	1.789	−0.81	756.4	13.67
10	0.01227	999.7	42.04	4.191	57.4	13.7	1306	1.306	+0.87	741.6	9.52
20	0.02338	998.2	83.91	4.183	59.9	14.3	1004	1.006	2.09	726.9	7.02
30	0.04241	995.7	125.7	4.174	61.8	14.9	801.5	0.805	3.05	712.2	5.42
40	0.07375	992.2	167.5	4.174	63.5	15.3	653.3	0.659	3.86	696.5	4.31
50	0.12335	988.1	209.3	4.174	64.8	15.7	549.4	0.556	4.57	676.9	3.54
60	0.19920	983.1	251.1	4.179	65.9	16.0	469.9	0.478	5.22	662.2	2.99
70	0.3116	977.8	293.0	4.187	66.8	16.3	406.1	0.415	5.83	643.5	2.55
80	0.4736	971.8	355.0	4.195	67.4	16.6	355.1	0.365	6.40	625.9	2.21
90	0.7011	965.3	377.0	4.208	68.0	16.8	314.9	0.326	6.96	607.2	1.95
100	1.013	958.4	419.1	4.220	68.3	16.9	282.5	0.295	7.50	588.6	1.75
110	1.43	951.0	461.4	4.233	68.5	17.0	259.0	0.272	8.04	569.0	1.60
120	1.98	943.1	503.7	4.250	68.6	17.1	237.4	0.252	8.58	548.4	1.47
130	2.70	934.8	546.4	4.266	68.6	17.2	217.8	0.233	9.12	528.8	1.36
140	3.61	926.1	589.1	4.287	68.5	17.2	201.1	0.217	9.68	507.2	1.26
150	4.76	917.0	632.2	4.313	68.4	17.3	186.4	0.203	10.26	486.6	1.17
160	6.18	907.0	675.4	4.346	68.3	17.3	173.6	0.191	10.87	466.0	1.10
170	7.92	897.3	719.3	4.380	67.9	17.3	162.8	0.181	11.52	443.4	1.05
180	10.03	886.9	763.3	4.417	67.4	17.2	153.0	0.173	12.21	422.8	1.00
190	12.55	876.0	807.8	4.459	67.0	17.1	144.2	0.165	12.96	400.2	0.96
200	15.55	863.0	852.8	4.505	66.3	17.0	136.4	0.158	13.77	376.7	0.93
210	19.08	852.3	897.7	4.555	65.5	16.9	130.5	0.153	14.67	354.1	0.91
220	23.20	840.3	943.7	4.614	64.5	16.6	124.6	0.148	15.67	331.6	0.89
230	27.98	827.3	990.2	4.681	63.7	16.4	119.7	0.145	16.80	310.0	0.88
240	33.48	813.6	1037.5	4.756	62.8	16.2	114.8	0.141	18.08	285.5	0.87
250	39.78	799.0	1085.7	4.844	61.8	15.9	109.9	0.137	19.55	261.9	0.86
260	46.94	784.0	1135.7	4.949	60.5	15.6	105.9	0.135	21.27	237.4	0.87
270	55.05	767.9	1185.7	5.070	59.0	15.1	102.0	0.133	23.31	214.8	0.88
280	64.19	750.7	1236.8	5.230	57.4	14.6	98.1	0.131	25.79	191.3	0.90
290	74.45	732.3	1290.0	5.485	55.8	13.9	94.2	0.129	28.84	168.7	0.93
300	85.92	712.5	1344.9	5.736	54.0	13.2	91.2	0.128	32.73	144.2	0.97
310	98.70	691.1	1402.2	6.071	52.3	12.5	88.3	0.128	37.85	120.7	1.03
320	112.90	667.1	1462.1	6.574	50.6	11.5	85.3	0.128	44.91	98.10	1.11
330	128.65	640.2	1526.2	7.244	48.4	10.4	81.4	0.127	55.31	76.71	1.22
340	146.08	610.1	1594.8	8.165	45.7	9.17	77.5	0.127	72.10	56.70	1.39
350	165.37	574.4	1671.4	9.504	43.0	7.88	72.6	0.126	103.70	38.16	1.60
360	186.74	528.0	1761.5	13.984	39.5	5.36	66.7	0.126	182.90	20.21	2.35
370	210.53	450.5	1892.5	40.321	33.7	1.86	56.9	0.126	676.70	4.709	6.79

① ξ 为水的表面张力。

附录 I 干饱和水蒸气的热物理性质

$t/℃$	$p\times10^{-5}/$ Pa	$\rho/$ (kg/m³)	$h/$ (kJ/kg)	$\gamma/$ (kJ/kg)	$c_p/[$kJ/ (kg·K)$]$	$\lambda\times10^2/[$W/ (m·K)$]$	$a\times10^3/$ (m²/s)	$\eta\times10^6/$ Pa·s	$\nu\times10^6/$ (m²/s)	Pr
0	0.00611	0.004847	2501.6	2501.6	1.8543	1.83	7313.0	8.022	1655.01	0.815
10	0.01227	0.009396	2520.0	2477.7	1.8594	1.88	3881.3	8.424	896.54	0.831
20	0.02338	0.01729	2538.0	2454.3	1.8661	1.94	2167.2	8.840	509.90	0.847
30	0.04241	0.03037	2556.5	2430.9	1.8744	2.00	1265.1	9.218	303.53	0.863
40	0.07375	0.05116	2574.5	240.70	1.8853	2.06	768.45	9.620	188.04	0.883
50	0.12335	0.08302	2592.0	2382.7	1.8987	2.12	483.59	10.022	120.72	0.896
60	0.19920	0.1302	2609.6	2358.4	1.9155	2.19	315.55	10.424	80.07	0.913
70	0.3116	0.1982	2626.8	2334.1	1.9364	2.25	210.57	10.817	54.57	0.930
80	0.4736	0.2933	2643.5	2309.0	1.9615	2.33	145.53	11.219	38.25	0.947
90	0.7011	0.4235	2660.3	2283.1	1.9921	2.40	102.22	11.621	27.44	0.966
100	1.0130	0.5977	2676.2	2257.1	2.0281	2.48	73.57	12.023	20.12	0.984
110	1.4327	0.8265	2691.3	2229.9	2.0704	2.56	53.83	12.425	15.03	1.00
120	1.9854	1.122	2705.9	2202.3	2.1198	2.65	40.15	12.798	11.41	1.02
130	2.7013	1.497	2719.7	2173.8	2.1763	2.76	30.46	13.170	8.80	1.04
140	3.614	1.967	2733.1	2144.1	2.2408	2.85	23.28	13.543	6.89	1.06
150	4.760	2.548	2745.3	2113.1	2.3145	2.97	18.10	13.896	5.45	1.08
160	6.181	3.260	2756.6	2081.3	2.3974	3.08	14.20	14.249	4.37	1.11
170	7.920	4.123	2767.1	2047.8	2.4911	3.21	11.25	14.612	3.54	1.13
180	10.027	5.160	2776.3	2013.0	2.5958	3.36	9.03	14.965	2.90	1.15
190	12.511	6.397	2784.2	1976.6	2.7126	3.51	7.29	15.298	2.39	1.18
200	15.549	7.864	2790.9	1938.5	2.8428	3.38	5.92	15.651	1.99	1.21
210	19.077	9.593	2796.4	1898.3	2.9877	3.87	4.86	15.995	1.67	1.24
220	23.198	11.62	2799.7	1856.4	3.1497	4.07	4.00	16.338	1.41	1.26
230	27.976	14.00	2801.8	1811.5	3.3310	4.30	3.32	16.701	1.19	1.29
240	33.478	16.76	2802.2	1764.7	3.5366	4.54	2.76	17.073	1.02	1.33
250	39.776	19.99	2800.6	1714.4	3.7723	4.84	2.31	17.446	0.873	1.36
260	46.943	23.73	2796.4	1661.3	4.0470	5.18	1.94	17.848	0.752	1.40
270	55.058	28.10	2789.7	1604.8	4.3735	5.55	1.63	18.280	0.651	1.44
280	64.202	33.19	2780.5	1543.7	4.7675	6.00	1.37	18.750	0.565	1.49
290	74.461	39.16	2767.5	1477.5	5.2528	6.55	1.15	19.270	0.492	1.54
300	85.927	46.19	2751.1	1405.9	5.8632	7.22	0.96	19.839	0.430	1.61
310	98.700	54.54	2730.2	1327.6	6.6503	8.06	0.80	20.691	0.380	1.71
320	112.89	64.60	2703.8	1241.0	7.7217	8.65	0.62	21.691	0.336	1.94
330	128.63	76.99	2670.3	1143.8	9.3613	9.61	0.48	23.093	0.300	2.24
340	146.05	92.76	2626.0	1030.8	12.2108	10.70	0.34	24.692	0.266	2.82
350	165.35	113.6	2567.8	895.6	17.1504	11.90	0.2	26.694	0.234	3.83
360	186.75	144.1	2485.3	721.4	25.1162	13.70	0.14	29.193	0.203	5.34
370	210.54	201.1	2342.9	452.0	76.9157	16.60	0.04	33.989	0.169	15.7
374.15	221.20	315.5	2107.2	0.0	∞	23.79	0.0	44.992	0.143	∞

附录 J 几种饱和液体的热物理性质

液体	$t/\degree C$	$\rho/$ (kg/m^3)	$c_p/[kJ/(kg\cdot K)]$	$\lambda/[W/(m\cdot K)]$	$a\times 10^8/(m^2/s)$	$\nu\times 10^6/(m^2/s)$	$\alpha_V\times 10^3/K^{-1}$	$\gamma/(kJ/kg)$	Pr
NH_3	-50	702.0	4.354	0.6207	20.31	0.4745	1.69	1416.34	2.337
	-40	689.9	4.396	0.6014	19.83	0.4160	1.78	1388.81	2.098
	-30	677.5	4.448	0.5810	19.28	0.3700	1.88	1359.74	1.919
	-20	664.9	4.501	0.5607	18.74	0.3328	1.96	1328.97	1.776
	-10	652.0	4.556	0.5405	18.20	0.3018	2.04	1296.39	1.659
	0	638.6	4.617	0.5202	17.64	0.2753	2.16	1261.81	1.560
	10	624.8	4.683	0.4998	17.08	0.2522	2.28	1225.04	1.477
	20	610.4	4.758	0.4792	16.50	0.2320	2.42	1185.82	1.406
	30	595.4	4.843	0.4583	15.89	0.2143	2.57	1143.85	1.348
	40	579.5	4.943	0.4371	15.26	0.1988	2.76	1098.71	1.303
	50	562.9	5.066	0.4156	14.57	0.1853	3.07	1049.91	1.271
R12	-50	1544.3	0.863	0.0959	7.20	0.2939	1.732	173.91	4.083
	-40	1516.1	0.873	0.0921	6.96	0.2666	1.815	170.02	3.831
	-30	1487.2	0.884	0.0883	6.72	0.2422	1.915	166.00	3.606
	-20	1457.6	0.896	0.0845	6.47	0.2206	2.039	161.81	3.409
	-10	1427.1	0.911	0.0808	6.21	0.2015	2.189	157.39	3.241
	0	1395.6	0.928	0.0771	5.95	0.1847	2.374	152.38	3.103
	10	1362.8	0.948	0.0735	5.69	0.1701	2.902	147.64	2.990
	20	1328.6	0.971	0.0698	5.41	0.1573	2.887	142.20	2.907
	30	1292.5	0.998	0.0663	5.14	0.1463	3.248	136.27	2.846
	40	1254.2	1.030	0.0627	4.85	0.1368	3.712	129.78	2.819
	50	1213.0	1.071	0.0592	4.56	0.1289	4.327	122.56	2.828
R22	-50	1435.5	1.083	0.1184	7.62		1.942	239.48	
	-40	1406.8	1.093	0.1138	7.40		2.043	233.29	
	-30	1377.3	1.107	0.1092	7.16		2.167	226.81	
	-20	1346.8	1.125	0.1048	6.92	0.193	2.322	219.97	2.792
	-10	1315.0	1.146	0.1004	6.66	0.178	2.515	212.69	2.672
	0	1281.8	1.171	0.0962	6.41	0.164	2.754	204.87	2.557
	10	1246.9	1.202	0.0920	6.14	0.151	3.057	196.44	2.463
	20	1210.0	1.238	0.0878	5.86	0.140	3.447	187.28	2.384
	30	1170.7	1.282	0.0838	5.58	0.130	3.956	177.24	2.321
	40	1128.4	1.338	0.0798	5.29	0.121	4.644	166.16	2.285
	50	1082.1	1.414				5.610	153.76	

(续)

液体	t/℃	ρ/ (kg/m³)	c_p/[kJ/ (kg·K)]	λ/[W/ (m·K)]	$a \times 10^8$/ (m²/s)	$\nu \times 10^6$/ (m²/s)	$\alpha_V \times 10^3$/ K⁻¹	γ/ (kJ/kg)	Pr
R152a	−50	1063.3	1.560			0.3822	1.625	351.69	
	−40	1043.5	1.590			0.3374	1.718	343.54	
	−30	1023.3	1.617			0.3007	1.830	335.01	
	−20	1002.5	1.645	0.1272	7.71	0.2703	1.964	326.06	3.505
	−10	981.1	1.674	0.1213	7.39	0.2449	2.123	316.63	3.316
	0	958.9	1.707	0.1155	7.06	0.2235	2.317	306.66	3.167
	10	935.9	1.743	0.1097	6.73	0.2052	2.550	296.04	3.051
	20	911.7	1.785	0.1039	6.38	0.1893	2.838	284.67	2.965
	30	886.3	1.834	0.0982	6.04	0.1576	3.194	272.77	2.906
	40	859.4	1.891	0.0926	5.70	0.1635	3.641	259.15	2.869
	50	830.6	1.963	0.0872	5.35	0.1528	4.221	244.58	2.857
R134a	−50	1443.1	1.229	0.1165	6.57	0.4118	1.881	231.62	6.269
	−40	1414.8	1.243	0.1119	6.36	0.3550	1.977	225.59	5.579
	−30	1385.9	1.260	0.1073	6.14	0.3106	2.094	219.35	5.054
	−20	1356.2	1.282	0.1026	5.90	0.2751	2.237	212.84	4.662
	−10	1325.6	1.306	0.0980	5.66	0.2462	2.414	205.97	4.348
	0	1293.7	1.335	0.0934	5.41	0.2222	2.633	198.68	4.108
	10	1260.2	1.367	0.0888	5.15	0.2018	2.905	190.87	3.915
	20	1224.9	1.404	0.0842	4.90	0.1843	3.252	182.44	3.765
	30	1187.2	1.447	0.0796	4.63	0.1691	3.698	173.29	3.648
	40	1146.2	1.500	0.0750	4.36	0.1554	4.286	163.23	3.564
	50	1102.0	1.569	0.0704	4.07	0.1431	5.093	152.04	3.515
11号润滑油	0	905.0	1.834	0.1449	8.73	1336			15310
	10	898.8	1.872	0.1441	8.56	564.2			6591
	20	892.7	1.909	0.1432	8.40	280.2	0.69		3335
	30	886.6	1.947	0.1423	8.24	153.2			1859
	40	880.6	1.985	0.1414	8.09	90.7			1121
	50	874.6	2.022	0.1405	7.94	57.4			723
	60	868.8	2.064	0.1396	7.78	38.4			493
	70	863.1	2.106	0.1387	7.63	27.0			354
	80	857.4	2.148	0.1379	7.49	19.7			263
	90	851.8	2.190	0.1370	7.34	14.9			203
	100	846.2	2.236	0.1361	7.19	11.5			160

(续)

液体	$t/℃$	$\rho/$ (kg/m³)	$c_p/$[kJ/ (kg·K)]	$\lambda/$[W/ (m·K)]	$a×10^8/$ (m²/s)	$\nu×10^6/$ (m²/s)	$\alpha_V×10^3/$ K⁻¹	$\gamma/$ (kJ/kg)	Pr
14号润滑油	0	905.2	1.866	0.1493	8.84	2237			25310
	10	899.0	1.909	0.1485	8.65	863.2			9979
	20	892.8	1.915	0.1477	8.48	410.9	0.69		4846
	30	886.7	1.993	0.1470	8.32	216.5			2603
	40	880.7	2.035	0.1462	8.16	124.2			1522
	50	874.8	2.077	0.1454	8.00	76.5			956
	60	869.0	2.114	0.1446	7.87	50.5			462
	70	863.2	2.156	0.1439	7.73	34.3			444
	80	857.5	2.194	0.1431	7.61	24.6			323
	90	851.9	2.227	0.1424	7.51	18.3			244
	100	846.4	2.265	0.1416	7.39	14.0			190

液体	T/K	$\rho/$ (kg/m³)	$c_p/$[kJ/ (kg·K)]	$\lambda/$[W/ (m·K)]	$a×10^8/$ (m²/s)	$\nu×10^6/$ (m²/s)	$\mu×10^4/$ Pa·s	Pr
二氧化碳液体 沸点195K 潜热 $\gamma=0.57×10^6$J/kg	220	1170	1.85	0.080	3.696	0.119	1.39	3.22
	230	1130	1.9	0.096	4.471	0.118	1.33	2.64
	240	1090	1.95	0.1095	5.152	0.117	1.28	2.27
	250	1045	2.0	0.1145	5.478	0.1155	1.21	2.11
	260	1000	2.1	0.1130	5.381	0.1135	1.14	2.11
	270	945	2.4	0.1045	4.608	0.1105	1.04	2.33
	280	885	2.85	0.1000	3.965	0.1045	0.925	2.64
	290	805	4.5	0.090	2.484	0.094	0.657	3.78
	300	670	11.0	0.076	1.031	0.082	0.549	7.95
液氨 沸点90K 潜热 $\gamma=0.213×10^6$J/kg	60	1280	1.66	0.19	8.942	0.46	5.89	5.1
	70	1220	1.666	0.17	8.364	0.31	3.78	3.7
	80	1190	1.679	0.16	8.008	0.21	2.50	2.6
	90	1140	1.694	0.15	7.767	0.14	1.60	1.8
	100	1110	1.717	0.14	7.346	0.11	1.22	1.5

附录 K 几种液体的体胀系数

液体	T/K	$\alpha_V \times 10^3$/K^{-1}	液体	T/K	$\alpha_V \times 10^3$/K^{-1}
氨液	293	2.45	液氢	20.3	15.1
机油	273	0.70	水银	273	0.18
(SAE50) 乙二醇	273	0.65	液氮	70	4.9
				77.4	5.7
R12	240	1.85		80	5.9
	260	2.10		90	7.2
	280	2.35		100	9.0
	300	2.75		110	12
	320	3.50	液氧	89	2.0
R113	260	1.3	甘油	280	0.47
	280	1.4		300	0.48
	300	1.5		320	0.50
	320	1.7			
	340	1.8			
	360	2.0			
	380	2.2			
	400	2.5			
	420	3.1			
	440	4.0			
	460	6.2			

附录 L 液态金属的热物理性质

金属名称	t/℃	ρ/(kg/m^3)	λ/[W/(m·K)]	c_p/[kJ/(kg·K)]	$a \times 10^6$/(m^2/s)	$\nu \times 10^8$/(m^2/s)	$Pr \times 10^2$
水银 熔点 -38.9℃ 沸点 357℃	20	13550	7.90	0.1390	4.36	11.4	2.72
	100	13350	8.95	0.1373	4.89	9.4	1.92
	150	13230	9.65	0.1373	5.30	8.6	1.62
	200	13120	10.3	0.1373	5.72	8.0	1.40
	300	12880	11.7	0.1373	6.64	7.1	1.07
锡 熔点 231.9℃ 沸点 2270℃	250	6980	34.1	0.255	19.2	27.0	1.41
	300	6940	33.7	0.255	19.0	24.0	1.26
	400	6865	33.1	0.255	18.9	20.0	1.06
	500	6790	32.6	0.255	18.8	17.3	0.92
铋 熔点 271℃ 沸点 1477℃	300	10030	13.0	0.151	8.61	17.1	1.98
	400	9910	14.4	0.151	9.72	14.2	1.46
	500	9785	15.8	0.151	10.8	12.2	1.13
	600	9660	17.2	0.151	11.9	10.8	0.91

(续)

金属名称	t/℃	ρ/(kg/m³)	λ/[W/(m·K)]	c_p/[kJ/(kg·K)]	$a×10^6$/(m²/s)	$v×10^8$/(m²/s)	$Pr×10^2$
锂 熔点 179℃ 沸点 1317℃	200	515	37.2	4.187	17.2	111.0	6.43
	300	505	39.0	4.187	18.3	92.7	5.03
	400	495	41.9	4.187	20.3	81.7	4.04
	500	435	45.3	4.187	22.3	73.4	3.28
铋铅(56.5%Bi) 熔点 123.5℃ 沸点 1670℃	150	10550	9.8	0.146	6.39	28.9	4.50
	200	10490	10.3	0.146	6.67	24.3	3.64
	300	10360	11.4	0.146	7.50	18.7	2.50
	400	10240	12.6	0.146	8.33	15.7	1.87
	500	10120	14.0	0.146	9.44	13.6	1.44
钠钾(25%Na) 熔点 −11℃ 沸点 784℃	100	852	23.2	1.143	26.9	60.7	2.51
	200	828	24.5	1.072	27.6	45.2	1.64
	300	808	25.8	1.038	31.0	36.6	1.18
	400	778	27.1	1.005	34.7	30.8	0.89
	500	753	28.4	0.967	39.0	26.7	0.69
	600	729	29.6	0.934	43.6	23.7	0.54
	700	704	30.9	0.900	48.8	21.4	0.44
钠 熔点 97.8℃ 沸点 883℃	150	916	84.9	1.356	68.3	59.4	0.87
	200	903	81.4	1.327	67.8	50.6	0.75
	300	878	70.9	1.281	63.0	39.4	0.63
	400	854	63.9	1.273	58.9	33.0	0.56
	500	829	57.0	1.273	54.2	28.9	0.53
钾 熔点 64℃ 沸点 760℃	100	819	46.6	0.805	70.7	55	0.78
	250	783	44.8	0.783	73.1	38.5	0.53
	400	747	39.4	0.769	68.6	29.6	0.43
	750	678	28.4	0.775	54.2	20.2	0.37

附录 M 第一类贝塞尔(Bessel)函数

x	$J_0(x)$	$J_1(x)$	x	$J_0(x)$	$J_1(x)$	x	$J_0(x)$	$J_1(x)$
0.0	1.0000	0.0000	0.9	0.8075	0.4059	1.8	0.3400	0.5815
0.1	0.9975	0.0499	1.0	0.7652	0.4400	1.9	0.2818	0.5812
0.2	0.9900	0.0995	1.1	0.7196	0.4709	2.0	0.2339	0.5767
0.3	0.9776	0.1483	1.2	0.6711	0.4983	2.1	0.1666	0.5683
0.4	0.9604	0.1960	1.3	0.6201	0.5220	2.2	0.1104	0.5560
0.5	0.9385	0.2423	1.4	0.5669	0.5419	2.3	0.0555	0.5399
0.6	0.9120	0.2867	1.5	0.5118	0.5579	2.4	0.0025	0.5202
0.7	0.8812	0.3290	1.6	0.4554	0.5699			
0.8	0.8463	0.3688	1.7	0.3980	0.5778			

附录 N 误差函数选摘

x	erfx	x	erfx	x	erfx
0.00	0.00000	0.36	0.38933	1.04	0.85865
0.02	0.02256	0.38	0.40901	1.08	0.87333
0.04	0.04511	0.40	0.42839	1.12	0.88679
0.06	0.06762	0.44	0.46622	1.16	0.89910
0.08	0.09008	0.48	0.50275	1.20	0.91031
0.10	0.11246	0.52	0.53790	1.30	0.93401
0.12	0.13476	0.56	0.57162	1.40	0.95228
0.14	0.15695	0.60	0.60386	1.50	0.96611
0.16	0.17901	0.64	0.63459	1.60	0.97635
0.18	0.20094	0.68	0.66378	1.70	0.98379
0.20	0.22270	0.72	0.69143	1.80	0.98909
0.22	0.24430	0.76	0.71754	1.90	0.99279
0.24	0.26570	0.80	0.74210	2.00	0.99532
0.26	0.28690	0.84	0.76514	2.20	0.99814
0.28	0.30788	0.88	0.78669	2.40	0.99931
0.30	0.32863	0.92	0.86077	2.60	0.99976
0.32	0.34913	0.96	0.82542	2.80	0.99992
0.34	0.36936	1.00	0.84270	3.00	0.99998

附录 O 常用材料的表面发射率

材料名称及表面状况	温度 $t/℃$	发射率 ε
铝:抛光,纯度98%	200~600	0.04~0.06
工业用板	100	0.09
粗制板	40	0.07
严重氧化	100~550	0.20~0.33
箔,光亮	100~300	0.06~0.07
黄铜:高度抛光	250	0.03
抛光	40	0.07
无光泽板	40~250	0.22
氧化	40~250	0.46~0.56
铬:抛光薄板	40~550	0.08~0.27
纯铜:高度抛光的电解铜	100	0.02
抛光	40	0.04
轻度抛光	40	0.12
无光泽	40	0.15
氧化发黑	40	0.76
金:高度抛光,纯金	100~600	0.02~0.035

（续）

材料名称及表面状况	温度 $t/℃$	发射率 ε
钢铁:低碳钢,抛光	150~500	0.14~0.32
钢,抛光	40~250	0.07~0.10
钢板,轧制	40	0.66
钢板,粗糙,严重氧化	40	0.80
铸铁,有处理表皮层	40	0.70~0.80
铸铁,新加工面	40	0.44
铸铁,氧化	40~250	0.57~0.66
铸铁,抛光	200	0.21
锻铁,光洁	40	0.35
锻铁,暗色氧化	20~360	0.94
不锈钢,抛光	40	0.07~0.17
不锈钢,重复加热冷却后	230~930	0.50~0.70
石棉:石棉板	40	0.96
石棉水泥	40	0.96
石棉瓦	40	0.97
砖:粗糙红砖	40	0.93
耐火黏土砖	1000	0.75
灯炱	40	0.95
黏土:烧结	100	0.91
混凝土:粗糙表面	40	0.94
玻璃:平板玻璃	40	0.94
石英玻璃(2mm)	250~550	0.66~0.96
硼硅酸玻璃	250~550	0.75~0.94
石膏	40	0.80~0.90
冰:光滑面	0	0.97
水:厚0.11mm以上	40	0.96
云母	40	0.75
油漆:各种油漆	40	0.92~0.96
白色油漆	40	0.80~0.95
光亮黑漆	40	0.9
纸:白纸	40	0.95
粗糙层面焦油纸毡	40	0.90
瓷:上釉	40	0.93
橡胶:硬质	40	0.94
雪	-12~-6	0.82
人的皮肤	32	0.98
锅炉炉渣	0~1000	0.70~0.97
抹灰的墙	20	0.94
各种木材	40	0.80~0.92

附录 P 常用热交换器传热系数的大致范围

热交换器型式	热交换流体 内侧	热交换流体 外侧	传热系数/ [W/(m²·K)]	备注
管壳式	气	气	10~35	常压
	气	高压气	170~160	$200\times10^5 \sim 300\times10^5$ Pa
	高压气	气	170~450	$200\times10^5 \sim 300\times10^5$ Pa
	气	清水	20~70	常压
	高压气	清水	200~700	$200\times10^5 \sim 300\times10^5$ Pa
	清水	清水	1000~2000	
	清水	水蒸气凝结	2000~4000	
	高黏度液体	清水	100~300	液体层流
	高温液体	气体	30	
	低黏度液体	清水	200~450	液体层流
水喷淋式水平管冷却器	水蒸气凝结	清水	350~1000	
	气	清水	20~60	常压
	高压气	清水	170~350	100×10^5 Pa
	高压气	清水	300~900	$200\times10^5 \sim 300\times10^5$ Pa
盘香管(外侧沉浸在液体中)	水蒸气凝结	搅动液	700~2000	铜管
	水蒸气凝结	沸腾液	1000~3500	铜管
	冷水	搅动液	900~1400	铜管
	水蒸气凝结	液	280~1400	铜管
	清水	清水	600~900	铜管
	高压气	搅动水	100~350	铜管,$200\times10^5 \sim 300\times10^5$ Pa
套管式	气	气	10~35	
	高压气	气	20~60	$200\times10^5 \sim 300\times10^5$ Pa
	高压气	高压气	170~450	$200\times10^5 \sim 300\times10^5$ Pa
	高压气	清水	200~600	$200\times10^5 \sim 300\times10^5$ Pa
	水	水	1700~3000	
螺旋板式	清水	清水	1700~2200	
	变压器油	清水	350~450	
	油	油	90~140	
	气	气	30~45	
	气	水	35~60	
板式(人字形板片或平直波纹板片)	清水	清水	3000~3500	水速为 0.5m/s 左右
	清水	清水	1700~3000	水速为 0.5m/s 左右
	油	清水	600~900	水速与油速均为 0.5m/s 左右
板翅式	清水	清水	3000~4500	
	冷水	油	400~600	以油侧面积为准
	油	油	170~350	
	气	气	70~200	
	空气	清水	80~200	空气侧质流密度为 12~40 kg/(m²·s),以气侧面积为准

附录 Q 生物材料的热物理性质

材料	$t/℃$	$\lambda/[W/(m\cdot K)]$	$a\times10^7/(m^2/s)$	备注
皮肤	37	0.21~0.41	0.82~1.2	
肌肉		0.34~0.68	1.2~2.3	
脂肪		0.094~0.37	0.32~2.7	
骨		0.41~0.63		
干骨及骨髓		0.22		
脑		0.16~0.57	0.44~1.4	
心		0.48~0.59	1.4~1.5	
肝		0.42~0.57	1.1~2.0	
肿瘤(一般范围)		0.4~0.6		
血液		0.48~0.60		
血浆		0.57~0.60		
冻结血液(一般范围)		1.0~1.6		
冻结组织	-100~-10	1.6~2.7	8.7~23.7	
冻结血浆		2.0~3.2	9.7~26.9	
人体皮肤(活体)		0.442		血流率:$12.8\times10^{-5}L/(g\cdot min)$
人脑(活体)		0.805		血流率:$54\times10^{-5}L/(g\cdot min)$
骨骼肌(活体)		0.642		血流率:$2.7\times10^{-5}L/(g\cdot min)$

参 考 文 献

[1] 杨贤荣，马庆芳，原庚新，等．辐射换热角系数手册［M］．北京：国防工业出版社，1982.
[2] 章熙民，朱彤，安青松，等．传热学［M］．6版．北京：中国建筑工业出版社，2014.
[3] 霍尔曼．传热学：英文版·原书第10版［M］．北京：机械工业出版社，2011.
[4] 史美中，王中铮．热交换器原理与设计［M］．6版．南京：东南大学出版社，2018.
[5] 陶文铨．传热学［M］．5版．北京：高等教育出版社，2019.
[6] 赖周平，张荣克．空气冷却器［M］．北京：中国石化出版社，2010.
[7] 饶中浩，张国庆．电池热管理［M］．北京：科学出版社，2015.
[8] 方财义，汪韩送，罗高乔，等．纯电动汽车热管理系统的研究［J］．电子设计工程，2014，22（4）：137-139.
[9] 傅超．新能源汽车电池管理系统设计［D］．哈尔滨：哈尔滨工业大学，2014.
[10] 邵理堂，李银轮．新能源转换原理与技术：太阳能［M］．镇江：江苏大学出版社，2016.
[11] 孙如军，卫江红．太阳能热利用技术［M］．北京：冶金工业出版社，2017.
[12] 诺顿．太阳能热利用［M］．饶政华，刘刚，廖胜明，等译．北京：机械工业出版社，2018.
[13] 罗运俊，何梓年，王长贵．太阳能利用技术［M］．北京：化学工业出版社，2005.
[14] 王亮亮，陶国良．导热高分子复合材料的研究进展［J］．工程塑料应用，2003，31（9）：70-73.
[15] 马传国，容敏智，章明秋．导热高分子复合材料的研究与应用［J］．材料工程，2002（7）：40-45.
[16] 周文英，丁小卫．导热高分子材料［M］．北京：国防工业出版社，2014.
[17] 周文英，党智敏，丁小卫．聚合物基导热复合材料［M］．北京：国防工业出版社，2017.
[18] 谢文丁．绝热材料与绝热工程［M］．北京：国防工业出版社，2006.
[19] 邓元望，袁茂强，刘长青．传热学［M］．北京：中国水利水电出版社，2010.
[20] 张天孙，卢改林，郝丽芬．传热学［M］．4版．北京：中国电力出版社，2014.
[21] 黄善波，张克舫．传热学［M］．东营：中国石油大学出版社，2014.
[22] 战洪仁，张先珍，李雅侠，等．工程传热学基础［M］．北京：中国石化出版社，2014.
[23] 胡小平，吴海燕，鄢昌渝，等．传热传质分析［M］．长沙：国防科技大学出版社，2011.
[24] 范晓伟，张定才．传热学辅导与提高［M］．北京：中国建筑工业出版社，2011.
[25] 贾力，方肇洪．高等传热学［M］．2版．北京：高等教育出版社，2008.
[26] 张兴中，黄文，刘庆国．传热学［M］．北京：国防工业出版社，2011.
[27] 张靖周，常海萍．传热学［M］．2版．北京：科学出版社，2015.
[28] 徐尚龙．传热学［M］．北京：科学出版社，2016.
[29] 任泽霈．对流换热［M］．北京：高等教育出版社，1995.
[30] 柴立和，蒙毅，彭晓峰．传热学研究及其未来发展的新视角探索［J］．自然杂志，1999，21（1）：1-6.
[31] 柴立和，彭晓峰．沸腾传热研究历史、现状及发展方向的哲学思考［J］．大自然探索，1998，17（4）：105-109，118.
[32] 沈正维，王军，沈自求．以当代"复杂性科学"兴起形成的观点分析对流传热与沸腾过程［J］．热科学与技术，2006，5（1）：1-6.
[33] 何雅玲，陶文铨．对我国热工基础课程发展的一些思考［J］．中国大学教学，2007（3）：12-15.
[34] 吴清松．计算热物理引论［M］．合肥：中国科技大学出版社，2009.
[35] CHEN C J，BERNATZ R，CARLSON K D，et al．流动与传热中的有限分析法［M］．赵明登，译．

北京：中国水利水电出版社，2010.
[36] 倪浩清，沈永明. 工程湍流流动、传热及传质的数值模拟［M］. 北京：中国水利水电出版社，1996.
[37] 张宝琳. 偏微分方程并行有限差分方法［M］. 北京：科学出版社，1994.
[38] 徐文灿，胡俊. 计算流体力学［M］. 北京：北京理工大学出版社，2012.
[39] 龙天渝，苏亚欣，向文英，等. 计算流体力学［M］. 重庆：重庆大学出版社，2007.
[40] 朱谷君. 工程传热传质学［M］. 北京：航空工业出版社，1989.
[41] 朱伯芳. 有限单元法原理与应用［M］. 北京：中国水利水电出版社，1998.
[42] 苏铭德，黄素逸. 计算流体力学基础［M］. 北京：清华大学出版社，1997.
[43] 朱红钧，林元华，谢龙汉. Fluent 12 流体分析及工程仿真［M］. 北京：清华大学出版社，2011.
[44] 黄素逸，刘伟. 高等工程传热学［M］. 北京：中国电力出版社，2006.
[45] 黄方谷，韩凤华. 工程热力学与传热学［M］. 北京：北京航空航天大学出版社，1993.
[46] 陈爱玲. 工程热力学与传热学［M］. 大连：大连海事大学出版社，2005.
[47] 霍光云. 燃烧与传热工程计算图表［M］. 天津：天津科学技术出版社，1984.
[48] 林瑞泰. 热传导理论与方法［M］. 天津：天津大学出版社，1992.
[49] 陶文铨. 计算流体力学与传热学［M］. 北京：中国建筑工业出版社，1991.
[50] 陆大有. 工程辐射传热［M］. 北京：国防工业出版社，1988.
[51] 余其铮. 辐射换热原理［M］. 哈尔滨：哈尔滨工业大学出版社，2000.
[52] 傅立叶. 热的解析理论［M］. 桂质亮，译. 武汉：武汉出版社，1993.
[53] 蔡正千. 热分析［M］. 北京：高等教育出版社，1993.
[54] 西格尔，豪厄尔. 热辐射传热［M］. 曹玉璋，等译. 北京：科学出版社，1990.
[55] 张彦华. 热制造学引论［M］. 北京：北京航空航天大学出版社，2006.
[56] 许为全. 热质交换过程与设备［M］. 北京：清华大学出版社，1999.
[57] 郑慧娆，陈绍林，莫忠息，等. 数值计算方法［M］. 2版. 武汉：武汉大学出版社，2012.
[58] 李申生. 太阳能热利用导论［M］. 北京：高等教育出版社，1989.
[59] 秦太验，徐春晖，周喆，等. 有限元法及其应用［M］. 北京：中国农业大学出版社，2011.
[60] 刘庄. 热处理过程的数值模拟［M］. 北京：科学出版社，1996.
[61] 陆煜，程林. 传热原理与分析［M］. 北京：科学出版社，1997.
[62] CEBECI T, BRADSHAW P. 对流传热的物理特性和计算［M］. 朱自强，邓雪鋆，陈炳永，等译. 北京：清华大学出版社，1988.
[63] 卞伯绘. 辐射换热的分析与计算［M］. 北京：清华大学出版社，1988.
[64] 申光宪，陈一鸣，肖宏. 边界元法［M］. 北京：机械工业出版社，1998.
[65] 刘彦丰，高正阳，梁秀俊. 传热学［M］. 北京：中国电力出版社，2015.
[66] 戴锅生. 传热学［M］. 2版. 北京：高等教育出版社，1999.
[67] 程尚模，黄素逸，白彩云，等. 传热学［M］. 北京：高等教育出版社，1990.
[68] E J Q, XU S J, DENG Y W, et al. Investigation on thermal performance and pressure loss of the fluid cold-plate used in thermal management system of the battery pack ［J］. Applied Thermal Engineering, 2018, 145: 552-568.
[69] DENG Y W, FENG C L, E J Q, et al. Effects of different coolants and cooling strategies on the cooling performance of the power lithium ion battery system: A review ［J］. Applied Thermal Engineering, 2018, 142: 10-29.
[70] ZHAO X H, E J Q, WU G, et al. A review of studies using graphenes in energy conversion, energy storage and heat transfer development ［J］. Energy Conversion and Management, 2019, 184: 581-599.